全国高职高专院校机电类专业规划教材
河南省"十二五"普通高等教育规划教材
经河南省普通高等教育教材建设指导委员会审定
审定人：胡修池

机械制造技术

（第2版）

主　编　张念淮　王彦林
副主编　李新东　李　勇　潘卫彬
参　编　索小娟　陈光伟　张思婉
主　审　徐　坚

U0310541

中国铁道出版社
CHINA RAILWAY PUBLISHING HOUSE

内 容 简 介

本书内容共分为八个单元，分别为金属的切削原理、金属切削加工方法与设备、机床夹具及其设计、机械加工工艺规程的制订、典型零件的加工、机械加工质量分析与控制、机械装配工艺、金属的热加工。全书以常规机械制造技术为主体，在掌握概念与原理的同时，突出技术应用，适应专业教学改革的要求。

本书适用于高等职业院校机械制造、模具设计与制造、机电一体化等机械类专业的教学使用，也可供相关专业技术人员参考。

图书在版编目（CIP）数据

机械制造技术 / 张念淮，王彦林主编. — 2 版. —
北京 ：中国铁道出版社，2016. 10
　全国高职高专院校机电类专业规划教材　河南省
"十二五"普通高等教育规划教材
　ISBN 978-7-113-22095-2

Ⅰ．①机… Ⅱ．①张… ②王… Ⅲ．①机械制造工艺
—高等职业教育—教材 Ⅳ．①TH16

中国版本图书馆 CIP 数据核字(2016)第 169834 号

书　　名：机械制造技术（第 2 版）
作　　者：张念淮　王彦林　主编

策　　划：何红艳　　　　　　　　　　　读者热线：(010) 63550836
责任编辑：何红艳
编辑助理：钱　鹏
封面设计：付　巍
封面制作：白　雪
责任校对：汤淑梅
责任印制：郭向伟

出版发行：中国铁道出版社（100054，北京市西城区右安门西街 8 号）
网　　址：http://www.51eds.com
印　　刷：北京海淀五色花印刷厂
版　　次：2012 年 2 月第 1 版　　2016 年 10 月第 2 版　　2016 年 10 月第 1 次印刷
开　　本：787 mm×1092 mm　　1/16　　印张：21.5　　字数：529 千
印　　数：1～2 000 册
书　　号：ISBN 978-7-113-22095-2
定　　价：48.00 元

版权所有　侵权必究

凡购买铁道版图书，如有印制质量问题，请与本社教材图书营销部联系调换。电话：(010) 63550836

打击盗版举报电话：(010) 51873659

第二版前言

本书面向高等职业院校机电类专业，系统、全面地体现高等职业教学改革、教材建设的要求，以学生就业所需的专业知识和操作技能作为着眼点，在适度的基础知识与理论体系覆盖下，突出高等职业院校教学的实用性和可操作性，同时强化实训和案例教学，通过实际训练加深对理论知识的理解。本书注重实践性、基础性、科学性和先进性，突破传统课程体系模式，尝试将多方面的知识融会贯通，既注重知识层次的递进，又在具体内容上突出生产实际知识的运用能力，使其做到"教师易教，学生乐学，技能实用"。

本书将"金属切削机床""金属切削原理与刀具""机床夹具设计""机械制造工艺学"四门课程有机地结合在一起，突出了机械制造专业以应用能力为主的职业技术特性，并以机械制造的基本理论为基础，以加工方法为主线，介绍各种加工方法及相应的工艺装备；以质量控制为出发点，介绍工艺规程设计理论及加工质量控制方法；以典型零件加工的综合分析为落脚点，增强知识与技术的综合运用。

本书第一版得到了高校师生广泛的选用与喜爱，此次改版，在原来的基础上更新了一些新的标准与内容，补充了金属热加工的一些相关知识，使教材更全面、更丰富，更加符合教学要求。

本书由郑州铁路职业技术学院张念淮、河南工业大学王彦林担任主编；郑州铁路职业技术学院李新东、李勇、潘卫彬担任副主编；索小娟、陈光伟、张思婉参与编写。其中单元一由王彦林编写；单元二由郑州铁路职业技术学院张思婉编写；单元三由李新东编写；单元四由张念淮编写；单元五由潘卫彬编写；单元六由郑州铁路职业技术学院索小娟编写；单元七由郑州铁路职业技术学院陈光伟编写；单元八由李勇编写。

全书由郑州铁路职业技术学院徐坚主审，他对全书的教学体系和内容提出了许多宝贵意见，使本书更为严谨，在此深表感谢。

在本书的编写过程中，得到了许多专家和同行的热情支持，并参阅了许多国内外公开出版与发表的文献，在此一并表示感谢。

由于时间仓促，水平有限，书中难免存在不妥或疏漏之处，恳请广大读者批评指正。

编　者

2016 年 6 月

本教材面向高职高专机电类专业课程，系统、全面地体现高职高专教学改革、教材建设的要求，以学生就业所需的专业知识和操作技能作为着眼点，在适度的基础知识与理论体系覆盖下，突出高职高专院校教学的实用性和可操作性，同时强化实训和案例教学，通过实际训练加深对理论知识的理解。教材注重实践性、基础性、科学性和先进性，突破传统课程体系模式，尝试将多方面的知识融会贯通，既注重知识层次的递进，又在具体内容上突出生产实际知识的运用能力，使其做到"教师易教，学生乐学，技能实用"。

本教材将"金属切削机床"、"金属切削原理与刀具"、"机床夹具设计"、"机械制造工艺学"四门课程有机地结合在一起，突出了机械制造专业以应用能力为主的职业技术特性，并以机械制造的基本理论为基础，以加工方法为主线，介绍各种加工方法及相应的工艺装备；以质量控制为出发点，介绍工艺规程设计理论及加工质量控制方法；以典型零件加工的综合分析为落脚点，增强知识与技术的综合运用。

本教材在内容的取舍及深度的把握上，尽量避免理论过深、专业性过强以及与实际应用关系不大等方面的内容，着重加强了实用性内容，以适应高职高专教育教学改革的需要。

本书由郑州铁路职业技术学院张念淮、河南工业大学王彦林担任主编，黄河科技学院杨汉嵩、郑州华信学院牛瑞利、郑州轻工职业学院利歌、中山市技师学院陈未峰担任副主编。其中单元一由河南工业大学王彦林编写；单元二由郑州铁路职业技术学院张念淮编写；单元三由黄河科技学院杨汉嵩编写；单元四中的 4.1～4.6 由郑州华信学院牛瑞利编写；单元四中的 4.7～4.10、单元五中的 5.1 由新乡技术学院栗永非编写；单元五中的 5.2～5.4 由郑州轻工职业学院利歌编写；单元六中的 6.1 由郑州铁路职业技术学院索小娟编写；单元六中的 6.2～6.3、单元六中的 6.4～6.5 由郑州铁路职业技术学院陈光伟编写；单元七由郑州铁路职业技术学院楚钊编写。

全书由郑州铁路职业技术学院潘卫彬主审，对全书的教学体系及内容提出了许多宝贵意见，使本书更为严谨，在此深表感谢。

在本书的编写过程中，得到了许多专家和同行的热情支持，在此一并表示感谢。

由于编者水平有限，加之时间仓促，书中难免存在不妥或疏漏之处，恳请广大读者批评指正。

编　者
2011 年 11 月

目录

1. 机械制造技术的作用与发展

机械制造工业是国民经济最重要的组成部分，担负着向国民经济的各个部门提供机械设备的任务，是一个国家经济实力和科学技术发展水平的重要标志，因而世界各国均把发展机械制造工业作为振兴和发展国民经济的战略重点之一。

在我国，机械制造工业特别是装备制造业处于制造工业的中心地位，是国民经济持续发展的基础，是工业化、现代化建设的发动机和动力源，是参与国际竞争取胜的法宝，是技术进步的主要舞台，是提高人均收入的财源，是国际安全的保障，是发展现代文明的物质基础。

随着科学技术的发展，现代工业对机械制造技术提出了越来越高的要求，同时也推动了机械制造技术不断地向前发展，并给予机械制造技术许多新的技术和新的概念，使机械制造技术向智能化、柔性化、网络化、精密化、绿色化和全球化方向发展成为趋势。

当前，面临激烈市场竞争的机械制造工业，要想增强企业的竞争力，企业制造的产品必须做到：设计、制造周期短，产品更新快；产品质量高且价格低廉；及时交货、并提供良好的售后服务。

为此，可将 21 世纪的机械制造技术发展的总趋势归纳为以下几方面：

（1）柔性化。柔性制造系统（FMS）、计算机集成制造系统（CIMS）是一种高自动化程度的制造系统。

（2）高精度化。在科学技术发展的今天，对产品精度的要求越来越高，精密加工和超精密加工已成必然。加工设备采用的是高精度的、通用可调的数控专用机床，夹具是高精度的、可调的组合夹具，以及高精度的刀具、量具。

（3）高速度化。高速度切削可极大地提高加工效率，降低能源消耗，从而降低生产成本，但高速度切削必须要求加工设备、刀具材料、刀具涂层、刀具结构等方面技术的进步来配合。

（4）绿色化。减少机械加工对环境的污染，是国民经济可持续发展的需要，也是机械制造工业面临的课题。目前，在数控机床上装有全防护装置，可防止冷却液和切屑飞溅，并具有回收冷却液和排屑的装置，在一些先进的数控机床上，采用了新型冷却技术（低温空气、负压抽吸等），通过对废液、废气、废油的再回收利用等方面减少对环境的影响。

目前，我国机械制造业还远落后于世界工业发达国家，我国制造业的工业增加值仅为美国的 22.14%，日本的 35.34%。我国目前的科技仍处于较低水平，对附加值高和技术含量大的产品的生产能力不足，需要大量进口，同时缺乏能够支持结构调整和产业技术升级的技术能力。传统的机械制造技术与国际先进水平相比，差距很大。因此，从事机械制造的技术人员应该不断地进行知识更新、拓宽技能和掌握高新技术，勇于实践，为我国机械制造业更好的发展奠定基础。

2．本课程的性质、内容和任务

机械产品的制造包括零件的加工和装配，零件加工是在机床、刀具、夹具和工件（被加工好前的零件称之为工件）本身相互共同作用下完成，因此机械制造技术涉及机床、刀具、夹具方面的知识，即包括传统的机械类专业课程"金属切削机床""金属切削原理与刀具""机床夹具设计""机械制造工艺学"这四大支柱。本课程综合考虑上述四门课程的知识内容，以机械制造的基本理论为基础，以加工方法为主线，介绍各种加工方法及相应的工艺装备，同时以质量控制为出发点，介绍工艺规程设计理论、加工质量控制方法，并以典型零件加工的综合分析为落脚点，增强知识与技术的综合运用。

通过本课程学习，要求学生掌握机械制造常用的加工方法、加工原理和制造工艺，熟悉各种加工设备及装备，初步具有分析、解决机械加工质量问题的能力及制订机械加工工艺规程和设计简单工艺装备的能力。

3．本课程的特点及学习方法

在注重教学内容实践性、综合性的同时加强灵活性是本课程的一大特点，学生要重视实践环节的学习。金工实习、课程实验和课程设计都可以很好地辅助学习本课程，而且有利于帮助学生将理论知识转化为技术应用。机械制造中的生产实际问题往往会因为生产的产品不同、批量不同、具体生产条件不同而千差万别，因此，学习时要特别注意灵活地运用所学的知识，根据具体情况来处理问题。切记不要死记硬背、生搬硬套。

单元一

金属的切削原理

学习目标

- 了解切削过程中的各种物理现象、材料切削加工性的概念和切削液的作用；
- 理解切削运动和切削用量的概念及刀具角度标注的概念；
- 掌握刀具工作角度的计算方法、常用刀具材料的性能特点和改善材料切削加工性的方法；
- 会根据加工条件正确选用刀具材料、种类及几何参数并能正确选择切削液和切削用量。

观察与思考

图 1-0 所示为不同种类的刀具，采用不同的切削用量，加工不同的材料所得到的不同类型的切屑。其最终加工工件的加工精度、表面质量和切削效率也不相同。这其中的变化有什么规律？应如何利用这些规律，保证加工精度和表面质量，提高切削效益，降低生产成本？

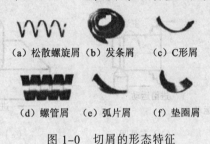

（a）松散螺旋屑　（b）发条屑　（c）C形屑

（d）螺管屑　（e）弧片屑　（f）垫圈屑

图 1-0　切屑的形态特征

1.1　金属的切削运动分析

金属切削加工是利用金属切削刀具，在工件上切除多余金属的一种机械加工方法。与其他的金属加工方法相比，金属切削加工具有以下特点：

（1）可获得较复杂的工件形状；

（2）可获得较小的表面粗糙度值；

（3）可获得较高的尺寸精度、表面几何形状精度和位置精度。

因此，金属切削加工常作为零件的最终加工方法。

1. 切削运动

在金属切削加工过程中，用刀具切除工件材料时，刀具和工件之间必须要有一定的相对运动，这种相对运动称为切削运动。例如，外圆车削时，工件做旋转运动，刀具做连续纵向直线进给运动，形成了工件的外圆柱表面，如图 1-1 所示。

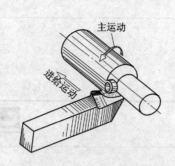

图 1-1　车削时的切削运动

依其作用的不同，切削运动可分为主运动与进给运动。

1）主运动

主运动是切除多余材料使之成为切屑所需要的最基本运动。通常主运动速度最高，消耗功率最多。机床的主运动一般只有一个，可以由刀具完成，也可以由工件完成，其形式有旋转运动和直线往复运动两种，如图1-2所示。

2）进给运动

进给运动是使刀具连续切下金属层所需要的运动，通常它的速度较低，消耗功率较少，可有一个或多个进给运动。根据刀具相对于工件被加工表面运动方向的不同，可分为纵向进给运动、横向进给运动、径向进给运动、切向进给运动、轴向进给运动和圆周进给运动等。其形式有旋转运动和直线运动两种，既可以连续运动，又可以断续运动，如图1-2所示。

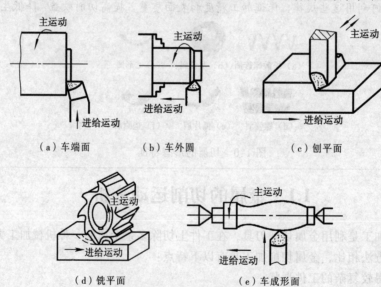

（a）车端面　　　　（b）车外圆　　　　（c）刨平面

（d）铣平面　　　　　　（e）车成形面

图 1-2　各种切削加工的切削运动

3）主运动和进给运动的合成切削运动

当主运动和进给运动同时进行，如车削时，刀具上切削刃某一点相对于工件的合成运动称为合成切削运动，可用合成速度向量 v_c 表示（见图1-3）。它等于主运动速度 v_c 与进给速度 v_f 的向量和，即

$$v_c = v_c + v_f$$

$$(1-1)$$

显然，沿切削刃各点的合成速度向量并不相等。

4）切削表面

在整个切削过程中，工件上有三个表面（见图1-4）：

（1）待加工表面：即将被切去金属层的表面。

（2）过渡表面：切削刃正在切削的表面。

（3）已加工表面：切削后形成的新表面。

这些定义也适用于图1-2所示的其他切削运动。

为完成工件的加工，还需要一些辅助运动，如刀具的切入、退出运动，工件的夹紧与松开，开车、停车、变速和换向动作。

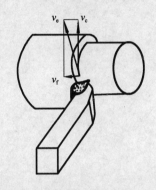

图1-3　车削时的合成速度向量

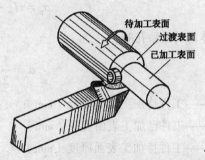

图1-4　工件表面

2. 切削用量

在切削加工过程中，需要针对不同的工件材料、刀具材料和其他技术经济要求来选定适宜的切削速度 v_c、进给量 f 和背吃刀量 a_p。切削速度、进给量和背吃刀量通常称为切削用量三要素。

1）切削速度 v_c

切削速度 v_c 是主运动的线速度，主运动为旋转运动时，切削刃上选定点相对于工件的瞬时线速度即为切削速度，单位为 m/min。车削时切削速度

$$v_c = \frac{\pi d n}{1000} \qquad (1-2)$$

式中　　d——工件或刀具直径（mm）；

n——工件或刀具转速（r/min）。

若主运动为直线运动，则切削速度为刀具相对工件的直线运动速度。

2）进给速度 v_f、进给量 f 和每齿进给量 f_z

进给速度 v_f 是切削刃上选定点相对于工件的进给运动的瞬时速度，单位为 m/min。进给量是进给运动的单位量，即进给运动的大小可用进给量 f 表示。进给量 f 是指在主运动的一个循环内，刀具在进给运动方向上相对工件的位移量，可用刀具或工件每转或每行程的位移量来表述和度量。例如主运动为旋转运动时，进给量 f 为工件或刀具旋转一周，两者沿进给方向移动的相对距离（mm/r）；主运动为直线往复旋转运动时，进给量 f 为每一往复行程，刀具相对工件沿进给方向移动的距离（mm/行程）；对于铣刀、铰刀、拉刀等多齿刀具，在每转

或每往复行程中每个刀齿相对于工件在进给运动方向上的移动距离，称为每齿进给量 f_z，单位为 mm/z。进给速度、进给量、每齿进给量三者关系

$$v_f = f n = n z f_z \qquad (1-3)$$

3）背吃刀量 a_p

背吃刀量 a_p 是垂直于进给运动方向测量的切削层横截面尺寸，即工件上待加工表面和已加工表面之间的垂直距离，单位为 mm。

主运动为旋转运动时

$$a_p = \frac{d_w - d_m}{2} \qquad (1-4)$$

主运动为直线运动时

$$a_p = H_w - H_m \qquad (1-5)$$

在实体材料上钻孔时

$$a_p = \frac{1}{2} d_m \qquad (1-6)$$

式中：d_w——工件待加工表面直径（mm）；

$\quad\quad d_m$——工件已加工表面直径（mm）；

$\quad\quad H_w$——工件待加工表面厚度（mm）；

$\quad\quad H_m$——工件已加工表面厚度（mm）。

各种切削加工的切削用量如图 1-5 所示。

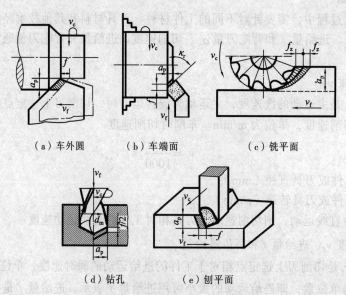

（a）车外圆　　（b）车端面　　（c）铣平面

（d）钻孔　　（e）刨平面

图 1-5　各种切削加工的切削用量

4）合成运动速度 v_e

合成运动速度 v_e 是指在主运动与进给运动同时进行的情况下，切削刃上任一点的实际切削速度，其运算公式如式（1-1）所示。

3. 切削层参数

切削过程中，刀具切削刃在一次进给（走刀）中，从工件待加工表面上切下的金属层称为切削层。图 1-6 所示为外圆车削时，工件旋转一周，车刀从位置Ⅰ移到位置Ⅱ，所切下Ⅰ与Ⅱ之间的金属层为切削层。切削层参数共有三个，通常在垂直于切削速度的平面内测量。

1）切削厚度 h_D

切削厚度是指过切削刃上选定点，在与该点主运动方向垂直的平面内，垂直于过渡表面度量的切削层尺寸，单位为 mm。由图 1-6 所示参数可以看出，切削层公称厚度为刀具或工件每移动一个进给量 f 以后，主切削刃相邻两位置间的垂直距离。h_D 的大小反映了切削刃单位长度上的工作负荷

$$h_D = f \sin \kappa_r \qquad (1-7)$$

2）切削宽度 b_D

切削宽度 b_D 是指过切削刃上选定点，在与该点主运动方向垂直的平面内，平行于过渡表面度量的切削层尺寸，单位为 mm。同样由图 1-6 所示参数可以看出，切削层公称宽度为沿刀具主切削刃量得的待加工表面至已加工表面之间的距离，即主切削刃与工件的接触长度

$$b_D = \frac{a_p}{\sin \kappa_r} \qquad (1-8)$$

切削宽度 b_D 的大小反映了切削刃参与切削的长度，a_p 越大，b_D 越宽。

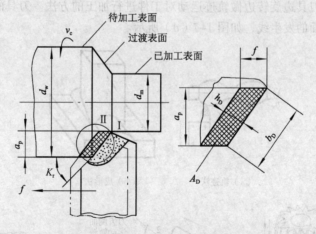

图 1-6　切削层参数

3）切削面积 A_D

切削面积 A_D 是指在切削层尺寸平面里度量的横截面积，单位为 mm²。可按式（1-9）计算

$$A_D \approx a_p f \approx b_D h_D \qquad (1-9)$$

由上述公式和图 1-6 所示参数可知，切削厚度、切削宽度与刀具的主偏角、刀具刀尖圆弧半径有关。在切削加工中，切削参数的选择对工件的加工质量、生产率和切削过程有着重

要的影响。

4. 切削方式

由前面分析可知，工件表面形状是由母线沿轨迹线运动而形成的，在机械加工中，可通过刀具和工件做相对运动来获得，由于所用刀具刀刃形状和采取的加工方法不同，可将其归纳为如下四种方法：

1）轨迹法

轨迹法是利用刀具与工件的相对运动轨迹来加工的方法。使用该方法加工时，刀刃与被加工表面为点接触。当该点按给定的规律运动时，便形成了所需的发生线，如图1-7（a）所示。采用轨迹法形成发生线需要一个成形运动。成形运动的精度决定工件的形状精度。

2）成形法

成形法是利用成形刀具加工工件的方法。使用该方法加工时，刀刃与工件表面之间为线接触，刀刃的形状与形成工件表面的一条发生线完全相同，另一条发生线则由刀具与工件的相对运动来实现，如图1-7（b）所示。此时工件的形状精度取决于刀刃的形状精度和成形运动精度。

3）展成法

展成法是利用刀具与工件做展成运动所形成的包络面进行加工的方法。主要用于齿轮的加工，使用该方法加工时，刀刃与工件表面之间为线接触，但刀刃形状不同于齿形表面形状，如图1-7（c）所示。

4）相切法

相切法是利用刀具边旋转边做轨迹运动对工件进行加工的方法。刀具的各个刀刃的运动轨迹共同形成了曲面的发生线，如图1-7（d）所示。

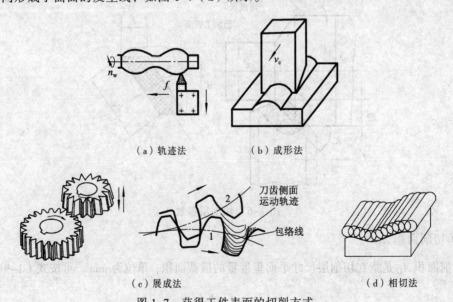

（a）轨迹法　　　　　　　　（b）成形法

（c）展成法　　　　　　　　（d）相切法

图1-7　获得工件表面的切削方式

1.2 金属切削刀具的几何角度

金属切削加工的刀具种类繁多，尽管有的刀具的结构相差很大，但刀具切削部分却具有相同的几何特征。其中较典型、较简单的是车刀，其他刀具的切削部分可以看作是以车刀为基本形态演变而来的，常见刀具切削部分的形状如图 1-8 所示。

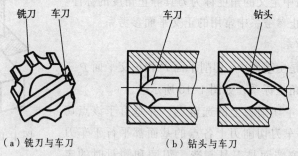

（a）铣刀与车刀　　　　（b）钻头与车刀

图 1-8　常见刀具切削部分的形状

1. 刀具切削部分的组成

切削刀具的种类很多，形状各异，但其切削部分所起的作用都是相同的，都能简化成外圆车刀的基本形态。下面以普通外圆车刀为例说明刀具切削部分的几何参数。

图 1-9 所示为外圆车刀结构。车刀由刀头和刀杆组成。刀杆用于夹持刀具，又称夹持部分；刀头用于切削，又称切削部分。切削部分由三个面、两条切削刃和一个刀尖组成。

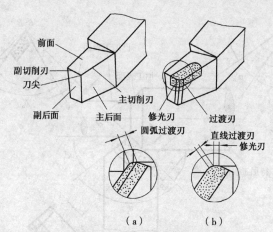

图 1-9　车刀的组成部分和各部分名称

（1）前面 A_γ：是切削过程中切屑流出所经过的刀具表面。

（2）主后面 A_α：是切削过程中与工件上过渡表面相对的刀具表面。

（3）副后面 A'_α：是切削过程中与工件上已加工表面相对的刀具表面。

（4）主切削刃 S：是前面与后面的交线。其担负主要的切削工作。

（5）副切削刃 S'：是前面与副后面的交线。其配合主切削刃完成切削工作。

刀尖是主切削刃和副切削刃的交点。为了改善刀尖的切削性能，常将刀尖磨成直线或圆弧形过渡刃。

不同类型的刀具，其刀面、切削刃的数量不完全相同。

2. 刀具静止角度的标注

刀具要从工件上切除材料，就必须具有一定的切削角度。切削角度决定了刀具切削部分各表面之间的相对位置。定义刀具的几何角度需要建立参考系。在刀具设计、制造、刃磨和测量时用于定义刀具几何参数的参考系称为标注角度参考系或静止参考系。在此参考系中定义的角度称为刀具静止角度的标注。下面主要介绍刀具静止参考系中常用的正交平面参考系。

1）正交平面参考系

正交平面参考系是由基面P_r、切削平面P_s和正交平面P_o三个平面组成的空间直角坐标系，如图1-10所示。

（1）基面P_r：过主切削刃上的选定点，并垂直于该点切削速度方向的平面。车刀切削刃上各点的基面都平行于车刀的安装面（底面）。安装面是刀具制造、刃磨和测量时的定位基准面。

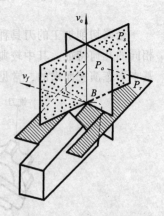

图1-10　正交平面参考系

（2）切削平面P_s：通过主切削刃选定点，与主切削刃相切，并垂直于该点基面的平面。

（3）正交平面P_o：通过主切削刃选定点，并同时垂直于基面和切削平面的平面。

2）刀具的标注角度

图1-11所示为正交平面参考系中车刀的标注角度。

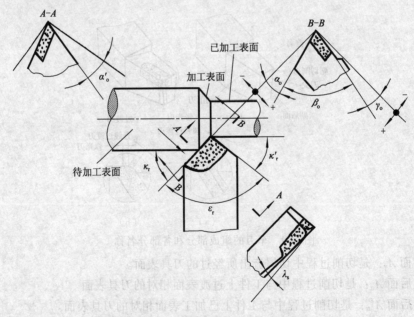

图1-11　正交平面参考系标注角度

（1）前角γ_o：在正交平面内测量的前面与基面之间的夹角。根据前面与基面相对位置的不同，前角又可分为正前角、零前角和负前角。当前面与切削平面夹角小于90°时，前角为正；大于90°时，前角为负，如图1-12所示。

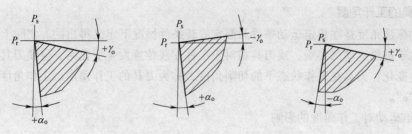

图 1-12　前、后角的正、负规定

（2）后角 α_o：在正交平面内测量的后面与切削平面之间的夹角。刀尖位于后面最前点时，后角为正；刀尖位于后面最后点时，后角为负。后角的主要作用是减小后面与过渡表面之间的摩擦。

（3）楔角 β_o：在正交平面内测量的前面与后面之间的夹角，是派生角度。前角、后角和楔角三者之间的关系

$$\beta_o+\gamma_o+\alpha_o=90° \tag{1-10}$$

（4）主偏角 κ_r：在基面内测量的主切削刃在基面上的投影与进给运动方向间的夹角。

（5）副偏角 κ'_r：在基面内测量的副切削刃在基面上的投影与假定进给反方向之间的夹角。副偏角主要影响已加工表面的粗糙度。粗加工时副偏角取得较大些，精加工时取小些。

（6）刀尖角 ε_r：在基面内测量的主切削平面与副切削平面间的夹角，是派生角度。

主偏角、副偏角和刀尖角三者之间的关系

$$\kappa_r+\kappa'_r+\varepsilon_r=180° \tag{1-11}$$

（7）刃倾角 λ_s：在切削平面内测量的主切削刃与基面之间的夹角。切削刃与基面平行时，刃倾角为零；刀尖位于刀刃最高点时，刃倾角为正；刀尖位于刀刃最低点时，刃倾角为负，如图 1-13（a）所示。

刃倾角 λ_s 主要影响刀头的强度和切屑流动的方向。粗加工时为了增加刀头强度，λ_s 常取负值；精加工时为了防止切屑划伤已加工表面，λ_s 常取正值或零值。负的刃倾角还可在车刀受冲击时起到保护刀尖的作用，如图 1-13（b）所示。

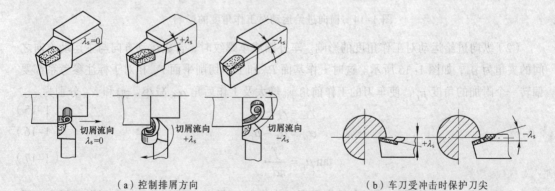

（a）控制排屑方向　　　　　　　　　　（b）车刀受冲击时保护刀尖

图 1-13　刃倾角

（8）副后角 α'_o：参照主切削刃的研究方法，在副切削刃上同样可以定义副正交平面和副切削平面。在副正交平面内标注的角度有副后角 α'_o，即副后面与副切削平面之间的夹角。

3. 刀具的工作角度

刀具的标注角度是在假定运动条件和假定安装条件情况下定义得出的。实际上，在切削加工中，由于进给运动的影响，或刀具相对于工件安装位置发生变化时，会使刀具的实际切削角度发生变化。刀具在工作状态下的切削角度，称为刀具的工作角度。工作角度符号应加注下标注"e"。

1）进给运动对工作角度的影响

（1）横向进给运动对工作角度的影响。车端面或切断时，车刀沿横向进给，主运动方向与合成切削运动方向的夹角为 μ，切削轨迹是阿基米德螺旋线，如图 1-14 所示。这时工作基面 P_{re} 和工作切削平面 P_{se} 相对于标注参考系都要偏转一个附加的角度 μ，使车刀的工作前角 γ_{oe} 增大和工作后角 α_{oe} 减小，γ_{oe} 和 α_{oe} 分别为

$$\gamma_{oe} = \gamma_o + \mu \tag{1-12}$$

$$\alpha_{oe} = \alpha_o - \mu \tag{1-13}$$

$$\tan \mu = \frac{v_f}{v_c} = \frac{f}{\pi d_w} \tag{1-14}$$

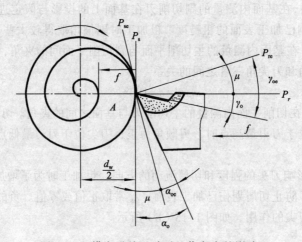

图 1-14　横向进给运动对工作角度的影响

（2）纵向进给运动对工作角度的影响。车外圆或车螺纹时，合成运动方向与主运动方向之间的夹角为 μ_f，如图 1-15 所示。这时工作基面 P_{re} 和工作切削平面 P_{se} 相对于标注参考系都要偏转一个附加的角度 μ_f，使车刀的工作前角 γ_{fe} 增大及工作后角 α_{fe} 减小，γ_{fe} 和 α_{fe} 分别为

$$\gamma_{fe} = \gamma_f + \mu_f \tag{1-15}$$

$$\alpha_{fe} = \alpha_f - \mu_f \tag{1-16}$$

$$\tan \mu_f = \frac{f}{\pi d_w} \tag{1-17}$$

一般车削时，进给量比工件直径小很多，故角度 μ_f 很小，对车刀工作角度影响很小，可忽略不计。但若进给量较大（如加工丝杆、多头螺纹），则应考虑角度 μ_f 的影响。车削右旋螺纹时，车刀左侧刃后角应大些，右侧刃后角应小些。或者使用可转角度刀架将刀具倾斜一个 μ_f 角安装，使左右两侧刃工作前后角相同。

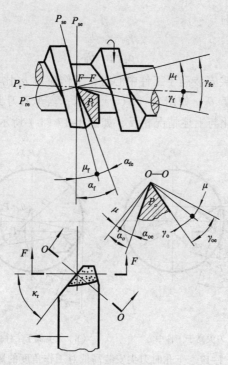

图 1-15　纵向进给运动对工作角度的影响

2）刀具安装对工作角度的影响

存在装夹误差时的刀具工作角度如图 1-16（a）所示。刀尖对准工件中心安装时，设切削平面（包含切削速度 v_c 的平面）与车刀底面相垂直，则基面与车刀底面平行，刀具切削角度无变化；图 1-16（b）所示为刀尖高于工件中心时，切削速度 v_c 所在平面（切削平面）倾斜一个角度 θ_p，则基面也随之倾斜一个角度 θ_p，从而使前角 γ_o 增大了一个角度 θ_p，后角 α_o 减小了一个角度 θ_p。反之，当刀尖低于工件中心时，则前角 γ_o 减小 θ_p，后角 α_o 增大 θ_p，如图 1-16（c）所示。

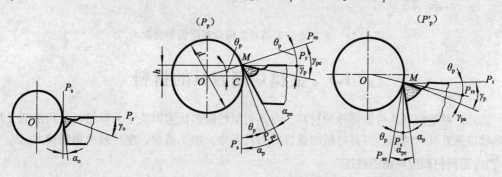

（a）刀尖与工件中心等高　　（b）刀尖高于工件中心　　（c）刀尖低于工件中心

图 1-16　刀尖位置对工作角度的影响

因此，当刀尖高于工件中心时

$$\gamma_{pe}=\gamma_p+\theta_p \qquad (1-18)$$

$$\alpha_{pe}=\alpha_p-\theta_p \qquad (1-19)$$

当刀尖低于工件中心时

$$\gamma_{pe}=\gamma_p-\theta_p \qquad\qquad (1-20)$$
$$\alpha_{pe}=\alpha_p+\theta_p \qquad\qquad (1-21)$$

车内孔时，当车刀刀尖安装高于工件中心时，工作前角 α_p 比标注前角 α_{pe} 减小一个角度 θ_p，工作后角增大一个角度 θ_p，如图 1-17（a）所示；当车刀刀尖安装低于工件中心时，工件前角和工作后角 γ_p 的变化与上述情况相反，如图 1-17（b）所示。

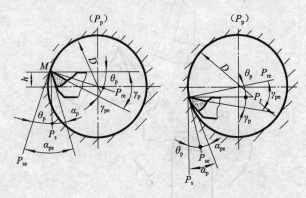

（a）刀尖高于工件中心 　　　（b）刀尖低于工件中心

图 1-17　车孔时刀尖安装高低对工作角度的影响

此外，当刀柄中心线与进给方向不垂直时，工作主、副偏角相对于主、副偏角也将发生变化，如图 1-18 所示。

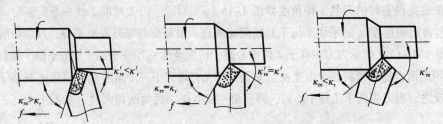

图 1-18　车刀安装偏斜对主偏角和副偏角的影响

1.3　金属切削刀具的材料

刀具材料是指刀具切削部分的材料。刀具切削性能的优劣取决于刀具材料、切削部分几何形状以及刀具的结构。刀具材料的选择对刀具寿命、加工质量、生产效率影响极大。

1. 刀具材料应具备的性能

切削过程中，刀具切削部分是在很大的切削力、较高的切削温度及剧烈摩擦等条件下工作的，同时，由于切削余量和工件材质不均匀或切削断续表面时，还伴随冲击和振动，因此刀具切削部分的材料应具备以下性能：

1）高硬度和耐磨性

硬度是刀具材料最基本的性能。刀具材料的硬度必须高于工件材料的硬度，以便刀具切入工件。在常温下刀具材料的硬度应在 60 HRC 以上。耐磨性是刀具抵抗磨损的能力，在剧烈的摩擦下刀具磨损要小。一般来说，材料的硬度越高，耐磨性越好。刀具材料含有耐磨的合金碳化物越多、晶粒越细、分布越均匀，则耐磨性越好。

2）足够的强度和韧性

刀具材料只有具备足够强度和韧性才能承受较大的切削力和切削时产生的振动，以防刀具断裂和崩刃。

3）较高的耐热性

高耐热性是指刀具在高温下仍能保持原有的硬度、强度、韧性和耐磨性的性能。

4）良好的工艺性

为便于刀具本身的制造，刀具材料还应具有良好的工艺性能，如切削性能、磨削性能、焊接性能及热处理性能等。

5）经济性

经济性是评价刀具材料的重要指标之一，刀具材料的价格应低廉，便于推广。但有些材料虽单件成本很高，但因其使用寿命长，平均到每个工件上的成本不一定很高。

2. 常用的刀具材料

目前，生产中所用的刀具材料以高速钢和硬质合金居多。碳素工具钢（如 T10A、T12A）、合金工具钢（如 9SiCr、CrWMn）因耐热性差，仅用于一些手工或切削速度较低的刀具。

1）高速钢

高速钢是一种加入较多的 W、Mo、Cr、V 等合金元素的高合金工具钢。有较高的热稳定性，切削温度达 500 ~ 650 ℃时仍能进行切削；有较高的强度、韧性、硬度和耐磨性；其制造工艺简单，容易磨成锋利的切削刃，可锻造，这对于一些形状复杂的刀具，如钻头、成形刀具、拉刀、齿轮刀具等尤为重要，是制造这些刀具的主要材料。

高速钢按用途分为通用型高速钢和高性能高速钢；按制造工艺不同分为熔炼高速钢和粉末冶金高速钢。

（1）通用型高速钢：主要用于制造切削硬度不大于 300 HB 的金属材料的切削刀具和精密刀具，常用的有 W18Cr4V、W6M05Cr4V2 号钢等。

W18Cr4V：含 W 为 18%、Cr 为 4%、V 为 1%。有较好的综合性能，在 600 ℃时其高温硬度为 48.5 HRC，刃磨和热处理工艺控制较方便，可以制造各种复杂刀具。

W6Mo5Cr4V2：含 W 为 6%、Mo 为 5%、Cr 为 4%、V 为 2%。碳化物分布细小、均匀，具有良好的机械性能，抗弯强度比 W18Cr4V 高 10% ~ 15%，韧性比 W18Cr4V 高 50% ~ 60%。可做尺寸较大、承受冲击力较大的刀具；热塑性特别好，更适用于制造热轧钻头等；磨削加工性也好。目前各国广为应用。

（2）高性能高速钢：在通用型高速钢的基础上再增加含碳量、含钒量并添加钴、铝等合金元素。按其耐热性，又称高热稳定性高速钢。在 630 ~ 650 ℃时仍可保持 60 HRC 的硬度，具有更好的切削性能，耐用度较通用型高速钢高 1.3 ~ 3 倍。适合于加工高温合金、钛合金、超高强度钢等难加工材料。典型牌号有高碳高速钢 9W18Cr4V、高钒高速钢 W6Mo5Cr4V3、钴高速钢 W6MoCr4V2Co8、超硬高速钢 W2Mo9Cr4VCo8 等。

（3）粉末冶金高速钢：用高压氩气或纯氮气雾化熔融的高速钢钢水，直接得到细小的高速钢粉末，高温下压制成致密的钢坯，而后锻轧成材或刀具形状。其特点是有效地解决了一般熔炼高速钢时铸锭产生粗大碳化物共晶偏析的问题，而得到细小均匀的结晶组织，使之具有良好的机械性能。其强度和韧性分别是熔炼高速钢的两倍和 2.5~3 倍；磨削加工性好；物理、机械性能高度各向同性，淬火变形小；耐磨性提高 20%~30%，适合于制造切削难加工材料的刀具、大尺寸刀具、精密刀具、磨削加工量大的复杂刀具、高压动载荷下使用的刀具等。

2）硬质合金

硬质合金由难熔金属碳化物（如 WC、TiC）和金属黏结剂（如 Co）经粉末冶金法制成。

因含有大量熔点高、硬度高、化学稳定性好、热稳定性好的金属碳化物，硬质合金的硬度、耐磨性、耐热性都很高。硬度可达 89~93 HRA，在 800~1000 ℃ 还能承担切削任务，耐用度较高速钢高几十倍。当耐用度相同时，切削速度可提高 4~10 倍。只有抗弯强度较高速钢低，仅为 0.9~1.5 GPa（90~150 kgf/mm），冲击韧性差，切削时不能承受大的振动和冲击负荷。

国家标准化组织（ISO）将切削用的硬质合金分为三类：

（1）K 类（相当于我国 YG 类）：硬质合金由 WC 和 Co 组成。此类合金韧性、磨削性、导热性较好，较适于加工易产生崩碎切屑、有冲击切削力作用在刃口附近的脆性材料。

（2）P 类（相当于我国 YT 类）：硬质合金除含有 WC 外，还含 5%~30%的 TiC。此类合金有较高的硬度和耐磨性，抗黏结扩散能力和抗氧化能力好；但抗弯强度、磨削性和导热系数下降，低温脆性大、韧性差。适于高速切削钢料。

需要注意的是，此类合金不宜用于加工不锈钢和钛合金。因 YT 类硬质合金中的钛元素和工件中的钛元素之间的亲合力会产生严重黏刀现象，在高温切削及摩擦因数大的情况下会加剧刀具磨损。

（3）M 类（相当于我国 YW 类）：在 YT 类中加入 TaC（NbC）可提高其抗弯强度、疲劳强度、冲击韧性、高温硬度和抗氧化能力、耐磨性等。既可用于加工铸铁件，也可加工钢件。因而又有通用硬质合金之称。

表 1-1 所示为各种硬质合金牌号的应用范围。

表 1-1 常用硬质合金牌号的选用

牌号	用途
YG3	铸铁、有色金属及其合金的精加工、半精加工，要求无冲击
YG6X	铸铁、冷硬铸铁、高温合金的精加工、半精加工
YG6	铸铁、有色金属及其合金的半精加工与粗加工
YG8	铸铁、有色金属及其合金的粗加工，也可用于断续切削
YT30	碳素钢、合金钢的精加工
YT15 YT14	碳素钢、合金钢连续切削时粗加工、半精加工及精加工，也可用于断续切削时的精加工
YT5	碳素钢、合金钢的粗加工，可用于断续切削
YA6	冷硬铸铁、有色金属及其合金的半精加工，也可用于合金钢的半精加工
YW1	不锈钢、高强度钢与铸铁的半精加工与精加工
YW2	不锈钢、高强度钢与铸铁的粗加工与半精加工
YN05	低碳钢、中碳钢、合金钢的高速精车，系统刚性较好的细长轴精加工
YN10	碳钢、合金钢、工具钢、淬硬钢连续表面的精加工

3）其他刀具材料

（1）涂层刀具：通过在韧性较好的硬质合金基体上，或在高速钢刀具基体上，涂敷一薄层耐磨性高的难熔金属化合物而获得的。涂层硬质合金一般采用化学气相沉积法，沉积温度在1 000 ℃左右；涂层高速钢刀具一般采用物理气相沉积法，沉积温度在500 ℃左右。

常用的涂层材料有 TiC、TiN、Al_2O_3 等。涂层厚度：硬质合金为 4～5 μm，表层硬度可达 2 500～4 200 HV；高速钢的为 2 μm、表层硬度可达 80 HRC。

涂层刀具有较高的抗氧化性能和黏结性能，因而有高的耐磨性和抗月牙洼磨损能力；有较低的摩擦因数，可降低切削时的切削力及切削温度，并提高刀具耐用度（提高硬质合金刀具耐用度1～3倍，高速钢刀具耐用度2～10倍）。但也存在着锋利性、韧性、抗剥落性、抗崩刃性差及成本高的问题。

（2）陶瓷：有 Al_2O_3 陶瓷及 Al_2O_3-TiC 混合陶瓷两种，以其微粉在高温下烧结而成。有很高的硬度（91～95 HRA）和耐磨性；有很高的耐热性，在 1 200 ℃以上仍能进行切削；切削速度比硬质合金高 2～5 倍；有很高的化学稳定性、与金属的亲合力小、抗黏结和抗扩散的能力好。可用于加工钢、铸铁，也同样适用于车、铣加工。

缺点是脆性大、抗弯强度低，冲击韧性差，易崩刃。但作为连续切削用的刀具材料，还是有较广的应用范围。

（3）金刚石：目前最硬的物质，是在高温、高压和其他条件配合下由石墨转化而成。硬度高达 10 000 HV、耐磨性好，可用于加工硬质合金、陶瓷、高硅铝合金及耐磨塑料等高硬度、高耐磨的材料，刀具耐用度比硬质合金可提高几倍到几百倍。其切削刃锋利，能切下极薄的切屑，加工冷硬现象较少；有较低的摩擦因数，切屑与刀具不易产生黏结，不产生积屑瘤，很适于精密加工。

其缺点是热稳定性差，切削温度不宜超过 700～800 ℃；强度低、脆性大，对振动敏感，只适于微量切削；与铁有强的化学亲合力，不适于加工黑色金属。

目前主要用于磨具及磨料，适用于有色金属及非金属材料的高速精细车削及镗削。加工铝合金、铜合金时，切削速度可达 800～3 800 m/min。

（4）立方氮化硼：由软的立方氮化硼在高温、高压下加入催化剂转变而成。有很高的硬度（8 000～9 000 HV）及耐磨性；有比金刚石更高的热稳定性（达 1 400 ℃），可用来加工高温合金；化学惰性很大，与铁族金属在温度为 1 200～1 300 ℃时也不易起化学反应，可用于加工淬硬钢及冷硬铸铁；有良好的导热性、较低的摩擦因数。目前不仅用于磨具，也逐渐用于车、镗、铣、铰等机械加工工艺。

1.4 金属切削过程

金属切削过程是指将工件上多余的金属层，通过切削加工被刀具切除而形成切屑的过程。金属在切削过程中会产生的切削变形、切削力、切削热、积屑瘤和刀具磨损等物理现象，研究这些现象及变化规律，对于合理使用与设计刀具、夹具和机床，保证加工质量，减少能量消耗，提高生产率和促进生产技术发展都有很重要的意义。

1. 切屑的形成与切削变形

大量的实验和理论分析证明，塑性金属切削过程中切屑的形成过程就是切削层金属的变形过程。根据切削实验时制作的金属切削层变形图片，可绘制出图 1-19 所示的金属切削过程中的滑移线和流线示意图。流线表明被切削金属中的某一点在切削过程中流动的轨迹。切削过程中，切削层金属的变形大致可划分为如下三个区域：

（1）第 I 变形区：第 I 变形区是切屑形成的主要区域（见图 1-19 中 I 区），在刀具前面推挤下，切削层金属发生塑性变形。切削层金属所发生的塑性变形是从 OA 线开始，直到 OM 线结束。在这个区域内，被刀具前面推挤的工件的切削层金属完成了剪切滑移的塑性变形过程，金属的晶粒被显著地拉长。离开 OM 线之后，切削层金属已经变成了切屑，并沿着刀具前面流动。

（2）第 II 变形区：切屑沿刀具前面流动时，进一步受到刀具前面的挤压，在刀具前面与切屑底层之间产生了剧烈摩擦，使切屑底层的金属晶粒纤维化，其方向基本上和刀具前面平行。这个变形区域（见图 1-19 中的 II 区）称为第 II 变形区。第 II 变形区对切削过程也会产生较显著的影响。

（3）第 III 变形区：切削层金属被刀具切削刃和前面从工件基体材料上剥离下来，进入第 I 和第 II 变形区；同时，工件基体上留下的材料表层经过刀具钝圆切削刃和刀具后面的挤压、摩擦，使表层金属产生纤维化和非晶质化，使其显微硬度提高；在刀具后面离开后，已加工表面的表层和深层金属都要产生回弹，从而产生表面残余应力，这些变形过程都是在第 III 变形区（见图 1-19 中的 III 区）内完成的，也是已加工表面形成的过程。第 III 变形区内的摩擦与变形情况，直接影响着已加工表面的质量。

这三个变形区不是独立的，它们有紧密的内在联系并相互影响。

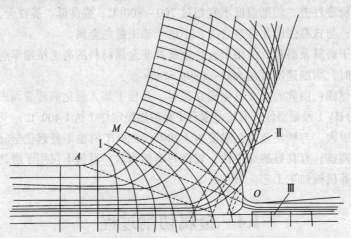

图 1-19　金属切削过程中的滑移线和流线示意图

2. 切屑的类型

由于工件材料以及切削条件不同，切削变形的程度也就不同，因而所产生的切屑形态也就多种多样。其基本类型，包括带状切屑、挤裂切屑、单元切屑和崩碎切屑四类，如图 1-20 所示。

（a）带状切屑　　　（b）挤裂（节状）切屑　　（c）单元（粒状）切屑　　（d）崩碎切屑

图 1-20　切屑的类型

1）带状切屑

带状切屑是加工塑性材料最常见的一种切屑。它的形状像一条连绵不断的带子，底部光滑，背部呈毛茸状，如图 1-20（a）所示。一般加工塑性材料，当切削厚度较小、切削速度较高、刀具前角较大时，得到的切屑往往是带状切屑。形成这种切屑时，切削过程平稳，切削力波动较小，已加工表面粗糙度值较小，但带状切屑会缠绕工件、刀具等，需要采取断屑措施。

2）挤裂切屑

挤裂切屑又称节状切屑，是在加工塑性材料时较常见的一种切屑。其特征是内表面很光滑，外表面可见明显裂纹的连续带状切屑，如图 1-20（b）所示。其产生的主要原因：切削过程中，由于被切材料在局部达到了破裂强度，使切屑在外表面产生了明显可见的裂纹，但在切屑厚度方向上不贯穿整个切屑，使切屑仍然保持了连续带状。采用较小的前角、较低的切削速度加工中等硬度的塑性材料时，容易得到这类切屑。这种切削过程，由于变形较大，切削力大，且有波动，加工后工件表面较粗糙。

3）单元切屑

单元切屑又称粒状切屑，是在加工塑性材料时较少见的一种切屑。其特征是切屑呈粒状，如图 1-20（c）所示。其原因是在刀具的作用下，切屑在整个剪切面上受到的剪应力超过了材料的断裂极限，使切屑断裂而与基体分离。这种切削过程不平稳，振动较大，已加工表面粗糙度值较大，表面可见明显波纹。其产生条件与挤裂切屑相比切削速度、刀具前角进一步减小，切削厚度进一步增加。

4）崩碎切屑

崩碎切屑是加工脆性材料时常见的切屑。因被切材料在刀刃和前面的作用下，未经塑性变形就被挤裂而崩碎，从而形成不规则的碎块状切屑，如图 1-20（d）所示。工件越硬脆，越容易产生这类切屑。产生崩碎切屑时，切削热和切削力都集中在主切削刃和刀尖附近，刀尖容易磨损，并产生振动，从而影响被加工件的表面粗糙度。

同一加工件，切屑的类型可以随切削条件的不同而改变，在生产中，常根据具体情况采取不同的措施来得到需要的切屑，以保证切削加工的顺利进行。例如，增大前角、提高切削速度或减小切削厚度可将挤裂切屑转变成带状切屑。

3. 积屑瘤

在一定切削速度范围内，加工钢材、有色金属等塑性材料时，在刀具前面靠近刀刃的部位黏附着一小块很硬的金属，这块金属就是切削过程中产生的积屑瘤，或称刀瘤，如图 1-21所示。

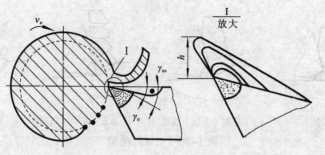

图 1-21　积屑瘤

1）积屑瘤的形成

积屑瘤是由于切屑和前面剧烈的摩擦、黏结而形成的。当切屑沿刀具前面流出时，在高温和高压的作用下，切屑底层受到很大的摩擦阻力，致使这一层金属的流动速度降低，形成"滞流层"。当滞流层金属与刀具前面之间的摩擦力超过切屑本身分子间的结合力时，就会有一部分金属黏结在刀刃附近形成积屑瘤。积屑瘤形成后越来越高，达到一定高度又会破裂，从而被切屑带下或嵌附在工件表面上，影响表面粗糙度。上述过程是重复进行的。积屑瘤的形成主要取决于切削温度，如在 300～380 ℃切削碳钢易产生积屑瘤。

2）积屑瘤对切削加工的影响

（1）对切削力的影响。积屑瘤黏结在刀具的前面上，增大了刀具的实际前角，可使切削力减小。但由于积屑瘤不稳定，导致了切削力的波动。

（2）对已加工表面粗糙度的影响。积屑瘤不稳定，易破裂，其碎片随机散落，可能会留在已加工表面上。另外，积屑瘤形成的刃口不光滑，使已加工表面变得粗糙。

（3）对刀具耐用度的影响。积屑瘤相对稳定时，可代替切削刃切削，减小了切屑与刀具前面的接触面积，提高刀具耐用度；积屑瘤不稳定时，破裂部分有可能引起硬质合金刀具的剥落，反而降低了刀具耐用度。

显然，积屑瘤有利有弊。粗加工时，对精度和表面粗糙度要求不高，如果积屑瘤能稳定生长，则可以代替刀具进行切削，保护刀具，同时减小切削变形。精加工时，则应避免积屑瘤的出现。

3）影响积屑瘤的主要因素

工件材料和切削速度是影响积屑瘤的主要因素。此外，接触面间的压力、粗糙程度、黏结强度等因素都与形成积屑瘤的条件有关。

（1）工件材料。塑性好的材料，切削时的塑性变形较大，容易产生积屑瘤。塑性差硬度较高的材料，产生积屑瘤的可能性相对较小。切削脆性材料时，形成的崩碎切屑与前面无摩擦，一般无积屑瘤产生。

（2）切削速度。切削速度较低（$v_c < 3$ m/min）时，切屑流动较慢，切屑底面的金属被充分氧化，摩擦因数小，切削温度低，切屑金属分子间的结合力大于切屑底面与刀具前面之间的摩擦力，因而不会出现积屑瘤。切削速度在 3～40 m/min 范围内时，切屑底面的金属与刀具前面间的摩擦因数较大，切削温度高，切屑金属分子间的结合力降低，因而容易产生积屑瘤。当切削速度较高（$v_c > 40$ m/min）时，由于切削温度很高，切屑底面呈微熔状态，摩擦因数明显降低，亦不会产生积屑瘤。

此外，增大前角以减小切屑变形或用油石仔细打磨刀具前面以减小摩擦，或选用合适的切削液以降低切削温度和减小摩擦，都有助于防止积屑瘤的产生。

4. 切削力

金属切削时，刀具切入工件，使工件材料产生变形成为切屑所需要的力称为切削力。切削力是计算切削功率、设计刀具、机床和机床夹具以及制订切削用量的重要依据。在自动化生产中，还可通过切削力来监控切削过程和刀具的工作状态。因此，研究和掌握切削力的规律和计算、实验方法，对生产实践有重要的实用意义。

1）切削力的来源及分解

（1）切削力的来源。切削时，使被加工材料发生变形成为切屑所需的力称为切削力。切削力来源于以下两个方面（见图 1-22）。

① 切屑形成过程中，弹性变形和塑性变形产生的抗力。

② 切屑和刀具前面的摩擦阻力及工件和刀具后面的摩擦阻力。

（2）切削力的分解。总切削力 F 是一个空间力。为了便于测量和计算，以适应机床、刀具设计和工艺分析的需要，常将 F 分解为三个互相垂直的切削分力，如图 1-23 所示。

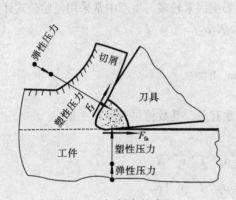

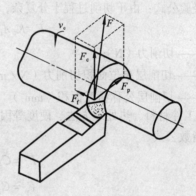

图 1-22　切削力的来源　　　图 1-23　总切削力的分解

① 主切削力 F_c：主切削力是总切削力 F 在主运动方向上的分力，又称切向力。主切削力是三个分力中最大的，消耗的机床功率也最多（95%以上），是计算机床动力和主传动系统零件（如主轴箱内的轴和齿轮）强度和刚度的主要依据。

② 进给力 F_f：进给力是总切削力 F 在进给运动方向上的分力，车削外圆时与主轴轴线方向一致，又称轴向力。进给力一般只消耗总功率的 1% ~ 5%，是计算进给系统零件强度和刚度的重要依据。

③ 背向力 F_p：背向力是总切削力 F 在垂直于进给运动方向上的分力，又称径向力或吃刀抗力。因为切削时在此方向上的运动速度为零，所以 F_p 不做功，但会使工件弯曲变形，还会引起工件振动，对表面粗糙度产生不利影响。

总切削力 F 与三个分力 F_c、F_f、F_p 的关系

$$F = \sqrt{F_c^2 + F_f^2 + F_p^2} \qquad\qquad (1-22)$$

据实验，当 $\kappa_r=45°$、$\lambda_s=0°$、$\gamma_o=15°$时，F_c、F_p、F_f 之间有以下近似关系

$$F_p=（0.4\sim0.5）F_z$$

$$F_f=（0.3\sim0.4）F_z$$

代入式（1-22）得

$$F_c=（1.12\sim1.18）F_z$$

随着刀具几何参数、切削用量、工件材料和刀具磨损等情况的不同，F_c、F_p、F_f 之间的比例也不同。

2）切削力、切削功率的计算

（1）切削力的计算。很多研究人员曾用计算机对切削力做了大量的理论分析，以期从理论上获得计算切削力的理论公式，服务于生产。但由于切削过程非常复杂，影响因素很多，迄今还未能得出与实测结果相吻合的理论公式。因而生产实践中仍采用通过实验方法所建立的切削力实验公式。它是通过大量实验，由测力仪测得切削力后，将所得数据用数学方法进行处理而得出的。

现有的切削力实验公式有两类：

① 经验公式：由于切削过程十分复杂，影响因素较多，生产中常采用经验公式计算，即

$$F_c=K_c A_D=K_c a_p f \tag{1-23}$$

式中：F_c——切削力（N）；

K_c——切削层单位面积切削力（N／mm^2）；

A_D——切削层公称横截面积（mm^2）。

K_c 与工件材料、热处理方法、硬度等因素有关，其数值可查切削手册。

② 指数公式

$$F_c=C_{F_z}a_p^{x_{F_z}}f^{y_{F_z}}v_c^{n_{F_z}}K_{F_z}$$

$$F_p=C_{F_y}a_p^{x_{F_y}}f^{y_{F_y}}v_c^{n_{F_y}}K_{F_y} \tag{1-24}$$

$$F_f=C_{F_x}a_p^{x_{F_x}}f^{y_{F_x}}v_c^{n_{F_x}}K_{F_x}$$

式中：F_c、F_p、F_f ——分别为主切削力、背向力、进给力；

C_{F_c}、C_{F_p}、C_{F_f} ——分别为上述三个分力的系数，其大小决定于被加工材料和切削条件（可查手册）；

x_{F_c}、y_{F_c}、n_{F_c}、x_{F_p}、y_{F_p}、n_{F_p}、x_{F_f}、y_{F_f}、n_{F_f}

——分别为三个分力公式中，背吃刀量 a_p、进给量 f 和切削速度 v_c 的指数（可查手册）。

（2）切削功率的计算。消耗在切削过程中的功率称为切削功率 P_c，是 F_c、F_f 所消耗功率之和。F_p 方向没有位移，不消耗功率。而 F_f 相对于 F_c 所消耗的功率来说一般很小，可略去不计。因而切削功率 P_c 可按下式计算

$$P_c=F_c v_c 10^{-3} \tag{1-25}$$

（3）机床电动机功率。在设计机床选择电动机功率 P_E 时，应按下式计算

$$P_E \geqslant \frac{P_c}{\eta_c} \tag{1-26}$$

式中：η_c——机床传动效率，一般取 $0.75 \sim 0.85$。

5. 影响切削力的因素

1）工件材料的影响

工件材料的强度、硬度越高，虽然切屑变形略有减小，但总的切削力还是增大的。强度、硬度相近的材料，塑性大，则与刀具的摩擦因数也较大，故切削力增大。加工脆性材料，因塑性变形小，切屑与刀具前面摩擦小，切削力较小。

2）切削用量的影响

（1）背吃刀量和进给量。当进给量 f 和背吃刀量 a_p 增加时，切削面积增大，切削力也增加，但两者的影响程度不同。在车削时，当背吃刀量 a_p 增大一倍时，切削力约增大一倍；而进给量 f 加大一倍时，切削力只增大 $68\% \sim 86\%$。

（2）切削速度。积屑瘤的存在与否，决定着切削速度对切削力的影响情况：在积屑瘤生长阶段，v_c 增加，积屑瘤高度增加，变形程度减小，切削力减小；反之，在积屑瘤减小阶段，切削力则逐渐增大。在无积屑瘤阶段，随着切削速度 v_c 的提高，切削温度增高，刀具前面摩擦减小，变形程度减小，切削力减小，如图 1-24 所示。因此生产中常用高速切削来提高生产效率。

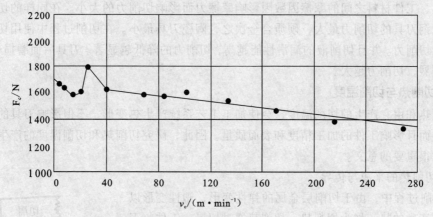

图 1-24 切削速度对切削力的影响

在切削脆性金属工件材料时，因塑性变形很小，刀具前面的摩擦也很小，所以切削速度 v_c 对切削力无明显的影响。

3）刀具几何参数的影响

（1）前角。前角对切削力影响最大。当切削塑性金属时，前角增大，能使被切层材料所受挤压变形和摩擦减小，排屑顺畅，总切削力减小。加工脆性金属时前角对切削力影响不明显。

（2）负倒棱。在锋利的切削刃上磨出负倒棱（见图 1-25），可以提高刃口强度，从而提高刀具使用寿命，但此时被切削金属的变形加大，切削力增加。

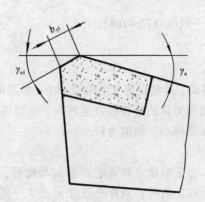

图 1-25　负倒棱对切削力的影响

（3）主偏角。主偏角对切削力的影响主要是通过切削厚度和刀尖圆弧曲线长度的变化来影响变形，从而影响切削力的。主偏角对切削分力 F_c、F_p、F_f 的影响较小，但对背向力 F_p 和进给力 F_f 的影响明显，主偏角 κ_r 增大，背向力 F_p 减小，进给力 F_f 增大。因此，生产中常用主偏角为 75° 的车刀加工。

4）其他因素的影响

刀具、工件材料之间的摩擦因数因影响摩擦力而影响切削力的大小。在同样的切削条件下，高速钢刀具的切削力最大，硬质合金次之，陶瓷刀具最小。在切削过程中使用切削液，可以降低切削力。并且切削液的润滑性能越高，切削力的降低越显著。刀具后面磨损越严重，摩擦越剧烈，切削力越大。

6.　切削热与切削温度

切削热和由它产生的切削温度，会使加工工艺系统产生热变形，不但影响刀具的磨损和耐用度，而且影响工件的加工精度和表面质量。因此，研究切削热和切削温度的产生及其变化规律有很重要的意义。

1）切削热的来源与传导

在切削过程中，由于切削层金属的弹性变形、塑性变形以及摩擦而产生的热，称为切削热。切削热通过切屑、工件、刀具以及周围的介质传导出去，如图 1-26 所示。在第Ⅰ变形区内切削热主要由切屑和工件传导出去，在第Ⅱ变形区内切削热主要由切屑和刀具传导出去，在第Ⅲ变形区内切削热主要由工件和刀具传出。加工方式不同，切削热的传导情况也不同。不用切削液时，切削热的 50%～86% 由切屑带走，40%～10% 传入工件，9%～3% 传入刀具，1% 左右传入空气。

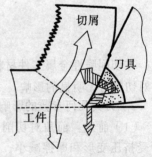

图 1-26　切削热的来源与传导

2）切削温度及影响因素

切削温度一般指切屑与刀具前面接触区域的平均温度。切削温度可用仪器测定，也可通过切屑的颜色大致判断。例如切削碳素钢时，切屑的颜色从银白色、黄色、紫色到蓝色，则表明切削温度从低到高。切削温度的高低，取决于该处产生热量的多少和传散热量的快慢。因此，凡是影响切削热产生与传出的因素都影响切削温度的高低。

（1）工件材料。对切削温度影响较大的是材料的强度、硬度及热导率。材料的强度和硬度越高，单位切削力越大，切削时所消耗的功率就越大，产生的切削热越多，切削温度就越高。热传导率越小，传导的热越少，切削区的切削温度就越高。

（2）刀具几何参数。刀具的前角和主偏角对切削温度影响较大。增大前角，可使切削变形及切屑与前面的摩擦减小，产生的切削热减少，切削温度下降。但前角过大（$\gamma_o \geqslant 20°$）时，刀头的散热面积减小，反而使切削温度升高。减小主偏角，可增加切削刃的工作长度（见图1-27），增大刀头的散热面积，降低切削温度。

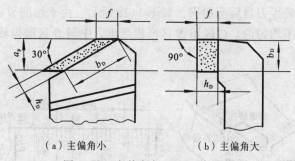

（a）主偏角小　　　　　　（b）主偏角大

图 1-27　主偏角与刀刃工作长度

（3）切削用量。增大切削用量，单位时间内切除的金属量增多，产生的切削热也相应增多，致使切削温度上升。由于切削速度、进给量和吃刀量的变化对切削热的产生与传导的影响不同，所以对切削温度的影响也不相同。其中，吃刀量对切削温度的影响最小，进给量次之，切削速度的影响最大。因此，从控制切削温度的角度出发，在机床条件允许的情况下，选用较大的吃刀量和进给量比选用大的切削速度更有利。

（4）其他因素。刀具后面磨损增大时，加剧了刀具与工件间的摩擦，使切削温度升高。切削速度越高，刀具磨损对切削温度的影响越明显。可利用切削液的润滑功能降低摩擦因数，减少切削热的产生，同时切削液也可带走一部分切削热，所以采用切削液是降低切削温度的重要方法。

3）切削热对切削加工的影响

传入切屑及介质中的热对加工没有影响；传入刀头的热量虽然不多，但由于刀头体积小，特别是高速切削时切屑与刀具前面发生连续而强烈的摩擦，刀头上切削温度可达 1 000 ℃以上，会加速刀具磨损，降低刀具使用寿命；传入工件的切削热会引起工件变形，影响加工精度，特别是加工细长轴、薄壁套以及精密零件时，更需注意热变形的影响。所以，切削加工中应设法减少切削热的产生，改善散热条件。

7. 刀具磨损与刀具耐用度

切削时刀具在高温条件下，受到工件、切屑的摩擦作用，刀具材料被逐渐磨耗或出现其他形式的破坏。当磨损量达到一定程度时，切削力加大，切削温度上升，切屑形状和颜色改变，甚至产生振动，不能继续正常切削。因此，刀具磨损直接影响加工效率、质量和成本。

1）刀具磨损的形态

刀具磨损是指刀具与工件或切屑的接触面上，刀具材料的微粒被切屑或工件带走的现象。这种磨损现象称为正常磨损。若由于冲击、振动、热效应等原因使刀具崩刃、碎裂而损坏，称为非正常磨损。刀具正常磨损有以下三种形式：

（1）前面磨损（月牙洼磨损）。切削塑性材料，当切削厚度较大时，刀具前面承受巨大的压力和摩擦力，而且切削温度很高，使前面产生月牙洼磨损，如图 1-28 所示。随着磨损的加剧，月牙洼逐渐加深加宽，当接近刃口时，会使刃口突然破损。刀具前面磨损量的大小，用月牙洼的宽度 KB 和深度 KT 表示。

（2）后面磨损。刀具后面虽然有后角，但由于切削刃不是理想的锋利，而有一定的钝圆，因此，刀具后面与工件实际上是面接触，磨损就发生在这个接触面上。在切削铸铁等脆性金属或以较低的切削速度、较小的切削厚度切削塑性金属时，由于刀具前面上的压力和摩擦力不大，主要发生刀具后面磨损，如图 1-28 所示。由于切削刃各点工作条件不同，其刀具后面磨损带是不均匀的。C 区和 N 区磨损严重，中间 B 区磨损较均匀，其平均磨损宽度以 VB 表示。

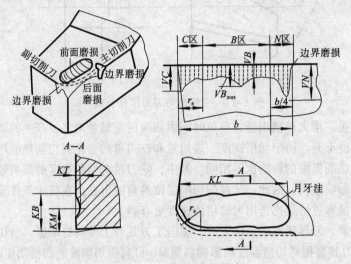

图 1-28　刀具的磨损形态

（3）刀具前面和后面同时磨损。这是一种兼有上述两种情况的磨损形式。在切削塑性金属时，若切削厚度适中，经常会发生这种磨损。

2）刀具磨损的主要原因

刀具磨损的原因很复杂，主要有以下几个方面：

（1）硬质点磨损。硬质点磨损是由于工件材料中的硬质点或积屑瘤碎片在刀具表面产生的机械划伤，从而使刀具磨损。各种刀具都会产生硬质点磨损，但对于硬度较低的刀具材料，或低速刀具，如高速钢刀具及手工刀具等，硬质点磨损是刀具的主要磨损形式。

（2）黏结磨损。黏结磨损是指刀具与工件（或切屑）的接触面在足够的压力和温度作用下，达到原子间距离而产生黏结的现象。因相对运动，黏结点的晶粒或晶粒群受剪或受拉被对方带走而造成磨损。黏结点的分离面通常在硬度较低的一方，即工件上。但也会造成刀具材料组织不均匀，产生内应力以及疲劳微裂纹等缺陷。

（3）扩散磨损。扩散磨损是指刀具表面与被切出的工件新鲜表面接触，在高温下，两个摩擦面的化学元素获得足够的能量，相互扩散，改变了接触面双方的化学成分，降低了刀具材料的性能，从而造成刀具磨损。例如，硬质合金车刀加工钢料时，在 $800 \sim 1\,000\ ℃$ 高温时，硬质合金中的 Co、W 和 C 等元素迅速扩散到切屑、工件中去；工件中的 Fe 元素则向硬质合金表层扩散，使硬质合金形成新的低硬度高脆性的复合化合物层，从而加剧刀具磨损。刀具扩散磨损与化学成分有关，并随着温度的升高而加剧。

（4）化学磨损。化学磨损又称为氧化磨损，指刀具材料与周围介质（如空气中的 O，切削液中的极压添加剂 S、Cl 等），在一定的温度下发生化学反应，在刀具表面形成硬度低、耐磨性差的化合物，加速刀具的磨损。化学磨损的强弱取决于刀具材料中元素的化学稳定性以及温度的高低。

（5）相变磨损。指工具钢在切削温度超过相变温度时，刀具材料中的金相组织发生变化，硬度显著下降而引起的磨损。

（6）热电磨损。切削时，刀具与工件构成一自然热电偶，产生热电势，工艺系统自成回路，热电流在刀具和工件中通过，使碳离子发生迁移或从刀具移至工件，或从工件移至刀具，都将使刀具表面层的组织变得脆弱而加剧刀具磨损。

对于不同的刀具材料，在不同的切削条件下，加工不同的工件材料时，其主要磨损原因可能属于上述磨损原因中的一、两种。如硬质合金刀具高速切削钢料时，主要是扩散磨损，并伴随有黏结磨损和化学磨损等；对一定刀具和工件材料，起主导作用的是切削温度，低温时以机械磨损为主，高温时以热、化学、黏结、扩散磨损为主；合理的选择刀具材料、几何参数、切削用量、切削液，控制切削温度，有利于减少刀具磨损。

3）刀具磨损过程及磨钝标准

（1）刀具的磨损过程。在正常条件下，随着刀具的切削时间增大，刀具的磨损量将增加。通过实验得到图 1-29 所示的刀具后面磨损量 VB 与切削时间的关系曲线。由图 1-29 所示的坐标可知，刀具磨损过程可分为三个阶段。

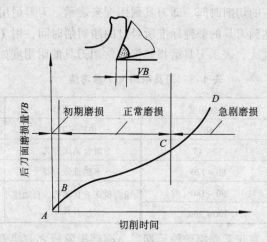

图 1-29　刀具的磨损过程

① 初期磨损阶段：初期磨损阶段的特点是磨损快，时间短。一把新刃磨的刀具表面尖峰突出，在与切屑摩擦过程中，峰点的压强很大，造成尖峰很快被磨损，使压强趋于均衡，磨损速度减慢。

② 正常磨损阶段：经过初期磨损阶段之后，刀具表面峰点基本被磨平，表面的压强趋于均衡，刀具的磨损量 VB 随着时间的延长而均匀地增加，经历的切削时间较长。这就是正常磨损阶段，也是刀具的有效工作阶段。

③ 急剧磨损阶段：当刀具磨损量达到一定程度，切削刃已变钝，切削力、切削温度急

剧升高，磨损量 VB 剧增，刀具很快失效。为合理使用刀具及保证加工质量，应在此阶段之前及时更换刀具。

（2）刀具的磨钝标准。刀具磨损后将影响切削力、切削温度和加工质量，因此必须根据加工情况规定一个最大的允许磨损值，这就是刀具的磨钝标准。国际标准 ISO 统一规定以 1/2 背吃刀量处后面磨损宽度 VB 作为刀具的磨钝标准。磨钝标准的具体数值可查阅有关手册。表 1-2 所示为高速钢车刀与硬质合金车刀的磨钝标准。

表 1-2　高速钢车刀与硬质合金车刀的磨钝标准

工件材料	加工性质	磨钝标准 VB/mm	
		高速钢	硬质合金
碳钢、合金钢	粗车	1.5 ~ 2.0	1.0 ~ 1.4
	精车	1.0	0.4 ~ 0.6
灰铸铁、可锻铸铁	粗车	2.0 ~ 3.0	0.8 ~ 1.0
	半精车	1.5 ~ 2.0	0.6 ~ 0.8
耐热钢、不锈钢	粗、精车	1.0	1.0
钛合金	粗、半精车	—	0.4 ~ 0.5
淬火钢	精车	—	0.8 ~ 1.0

4）刀具磨损限度和刀具耐用度

在实际生产中，不可能经常停机测量刀具后面上的 VB 值以确定是否达到磨钝标准，而是采用与磨钝标准相对应的切削时间，即刀具耐用度来表示。刀具耐用度是指刃磨后的刀具自开始切削直到磨损量达到刀具的磨钝标准所经过的净切削时间，用 T 表示，单位为 s（或 min）。刀具耐用度 T 值越大，表示刀具磨损越慢。常用刀具的耐用度如表 1-3 所示。

表 1-3　刀具耐用度 T 参考值　　　　　　　　（单位：min）

刀具类型	刀具耐用度 T	刀具类型	刀具耐用度 T
车、刨、镗刀	60	仿形车刀具	120 ~ 180
硬质合金可转位车刀	30 ~ 45	组合钻床刀具	200 ~ 300
钻头	80 ~ 120	多轴铣床刀具	400 ~ 800
硬质合金面铣刀	90 ~ 180	组合机床、自动机、自动线刀具	240 ~ 480
切齿刀具	200 ~ 300		

（1）刀具磨损限度。在正常磨损阶段后期、急剧磨损阶段之前换刀或重磨，既可保证加工质量，又能充分利用刀具材料。在大多数情况下，后面都有磨损，而且测量也较容易，故通常以后面的磨损宽度 VB 作为刀具磨损限度。

（2）刀具耐用度（刀具寿命）。刀具耐用度（又称刀具寿命）是指两次刃磨之间实际进行切削的时间，以 T 表示，单位为 min。在实际生产中，不可能经常测量 VB 的宽度，而是通过确定刀具耐用度，作为衡量刀具磨损限度的标准。因此，刀具耐用度的数值应规定得合理。对于制造和刃磨比较简单、成本不高的刀具，耐用度可定得低些；对于制造和刃磨比较复杂、成本较高的刀具，耐用度可定得高些。通常，硬质合金车刀 T 为 60 ~ 90 min；高速钢钻头 T 为 80 ~ 120 min；齿轮滚刀 T 为 200 ~ 300 min。

（3）影响刀具耐用度的因素。影响刀具耐用度的因素很多，主要有工件材料、刀具材料、刀具几何角度、切削用量以及是否使用切削液等。切削用量中切削速度的影响最大。所以，为了保证各种刀具所规定的耐用度，必须合理地选择切削速度。

5）刀具的破损

刀具破损也是刀具损坏的主要形式之一。以脆性大的刀具材料制成的刀具进行断续切削，或加工高硬度的工件材料时，刀具的破损最为严重。

（1）破损的形式。刀具破损的形式包括脆性破损和塑性破损两种。

① 脆性破损：硬质合金和陶瓷刀具切削时，在机械和热冲击作用下，刀具前、后面尚未发生明显的磨损前，就在切削刃处出现崩刃、碎断、剥落、裂纹等。

② 塑性破损：切削时，由于高温、高压作用，有时在刀具前、后面和切屑、工件的接触层上，刀具表层材料发生塑性流动而失去切削能力。

（2）破损的原因。在生产实际中，工件的表面层无论其几何形状，还是材料的物理、机械性能，都不是规则和均匀的。例如毛坯几何形状不规则，加工余量不均匀，表面硬度不均匀，以及工件表面有沟、槽、孔等，都使切削或多或少带有断续切削的性质；至于铣、刨更属断续切削之列。在断续切削条件下，伴随着强烈的机械和热冲击，加以硬质合金和陶瓷刀具等硬度高、脆性大的特点，粉末烧结材料的组织可能不均匀，且存在着空隙等缺陷，因而很容易使刀具由于冲击，机械疲劳、热疲劳而破损。

（3）防止或减小破损。防止或减小刀具破损的措施包括提高刀具材料的强度和抗热振性能；选用抗破损能力大的刀具几何形状；采用合理的切削条件。

1.5　切削液的合理选用

在切削过程中，合理地使用切削液（又称冷却润滑液），可以减小刀具与切屑、刀具与加工表面的摩擦，降低切削力和切削温度、减小刀具磨损、提高加工表面质量。合理使用切削液是提高金属切削效益的有效途径之一。

1. 切削液的种类

金属切削加工中最常用的切削液可分为四大类：水溶液、切削油、极压切削油和乳化液。

1）水溶液

水溶液的主要成分是水，冷却性能好，若配成透明状液体，还便于操作者观察。但纯水易使金属生锈、润滑性能也差，故使用时常加入适量的防锈添加剂（如亚硝酸钠、磷酸三钠等），使其既保持冷却性能又有良好的防锈性能和一定的润滑性能。

2）切削油

切削油的主要成分是矿物油，特殊情况下也可采用动、植物油或复合油。切削油润滑性能好，但冷却性能差，常用于精加工工序。

3）极压切削油

极压切削油是在矿物油中添加氯、硫、磷等极压添加剂配制而成。它在高温下不破坏润滑膜，具有良好的润滑效果，故被广泛采用。

4）乳化液

乳化液是用 95%～98% 的水将由矿物油、乳化剂和添加剂配制成的乳化油膏稀释而成，外观呈乳白色或半透明状，具有良好的冷却性能。因其含水量大，润滑、防锈性能较差，所以常加入一定量的油性、极压添加剂和防锈添加剂，配制成极压乳化液或防锈乳化液。

2. 切削液的作用

切削液主要起冷却和润滑的作用，同时还具有良好的清洗和防锈作用。

1）冷却作用

切削液主要靠热传导带走大量的热来降低切削温度。一般来说，水溶液的冷却性能最好，油类最差，乳化液的介于两者之间而接近于水溶液。

2）润滑作用

切削液渗透到切削区后，在刀具、工件、切屑界面上形成润滑油膜、减小摩擦。润滑性能的强弱取决于切削液的渗透能力、形成润滑膜的能力和强度。

3）清洗作用

切削加工中产生细碎切屑（如切铸铁）或磨料微粉（如磨削）时，要求切削液具有良好的清洗作用和冲刷作用。清洗作用的好坏，与切削液的渗透性、流动性和使用的压力有关。为了提高切削液的清洗能力，及时冲走碎屑及磨粉，在使用时往往给予一定的压力，并保持足够的流量。

4）防锈作用

为了减小工件、机床、刀具受周围介质（如空气、水分等）的腐蚀，要求切削液具有一定的防锈作用。防锈作用的好坏，取决于切削液本身的性能和加入的防锈添加剂的作用。在气候潮湿地区，对防锈作用的要求更为突出。

3. 切削液的合理选用和使用方法

1）切削液的合理选用

切削液的种类很多，性能各异，应根据工件材料、刀具材料、加工方法和加工要求合理选用。一般有如下选用原则：

（1）粗加工。粗加工时切削用量较大，产生大量的切削热容易导致高速钢刀具迅速磨损。这时适宜选用以冷却性能为主的切削液（如质量分数为 3%～5% 的乳化液），以降低切削温度。

硬质合金刀具耐热性好，一般不用切削液。在重型切削或切削特殊材料时，为防止高温下刀具发生黏结磨损和扩散磨损，可选用低浓度的乳化液或水溶液，但必须连续充分地浇注，不可断断续续，以免因冷热不均产生很大热应力，使刀具因热裂而损坏。

在低速切削时，刀具以硬质点磨损为主，适宜选用以润滑性能为主的切削油；在较高速度下切削时，刀具主要是热磨损，要求切削液有良好的冷却性能，适宜选用水溶液和乳化液。

（2）精加工。精加工以减小工件表面粗糙度值和提高加工精度为目的，因此应选用润滑性能好的切削液。

加工一般钢件时，切削液应具有良好的润滑性能和一定的冷却性能。高速钢刀具在中、低速下（包括铰削、拉削、螺纹加工、插齿、滚齿加工等），应选用极压切削油或高浓度极压乳化液。硬质合金刀具精加工时，采用的切削液与粗加工时基本相同，但应适当提高其润滑性能。

加工铜、铝及其合金和铸铁时，可选用高浓度的乳化液。需要注意的是，因硫对铜有腐蚀作用，因此切削铜及其合金时不能选用含硫切削液。铸铁床身导轨加工时，选用煤油作切削液效果较好，但较浪费能源。

（3）难加工材料的加工。切削高强度钢、高温合金等难加工材料时，由于材料中所含的硬质点多、导热系数小，加工均处于高温高压的边界摩擦润滑状态，因此适宜选用润滑和冷却性能均好的极压切削油或极压乳化液。

（4）磨削加工。磨削加工速度高、温度高，热应力会使工件变形，甚至产生表面裂纹，且磨削产生的碎屑会划伤已加工表面和机床滑动表面。所以适宜选用冷却和清洗性能好的水溶液或乳化液。但磨削难加工材料时，适宜选用润滑性好的极压乳化液和极压切削油。

（5）封闭或半封闭容屑加工

钻削、攻螺纹、铰孔和拉削等加工的容屑为封闭或半封闭方式，需要切削液有较好的冷却、润滑及清洗性能，以减小刀屑摩擦生热并带走切屑，因此宜选用乳化液、极压乳化液和极压切削油。

常用切削液的选用示例如表 1-4 所示。

表 1-4　常用切削液的选用

工件材料		碳钢、合金钢		不锈钢		高温合金		铸铁		铜及其合金		铝及其合金	
刀具材料		高速钢	硬质合金	高速钢	硬质合金	高速钢	硬质合金	高速钢	硬质合金	高速钢	硬质合金	高速钢	硬质合金
加工方法	车 粗加工	3, 1, 7	0, 3, 1	4, 2, 7	0, 4, 2	2, 4, 7	0, 4, 2	0, 3, 1	0, 3, 1	3	0, 3	0, 3	0, 3
	车 精加工	3, 7	0, 3, 2	4, 2, 8, 7	0, 4, 2	2, 8, 4	0, 4, 2, 8	0, 6	0, 6	3	0, 3	0, 3	0, 3
	铣 粗加工	3, 1, 7	0, 3	4, 2, 7	0, 4, 2	2, 4, 7	0, 4, 2	0, 3, 1	0, 3, 1	3	0, 3	0, 3	0, 3
	铣 精加工	4, 2, 7	0, 4	4, 2, 8, 7	0, 4, 2	2, 8, 4	0, 4, 2, 8	0, 6	0, 6	3	0, 3	0, 3	0, 3
钻孔		3, 1	3, 1	8, 7	8, 7	2, 4, 8	2, 8, 4	0, 3, 1	0, 3, 1	3	0, 3	0, 3	0, 3
铰孔		8, 7, 4	8, 7, 4	8, 7, 4	8, 7, 4	8, 7	8, 7	0, 6	0, 6	5, 7	0, 5, 7	0, 5, 7	0, 5, 7
攻螺纹		7, 8, 4	—	8, 7, 4	—	8, 7	—	0, 6		5, 7		0, 5, 7	
拉削		7, 8, 4		8, 7, 4		8, 7		0, 3		3, 5		0, 3, 5	
滚齿、插齿		7, 8		8, 7		8, 7		0, 3		5, 7		0, 5, 7	

工件材料			碳钢、合金钢	不锈钢	高温合金	铸铁	铜及其合金	铝及其合金
刀具材料			普通砂轮	普通砂轮	普通砂轮	普通砂轮	普通砂轮	普通砂轮
加工方法	外圆磨	粗磨	1, 3	4, 2	4, 2	1, 3	1	1
	平面磨	精磨	1, 3	4, 2	4, 2	1, 3	1	1

注：本表中数字的意义如下：
0—干切削液；1—润滑性不强的水溶液；2—润滑性强的水溶液；3—普通乳化液；4—极压乳化液；5—普通矿物油；
6—煤油；7—含硫、含氯的极压切削液，或动植物油的复合油；8—含硫、氯、磷的极压切削液。

2）切削液的使用方法

切削液不仅要选择合理，而且要正确使用，才能取得更好的效果。其使用方法包括如下三种：

（1）浇注冷却法。浇注冷却法是最普通的使用方法，如图 1-30 所示。虽使用方便，但流量小、压力低，难直接渗透到切削刃最高温度处，效果较差。切削时，应尽量浇注到切削区。车、铣时，切削液流量为 10 ~ 20 L/min。车削时，从后面喷射比在前面浇注好，刀具耐用度可提高一倍以上。

（2）高压冷却法。高压冷却法适于深孔加工，将工作压力 1 ~ l0 MPa，流量 50 ~ 150 L/min 的切削液直接喷射到切削区，并可将碎断的切屑驱出。此法也可用于高速钢车刀切削难加工材料，以改善渗透性，可显著提高刀具耐用度，但飞溅严重，需要加护罩。

（3）喷雾冷却法。以 0.3 ~ 0.6 MPa 的压缩空气及喷雾装置使切削液雾化，从直径 1.5 ~ 3 mm 的喷嘴中高速喷射到切削区。高速气流带着雾化成微小液滴的切削液渗透到切削区，在高温下迅速汽化，吸收大量热量，达到较好的冷却效果，如图 1-31 所示。这种方法综合了气体的速度高和渗透性好，以及液体的汽化热高、可加入各类添加剂的优点，用于难切削材料加工及超高速切削时，可显著提高刀具耐用度。

图 1-30　浇注冷却法

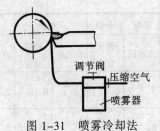

图 1-31　喷雾冷却法

1.6　刀具几何参数与切削用量的合理选择

刀具的几何参数与切削用量的合理选择，对保证质量、提高生产率、降低加工成本有着非常重要的影响。

1. 刀具几何参数的选择

刀具几何参数可分为两类：一类是刀具角度参数，另一类是刀具刃型尺寸参数。各参数之间存在着相互依赖、相互制约的作用，因此应综合考虑各种参数以便进行合理的选择。虽然刀具材料的优选对于切削过程的优化具有关键作用，但是，如果刀具几何参数的选择不合理也会使刀具材料的切削性能得不到充分发挥。

在保证加工质量的前提下，能够满足刀具使用寿命长、生产效率高、加工成本低的刀具几何参数，称为刀具的合理几何参数。

1）选择刀具几何参数应考虑的因素

（1）工件材料。要考虑工件材料的化学成分、制造方法、热处理状态、物理和机械性能（包括硬度、抗拉强度、延伸率、冲击韧性、导热系数等），还有毛坯表层情况、工件的形状、尺寸、精度和表面质量要求等。

（2）刀具材料和刀具结构。除了要考虑刀具材料的化学成分、物理和机械性能（硬度、抗拉强度、冲击值、耐磨性、热硬性和导热系数）外，还要考虑刀具的结构形式，例如是整体式，还是焊接式或机夹式。

（3）具体加工条件。考虑机床、夹具的情况，工艺系统刚性及功率大小，切削用量和切削液性能等。一般地说，粗加工时，着重考虑保证最大的生产率；精加工时，主要考虑保证加工精度和已加工表面的质量要求；对于自动线生产用的刀具，主要考虑刀具工作的稳定性，有时要考虑断屑问题；机床刚性和动力不足时，刀具应力求锋利，以减少切削振动。

2）刀具角度的选择

（1）前角及前面的选择。

① 前面形式：前面形式有平面形、曲面形和带倒棱形三种形式，如图 1–32 所示。

② 前角的作用：前角影响切削过程中的变形和摩擦，同时又影响刀具的强度。前角 γ_o 对切削的难易程度有很大影响。增大前角能使刀刃变得锋利，使切削更为轻快，并减小切削力和切削热。前角的大小对表面粗糙度、排屑和断屑等也有一定影响。增大前角还可以抑制积屑瘤的产生，改善已加工表面的质量。但前角过大，刀刃和刀尖的强度下降，刀具导热体积减少，影响刀具使用寿命。因此刀具前角存在一个最佳值 γ_{opt}，通常称 γ_{opt} 为刀具的合理前角，如图 1–33 所示。

③ 前角的选择原则：在刀具强度许可条件下，尽可能选用大的前角。工件材料的强度、硬度低，前角应选得大些，反之应选得小些（如有色金属加工时，选前角较大）刀具材料韧性好（如高速钢），前角可选得大些，反之应选得小些（如硬质合金）。精加工时，前角应选得大些；粗加工时应选得小些。表 1–5 所示为硬质合金车刀合理前角、后角的参考值。

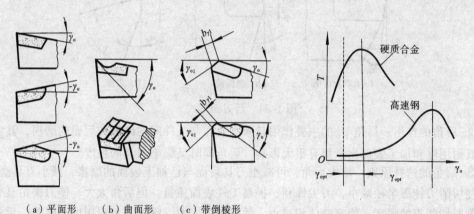

（a）平面形　　　（b）曲面形　　　（c）带倒棱形

图 1–32　前刀面形式　　　　　　　图 1–33　刀具的合理前角

表 1–5　硬质合金车刀合理前角、后角的参考值　　　　　　　（单位：°）

工件材料种类	合理前角参考值		合理后角参考值	
	粗车	精车	粗车	精车
低碳钢	20 ~ 25	25 ~ 30	8 ~ 10	10 ~ 12
中碳钢	10 ~ 15	15 ~ 20	5 ~ 7	6 ~ 8
合金钢	10 ~ 15	15 ~ 20	5 ~ 7	6 ~ 8
淬火钢	–15 ~ –5		8 ~ 10	
不锈钢（奥氏体）	15 ~ 20	20 ~ 25	6 ~ 8	8 ~ 10

工件材料种类	合理前角参考值		合理后角参考值	
	粗车	精车	粗车	精车
灰铸铁	10～15	5～10	4～6	6～8
铜及铜合金（脆）	10～15	5～10	6～8	6～8
铝及铝合金	30～35	35～40	8～10	10～12
钛合金（$\sigma_b \leqslant 0.177$ GPa）	5～10		10～15	

（2）后角和后面的选择。

① 后面的形式：后面的形式有双重后面、消振棱和刃带。

- 双重后面。为保证刃口强度，减少刃磨后面的工作量，常在车刀后面磨出双重后角，如图 1-34（a）所示。

- 消振棱。为了增加后面与过渡表面之间的接触面积，增加阻尼作用，消除振动，可在后面上刃磨出一条有负后角的倒棱，称为消振棱，如图 1-34（b）所示。其参数为 $b_{\alpha1}=0.1～0.3$ mm，$\alpha_{o1}=-20°～-5°$。

- 刃带。对一些定尺寸刀具（如钻头、绞刀等），为便于控制刀具尺寸，避免重磨后尺寸精度的变化，常在后面上刃磨出后角为 0° 的小棱边，称为刃带，如图 1-34（c）所示。刃带形成一条与切削刃等距的棱边，可对刀具起稳定、导向和消振作用，延长刀具的使用时间。刃带不宜太宽，否则会增大摩擦作用。刃带宽度 $b_\alpha=0.02～0.03$ mm。

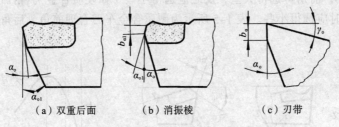

（a）双重后面　　　　（b）消振棱　　　　（c）刃带

图 1-34　后刀面形式

② 后角的作用：后角 α_o 的主要作用是减小后面与工件间的摩擦和后面的磨损，其大小对刀具耐用度和加工表面质量都有很大影响。后角同时又影响刀具的强度。

③ 后角的选择原则：增大后角，可减小刀具后面与已加工表面的摩擦，减小刀具磨损，还可使切削刃钝圆半径减小，刀尖锋利，提高工件表面质量。但后角太大，使刀楔角显著减小，削弱切削刃的强度，使容热体积减小、散热条件变差，降低刀具耐用度。因此，后角也存在一个合理值。粗加工以确保刀具强度为主，可在 4°～6° 范围内选取；精加工以加工表面质量为主，常取 8°～12°。

一般来说，切削厚度越大，刀具后角越小；工件材料越软，塑性越大，后角越大；工艺系统刚性较差时，应适当减小后角（切削时起支承作用，增加系统刚性并起消振作用）；工件尺寸精度要求较高时，后角宜取小值。

（3）主偏角和副偏角的选择。

① 主偏角和副偏角的作用：

- 影响已加工表面的残留面积高度。减小主偏角和副偏角可以减小已加工表面粗糙度值，特别是副偏角对已加工表面粗糙度影响更大。

- 影响切削层形状。主偏角直接影响切削刃工作长度和单位长度切削刃上的切削负荷。在切削深度和进给量一定的情况下，增大主偏角，切削宽度减小，切削厚度增大，切削刃单位长度上的负荷随之增大。因此，主偏角直接影响刀具的磨损和使用寿命。
- 影响切削分力的大小和比例关系。增大主偏角可减小背向力 F_p，但增大了进给力 F_f。同理，增大副偏角，也可使 F_p 减小。而 F_p 的减小，有利于减小工艺系统的弹性变形和振动。
- 影响刀尖角的大小。主偏角和副偏角共同决定了刀尖角 ε_r，故直接影响刀尖强度、导热面积和容热体积。
- 影响断屑效果和排屑方向。增大主偏角，切屑变厚变窄，容易折断。

② 主偏角的选择原则。主偏角的大小影响刀具耐用度、背向力与进给力的大小。减小主偏角能提高刀刃强度、改善散热条件，并使切削层厚度减小、切削层宽度增加，减轻单位长度刀刃上的负荷，从而有利于提高刀具的耐用度；而加大主偏角，则有利于减小背向力，防止工件变形，减小加工过程中的振动和工件变形。主偏角的选择原则是在保证表面加工质量和刀具耐用度的前提下，尽量选用较大值。工艺系统指切削加工时由机床、刀具、夹具和工件所组成的统一体。加工细长轴时，工艺系统刚度差，应选用较大的主偏角，以减小背向力。加工强度、硬度高的材料时，切削力大，工艺系统刚度好时，应选用较小的主偏角，以增大散热面积，提高刀具耐用度。主偏角的参考值如表 1–6 所示。

表 1–6 主偏角的参考值

工作条件	主偏角 / (°)
系统刚性好，切深较小，进给量较大，工件材料硬度高	10 ~ 30
系统刚性较好（ $l/d < 6$ ），加工盘类零件	30 ~ 45
系统刚性较差（ $l/d = 6 \sim 12$ ），背吃刀量较大或有冲击时	60 ~ 75
系统刚性差（ $l/d > 12$ ），车台阶轴，切槽及切断	90 ~ 95

注：表中 l——工件长度；d——工件直径。

③ 副偏角的选择原则。副偏角影响刀具的耐用度和已加工表面的粗糙度。增大副偏角，可减小副切削刃与已加工表面的摩擦，防止切削时产生振动。减小副偏角有利于降低已加工表面的残留高度，降低已加工表面的粗糙度，但加剧了副后面与已加工表面的摩擦，如图 1–35 所示。副偏角的选择原则是在保证表面质量和刀具耐用度的前提下，尽量选用较小值。

一般情况下，当工艺系统允许时，尽量取小的副偏角。外圆车刀常取 $\kappa_r'=6° \sim 10°$。粗加工时，可大一些，$\kappa_r'=10° \sim 15°$；精加工时可小些，$\kappa_r' = 6° \sim 10°$。为了降低已加工表面的粗糙度，有时还可以磨出 $\kappa_r'=0°$ 的修光刃。

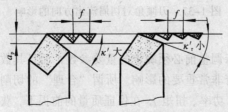

图 1–35 副偏角对残留高度的影响

（4）过渡刃的形式。在主切削刃与副切削刃之间有一条过渡刃，如图 1-36 所示。过渡刃有直线过渡刃和圆弧过渡刃两种。过渡刃的作用是提高刀具强度，延长刀具耐用度，降低表面粗糙度。

① 直线刃：如图 1-36（a）所示。在粗车或强力车削时，一般取过渡刃偏角 $\kappa_{re}=\kappa_r /2$，长度 $b_\varepsilon=0.5 \sim 2$ mm。

② 圆弧刃：如图 1-36（b）所示。圆弧刃即刀尖圆弧半径 r_ε。r_ε 增大时，可减小表面粗糙度值，且能提高刀具耐用度，但会增大背向力 F_p，容易引起振动，所以 r_ε 不能过大。通常高速钢车刀 $r_\varepsilon=0.5 \sim 3$ mm，硬质合金车刀 $r_\varepsilon=0.5 \sim 2$ mm。

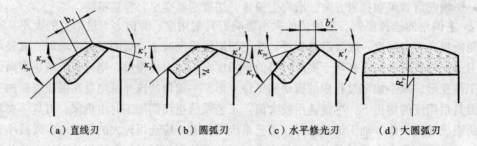

（a）直线刃　　　　（b）圆弧刃　　　　（c）水平修光刃　　　　（d）大圆弧刃

图 1-36　过渡刃的形式

③ 水平修光刃：如图 1-36（c）所示。水平修光刃是在刀尖处磨出一小段 $\kappa_r'=0°$ 的平行刀刃。长度一般应大于进给量。具有修光刃的刀具若刀刃平直，装刀精确，工艺系统刚度足够，则即使在大进给切削条件下，仍能获得很小的表面粗糙度值。

④ 大圆弧刃：如图 1-36（d）所示。大圆弧刃即半径为 300 ~ 500 mm 的过渡刃。常用在宽刃精车刀、宽刃精刨刀、浮动镗刀等刀具上。

（5）刃倾角的选择。

① 刃倾角的作用：刃倾角 λ_s 主要影响刀头的强度和切屑流动的方向（见图 1-37）。

② 刃倾角的选用原则：主要根据刀具强度、流屑方向和加工条件而定。粗加工时，为提高刀具强度，λ_s 取负值；精加工时，为不使切屑划伤已加工表面，λ_s 常取正值或 0。

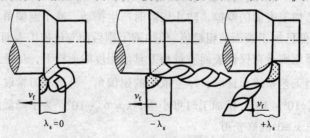

$\lambda_s =0$　　　　　$-\lambda_s$　　　　　$+\lambda_s$

图 1-37　刃倾角对切屑流出方向的影响

2. 切削用量的选择

切削用量不仅是在机床调整前必须确定的重要参数，而且其数值合理与否对加工质量、加工效率、生产成本等有着非常重要的影响。所谓"合理"的切削用量，是指充分利用刀具切削性能和机床动力性能（功率、扭矩），在保证质量的前提下，获得高的生产率和低的加工成本的切削用量。

1）确定切削用量时考虑的因素

（1）生产率。在切削加工中，金属切除率与切削用量三要素 v_c、a_p、f 均保持线性关系，即其中任一参数增大一倍，都可使生产率提高一倍。然而由于刀具寿命的制约，当任一参数增大时，其他两参数必须减小。因此，选择切削用量，应是三者的最佳组合。一般情况下，尽量优先增大 a_p，以求一次进刀全部切除加工余量。

（2）机床功率。背吃刀量 a_p 和切削速度 v_c 增大时，均使切削功率成正比增加。进给量 f 对切削功率影响较小。所以，粗加工时，应尽量增大进给量。

（3）刀具寿命（刀具的耐用度 T）。切削用量三要素对刀具寿命影响的大小，按顺序为 v_c、f、a_p。因此，从保证合理的刀具寿命出发，在确定切削用量时，首先应采用尽可能大的背吃刀量 a_p，然后再选用大的进给量 f，最后求出切削速度 v_c。

（4）加工表面粗糙度。精加工时，增大进给量将增大加工表面粗糙度值。因此，它是精加工时抑制生产率提高的主要因素。在较理想的情况下，提高切削速度 v_c，能降低表面粗糙度值；背吃刀量 a_p 对表面粗糙度的影响较小。

综上所述，合理选择切削用量，应该首先选择一个尽量大的背吃刀量 a_p，其次选择一个大的进给量 f。最后根据已确定的 a_p 和 f，并在刀具耐用度和机床功率允许条件下选择一个合理的切削速度 v_c。

2）制订切削用量的原则

粗加工的切削用量，一般以提高生产效率为主，但也应考虑经济性和加工成本；半精加工和精加工的切削用量，应以保证加工质量为前提，并兼顾切削效率、经济性和加工成本。

（1）背吃刀量的选择。粗加工时，在机床功率足够时，应尽可能选取较大的背吃刀量，最好一次进给将该工序的加工余量全部切完。当加工余量太大，机床功率不足，刀具强度不够时，可分两次或多次走刀将余量切完。切削表层有硬皮的铸、锻件或切削不锈钢等加工硬化较严重的材料时，应尽量使背吃刀量越过硬皮或硬化层深度，以保护刀尖。

（2）进给量的选择。进给量主要根据工艺系统的刚性和强度而定。生产实际中多采用查表法确定合理的进给量 f 值。根据工件材料、车刀刀杆的尺寸、工件直径及已确定的背吃刀量来选择时，若工艺系统刚性好，可选用较大的进给量，反之应适当减小进给量。

（3）切削速度的确定。按刀具的耐用度 T 所允许的切削速度 v_T 来计算。除了用计算方法外，生产中经常按实践经验和有关手册资料选取切削速度。

（4）校验机床功率。机床功率所允许的切削速度（m/min）为

$$v_c \leqslant \frac{60000 P_E \eta}{F_c} \qquad (1\text{-}27)$$

式中：P_E——机床电动机功率（kW）；

　　　F_c——切削力（N）；

　　　η——机床传动效率，一般 $\eta = 0.75 \sim 0.85$。

3）提高切削用量的途径

（1）采用切削性能更好的新型刀具材料。

（2）在保证工件机械性能的前提下，改善工件材料加工性。

（3）使用切削液。

（4）改进刀具结构，提高刀具制造质量。

思考及练习题

1-1 阐明切屑形成过程的实质。说明哪些指标可用来衡量切削层金属的变形程度？它们之间的相互关系如何？

1-2 什么是工件材料的切削加工性？它与哪些因素有关？

1-3 在粗、精加工时，为何所选用的切削液不同？

1-4 说明前角的大小对切削过程的影响。

1-5 简述积屑瘤产生的原因及其对加工过程的影响。

1-6 什么是刀具的合理几何参数？选择时应考虑哪些因素？

1-7 简述制订切削用量的一般原则。

1-8 阐明 a_p、f、v_c 的确定方式。

1-9 已知工件材料为钢，需钻 $\phi 10$ mm 的孔，选择切削速度为 31.4 m/min，进给量为 0.1 mm/r。试求 2 min 后钻孔的深度。

1-10 用主偏角为 $60°$ 车刀车外圆，工件加工前直径为 100 mm，加工后直径为 95 mm，工件转速为 320 r/min，车刀移动速度为 64 mm/min，试求切削速度、进给量、背吃刀量、切削厚度、切削宽度和切削面积。

1-11 已知工件材料为 HT200（退火状态），加工前直径为 70 mm，用主偏角为 $75°$ 的硬质合金车刀车外圆时，工件的转数为 6 r/s，加工后直径为 62 mm，刀具每秒沿工件轴向移动 2.4 mm，单位切削力 F_c 为 $1\ 118$ N/mm²。试求：

（1）切削用量三要素切削速度 v_c、进给量 f 和背吃刀量 a_p；

（2）选择刀具材料牌号；

（3）计算切削力和切削功率。

金属切削加工方法与设备

学习目标

- 了解机床的分类、型号编制方法、组成、传动形式及常见机械传动机构；
- 理解机床的传动原理；
- 掌握传动系统图的分析方法和常用加工方法的加工原理、工艺特点及应用范围；
- 会根据传动系统图写出传动路线表达式、机床运动平衡方程式并进行相关计算。

观察与思考

图 2-0 所示为某机器使用的轴零件图，要加工出符合图样要求的零件，根据生产批量的不同，加工的具体条件不同，可以由不同加工途径获得，而每一种加工途径中每一加工阶段所涉及的加工方法、加工设备、加工检测方法也是有区别的。

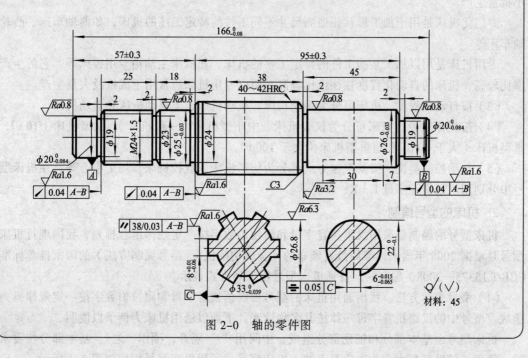

图 2-0　轴的零件图

2.1 机床的型号编制

金属切削机床是切削加工使用的主要设备。为了适应不同的加工对象和加工要求，需要多种品种和规格的机床，为了便于区别、使用和管理，需要对机床进行分类和编制型号。

1. 机床的分类

机床的分类方法很多，最基本的是按机床的主要加工方法、所用刀具及其用途进行分类。根据我国制定的机床型号编制方法（GB/T 15375—2008），目前将机床分为11大类：车床、钻床、镗床、磨床、齿轮加工机床、螺纹加工机床、铣床、刨插床、拉床、锯床、其他机床。在每一类机床中，又按工艺范围、布局形式和结构性能等不同，分为若干组，每一组又细分为若干系（系列）。

除上述基本分类方法外，机床还可以根据其他特征进行分类。

（1）按加工精度的不同，机床可分为普通精度机床、精密机床和高精密机床。

大部分车床、磨床、齿轮加工机床有三个相对精度等级，在机床型号中用汉语拼音字母P（普通精度，在型号中可省略）、M（精密级）和G（高精度级）表示。

（2）按工艺范围，机床可分为通用机床、专门化机床和专用机床三类。

通用机床是可加工多种工件，完成多种工序的使用范围较广的机床，如卧式车床、万能升降台铣床等。通用机床由于功能较多，结构比较复杂，生产率低，因此主要适用于单件、小批量生产。

专门化机床是用于加工形状相似而尺寸不同工件的特定工序的机床，如曲轴车床、凸轮轴车床等。

专用机床是用以加工某些工件的特定工序的机床，如机床主轴箱专用镗床等。它的生产率比较高，机床的自动化程度往往也比较高，所以专用机床通常用于成批及大量生产。

（3）按自动化程度，机床可分为手动机床、机动机床、半自动机床和自动机床。

（4）按机床重量，机床可分为仪表机床、中小型机床（一般机床）、大型机床（10 t）、重型机床（大于30 t）和超重型机床（大于100 t）。

（5）自动控制类机床按其控制方式可分为仿形机床、数控机床和加工中心等，在机床型号中分别用汉语拼音字母F、K、H表示。

2. 机床的型号编制

机床型号的编制是采用汉语拼音字母和阿拉伯数字按一定规律组合排列，我国现行机床型号是根据2008年国家标准局最新颁布的《金属切削机床 型号编制方法》的国家推荐标准（GB/T 15375—2008）编制的。普通机床型号用下列方式表示。

（1）型号表示方法。我国通用机床的型号由汉语拼音字母和阿拉伯数字按一定规律排列组成。型号中的汉语拼音字母一律按其名称读音。下面以通用机床为例予以说明。

机床型号由基本部分和辅助部分组成，中间用"/"隔开，读作"之"。基本部分按要求统一管理，辅助部分由企业决定是否纳入机床型号。通用机床型号构成如图2-1所示。

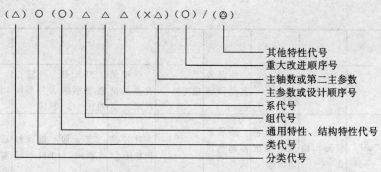

（△）○（○）△ △ △（×△）（○）/（◎）

其他特性代号
重大改进顺序号
主轴数或第二主参数
主参数或设计顺序号
系代号
组代号
通用特性、结构特性代号
类代号
分类代号

注：① 有"（ ）"的代号或数字，当无内容时，则不表示。若有内容则不带括号。
② "○"符号的，为大写的汉语拼音字母。
③ "△"符号的，为阿拉伯数字。
④ "◎"符号的，为大写的汉语拼音字母或阿拉伯数字，或两者兼有之。

图 2-1　机床型号的表示方法

（2）机床类、组、系的划分及其代号。机床的类代号用大写的汉语拼音字母表示，如表 2-1 所示。需要时，每类可以有若干分类。分类代号用阿拉伯数字表示，放在类别代号之前，作为型号的首位，第一分类代号不用表示。例如，磨床类机床就有 M、2M、3M 三个分类。

表 2-1　机床的分类和代号

类别	车床	钻床	镗床	磨床			齿轮加工机床	螺纹加工机床	铣床	刨插床	拉床	锯床	其他机床
代号	C	Z	T	M	2M	3M	Y	S	X	B	L	G	Q
读音	车	钻	镗	磨	二磨	三磨	牙	丝	铣	刨	拉	割	其

每类机床按其结构性能及使用范围划分 10 个组，用数字 0~9 表示。每组机床又分若干系（系列）。系的划分原则：凡主参数相同，并按一定公比排列，工件和刀具本身的相对运动特点基本相同，且基本结构及布局也相同的机床，划为同一系。机床的组、系代号分别用一位阿拉伯数字表示，位于类别代号或特性代号之后。机床的类、组划分如表 2-2 所示。

表 2-2　金属切削机床类、组划分

类别＼组别	0	1	2	3	4	5	6	7	8	9
车床 C	仪表车床	单轴自动、半自动车床	多轴自动、半自动车床	回轮、转塔车床	曲轴及凸轮轴车床	立式车床	落地及卧式车床	仿形及多刀车床	轮、轴、辊、锭及铲齿车床	其他车床
钻床 Z	-	坐标镗钻床	深孔钻床	摇臂钻床	台式钻床	立式钻床	卧式钻床	铣钻床	中心孔钻床	-
镗床 T	-	-	深孔镗床	-	坐标镗床	立式镗床	卧式铣镗床	精镗床	汽车、拖拉机修理用镗床	-
磨床 M	仪表磨床	外圆磨床	内圆磨床	砂轮机	坐标磨床	导轨磨床	刀具刃磨床	平面及端面磨床	曲轴、凸轮轴、花键轴及轧辊磨床	工具磨床

单元二　金属切削加工方法与设备

41

类别 \ 组别		0	1	2	3	4	5	6	7	8	9
磨床	2M	-	超精机	内圆研磨机	外圆及其他研磨机	抛光机	砂带抛光及磨削机床	刀具刃磨及研磨机床	可转位刀片磨削机床	研磨机	其他磨床
	3M	-	球轴承套圈沟磨床	滚子轴承套圈滚道磨床	轴承套圈超精机床	-	叶片磨削机床	滚子加工机床	钢球加工机床	气门、活塞及活塞环磨削机床	汽车、拖拉机修磨机床
齿轮加工机床 Y		仪表齿轮加工机	-	锥齿轮加工机	滚齿及铣齿机	剃齿及研齿机	插齿机	花键轴铣床	齿轮磨齿机	其他齿轮加工机	齿轮倒角及检查机
螺纹加工机床 S				套螺纹机	攻螺纹机		螺纹铣床	螺纹磨床	螺纹车床	-	-
铣床 X		仪表铣床	悬臂及滑枕铣床	龙门铣床	平面铣床	仿形铣床	立式升降台铣床	卧式升降台铣床	床身铣床	工具铣床	其他铣床
刨插床 B		-	悬臂刨床	龙门刨床	-	-	插床	牛头刨床	-	边缘及模具刨床	其他刨床
拉床 L			-	侧拉床	卧式外拉床	连续拉床	立式内拉床	卧式内拉床	立式外拉床	键槽及螺纹拉床	其他拉床
锯床 G				砂轮片锯床		卧式带锯床	立式带锯床	圆锯床	弓锯床	锉锯床	
其他机床 Q		其他仪表机床	管子加工机床	木螺钉加工机		刻线机	切断机				

（3）机床的特性代号。当某类型机床除有普通型外，还具有某种通用特性时，则在类代号之后加上通用特性代号（见表2-3）。例如"MG"表示高精度磨床。若仅有某种通用特性，而无普通型者，则通用特性不必表示。例如 C1107 型单轴纵切车床，由于这类机床没有"非自动型"，所以不必用"Z"表示通用特性。对主参数相同而结构、性能不同的机床，在型号中加结构特性代号予以区分。结构特性代号为汉语拼音字母，位置排在类别代号之后。当型号有通用特性代号时，排在通用特性之后。例如，CA6140 型卧式车床中的"A"就是结构特征代号，表示此型号车床在结构上不同于 C6140 型车床。

表 2-3　机床的通用特性代号

通用特性	高精度	精密	自动	半自动	数控	加工中心（自动换刀）	仿形	轻型	加重型	柔性加工单元	数显	高速
代号	G	M	Z	B	K	H	F	Q	C	R	X	S
读音	高	密	自	半	控	换	仿	轻	重	柔	显	速

（4）机床主参数和设计顺序号。机床主参数代表机床规格的大小，用折算值（主参数乘以折算系数，如 1/10 等）表示。某些通用机床，当无法用一个主参数表示时，则在型号中用设计顺序号表示，设计顺序号由 1 起始，当设计顺序号小于 10 时，由 01 开始编号。

（5）主轴数和第二主参数的表示方法。对于多轴车床、多轴钻床等机床，其主轴数以实际值列入型号，置于主参数之后，用"×"分开，读作"乘"。单轴可省略，不予表示。

第二主参数一般是指最大模数、最大转矩、最大工件长度、工作台工作面长度等。第二主参数也用折算值表示。

（6）机床的重大改进顺序号。当机床的性能及结构有更高的要求，并需要按新产品重新设计、试制和鉴定时，在原机床型号的尾部，加重大改进顺序号，以区别于原机床型号。序号按 A、B、C 等汉语拼音字母（"I、O"两个字母除外）的顺序选用。

（7）其他特征代号及其表示方法。其他特征代号置于辅助部分之首，主要用以反映机床的特征。例如，在基本型号机床的基础上，如果仅改变机床的部分结构性能，则可在基本型号之后加上 1、2、3 等变型代号。

2.2 车 削 加 工

1. 车削加工的特点及应用

车削是零件回转表面的主要加工方法之一。其主要特征是零件回转表面的定位基准必须与车床主轴回转中心同轴，因此无论何种工件上的回转表面加工，都可以用车削的方法经过一定的调整而完成。车削既可加工有色金属，又可加工黑色金属，尤其适用于有色金属的加工；车削既可进行粗加工，又可进行精加工。一般情况下，轴类零件回转表面由于结构原因（$L \gg D$），绝大部分在卧式车床加工，因此车削是一种最为广泛的回转表面加工方法之一，其主要有如下特点：

1）工艺范围广

车削可完成加工内、外圆柱面、圆锥表面、车端面、切槽、切断、车螺纹、钻中心孔、钻孔、扩孔、铰孔等工作；在车床上如果装上一些附件及夹具，还可以进行镗削、磨削、研磨等。采用特殊的装置或技术后，在车床上还可以车削非圆零件表面，如凸轮、端面螺纹等。借助于标准或专用夹具，还可以完成非回转体零件上的回转体表面加工。车削的基本加工内容如图 2-2 所示。

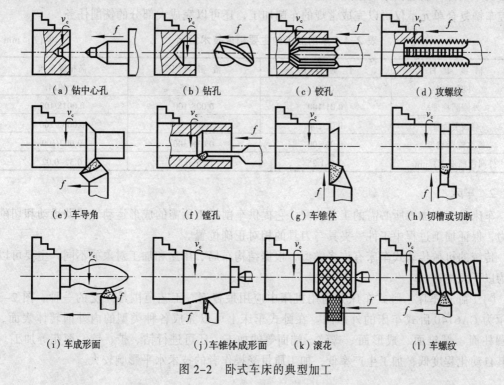

（a）钻中心孔 （b）钻孔 （c）铰孔 （d）攻螺纹

（e）车导角 （f）镗孔 （g）车锥体 （h）切槽或切断

（i）车成形面 （j）车锥体成形面 （k）滚花 （l）车螺纹

图 2-2 卧式车床的典型加工

2）生产率高

车削加工时，由于加工过程为连续切削，基本上无冲击现象，刀杆的悬伸长度很短，刚性高，因此可采用很高的切削用量，故车削的生产率很高。

3）精度范围大

在卧式车床上，粗车铸件、锻件时可达到经济加工精度 IT13~IT11，Ra 可达到 12.5~50 μm；精车时可达到经济加工精度 IT8~IT7，Ra 可达到 0.8~1.6 μm。在高精度车床上，采用钨钛钴类硬质合金、立方氮化硼刀片，同时采用高切削速度（160 m/min 或更高），小的吃刀量（0.03~0.05 mm）和小的进给量（0.02~0.2 mm/r）进行精细车，可以获得很高的精度和很小的表面粗糙度，大型精确外圆表面常用精细车代替磨削。

4）有色金属的高速精细车削

在高精度车床上，用金刚石刀具进行切削，可以获得的尺寸公差等级为 IT6~IT5，表面粗糙度 Ra 为 0.1~1.0 μm，甚至还能达到镜面的效果。

5）生产成本低

车刀结构简单，刃磨和安装都很方便，许多车床夹具都已经作为附件进行标准化生产，它可以满足一定的加工精度要求，生产准备时间短，加工成本较低。

一般情况下，车削加工是以主轴带动工件做回转运动为主运动，以刀具的直线运动为进给运动。根据所用机床的精度不同，车削加工可以达到的加工精度也不相同。表 2-4 所示为车削加工所能达到的技术指标。如果采用高精度机床与合适的车刀（如金刚石车刀）相配合，可以达到更高的精度，完成如计算机硬盘盘基类零件的超精密加工。需要指出的是，近年来，随着机床设计与制造技术的发展，新研发并推出了功能复合的机床。普通的车铣复合机床和数控车铣复合单元不仅可以完成常规的车削加工，还可以完成大部分的铣削任务。

表 2-4　车削加工的主要精度技术指标　　　　　　　　　（单位：mm）

精 度 项 目	普 通 车 床	精 密 车 床	高精度车床
外圆圆度	0.01	0.0035	0.0014
外圆圆柱度	0.01/100	0.005/100	0.0018/100
端面平面度	0.02/200	0.0085/200	0.0035/200
螺纹螺距精度	0.06/300	0.018/300	0.007/300
外圆粗糙度 Ra/μm	2.5~1.25	1.25~0.32	0.32~0.02

2. **车床**

车床是车削加工所必需的工艺装配。它提供车削加工所需的成形运动、辅助运动和切削动力，保证加工过程中工件、夹具与刀具的相对正确位置。

传统的机械传动式车床有许多类型，根据结构布局、用途和加工对象的不同，主要可以分为以下几类：

（1）卧式车床。卧式车床是通用机床中应用最普遍、工艺范围最广泛的一种，图 2-3 所示为 CA6140 卧式车床的外形图。在卧式车床上可以完成各种类型的内外回转体表面，如圆柱面、圆锥面、成形面、螺纹、端面等的加工，还可进行钻、扩、铰、滚花等加工。但其自动化程度低，加工生产率低，加工质量受操作者的技术水平影响较大。

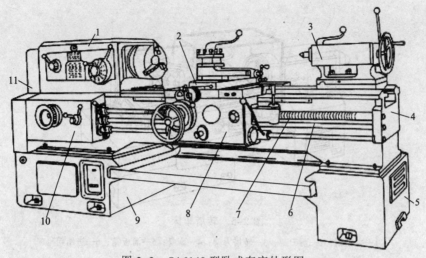

图 2-3　CA6140 型卧式车床外形图

1—主轴箱；2—刀架；3—尾座；4—床身；5—右床腿；6—光杠；

7—丝杠；8—溜板箱；9—左床腿；10—进给箱；11—挂轮变速机构

（2）落地车床与立式车床。当工件直径较大而长度较短时，可采用落地车床或立式车床加工。图 2-4 所示为单立柱车床和双立柱车床。两者相比，立式车床由于主轴轴线采用垂直位置，工件的安装平面处于水平位置，有利于工件的安装与调整，机床的精度保持性也好，因而实际生产中较多采用立式车床。

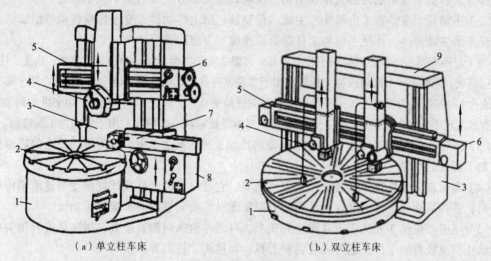

（a）单立柱车床　　　　　　　　（b）双立柱车床

图 2-4　立式车床

1—底座；2—工作台；3—立柱；4—垂直刀架；5—横梁；6—垂直刀架进给箱；7—侧刀架；8—侧刀架进给箱；9—顶梁

（3）转塔车床。转塔车床的特征在于它没有尾座和丝杠，在尾座上装有一个多工位的转塔刀架，该刀架可以安装多把刀具，通过转塔转位可以使不同的刀具依次处于工作位置，对工件进行不同内容的加工，减少了反复装夹刀具的时间，如图 2-5 所示。因此，在批量加工形状复杂的工件时具有较高的生产率。由于没有丝杠，这类机床只能用丝锥、板牙一类刀具来完成螺纹加工。

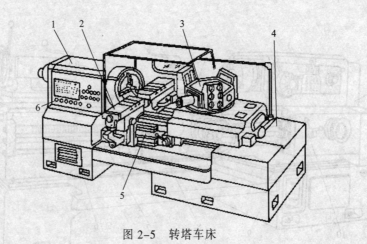

图 2-5　转塔车床

1—主轴箱；2—前刀架；3—转塔刀架；4—床身；5—溜板箱；6—进给箱

除上述较为常见的几类车床外，还有机械式自动与半自动车床、液压仿形车床与多刀半自动车床等。近些年，数控车床和数控车削中心的应用得到广泛且迅速的普及，并已经逐步在车削加工设备中处于主导地位。

3. 车床的组成

车床尽管类型很多，结构布局各不相同，但其基本组成大致相同。包括基础件（如床身、立柱、横梁等）、主轴箱、刀架（如方刀架、转塔刀架、回轮刀架等）、进给箱、尾座、溜板箱几部分。以图 2-3 所示的卧式车床为例，说明其组成部分主要有如下几个方面：

（1）主轴箱。主轴箱 1 由箱体、主轴、传动轴、轴上传动件、变速操纵机构等组成，其功用是支承主轴部件，并使主轴与工件以所需速度和方向旋转。

（2）刀架与滑板。四方刀架用于装夹刀具。刀架 2 安装在滑板上，滑板俗称拖板，由上、中、下三层组成。床鞍（即下滑板或称大拖板）用于实现纵向进给运动。中滑板（即中拖板）用于车外圆（或孔）时控制吃刀深度及车端平面时实现横向进给运动。上滑板（即小拖板）用来纵向调节刀具位置和实现手动纵向进给运动。上滑板还可相对中滑板偏转一定角度，用于手动加工圆锥面。

（3）进给箱。进给箱 10 内装有进给运动的传动及操纵装置，用以改变机动进给的进给量或被加工螺纹的导程。

（4）溜板箱。溜板箱 8 安装在刀架部件底部，它可以通过光杠或丝杠接受自进给箱传来的运动，并将运动传给刀架部件，从而使刀架实现纵、横向进给或车螺纹运动。

（5）尾座。尾座 3 安装于床身尾座导轨上，可沿导轨纵向调整位置，尾座可安装顶尖用来支承较长或较重的工件，也可安装各种刀具，如钻头、铰刀等。

（6）床身。床身 4 固定在左床腿 9 和右床腿 5 上，用以支承其他部件，如主轴箱、进给箱、溜板箱、滑板和尾座等，并使它们保持准确的相对位置。

4. CA6140 型普通卧式车床

CA6140 型普通卧式车床是普通精度级的卧式车床的典型代表，经过长期的生产实践检验和不断地完善，它在普通卧式车床中具有重要的地位。这种车床的通用性强，可以加工轴类零件、盘类零件、套类零件；车削公制、英制、模数制、径节制四种标准螺纹和精密、非标准螺纹；可以完成钻、扩、铰孔加工。其加工范围广，适应性强，但结构比较复杂，适用于单件小批量生产或机修、工具车间使用。

1）CA6140 型卧式车床的技术参数

（1）床身上最大工件回转直径：400 mm。

（2）刀架上最大工件回转直径：210 mm。

（3）最大棒杆直径：47 mm。

（4）最大工件长度：750 mm、1 000 mm、1 500 mm、2 000 mm 4 种。

（5）最大加工长度：650 mm、900 mm、1 400 mm、1 900 mm 4 种。

（6）主轴转速范围：正转 10 ~1 400 r/min，24 级。

        反转 14 ~1 580 r/min，12 级。

（7）进给量范围：纵向 0.028 ~6.33 mm/r，共 64 级。

       横向 0.014 ~3.16 mm/r，共 64 级。

（8）螺纹加工范围：公制螺纹 P=1 ~192 mm，44 种。

        英制螺纹 a=2 ~24 牙/in，20 种。

        模数制螺纹 m=0.25 ~48 牙/in，39 种。

        径节制螺纹 D_p=1 ~96 牙/in，37 种。

（9）主电动机：7.5 kW，1 450 r/min。

（10）机床外形尺寸（长×宽×高）：

对于最大工件长度 1 500 mm 的机床为：3 168 mm×1 000 mm×1 267 mm。

2）机床的传动系统

图 2-6 所示为 CA6140 型车床的传动系统图。主要包括主运动传动链、进给运动传动链和螺纹车削传动链。

（1）主运动传动链。主运动的动力源是电动机，执行件是主轴。运动由电动机经 V 带轮传动副 $\phi130/\phi230$ 传至主轴箱中的轴 I。轴 I 上装有双向多片摩擦离合器 M_1，离合器左半部啮合时主轴正转；右半部啮合时主轴反转；左右都不啮合时轴 I 空转，主轴停止转动。轴 I 运动经 M_1 传给轴 II 后传给轴 III，然后分成两条路线传给主轴：当主轴 VI 上的滑移齿轮（z=50）移至左边位置时，运动由轴 III 经齿轮副 63/50 直接传给主轴 VI，使主轴得到高转速；当主轴 VI 上的滑移齿轮（z=50）向右移，使其与主轴上的齿轮式离合器 M_2 啮合时，则运动经轴 III 传给轴 IV，又经齿轮副 20/80 或 51/50 传给轴 V，再经齿轮副 26/58 和齿轮式离合器 M_2 传给主轴 VI，使主轴获得中、低转速。主运动传动路线表达如下：

$$\text{电动机}-\frac{\phi130}{\phi230}-\text{I}-\begin{Bmatrix}M_1\text{左（正转）}-\begin{Bmatrix}\dfrac{56}{38}\\[4pt]\dfrac{51}{43}\end{Bmatrix}-\\[10pt]M_1\text{右（反转）}-\dfrac{50}{34}-\text{VII}-\dfrac{34}{30}\end{Bmatrix}-\text{II}-\begin{Bmatrix}\dfrac{39}{41}\\[2pt]\dfrac{30}{50}\\[2pt]\dfrac{22}{58}\end{Bmatrix}-\text{III}-\begin{Bmatrix}\begin{Bmatrix}\dfrac{20}{80}\\[2pt]\dfrac{50}{50}\end{Bmatrix}-\text{IV}-\begin{Bmatrix}\dfrac{20}{80}\\[2pt]\dfrac{51}{50}\end{Bmatrix}-\text{V}-\dfrac{26}{58}-M_2\\[20pt]\dfrac{63}{50}\end{Bmatrix}-\text{VI（主轴）}$$

由传动系统图和传动路线表达式可以看出，主轴正转时，轴 II 上的双联滑移齿轮可有两种啮合位置，分别经 56/38 或 51/43 使轴 II 获得两种速度。其中的每种转速经轴 III 的三联滑移齿轮 39/41 或 30/50 或 22/58 的齿轮啮合，使轴 III 获得三种转速，因此轴 II 的两种转速可使轴 III 获得 2×3 = 6 种转速。经高速分支传动路线时，由齿轮副 63/50 使主轴 VI 获得 6 种高转速。

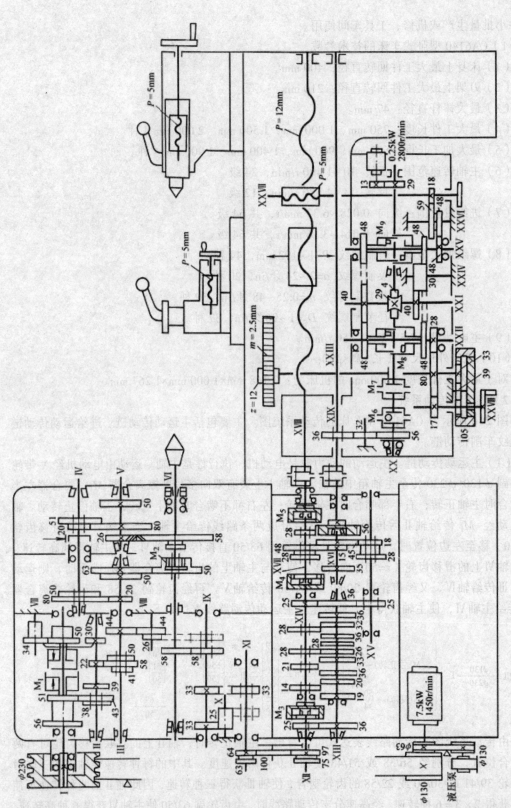

图 2-6　CA6140 型车床传动系统图

经低速分支传动路线时，轴Ⅲ的 6 种转速经轴Ⅳ上的两对双联滑移齿轮，使主轴得到 6×2×2 = 24 种低转速。因为轴Ⅲ到轴Ⅴ间的两个双联滑移齿轮变速组得到的四种传动比中，有两种重复，即

$$u_1 = \frac{50}{50} \times \frac{51}{50} \approx 1 \; ; \quad u_2 = \frac{50}{50} \times \frac{20}{80} = \frac{1}{4} \; ; \quad u_3 = \frac{20}{80} \times \frac{51}{50} \approx \frac{1}{4} \; ; \quad u_4 = \frac{20}{80} \times \frac{20}{80} = \frac{1}{16}$$

其中 u_2、u_3 基本相等，所以实际上只有三种不同的传动比。因此，经低速传动路线时，主轴获得的实际转速是 2×3×（2×2 - 1）=18 级转速，再加上由高速传动路线获得的 6 级转速，主轴共可获得 24 级转速。同理，主轴反转时，只能获得 3+3×（2×2-1）= 12 级转速。

主轴的各级转速可按下列运动平衡式计算

$$n_{主} = n_{电} \times \frac{130}{230} \times (1-\varepsilon) \; u_{I-II} \times u_{II-III} \times u_{III-IV} \tag{2-1}$$

式中：　　ε——V 带轮的滑动系数，可取 ε=0.02;

　　u_{I-II}——为轴 I 和轴 II 间的可变传动比，其余类推。

例如，在图 2-6 所示的齿轮啮合情况（离合器 M_2 拨向左侧）中，其主轴的转速为

$$n_{主} = 1450 \times \frac{130}{230} \times (1-0.02) \times \frac{51}{43} \times \frac{22}{58} \times \frac{63}{50} \approx 450 (\text{r}/\text{min})$$

同理，可计算主轴正转时 24 级转速为 10 ~ 1 400 r/min; 反转时 12 级转速为 14 ~ 1 580 r/min。主轴反转通常不是用于切削，而是用于车削螺纹时，切削完一刀后，车刀沿螺纹线退回，故转速较高以节省辅助时间。

（2）螺纹车削传动链。螺纹车削时，主轴回转与刀具的纵向进给必须保持严格的运动关系，即主轴转一转，刀具移动一个螺纹导程。这是一条内联系传动链，其运动平衡式应为

$$1_{主轴} \times u_x \times Ph_{丝杠} = Ph_{螺纹} \tag{2-2}$$

式中：　　$1_{主轴}$——主轴每转一转;

　　u_x——机床主轴至丝杠之间的总传动比;

$Ph_{丝杠}$、$Ph_{螺纹}$——车床丝杠和被加工螺纹的导程。在 CA6140 车床中，$Ph_{丝杠}$=12 mm。

CA6140 型车床所能加工的四种螺纹的螺距、导程换算关系如表 2-5 所示。在车削螺纹时，根据螺纹的标准和导程，通过调整传动链实现加工要求。表中 k 表示螺纹的头数。

表 2-5　螺距、导程换算关系

螺纹种类	螺距参数	螺距/mm	导程/mm
公制	螺距 P/mm	P	$Ph=kP$
模数制	模数 m/mm	$P_m=\pi m$	$Ph_m=kP_m=k\pi m$
英制	每英寸牙数 a	$P_a=25.4/a$	$Ph_a=kP_a=25.4k/a$
径节制	径节 DP（牙/in）	$P_{DP}=25.4\pi/DP$	$Ph_{DP}=kP_{DP}=25.4k\pi/DP$

① 车削公制螺纹。传动路线表达如下：

$$主轴 - \begin{cases} （正常螺距）- \dfrac{58}{58} \\ （扩大螺距）\dfrac{58}{26} - \dfrac{80}{20} - \begin{cases} \dfrac{80}{20} \\ \dfrac{50}{50} \end{cases} - \dfrac{44}{44} - \dfrac{26}{58} \end{cases} - \begin{cases} （左螺纹）- \dfrac{33}{33} \\ （右螺纹）- \dfrac{33}{25} - \dfrac{25}{33} \end{cases} -$$

$$-\left\{\begin{array}{l}(公制螺纹)\dfrac{63}{100}-\dfrac{100}{75}\\[2mm](模数螺纹)\dfrac{64}{100}-\dfrac{100}{97}\end{array}\right\}-\dfrac{25}{36}-u_{基}-\dfrac{25}{36}-\dfrac{36}{25}-u_{倍}-M_5-丝杠$$

其中，$u_{基}$为XIII、XIV轴之间的变速传动比，由此可以得到基本的螺纹导程，称为基本变速组，共有八种变速传动比，分别为

$$u_1=\frac{26}{28}=\frac{6.5}{7};\quad u_2=\frac{28}{28}=\frac{7}{7};\quad u_3=\frac{32}{28}=\frac{8}{7};\quad u_4=\frac{36}{28}=\frac{9}{7}$$

$$u_5=\frac{19}{14}=\frac{9.5}{7};\quad u_6=\frac{20}{14}=\frac{10}{7};\quad u_7=\frac{22}{14}=\frac{11}{7};\quad u_8=\frac{24}{14}=\frac{12}{7}$$

$u_{倍}$为XV～XVII轴之间的变速传动比，称为增倍变速组，共有四种变速传动比，分别为

$$u_{倍1}=\frac{18}{45}\times\frac{15}{48}=\frac{1}{8};\quad u_{倍2}=\frac{28}{35}\times\frac{15}{48}=\frac{1}{4};$$

$$u_{倍3}=\frac{18}{45}\times\frac{35}{28}=\frac{1}{2};\quad u_{倍4}=\frac{28}{35}\times\frac{35}{28}=1;$$

上述四种传动比成倍数关系排列，通过改变$u_{倍}$可以使被加工螺纹导程成倍数变化，扩大了车床能加工的螺纹导程数量。

在传动路线中，通过改变挂轮就可以实现公制螺纹与模数螺纹的加工转换。由于传动路线可得加工公制螺纹的运动平衡式

$$Ph_{螺纹}=1_{主轴}\times\frac{58}{58}\times\frac{33}{33}\times\frac{63}{100}\times\frac{100}{75}\times\frac{25}{36}\times u_{基}\times\frac{25}{36}\times\frac{36}{25}\times u_{倍}\times12$$

将上式化简为

$$Ph_{螺纹}=1_{主轴}7u_{基}u_{倍}\qquad\qquad(2\text{-}3)$$

加工模数螺纹的运动平衡式为

$$Ph_m=k\pi m=1_{主轴}\times\frac{58}{58}\times\frac{33}{33}\times\frac{64}{100}\times\frac{100}{97}\times\frac{25}{36}\times u_{基}\times\frac{25}{36}\times\frac{36}{25}\times u_{倍}\times12$$

式中：$\dfrac{64}{100}\times\dfrac{100}{97}\times\dfrac{25}{36}\approx\dfrac{7\pi}{48}$

将上式化简为

$$m=\frac{1_{主轴}7u_{基}u_{倍}}{4k}\qquad\qquad(2\text{-}4)$$

式中：m——模数螺纹的模数；

k——模数螺纹的头数。

② 车削英制螺纹。为实现英制螺纹的特殊因子和以每英寸长度上的螺纹牙数表示螺距的要求，把公制螺纹加工的传动路线进行调整。首先，改变XIII、XIV轴的主从动关系，从而使基本组的传动比变为原来的倒数；其次，在传动链中改变部分传动副的传动比，使之包含特殊因子25.4，其传动路线表达如下：

$$\text{主轴} - \begin{cases} (\text{正常螺距}) - \dfrac{58}{58} \\[2mm] (\text{扩大螺距}) \dfrac{58}{26} - \dfrac{80}{20} - \begin{cases} \dfrac{80}{20} \\[1mm] \dfrac{50}{50} \end{cases} - \dfrac{44}{44} - \dfrac{26}{58} \end{cases} - \begin{cases} (\text{右螺纹}) - \dfrac{33}{33} \\[2mm] (\text{左螺纹}) - \dfrac{33}{25} - \dfrac{25}{33} \end{cases} -$$

$$\begin{cases} (\text{英制螺纹}) \dfrac{63}{100} - \dfrac{100}{75} \\[2mm] (\text{径节螺纹}) \dfrac{64}{100} - \dfrac{100}{97} \end{cases} - M_3 - \dfrac{1}{u_{\text{基}}} - \dfrac{36}{25} - u_{\text{倍}} - M_5 - \text{丝杠}$$

同理，通过改变挂轮可以实现英制螺纹与径节螺纹的转换。

加工英制螺纹时，其运动平衡式为

$$Ph_a = \frac{25.4k}{a} = 1_{\text{主轴}} \times \frac{58}{58} \times \frac{33}{33} \times \frac{63}{100} \times \frac{100}{75} \times \frac{1}{u_{\text{基}}} \times \frac{36}{25} \times u_{\text{倍}} \times 12$$

由于 $\dfrac{63}{100} \times \dfrac{100}{75} \times \dfrac{36}{25} \approx \dfrac{25.4}{21}$，上式可化简为

$$a = \frac{1_{\text{主轴}} 7 k u_{\text{基}}}{4 u_{\text{倍}}} \tag{2-5}$$

式中：a——螺纹每英寸长度上的牙数。

加工径节螺纹时，同理可得运动平衡式为

$$DP = \frac{1_{\text{主轴}} 7 k u_{\text{基}}}{u_{\text{倍}}} \tag{2-6}$$

式中：DP——径节螺纹导程主参数（径节数）。

在加工非标准螺纹和精密螺纹时，可将 M_3、M_4、M_5 全部啮合，主轴运动经过挂轮后，由Ⅻ轴、ⅩⅣ轴、ⅩⅦ轴直接传动到丝杠。被加工螺纹的导程通过调整挂轮的传动比来实现。这时，传动路线缩短，传动误差减小，螺纹精度可以得到较大的提高。其运动平衡式为

$$Ph = 1_{\text{主轴}} 12 u_{\text{挂}} \tag{2-7}$$

$$\text{主轴} - \begin{cases} \text{公制螺纹线路} \\ \text{英制螺纹线路} \end{cases} - \frac{28}{56} - \text{光杆} - \frac{36}{32} \times \frac{32}{36} - M_6 - M_7 - \frac{4}{29} -$$

$$- \begin{cases} \begin{cases} \dfrac{40}{48} - M_9 \uparrow \\[2mm] \dfrac{40}{30} \times \dfrac{30}{48} - M_9 \downarrow \end{cases} - \dfrac{48}{48} \times \dfrac{59}{18} - \text{刀架（横向进给）} \\[6mm] \begin{cases} \dfrac{40}{48} - M_8 \uparrow \\[2mm] \dfrac{40}{30} \times \dfrac{30}{48} - M_8 \downarrow \end{cases} - \dfrac{28}{80} - \text{齿条（}z12\text{）} - \text{刀架（纵向进给）} \end{cases}$$

3）CA6140 型车床结构特点

（1）主轴箱和主轴部件。图 2-7 所示为 CA16140 型车床的主轴箱展开图。为保证机床的功能要求，在主轴箱中Ⅰ轴上采用了卸荷式带轮，以消除带传动的径向力使Ⅰ轴产生的弯曲

变形，减小对主传动系统传动精度的影响。在 I 轴采用了双向片式摩擦离合器，与Ⅳ轴上的钢带制动器相结合，实现对主轴的启动、停止、制动、换向的控制。图 2-8 所示为双向片式摩擦离合器结构示意图。

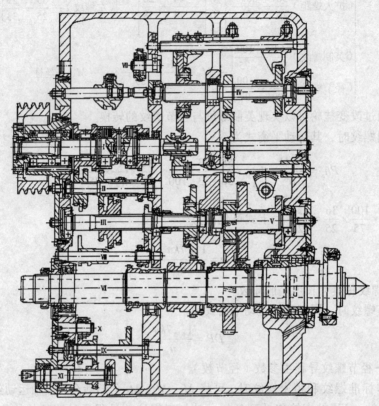

图 2-7　CA6140 型车床主轴箱展开图

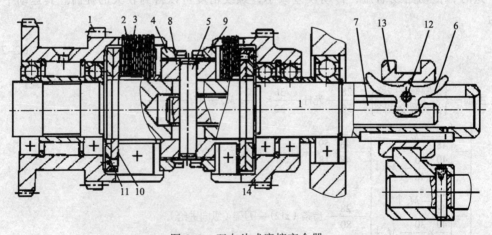

图 2-8　双向片式摩擦离合器

1—双联齿轮；2、3—摩擦片；4、9—可调压紧套；5—销柱；6—元宝销；

7—拉杆；8—滑动套；10、11—挡环；12—转销；13—滑动套；14—齿轮

主轴部件是机床的核心部件，其精度和承载能力将直接影响机床的相关技术性能指标。

在保证精度要求的前提下,经过生产实践使用的检验,CA6140 车床的主轴形成了前后双支承、后端定位的结构,如图 2-9 所示。其中,前轴承采用 P5 级精度的双列圆柱滚子轴承 3182121,用于承受径向力,通过轴承内环与主轴在轴向的相对移动使内环产生弹性变形,以调整轴承的径向间隙;后支承采用推力轴承和角接触球轴承组合,分别用以承受双向轴向力和径向力,轴承的间隙由主轴后端的螺母调整。前后轴承均采用油泵供油润滑。轴上 z58 斜齿轮靠近主轴前端布置,以减小径向力对主轴弯曲变形的影响,同时可抵消主轴承受的轴向载荷。

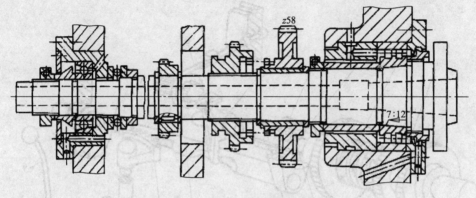

图 2-9　CA6140 型车床主轴部件图

主轴是一个空心阶梯轴,内孔用来通过棒料或卸顶尖,也可用来通过气、电、液夹紧机构。前端孔为莫氏 6 号锥度孔,用以安装顶尖或心轴;前端为短锥法兰结构,用以安装卡盘。

（2）床身及导轨。CA6140 型车床床身为铸铁件,其形状结构如图 2-10 所示。该车床采用了平床身结构,床身前后壁之间用"Π"形截面的肋板相连接,床身的刚度较大。平床身的工艺性好,易于加工制造,并有利于提高刀架的运动精度。床身上两组三角形—矩形组合的滑动导轨,分别作为拖板和尾座的运动导轨。

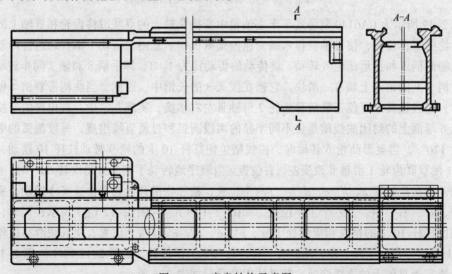

图 2-10　床身结构示意图

（3）操纵机构。CA6140 车床的主轴箱采用了一套主轴的启、停、制动机构,如图 2-11 所示。为便于操作,在操纵杆 4 上共有两个操纵手柄 3,它们分别位于进给箱和溜板箱的右侧。当把手柄 3 向上搬动时,通过由曲柄 5 和 9、拉杆 8 组成的杠杆机构可使轴 10 和扇形齿板 11 顺时针转动，带动齿条轴 12 向右移动，经拨叉 15 拨动滑套 13（滑套内孔的两端为锥孔，中间是圆柱孔）向右移，压下羊角形摆块 6 的右角，使拉杆 16 向左移，双向多片式摩擦离合器的左离合器接合，主轴启动正转；当把手柄 3 向下搬动时，双向多片摩擦离合器右离合器接合，主轴反转。当手柄 3 处于中间位置时，则拉杆 16、滑套 13 及齿条轴 12 均处于中间位置，此时左右离合器均不接合，将主轴与动力源断开，而齿条轴 12 上的凸起部分压着杠杆 7 的下端，将制动带 2 拉紧，导致主轴快速停止转动。

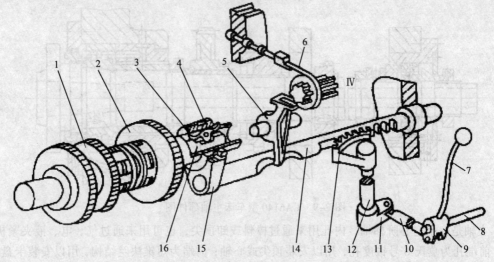

图 2-11　主轴起停控制机构

1—双联空套齿轮；2—制动带；3—手柄；4—操纵杆；5、9—曲柄；6—羊角形摆块；
7—杠杆；8—拉杆；10—轴；11—扇形齿板；12—齿条轴；
13—滑套；14—空套齿轮；15—拨叉；16—拉杆

图 2-12 所示为 CA6140 型卧式车床主轴箱中变换 Ⅱ 轴上的双联滑移齿轮和 Ⅲ 轴上的三联滑移齿轮的工作位置，使 Ⅲ 轴获得六级变速的操纵机构示意图。转动手柄 8 通过链传动带动轴 7 上的曲柄 5 和盘形凸轮 6 转动，链传动的传动比为 1∶1，即手柄 8 和轴 7 同步转动。固定在曲柄 5 上的销 4 上装有一滑块，它插在拨叉 3 的长槽中，因此，当曲柄带着销 4 做圆周运动时，通过拨叉 3 可使三联滑移齿轮 2 沿轴 Ⅲ 左右移换，实现左、中、右位置的变换。盘形凸轮 6 端面上的封闭曲线槽是由不同半径的两段圆弧和过渡直线组成，每段圆弧的中心角稍大于 120°，当盘形凸轮 6 转动时，曲线槽迫使杠杆 10 上的销 9 带动杠杆 10 摆动，通过拨叉 11 使双联齿轮 1 沿轴 Ⅱ 改变左、右位置。当顺序地转动手柄 8 并每次转 60° 时，曲柄 5 上的销 4 依次地处于 a、b、c、d、e、f 六个位置，使三联滑移齿轮 2 由拨叉 3 拨动分别处于左、中、右、右、中、左六个工作位置，如图 2-12（b）～图 2-12（g）所示；同时，凸轮曲线槽使杠杆 10 上的销 9 相应的处于 a′、b′、c′、d′、e′、f′六个位置，使双联滑移齿轮 1 由拨叉 11 拨动分别处于左、左、左、右、右、右六个工作位置，如图 2-12（b）～图 2-12（g）所示。要实现 Ⅲ 轴上的六级变速，其具体组合情况如表 2-6 所示。

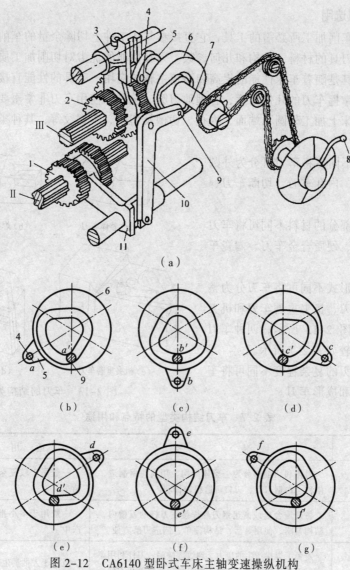

图 2-12　CA6140 型卧式车床主轴变速操纵机构

1—双联滑移齿轮；2—三联滑移齿轮；3、11—拨叉；4、9 —销；
5—曲柄；6—盘形凸轮；7—轴；8—手柄；10—杠杆；Ⅱ、Ⅲ—轴

表 2-6　Ⅲ轴上六级变速的组合情况

零件名称	位　　　置					
曲柄 5 上的销 4 的位置	a	b	c	d	e	f
三联滑移齿轮 2 的位置	左	中	右	右	中	左
销 9 的位置	a'	b'	c'	d'	e'	f'
双联滑移齿轮 1 的位置	左	左	左	右	右	右
齿轮工作情况	$\dfrac{39}{41}\times\dfrac{56}{38}$	$\dfrac{22}{58}\times\dfrac{56}{38}$	$\dfrac{30}{50}\times\dfrac{56}{38}$	$\dfrac{30}{50}\times\dfrac{51}{43}$	$\dfrac{22}{58}\times\dfrac{51}{43}$	$\dfrac{39}{41}\times\dfrac{51}{43}$

5. 车刀及其选用

车刀是完成车削加工所必需的工具，它直接参与从工件上切除余量的车削加工过程。车刀的性能取决于刀具的材料、结构和几何参数。刀具性能的优劣对切削加工质量、提高生产率至关重要。尤其是随着车床性能的提高和高速主轴的应用，刀具的性能直接影响机床性能的发挥。因此，掌握车刀的几何角度，合理地刃磨、选择和使用车刀非常重要。车刀多用于在各种类型的车床上加工外圆、端面、内孔、切槽及切断、车螺纹等，其种类繁多，具体可分为如下四类：

（1）按用途不同可将车刀可分为外圆车刀、端面车刀、内孔车刀、切断车刀、螺纹车刀等。

（2）按切削部分的材料不同可将车刀分为高速钢车刀、硬质合金车刀、陶瓷车刀等。

（3）按结构形式不同可将车刀分为整体车刀、焊接车刀、机夹重磨车刀和机夹可转位车刀，如图 2-13 所示；四种车刀的特点与用途比较如表 2-7 所示。

（4）按切削刃的复杂程度不同可将车刀分为普通车刀和成形车刀。

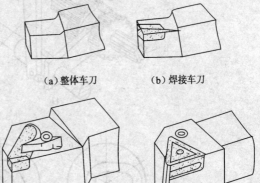

(a) 整体车刀　　　　(b) 焊接车刀

(c) 机夹重磨车刀　　　(d) 机夹可转位车刀

图 2-13　车刀的结构类型

表 2-7　车刀结构类型的特点和用途

名　　称	特　　　　点	适　用　场　合
整体车刀	刀体和切削部分为一整体结构，用高速钢制造，俗称"白钢刀"，刃口可磨得较锋利	一般用于较复杂成形表面的低速精车
焊接车刀	将硬质合金或高速钢刀片焊接在刀杆的刀槽内，结构紧凑，使用灵活，结构简单，制造刃磨方便	一般用于中小批量生产和修配生产中
机夹重磨车刀	避免了焊接产生的应力、裂纹等缺陷，刀杆利用率高。刀片可集中刃磨获得所需参数，使用灵活方便	适用于大批量生产和数控车床
机夹可转位车刀	避免了焊接刀片的缺点，刀片可快速转位，刀片上所有切削刃都用钝后，才需要更换刀片，车刀几何参数完全由刀片和刀槽保证，不受工人技术水平的影响	特别适用于自动线和数控机床

6. 普通车刀的使用类型

按用途的不同，车刀可分为 45°弯头车刀、90°外圆车刀、75°外圆车刀、螺纹车刀、内孔镗刀、成形车刀、车槽及切断刀等，如图 2-14 所示。

1）45°弯头车刀

图 2-14 所示的车刀 1 为 45°弯头车刀，可按其刀头的朝向分为左弯头和右弯头两种。该车刀是一种多用途车刀，既可以车外圆、车端面，也可以加工内、外倒角。但切削时背向力 F_p 较大，车削细长轴时，工件容易被顶弯而引起振动，所以常用来车削刚性较好的工件。

2）90°外圆车刀

90°外圆车刀又称90°偏刀，分左偏刀（见图2-14中的车刀6）和右偏刀（见图2-14中的车刀2）两种，主要用于车削外圆柱表面和阶梯轴的轴肩端面。由于主偏角（$\kappa_r=90°$）大，切削时背向力F_p较小，不易引起工件弯曲和振动，所以多用于车削刚性较差的工件，如细长轴。

3）75°外圆车刀

图2-14所示的车刀4为75°外圆车刀，又称直头外圆车刀。该刀刀头强度高，散热条件好，常用于粗车外圆和端面。通常有右偏直头车刀和左偏直头车刀两种形式。

4）螺纹车刀

图2-14所示的车刀3为外螺纹车刀、车刀9为内螺纹车刀。螺纹车刀属于成形车刀，其刀头形状与被加工的螺纹牙型相符合。一般来说，螺纹车刀的刀尖角应等于或略小于螺纹牙型角。

5）内孔镗刀

内孔镗刀可分为通孔镗刀、盲孔镗刀和车内槽车刀（见图2-14中的车刀8）。图2-14所示的车刀11为通孔镗刀，它的主偏角$\kappa_r=45°\sim75°$，副偏角$\kappa_r'=20°\sim45°$；图2-14所示的车刀10为盲孔镗刀，其主偏角$\kappa_r\geq90°$。

6）成形车刀

成形车刀是用来加工回转成形面的车刀，机床只需要做简单运动就可以加工出复杂的成形表面，其主切削刃与回转成形面的轮廓母线完全一致。图2-14所示的车刀5为成形车刀，其形状因切削表面的不同而不同。

7）车槽、切断刀

车槽、切断刀可用来切削工件上的环形沟槽（如退刀槽、越程槽等）或用来切断工件（见图2-14中的车刀7），这种车刀的刀头窄而长，有一个主切削刃和两个副切削刃，副偏角$\kappa_r'=1°\sim2°$；切削钢件时，前角$\gamma_o=10°\sim20°$；切削铸铁时前角$\gamma_o=3°\sim10°$。

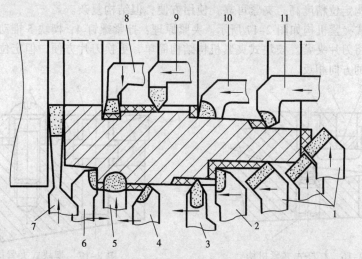

图2-14　普通车刀的使用类型

1—45°弯头车刀；2、6—90°外圆车刀；3—外螺纹车刀；4—75°外圆车刀；
5—成形车刀；7—车槽、切断刀；8—车内槽车刀；9—内螺纹车刀；10—盲孔镗刀；11—通孔镗刀

7．机夹可转位车刀

1）可转位车刀的构成

可转位式车刀是采用一定的机械夹固方式把一定形状的可转位刀片夹固在刀杆上形成的。它由刀杆、刀片、刀垫、夹固元件等部分构成，如图 2-15 所示。这种车刀用钝后，只需要将刀片转过一个位置，即可使新的刀刃投入切削。当全部刀刃都用钝后，需更换新的刀片。

可转位车刀的刀具几何参数由刀片和刀片槽保证，不受工人技术水平的影响，因此切削性能稳定，适于大批量生产和数控车床使用。由于节省了刀具的刃磨、装卸、调整等步骤，减少了辅助时间。同时也避免了由于刀片的焊接、重磨造成的缺陷。这种刀具的刀片由专业厂家生产，刀片性能稳定，刀具几何参数可以得到优化，并有利于新型刀具材料的推广应用，是金属切削刀具发展的方向。

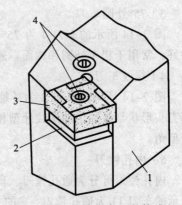

图 2-15　可转位车刀的构成

1—刀杆；2—刀垫；3—刀片；4—夹固元件

2）可转位车刀的刀片

可转位式车刀的刀片有三角形、偏三角形、凸三角形、正方形、五角形和圆形等多种形状。使用时可根据需要按国家标准或制造厂家提供的产品样本选用。

3）可转位车刀的典型结构

可转位车刀的定位夹紧机构应满足定位正确、夹紧可靠、装卸转位方便、结构简单等要求。其典型结构包括以下类型：

（1）杠杆式夹紧机构如图 2-16 所示。夹紧原理：拧紧螺钉 5，杠杆 1 摆动，刀片 3 压紧在两个定位面上，将刀片夹紧。刀垫 2 通过弹簧套 8 定位，调节螺钉 7 调整弹簧 6 的弹力。杠杆式夹紧机构定位精度高，夹紧可靠，使用方便，但结构复杂。

（2）楔块式夹紧机构如图 2-17 所示。夹紧原理：拧紧螺钉 4，楔块 5 推动刀片 3 紧靠在圆柱销 2 上，将刀片夹紧。楔块式夹紧机构结构简单，更换刀片方便，但定位精度不高，夹紧力与切削力的方向相反。

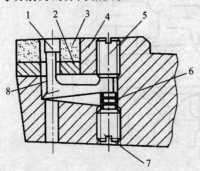

图 2-16　杠杆式夹紧机构

1—杠杆；2—刀垫；3—刀片；4—刀柄；

5—螺钉；6—弹簧；7—调节螺钉；8—弹簧套

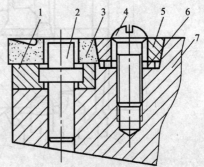

图 2-17　楔块式夹紧机构

1—刀垫；2—圆柱销；3—刀片；

4—螺钉；5—楔块；6—弹簧垫圈；7—刀柄

（3）偏心式夹紧机构如图 2-18 所示。夹紧原理：利用偏心销 1 上部的偏心轴将刀片 2

夹紧。螺纹偏心式夹紧机构结构简单，但定位精度不高，要求刀片精度不高。

（4）压孔式夹紧机构如图2-19所示。夹紧原理：拧紧沉头螺钉2，利用螺钉斜面将刀片1夹紧。压孔式夹紧机构结构简单，刀头部分小，用于小型刀具。

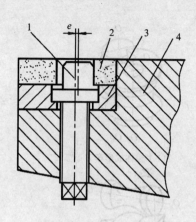

图2-18　偏心式夹紧机构

1—偏心销；2—刀片；3—刀垫；4—刀柄

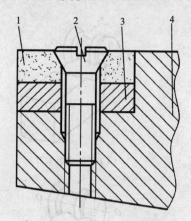

图2-19　压孔式夹紧机构

1—刀片；2—沉头螺钉；3—刀垫；4—刀柄

（5）上压式夹紧机构如图2-20所示。夹紧原理：拧紧螺钉5，压板6将刀片4夹紧。上压式夹紧机构夹紧可靠，但切屑容易擦伤夹紧元件。

（6）拉垫式夹紧机构如图2-21所示。夹紧原理：拧紧螺钉3，使拉垫1移动，拉垫1上的圆柱销将刀片2夹紧。拉垫式夹紧机构夹紧可靠，但刀头部分刚性较差

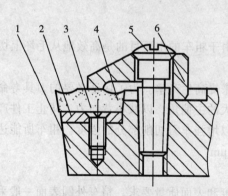

图2-20　上压式夹紧机构

1—刀柄；2—刀垫；3、5—螺钉；4—刀片；6—压板

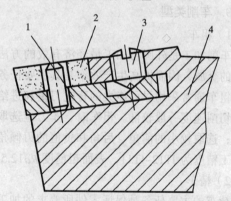

图2-21　拉垫式夹紧机构

1—拉垫；2—刀片；3—螺钉；4—刀柄

8. 成形车刀

成形车刀是加工回转体成形表面的专用车刀。它的刃形根据被加工零件表面的廓形进行设计。工件的廓形取决于刀刃的形状，质量稳定，不受操作者的技术水平影响。其加工精度可达IT10~IT9，表面粗糙度可达$Ra3.2~6.3\ \mu m$。图2-22所示为成形车刀的几种常见类型。其中，平体成形车刀只能用来加工外成形表面，重磨次数少，主要用于加工宽度不大，成形表面比较简单的工件，装夹方式与普通车刀相同；棱体成形车刀也只能用来加工外成形表面，但重磨次数较多；圆体成形车刀可用于内外回转体成形表面的加工，重磨次数最多，制造比

较容易，应用较多。

成形车刀是专用刀具。其前角和后角根据设计的要求通过刃磨和安装相结合而得到。成形车刀的设计依据主要是廓形深度设计。具体设计方法可查阅有关刀具设计手册。

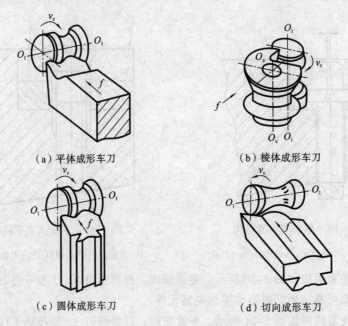

（a）平体成形车刀　　　　　　（b）棱体成形车刀

（c）圆体成形车刀　　　　　　（d）切向成形车刀

图 2-22　成形车刀的类型

9. 车削类型

1）粗车

车削加工是外圆粗加工最经济有效的方法。由于粗车的主要目的是高效地从毛坯上切除多余的金属，因而提高生产效率是其主要任务。

粗车通常采用尽可能大的背吃刀量和进给量来提高生产率。为了保证必要的刀具寿命，所选切削速度一般较低。粗车时，车刀应选取较大的主偏角，以减小背向力，防止工件产生变形；选取较小的前角、后角和负值的刃倾角，以增强车刀切削部分的强度。粗车所能达到的加工精度为 IT12~IT11，表面粗糙度 Ra12.5~50 μm。

2）精车

精车的主要任务是保证零件所要求的加工精度和表面质量要求。精车外圆表面一般采用较小的背吃刀量与进给量和较高的切削速度（$v_c \geqslant 100$ m/min）。在加工大型轴类零件外圆时，常采用宽刃车刀低速精车（$v_c \geqslant 2 \sim 100$ m/min）。精车时，车刀应选用较大的前角、后角和正值的刃倾角，以提高加工表面质量。精车可作为较高精度外圆的最终加工或作为精细加工的预加工。精车的加工精度可达 IT8~IT6，表面粗糙度为 Ra0.8~1.6 μm。

3）细车

细车的特点是背吃刀量和进给量取值极小（$a_p = 0.03 \sim 0.05$ mm，$f = 0.02 \sim 0.2$ mm/r），切削速度高达 150 ~2 000 mm/min。细车一般采用立方氮化硼（CBN）、金刚石等超硬材料刀具进行加工，所用机床也必须是主轴能做高速回转并具有很高刚度的高精度或精密机床。细车的加工精度及表面粗糙度与普通外圆磨削大体相当，加工精度可达 IT6~IT5，表面粗糙度为

Ra0.02~1.25 μm，多用于磨削加工性不好的有色金属工件的精密加工。对于容易堵塞砂轮的铝及铝合金等工件，细车更为有效。在加工大型精密外圆表面时，细车可以代替磨削加工。

10. 车削方法

上述车削的加工方法是按加工精度、加工余量及切削用量的大小来阐述的，下面介绍的是实际加工过程的车削加工方法，具体步骤及过程如下：

1）车外圆

（1）试切步骤。车外圆一般分粗车和精车两步进行，粗车的目的是尽快切去多余的金属层，使工件接近于最后的形状和尺寸。粗车后应留下 0.5~1 mm 作为精车余量。精车是切去余下的少量金属层以获得零件所求的精度和表面粗糙度，因此背吃刀量较小，为 0.1~0.2 mm，切削速度则可用较高或较低速度。为了使工件表面获得较小的粗糙度值，用于精车的车刀的前、后面应采用磨石加润滑油磨光，有时刀尖磨成一个小圆弧。为准确控制工件的尺寸精度，一般采用试切法车削，试切的方法和步骤如下：

① 开机对刀。启动车床，使车刀刀尖与工件外圆表面轻微接触，如图 2-23（a）所示。

② 向右退刀。摇动溜板箱的手轮，使刀具向右移动，离开工件，如图 2-23（b）所示。

③ 横向进刀。顺时针转动手中滑板手轮，根据刻度盘调整背吃刀量，如图 2-23（c）所示。

④ 向左试切。摇动溜板箱的手轮，向左试切削 1~3 mm，如图 2-23（d）所示。

⑤ 退刀测量。试切后，摇动溜板箱的手轮向右退刀，脱离工件后停机，用量具测量试切外圆直径，如图 2-23（e）所示。如尺寸合格，用机动进给车削外圆。

⑥ 切深精调。尺寸未到，再次横向进刀，调整背吃刀量，然后开机车削，如图 2-23（f）所示。

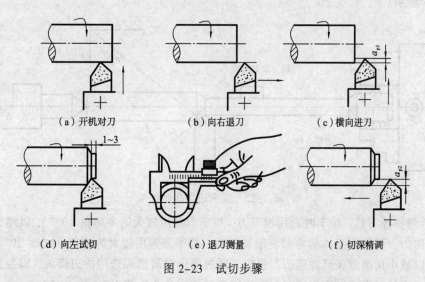

（a）开机对刀　　　　（b）向右退刀　　　　（c）横向进刀

（d）向左试切　　　　（e）退刀测量　　　　（f）切深精调

图 2-23　试切步骤

（2）细长轴外圆的车削加工

由于细长轴（长径比很大，如 $L/d \geqslant 20$）的刚度很差，车削时容易产生弯曲和振动，形成腰鼓形或竹节形误差而不能保证加工质量。因此，必须采取有效措施来解决车削时的变形、振动等问题。具体方法如下：

① 改进工件的装夹。车削细长轴时，工件的装夹常采用一端在卡盘中夹紧，另一端支顶在弹性尾座顶尖中的方法。这种装夹方式夹持的刚性好，并且当工件因切削热而膨胀伸长时，尾座顶尖能自动伸缩，可避免热膨胀引起零件弯曲变形。在车床卡盘中夹紧工件常用的形式有两种：一是在工件的左端绕上一圈较细的钢丝，以减小接触面积，使工件在卡盘内能自由调节其位置，可避免因卡爪卡死而引起弯曲变形，如图 2-24 所示；二是在卡盘一端的工件上车出一个缩颈部分，缩颈直径 $d \approx D/2$（D 为工件的坯料直径），以此增加工件的柔性，起到与万向接头类似的作用，缓解由于坯料本身的弯曲而在卡盘强制夹持下轴心歪斜的影响。

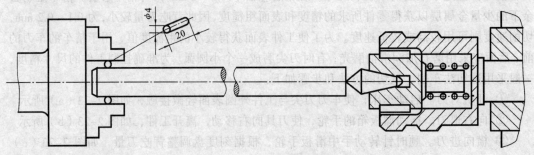

图 2-24　细长轴的装夹

② 选择合理的切削方法。车削细长轴时，宜采用由车头向尾座的反向切削法。这时在轴向切削力的作用下，从卡盘到车刀区段内，工件受到的是拉力；而从车刀到尾顶尖区段，则采用了可伸缩的活顶尖，而不会把工件顶弯。由于选择了较大的进给量和主偏角，增大了轴向切削力，工件在大的轴向拉力作用下，能有效地选择消除径向颤动，使切削过程平稳，如图 2-25 所示。

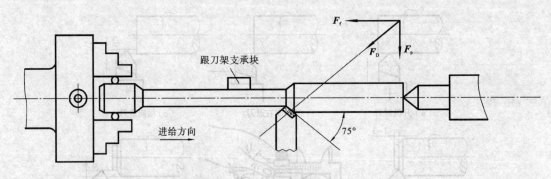

图 2-25　反向进给车削法

③ 合理选择刀具。粗车时选用粗车刀，粗车刀常用较大的主偏角（75°），以增大轴向力而减小径向力，可防止工件的弯曲变形和振动。粗车刀选用较大的前角（12°～20°）和较小的后角，以减小切削力又可加强刃口强度。通过磨出卷屑槽和选用的刃倾角，以控制切屑的顺利排出。刀片材料宜采用强度和耐磨性较高的硬质合金，如 YW1 或 YG6A。

精车时常用宽刃高速钢刀片，选用 25°的前角和 10°的后角。这种大前角、无倒棱的宽刀，其切削刃易切入工件，切下很薄的切屑，便于消除粗车时留在工件上的形状误差。刃倾角和弹性刀杆使得切入平稳并防止发生振动和啃刀现象，低速切削时可以避免积屑瘤和振动，宽平切削刃可以修光工件表面，因此可以获得良好的加工质量。此外，粗车刀安装使刀尖可比工件中心高 0.1 ~ 0.15 mm，使刀尖部分的后面压住工件，有效地增强了工件的刚度。精车时工件安装高度低于中心，以增大后角减小刀具磨损，并可使用弹性刀柄，振动时切削刃不会切入工件，以防止损伤加工表面。

（3）车削外圆时产生废品的原因及预防措施如表 2-8 所示。.

表 2-8　车削外圆时产生废品的愿意及预防措施

质量缺陷	产　生　原　因	预　防　措　施
尺寸超差	看错进刀刻度	看清并记住刻度盘读数刻度，记住手柄转过的圈数
	盲目进刀	根据余量计算背吃刀量，并通过试切法来修正
	量具有误差或使用不当，量具未校零，测量、读数不准	使用前检查量具和校零，掌握正确的测量和读数方法
圆度超差	主轴轴线漂移	调整主轴组件
	毛坯余量或材质不均，产生误差复映	采用多次进给
	质量偏心引起离心惯性力	加平衡块
圆柱度超差	刀具磨损	合理选用刀具材料，降低工件硬度，使用切削液
	工件变形	使用顶尖、中心架、跟刀架，减小刀具主偏角
	尾座偏移	调整尾座
	主轴轴线角度摆动	调整主轴组件
同轴度超差	定位基准不统一	用中心孔定位或减少装夹次数
表面粗糙度数值大	切削用量选择不当	提高或降低切削速度，减小进给量和背吃刀量
	刀具的几何参数不当	增大前角和后角，减小副偏角
	破碎的积屑瘤	使用切削液
	切削振动	提高工艺系统刚性
	刀具磨损	及时刃磨刀具并用磨石磨光；使用切削液

2）车端面

对工件的端面进行车削的方法叫车端面。其安装和操作方法如下：

（1）工件的安装。车端面时工件的安装和车外圆时基本相同。对于长径比大于 5 的轴类零件，当直径小于车床主轴孔径时，可将其插入孔中，用三爪自定心卡盘夹持右端；当直径大于车床主轴孔径时，可用卡盘夹持其左端并用中心架支承右端。

（2）车刀的选择与安装。车削端面时，通常使用 90°或 45°外圆车刀。其安装方法与车外圆时相同。车刀刀尖必须与工件回转中心线等高，以免车至中心时留下切不去的凸台，且容易崩刃。

（3）车削用量的选择。包括选择背吃刀量、进给量和切削速度。

① 背吃刀量：粗车时，a_p=2~5 mm；精车时，a_p=0.2 ~1 mm；

② 进给量：粗车时，f=0.3~0.7 mm/r；精车时，f=0.08~0.3 mm/r；

③ 切削速度：车端面时，切削速度随刀具横向的切入而变化，选用时，应根据工件最大直径来确定。详细的背吃刀量、进给量和切削速度参数可参照有关设计手册。

（4）车端面的操作方法。车端面有"由外向内进给"和"由内向外进给"两种方式。

单元二　金属切削加工方法与设备

图 2-26（a）所示为用外圆车刀向中心进给车端面；图 2-26（b）所示为用外圆车刀由中心向外圆进给车端面；图 2-26（c）所示为用 45°弯头车刀车端面。

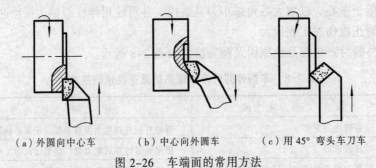

（a）外圆向中心车　　　（b）中心向外圆车　　　（c）用 45° 弯头车刀车

图 2-26　车端面的常用方法

（5）车端面时的注意事项：

① 车刀的刀尖应对准工件中心，以免车出的端面中心留有凸台。

② 端面直径从外到中心是变化的，切削速度也在改变，在计算切削速度时必须按端面的最大直径计算。

③ 采用外圆车刀车端面时，应选择较小的背吃刀量，否则容易扎刀。背吃刀量 a_p 的选择：粗车时，$a_p=0.2 \sim 1$ mm；精车时，$a_p=0.05 \sim 0.2$ mm。

④ 车直径较大的端面，若出现凹心或凸肚时，应检查车刀、刀架、床鞍是否锁紧。

3）车台阶

车台阶实际是车外圆和车端面的组合加工。车削台阶的方法与车削外圆基本相同，但在车削时应兼顾外圆直径和台阶长度两个方向的尺寸要求，还必须保证台阶平面与工件轴线的垂直度要求。

（1）台阶通常采用主偏角 $\kappa_r \geq 90°$ 的外圆车刀车削。当台阶高度小于 5 mm 时，可用主偏角为 90°的外圆车刀在车外圆时同时车出；当台阶的高度大于 5 mm 时，可把 90°的外圆车刀的主偏角安装成 93°~95°，分多次进给后再横向切出，台阶的车削如图 2-27 所示。

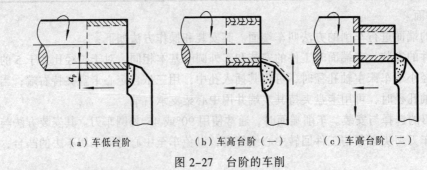

（a）车低台阶　　　（b）车高台阶（一）　　　（c）车高台阶（二）

图 2-27　台阶的车削

（2）台阶长度尺寸的控制方法：

① 台阶长度尺寸要求较低可直接用床鞍刻度盘控制。

② 台阶长度的控制一般用刻线法，台阶长度可用金属直尺或样板确定位置，如图 2-28 所示。车削时，先用刀尖车出比台阶长度略短的刻痕作为加工界限，台阶的准确长度可用游标卡尺或深度游标尺测量。

③ 台阶长度尺寸精度要求较高且长度较短时，可用小滑板刻度盘控制其长度。

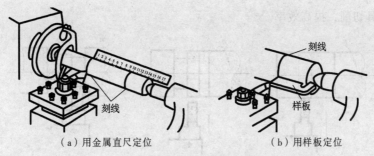

图 2-28　台阶长度尺寸的控制方法

（3）车端面和台阶时产生废品的原因和预防措施如表 2-9 所示。

表 2-9　车端面和台阶时产生废品的原因和预防措施

废品种类	产 生 原 因	预 防 措 施
端面产生凹陷或凸出	用右外圆车刀从外向内进给时，床鞍未固定，车刀扎入工件产生凹面，车刀不锋利，小滑板太松或刀架未压紧，使车刀在车削力作用下因让刀而产生凸面	车大端面时，将床鞍的固定螺钉旋紧保持车刀锋利；中、小滑板的镶条不应太松；车刀刀架应压紧
台阶不垂直	较低的台阶是由于车刀装得歪斜，主切削刃与工件轴线不垂直	主切削刃垂直于工件的轴线，车最后一刀应从台阶里往外车削
	较高的台阶不垂直的原因与端面产生凹凸的原因一样	——

4）车沟槽和切断

（1）车槽：在工件表面上车削沟槽的方法称为车槽，车槽的形状及加工如图 2-29 所示。

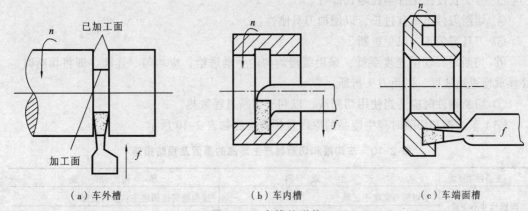

（a）车外槽　　　　　　　（b）车内槽　　　　　　　（c）车端面槽

图 2-29　车槽的形状

车沟槽的刀具的选用原则、切削用量的选择方法及操作过程如下：

① 车沟槽、切断刀的选用原则。常用的车沟槽和切断刀材料有高速钢和硬质合金。工件直径较小时，通常采用高速钢；工件直径较大时，通常采用硬质合金刀。

② 切削用量的选择方法。详细的车削用量可参考有关金属切削用量手册。

③ 车沟槽的操作过程。车槽和车端面很相似，如同左右偏刀并在一起同时车左右两个端面。

车削宽度为 5 mm 以下的窄槽时，可采用主切削刃尺寸与槽宽相等的车槽刀一次车出。宽度大于 5 mm 时，一般采用窄的车槽刀分两次或几次横向粗车，最后一次横向切削后，再进行纵向精车的方法，如图 2-30 所示。当工件上有几个同一类型的槽时，槽宽应一致，以便用同一把刀具切削，提高效率。

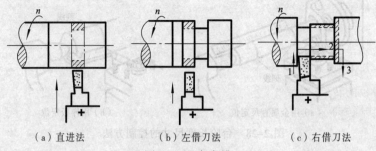

（a）直进法　　　（b）左借刀法　　　（c）右借刀法

图 2-30　车宽槽

（2）切断：将坯料或工件分成两段或若干段的车削称为切断。切断主要用于圆棒料按尺寸要求下料，或把加工完毕的工件从坯料上切下来。切断有直进法和左右借刀法两种方法，当工件直径较小时采用直进法，如图 2-31 所示；工件直径较大时采用左右借刀法。

切断要选用切断刀、切断刀的形状与车槽刀相似，只是刀头更加窄长，所以刚性也更差，容易折断，因此切断时应注意以下几点：

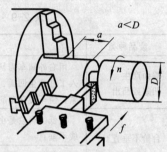

图 2-31　切断

① 切断时，刀尖必须与工件等高，否则切断处将留下凸台，也容易损坏刀具。

② 切断处应靠近卡盘，以增加工件刚性，减小切削时的振动。

③ 刀头长度比工件半径略长即可。

④ 切断刀伸出不宜过长，以增加刀具刚性。

⑤ 刀具要装正，以免折断。

⑥ 切断时，切削速度要低，采用缓慢均匀的手动进给，应均匀、连续，即将切断时，必须放慢进给速度，以免刀头折断。

⑦ 切断钢件时应适当使用切削液，以利于切断过程散热。

（3）车沟槽和切断时产生废品的原因及预防措施如表 2-10 所示。

表 2-10　车沟槽和切断时产生废品的原因及预防措施

废品种类	产　生　原　因	预　防　措　施
沟槽尺寸不正确	主切削刃宽度不正确	按沟槽宽度刃磨主切削刃宽度
	未测量尺寸或测量不正确	车槽过程中及时、正确测量
工件表面凸凹不平	切断刀强度不够，主切削刃不平直	增加刀头强度，主切削刃刃磨平直
	刀尖圆弧刃磨或磨损不一致时切削刃受力不均	刃磨时保证两刀尖圆弧对称
	刀具装夹不正确	按要求正确装夹切断刀
	刃磨时两副偏角过大且不对称	正确刃磨切断刀，保证两副偏角对称
	刀具角度选择不当	正确选择两副偏角及刃倾角的数值
表面粗糙度较大	切削速度选择不当，未注入切削液	选择适当的切削速度，并浇注切削液
	切削时产生振动	采取防振措施

5）车圆锥面

将工件车削成圆锥表面的方法称为车圆锥，常用的车削锥面方法有转动小刀架法、偏移尾座法、宽刃车刀法、靠模法等几种。无论采用何种方法车圆锥，车刀刀尖均须严格对准工件中心，否则会使车出的圆锥母线不直。常见的车圆锥面的方法有如下几种：

（1）采用转动小滑板角度法车削圆锥面。根据圆锥的形状确定小滑板的转动方向后，松开小滑板下面转盘上的螺母，逆时针转动小滑板，把转盘转至所需要的圆锥半角 $\alpha/2$ 的刻度线上，与基准零线对齐后，拧紧转盘上的螺母，如果锥角不是整数，可在锥角附近估计一个值，试车后逐步找正，其原理如图 2-32 所示。

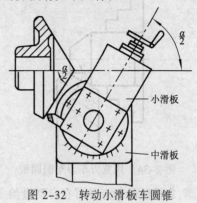

图 2-32　转动小滑板车圆锥

（2）偏移尾座法车圆锥面。对于较长而锥度较小的圆锥形工件，可采用偏移尾座法进行车削。车削时，工件装夹于两顶尖之间，将尾座上滑板横向偏移一个距离 s，使工件回转轴线与车床主轴轴线成一个斜角，即两顶尖连线与原来两顶尖中心线相交一个圆锥半角 $\alpha/2$，其原理如图 2-33 所示。

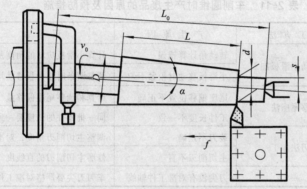

图 2-33　偏移尾座法车削圆锥

（3）用宽刃车刀车圆锥面。车削较短的圆锥时，可以用宽刃车刀直接车出，如图 2-34 所示。其工作原理与成形法相同，所以要求切削刃必须平直，切削刃与主轴轴线的夹角应等于工件圆锥半角 $\alpha/2$。

切削用量应小些，且要求车床具有较好的刚性，否则易引起振动。当工件的圆锥斜面长度大于切削刃长度时，可采用多次接刀方法加工，但接刀处必须平整。

（4）靠模法车圆锥。在床鞍上安装靠模，可以车削内外圆锥，其原理如图 2-35 所示。靠模法可机动进给，效率高，精度高，适合成批车削锥度小而锥体长的工件。对于某些较长的圆锥面和圆锥孔，当其精度要求较高，批量较大时常采用此方法。

在车床上采用靠模法加工圆锥面时必须配备靠模板。靠模装置底座一般固定在车床床身的后面，底座上面装有锥度靠模板，它可以绕中心轴线旋转到与工件轴线相交成 $\alpha/2$ 圆锥角的角度。滑板可自由地沿靠模板滑动，滑板又用固定螺钉与中滑板连接在一起。为了使中滑板能自由滑动，必须把中滑板上的横向进给丝杠与螺母脱开。为了便于调整背吃刀量，小滑板必须转过 90°。当床鞍做纵向自动进给时，滑板就沿着靠模板滑动，从而使车刀的运动平行于靠模板，车出所需的圆锥面。

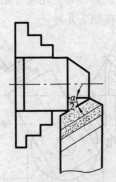

图 2-34　用宽刃车刀车削圆锥

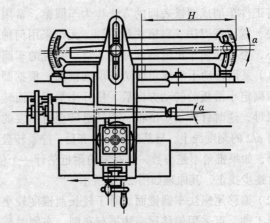

图 2-35　靠模法车圆锥

靠模法的优点是可在自动进给条件下车削锥体，能保证一批工件获得稳定一致的合格锥度。目前已逐步被数控车削锥体代替。

（5）车削圆锥时产生废品的原因及预防措施如表 2-11 所示。

表 2-11　车削圆锥时产生废品的原因及预防措施

废品种类	加 工 方 法	产 生 原 因	预 防 措 施
锥度不正确	（一）转动小滑板加工	转动角计算错误	计算小滑板应转的角度及方向，并试车校正
		小滑板移动时松紧不匀	调整镶条时小滑板移动均匀
	（二）偏移尾座法	尾座偏移位置不正确	计算和调整尾座偏移量
		工件长度不一致	同一批零件的长度要一致
	（三）宽刃法加工	装刀不正确	调整主切削刃角度，对准中心
		主切削刃不直	修磨主切削刃的直线度
双曲线误差	—	刀尖没有对准工件轴线	车刀刀尖要严格对准工件轴线

6）车螺纹

将工件表面车削成螺纹的方法称为车螺纹。车螺纹的基本技术是保证螺纹的牙型和螺距的精度，并使相配合的螺纹具有相同的中径。

（1）车螺纹的进刀方法。合理分配背吃刀量与正确选择进刀方法是车螺纹的关键。车螺纹的进刀方法一般有直进法、左右进刀法、斜进法等三种。

① 直进法车螺纹。

- 进刀方法：利用中滑板做横向垂直进给，在几次进刀中切去螺纹的牙槽余量，如图 2-36（a）所示。优点是可得到正确的牙型，缺点是车刀的左右侧刃同时切削，不便排屑，螺纹表面不易车光，当背吃刀量较大时，容易产生扎刀现象，一般适用于精车螺距小于 2 mm 的螺纹。

- 背吃刀量的分配：根据车螺纹总的背吃刀量，第一次背吃刀量 $a_{p1} \approx a_p/4$，第二次背吃刀量 $a_{p2} \approx a_p/5$，以后根据切屑情况，逐渐递减，最后留 0.2 mm 余量，以便精车。

② 左右进刀法车螺纹。

- 进刀方法：每次进刀时，除了中滑板做横向的进给外，同时小滑板配合中滑板做向左或向右的微量进给，这样多次进刀，可车出螺纹的牙槽，小滑板每次进刀的量不宜过大，如图 2-36（b）所示。

- 小滑板消除间隙的方法：采用左右借刀法进刀时，应注意消除小滑板左右进给的间隙，其方法是，如向左借刀，即小滑板向前进给，然后小滑板向右借刀移动时，应使小滑板比需要的刻度多退后几格，以消除间隙部分，再向前移动小滑板至需要的刻度上；以后每次借刀，使小滑板手轮向一个方向转动，可消除间隙。

③ 斜进刀法车螺纹。

- 进刀方法。每次进刀中除中滑板做横向进给外，小滑板向同一方向做微量进给，多次进刀将螺纹的牙槽全部车去，如图 2-36（c）所示。开始一、二次进给可用直进法车削，以后用小滑板配合进刀。特点是单刃车削，排屑方便，可采用较大的背吃刀量，适用于较大螺距螺纹的粗加工。

- 背吃刀量的分配：中滑板的吃刀量随牙槽加深逐渐递减，每次进刀小滑板的进刀量是中滑板的 1/4，以形成梯度。粗车后留 0.2 mm 作为精车余量。

（a）直进法　　　（b）左右切削法　　　（c）斜进法

图 2-36　车螺纹的进给方法

（2）对刀方法及背吃刀量的调整。车螺纹的过程中，刀具磨损或折断后，需要拆下修磨或换刀。重新装刀车削时，容易出现刀具位置不在原螺纹牙槽中的情况，若继续车削会出现乱牙现象。

为了避免乱牙现象的出现，必须将刀尖调整到原来在牙槽中的正确位置，这一调整过程称为对刀。对刀的方法有静态对刀法和动态对刀法。

① 静态对刀法：主轴慢转，并合上开合螺母，转动中滑板手柄，待车刀接近螺纹表面时慢慢停机，主轴不可反转。待机床停稳后，移动中、小滑板，目测将车刀刀尖移至牙槽中间，然后记下中、小滑板刻度后退出。

② 动态对刀法：主轴慢转，并合上开合螺母，在开机过程中移动中、小滑板，将车刀刀尖对准螺纹牙槽中间。也可根据需要，将车刀的一侧刃与需要切削的牙槽一侧轻轻接触，待有微量切屑时即刻记取中、小滑板刻度，最后退出车刀。为避免对刀误差，可在对刀的刻度上进行 1~2 次试切削，确保车刀对准。此法要求反应快，动作迅速，对刀精度高。

重新装刀后，车刀的原先位置发生了变化，对刀前应首先调整好车刀背吃刀量的起始位置。

（3）粗车螺纹的方法和步骤。

可用弯头车刀和切槽刀分别车出端面、外圆、倒角和退刀槽。粗车螺纹的方法和步骤如下：

① 确定车螺纹切削的起始位置。将中滑板刻度调至零位，开机，使刀尖轻微接触工件

表面，然后迅速将中滑板刻度调至零位，以便于进刀记数。

② 试切第一条螺旋线并检查螺距。将床鞍摇至离工件端面 8~10 牙处，横向进刀 0.05 mm 左右。开机，合上开合螺母，在工件表面车出一条螺旋线，至螺纹终止线处退出车刀，并反转把车刀退到工件右端。停机，用金属尺检查螺距是否正确，如图 2-37（a）所示。

③ 用刻度盘调整背吃刀量，开机切削，如图 2-37（b）所示。螺纹的总背吃刀量 a_p 按其与螺距 P 关系以经验公式 $a_p \approx 0.65P$ 确定，每次背吃刀量约为 0.1 mm。

④ 车刀降至终点时，应做好退刀停机准备，先快速退出车刀，然后开反转退出刀架，如图 2-37（c）所示。

⑤ 再次进刀，继续切削，为精车做好准备，如图 2-37（d）所示。

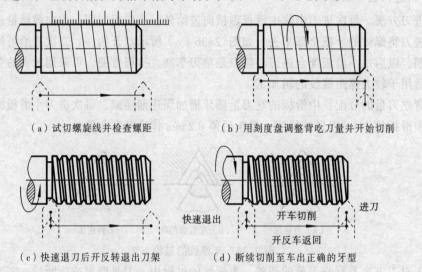

（a）试切螺旋线并检查螺距 （b）用刻度盘调整背吃刀量并开始切削

（c）快速退刀后开反转退出刀架 （d）断续切削至车出正确的牙型

图 2-37 螺纹且切削方法与步骤

粗车螺纹，可通过调整背吃刀量或测量螺纹牙顶宽度值来控制尺寸，并保证精车余量。

（4）精车螺纹的方法和步骤如下：

① 对刀，使螺纹车刀对准牙槽中间，当刀尖与牙槽底接触后，记下中、小滑板刻度，并退出车刀。

② 分一次或二次进给，运用直进法车准牙槽底径，并记取中滑板的最后进刀刻度。

③ 车螺纹牙槽一侧，在中滑板牙槽底径刻度上采用小滑板借刀法车削，观察并控制切屑形状，每次借偏量为 0.02~0.05 mm。为避免牙槽底径扩大，最后一、二次进给时，中滑板可做适量进给。

④ 用同样的方法精车另一侧面，注意螺纹尺寸，当牙顶宽接近 $P/8$ 时，可用螺纹量规检查螺纹尺寸。螺纹环规用来检测外螺纹，测量时如过端通过而止端拧不进，说明螺纹尺寸符合要求。

⑤ 精车时，应加注切削液，并尽量将余量留给第二侧面，即第一侧面精车时车光即可。

⑥ 螺纹车完后，牙顶上应用细齿锉去毛刺。

（5）车削螺纹时产生废品的原因及预防措施如表 2-12 所示。

表 2-12　车削螺纹时产生废品的原因及预防措施

废品种类	产 生 原 因	预 防 措 施
螺距不准	（1）调整机床时，手柄位置放错了； （2）反转退刀时开合螺母被打开过； （3）进给丝杠或主轴轴向窜动	（1）检查手柄位置是否正确，把放错的手柄改正过来； （2）退刀时不能打开开合螺母； （3）调整丝杠或主轴轴向间隙，不能调间隙时换新的
中径不准	加工时切入深度不准	仔细调整切入深度
牙型不准	（1）车刀刀尖刃磨不准； （2）车刀安装时位置不正确； （3）车刀磨损	（1）重新刃磨刀尖； （2）重新装刀，并检查位置； （3）重新磨刀或换新刀
螺纹表面不光洁	（1）刀柄刚性不够，切削时振动； （2）高速车削时，精加工余量太少或排屑方向不正确，把已加工面拉毛	（1）调整刀柄伸出长度或换刀柄； （2）留足够的精加工余量，改变刀具几何角度，使切屑不流向已加工面
扎刀	（1）前角太大； （2）横向进给丝杠的间隙太大	（1）减小前角； （2）调整丝杠间隙

2.3　铣　削　加　工

1. 铣削加工的特点及应用

在铣床上用铣刀对工件进行切削加工的过程称为铣削。铣削是金属切削加工中常用的方法之一。铣削加工是应用相切法成形原理，用多刃回转体刀具在铣床对平面、台阶面、斜面、成形面、沟槽、螺旋槽、分度零件（齿轮、链轮、花键轴等）、切断以及刻线等，如图 2-38 所示。也可在铣床上安装孔加工刀具（如钻头、铰刀和镗刀）来加工工件上的孔。铣削加工时，铣刀的旋转运动是主运动，铣刀或工件沿坐标方向的直线运动或回转运动是进给运动。不同坐标方向运动的配合联动和不同形状刀具相配合，可以实现不同类型表面的加工。

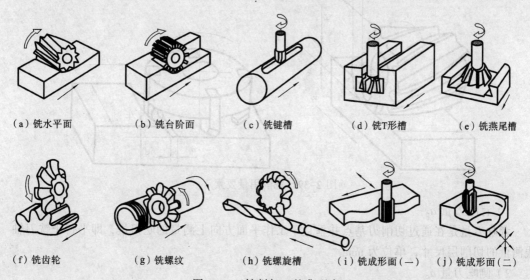

（a）铣水平面　　　　（b）铣台阶面　　　　（c）铣键槽　　　　（d）铣T形槽　　　（e）铣燕尾槽

（f）铣齿轮　　　　（g）铣螺纹　　　　（h）铣螺旋槽　　　（i）铣成形面（一）　（j）铣成形面（二）

图 2-38　铣削加工的典型表面

铣削加工可以对工件进行粗加工和半精加工。其加工精度可达 IT9 ~ IT7，精铣表面粗糙

度为 Ra 1.6～3.2 μm。故此，一般来说，铣削属于粗加工和半精加工的范畴。

铣刀的每一个刀齿相当于一把车刀，同时多齿参加切削，就其中一个刀齿而言，其切削加工特点与车削基本相同。但就整体刀具的切削过程而言又有其特殊之处，主要表现在以下几个方面：

1）铣削加工生产率高

由于多个刀齿参与切削，切削刃的作用总长度长，每个刀齿的切削载荷相同时，总的金属切除率就会明显高于单刃刀具切削的效率。

2）断续切削

铣削时，每个刀齿依次切入和切出工件，形成断续切削，切入和切出时会产生冲击和振动。此外，高速铣削时，刀齿还经受周期性的温度变化即热冲击的作用。这种热和力的冲击会降低刀具的耐用度。振动还会影响已加工表面的粗糙度。

3）容屑和排屑

由于铣刀是多刃刀具，相邻两刀齿之间的空间有限，每个刀齿切下的切屑必须有足够的空间容纳并能够顺利排出，否则会造成刀具破坏。

4）效率和刀具耐用度

同一个被加工表面可以采用不同的铣削方式和不同的刀具，来适应不同工件材料和其他切削条件的要求，以提高切削效率和刀具耐用度。

2. 铣削用量及其选择

铣削时，铣刀相邻的两个刀齿在工件上先后形成的两个过渡表面之间的一层金属层称为切削层。铣削时切削用量决定切削层的形状与尺寸。切削层的形状和尺寸对铣削过程有很大的影响。

铣削用量包括背吃刀量 a_p、侧吃刀量 a_c、铣削速度 v_c 和进给量 f，如图 2-39 所示。根据切削刃在铣刀上分布位置不同，铣削可分为圆周铣削和端面铣削，切削刃分布在刀具圆周表面的切削方式称为圆周铣削；切削刃分布在刀具端面上的铣削方式称为端面铣削。

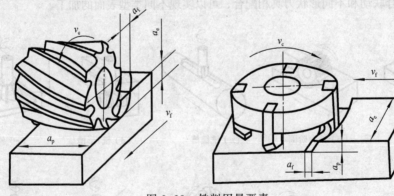

图 2-39　铣削用量要素

1）背吃刀量 a_p

背吃刀量是在通过切削刃基点并垂直于工作平面方向上测量的吃刀量，即平行于铣刀轴线测量的切削层尺寸，单位为 mm。

2）侧吃刀量 a_c

侧吃刀量是在平行于工作平面并与切削刃基点的进给运动垂直的方向上测量的吃刀量，即垂直于铣刀轴线测量的切削层尺寸，单位为 mm。

3）铣削速度 v_c。

铣削速度为铣刀主运动的线速度，单位为 m/min；其值可用下式计算

$$v_c = \frac{\pi d n}{1000} \tag{2-8}$$

式中：d——铣刀直径（mm）；

　　　n——铣刀转速（r/min）。

4）进给量

进给量是铣刀与工件在进给方向上的相对位移量。它有三种表示方法。

（1）每齿进给量 a_f：是铣刀每转一个刀齿时，工件与铣刀沿进给方向的相对位移量，单位为 mm/z。

（2）每转进给量 f：是铣刀每转一转时，工件与铣刀沿进给方向的相对位移，单位为 mm/r。

（3）进给速度 v_f：是单位时间内工件与铣刀沿进给方向的相对位移，单位为 mm/min。

三者之间的关系为

$$v_f = fn = a_f z n \tag{2-9}$$

式中：z——铣刀刀齿数。

铣床铭牌给出的是进给速度，调整机床时，首先应根据加工条件选择 a_f 或 f，然后计算 v_f，并按照 v_f 调整机床。

3. 铣刀

1）铣刀的类型

铣刀是金属切削刀具中种类最多的刀具之一，根据不同的分类方法，可将铣刀分为如下几类。

（1）按铣刀的切削部分材料的不同，可将铣刀分为高速钢铣刀和硬质合金铣刀。

① 高速钢铣刀。这类铣刀是目前广泛应用的铣刀，尤其是形状比较复杂的铣刀，大都是用高速钢制造。高速钢铣刀大都做成整体的。

② 硬质合金铣刀。端面铣刀很多是采用硬质合金做刀齿或刀齿的切削部分，目前可转换硬质合金刀片的广泛应用，使硬质合金刀在铣刀上应用日益广泛。硬质合金铣刀大多数不是整体的。

（2）按结构不同，可将铣刀分为整体式、焊接式、装配式与可转位式。

（3）按用途的不同，可将铣刀分为加工平面的、加工成形面的和加工沟槽的铣刀。

① 加工平面的铣刀。加工平面用的铣刀有圆柱铣刀和端铣刀两种，如图 2-40 所示。加工较小的平面也可用立铣刀和三面刃铣刀进行。

② 加工成形面的铣刀。成形铣刀是根据成形面的形状而专门设计的一种铣刀。例如半圆形铣刀和专门加工叶片内弧用的成形铣刀，如图 2-41 所示。

（a）圆柱铣刀

（b）端铣刀

图 2-40　加工平面用铣刀

（a）凸形面铣刀

（b）凹形槽铣刀

图 2-41　加工成形面铣刀

③ 加工沟槽的铣刀。常用的有盘形铣刀、锯片铣刀、键槽铣刀和立铣刀等，加工特形槽的有 T 槽铣刀、燕尾槽铣刀和角度铣刀等，如图 2-42 所示。

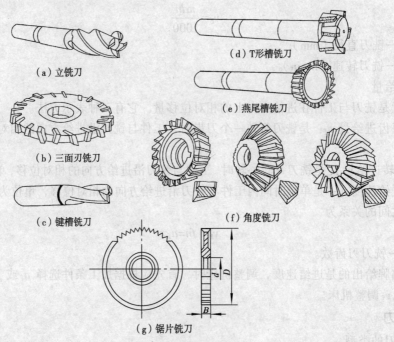

（a）立铣刀　　（d）T形槽铣刀　　（e）燕尾槽铣刀

（b）三面刃铣刀　　（c）键槽铣刀　　（f）角度铣刀

（g）锯片铣刀

图 2-42　加工沟槽铣刀

（4）按齿背形式分类，可将铣刀分为尖齿铣刀和铲齿铣刀。

① 尖齿铣刀。尖齿铣刀在垂直于刀刃的截面上，其齿背的截面形状是直线齿背、折线齿背和曲线齿背三种刀齿齿背组成，如图 2-43 所示。尖齿铣刀的特点是用钝后需重磨后面，制造和刃磨较困难，但刀具耐用度和加工表面质量高，适合于在大批量生产中使用。

② 铲齿铣刀。铲齿铣刀的齿背是用成形铣刀按阿基米德螺旋线铲出的，重磨时只需要磨前面即可保证刃形不变，刃磨方便，广泛用于成形铣刀。

2）铣刀的应用

（1）圆柱铣刀。圆柱铣刀仅在圆柱表面上有直线或螺旋线切削刃（螺旋角 $\beta = 30° \sim 45°$），没有副切削刃，如图 2-40（a）所示。圆柱铣刀一般用高速钢整体制造。它用于卧式铣床上加工面积不大的平面。国家标准《圆柱形铣刀　第 1 部分：型式和尺寸》（GB/T 1115.1—2002）中规定，圆柱铣刀直径有 50 mm、63 mm、80 mm、100 mm 四种规格。

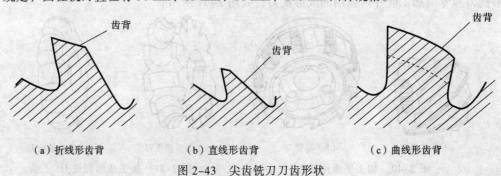

（a）折线形齿背　　（b）直线形齿背　　（c）曲线形齿背

图 2-43　尖齿铣刀刀齿形状

（2）端铣刀。面铣刀主切削刃分布在圆柱或圆锥表面上，端部切削刃为副切削刃，如图 2-40（b）所示。按刀齿材料可分为高速钢和硬质合金两类。端铣刀多制成套式镶齿结构，可用于立式或卧式铣床上加工台阶面和平面，生产效率较高。

（3）立铣刀。立铣刀一般由 3～4 个刀齿组成，圆柱面上的切削刃是主切削刃，端面上分布着副切削刃，工作时只能沿刀具的径向进给，而不能沿铣刀轴线方向做进给运动，如图 2-42（a）所示。它主要用于加工凹槽、台阶面和小的平面，还可以利用靠模加工成形表面。

（4）盘形铣刀。盘形铣刀包括三面刃铣刀、槽铣刀两种类型。三面刃铣刀除圆周具有主切削刃外，两侧面也有副切削刃，从而改善了两端面的切削条件，提高了切削效率，但重磨后宽度尺寸变化较大，如图 2-42（b）所示。三面刃铣刀可分为直齿三面刃和错齿三面刃，主要用于加工凹槽和台阶面。直齿三面刃铣刀两副切削刃的前角为零，切削条件较差。错齿三面刃铣刀，其圆周上刀齿交替倾斜，左、右螺旋角 β 两侧刀刃形成正前角，它比直齿三面刃切削平稳，切削力小，排屑容易。

（5）键槽铣刀。键槽铣刀只有两个刀瓣，圆柱面和端面都有切削刃，如图 2-42（c）所示。加工时，先轴向进给达到槽深，然后沿键槽方向铣出键槽全长。主要用于加工圆头封闭键槽。

（6）角度铣刀。角度铣刀有单角铣刀和双角铣刀两种，如图 2-42（f）所示。主要用于铣削沟槽和斜面。

（7）锯片铣刀。锯片铣刀仅在圆柱表面上有刀齿，侧面无切削刃，如图 2-42（g）所示。为减少摩擦，两侧面磨出 $L°$ 的副偏角（侧面内凹），并留有 0.5～1.2 mm 棱边，重磨后宽度变化较小。可用于加工 IT9 级左右的凹槽和键槽。

（8）成形铣刀。成形铣刀如图 2-38（j）所示。主要用于加工成形表面，其刀齿廓形根据被加工工件的廓形来确定。

（9）模具铣刀。模具铣刀如图 2-38（k）所示。主要用于加工模具型腔或凸模成形表面，其头部形状根据加工需要可以是圆锥形、圆柱形球头和圆锥形球头等形式。

4. 铣床

铣床的类型很多，主要有升降台铣床、工作台不升降铣床、龙门铣床、工具铣床等。此外还有仿形铣床、仪表铣床和各种专门化铣床。随着数控技术的应用，数控铣床和以镗削、铣削为功能的镗铣加工中心得到越来越普遍的应用。

1）普通铣床

升降台铣床是普通铣床中应用最广泛的一种类型。其结构特征是安装工件的工作台可在相互垂直的三个方向上调整位置，并可在各个方向上实现进给运动，如图 2-44 所示。安装铣刀的主轴做旋转运动。升降台铣床可用来加工中小型零件的平面、沟槽，配置相应的附件可铣削螺旋槽、分齿零件等。因而广泛用于单间小批量生产车间、工具车间及机修车间。

根据主轴的布置形式，升降台可分为卧式和立式两种。

XA6132 型卧式升降台铣床。XA6132 型铣床是目前最常用的铣床，其机床结构比较完善，变速范围大，刚性好，操作方便，如图 2-44 所示。其与普通升降台铣床的区别在于工作台与升降台之间增加一回转盘，可使工作台在水平面上回转一定角度。

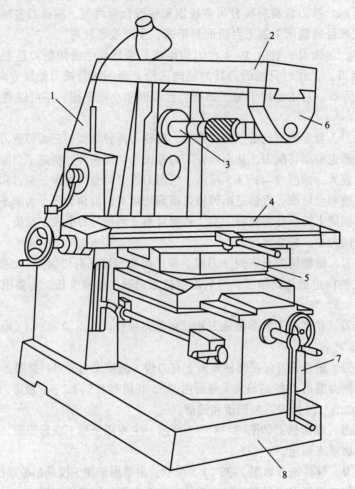

图 2-44　XA6132 型卧式升降台铣床

1—床身；2—悬梁；3—铣刀轴；4—工作台；5—滑座；6—悬梁支架；7—升降台；8—底座

XA6132 型铣床传动系统如图 2-45 所示。该铣床主运动共有 18 种不同的转速。其进给运动由单独电动机驱动，经相应的传动链将运动分别传至纵、横、垂直进给丝杠，实现三个方向的进给运动。快速运动由进给电动机驱动，经快速空行程传动链实现。工作台的快速运动和进给运动是互锁的，进给方向的转换由进给电动机改变旋转方向实现。

铣床主轴用于安装铣刀并带动其转动，由于铣削力是周期性变化的，容易引起振动，因此要求主轴部件有较高的刚性及抗震性。

图 2-46 所示为 XA6132 型铣床的主轴部件。主轴 2 采用三支承结构，前支承 4 与中间支承 3 均为圆锥滚子轴承，用于承受径向力及轴向力。后支承 1 为单列向心球轴承，仅承受径向力。主轴 2 为一空心轴，其前端为锥度 1∶24 的精密定心锥孔，用于安装端铣刀刀柄或铣刀刀杆的柄部。前端的端面上装有两个矩形的端面键 5，用于嵌入铣刀柄部的缺口中，以传递扭矩。主轴中心孔用于穿过拉杆，拉紧刀杆。

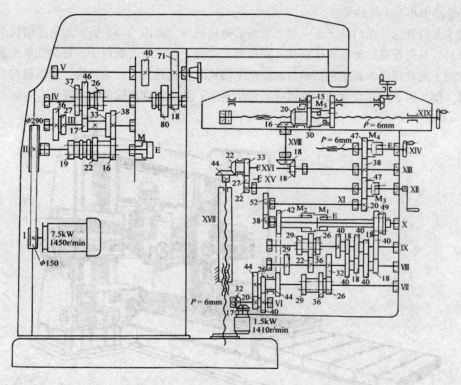

图 2-45　XA6132 型铣床传动系统图

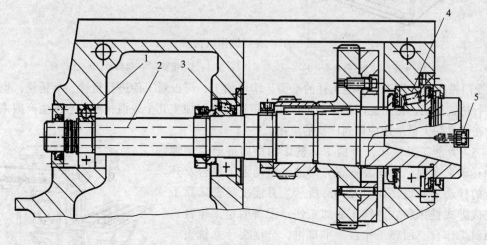

图 2-46　XA6132 型铣床的主轴部件

1—后支座；2—主轴；3—中间支承；4—前支承；5—端面键

2）其他铣床

（1）工作台不升降铣床。这类铣床的工作台不做升降运动，机床的垂直进给运动由安装在立柱上的主轴箱做升降运动来完成。工作台不升降铣床根据机床工作台面的形状可分为圆形工作台和矩形工作台两类。圆形工作台铣床通常在工作台上安装几套夹具，工作台每转一个工位加工一个工件，装卸工件的辅助时间与加工时间重合，因而生产效率较高。它适用于成批大量生产中铣削中小型工件的平面。

（2）龙门铣床。龙门铣床是一种大型高效通用机床，如图 2-47 所示。它在结构上呈框架式布局，具有较高的刚度和抗震性。在横梁及立柱上均安装有铣削头，每个铣削头都是一个独立的主运动部件，其中包括单独的驱动电动机、变速机构、传动机构、操纵机构及主轴等部分。加工时，工作台带动工件做纵向进给运动，其余运动由铣削头实现。

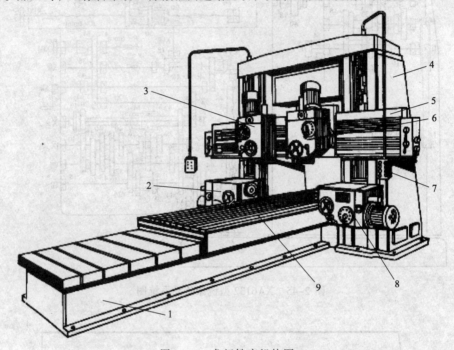

图 2-47　龙门铣床机构图

1—床身；2、8—侧铣头；3、6—立铣头；4—立柱；5—横梁；7—操纵箱；9—工作台

龙门铣床主要用于大中型工件的平面、沟槽加工，可以对工件进行粗铣、半精铣，也可以进行精铣加工。由于龙门铣床上可以用多把铣刀同时加工几个表面，所以它的生产效率很高，在成批和大量生产中得到广泛的应用。

（3）万能工具铣床。万能工具铣床的横向进给由主轴座的移动来实现，纵向及垂直方向进给运动由工作台及升降台的移动来实现，如图 2-48 所示。万能工具铣床除了能完成卧式铣床和立式铣床的加工外，配备固定工作台、可倾斜工作台、回转工作台、平口钳、分度头、立铣头、插销头等附件后，可大大增加机床的万能性。它适用于工具、刀具及各种模具加工，也可用于仪器仪表等行业加工形状复杂的零件。

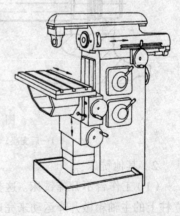

5. 铣削加工方法

根据铣削时切削层参数的变化规律不同，圆周铣削有逆铣和顺铣两种形式，如图 2-49 所示

图 2-48　万能工具铣床

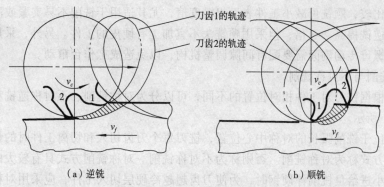

（a）逆铣　　　　　　　　　　　　（b）顺铣

图 2-49　圆周铣削方式

1）逆铣

铣削时，铣刀切入工件时的切削速度方向与工件的进给方向相反，这种铣削方式称为逆铣，如图 2-49（a）所示。逆铣时，刀齿的切削厚度从零逐渐增大。刀齿在开始切入时，由于切削刃钝圆半径的影响，刀齿在工件表面打滑，产生挤压和摩擦，使这段表面产生严重的冷硬层。至滑行到一定程度时，刀齿方能切下一层金属层。下一个刀齿切入时，又在冷硬层上挤压、滑行，使刀齿容易磨损，同时，使工件表面粗糙度增大。此外，逆铣加工时，当接触角大于一定数值时，垂直铣削分力向上易引起振动。

2）顺铣

铣削时，铣刀切入工件时的切削速度方向与工件的进给方向相同。这种铣削方式称为顺铣，如图 2-49（b）所示。顺铣时，刀齿的切削厚度从最大逐渐减小到零，避免了逆铣时的刀齿挤压、滑行现象，使已加工表面的加工硬化程度大为减轻，表面质量也较高，刀具耐用度也比逆铣时高。同时垂直方向的切削分力始终压向工作台，避免了工件的振动。

由于铣床工作台的纵向进给方向一般是依靠丝杠和螺母来实现的。螺母固定，由丝杠转动带动工作台移动。逆铣时，纵向切削分力与驱动工作台移动的纵向分力相反，使丝杠与螺母间传动面始终贴紧，工作台不会发生窜动现象，铣削过程较平稳，如图 2-50（a）所示。

顺铣时，铣削力的纵向分力方向始终与驱动工作台移动的纵向力方向相同。如果丝杠与螺母传动副中存在间隙，当纵向铣削分力大于工作台与导轨之间的摩擦力时，会使工作台带动丝杠出现窜动，造成工作台振动，使工作台进给不均匀，严重时会出现打刀现象，如图 2-50（b）所示。因此，如采用顺铣，必须要求铣床工作台进给丝杠螺母副有消除间隙的装置，或采取其他有效措施。因此在没有丝杠螺母间隙消除装置的铣床上，宜采用逆铣加工。

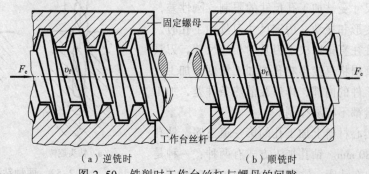

固定螺母

工作台丝杆

（a）逆铣时　　　　　　　　　　　　（b）顺铣时

图 2-50　铣削时工作台丝杠与螺母的间隙

综合上述比较，顺铣可减小工件表面粗糙度值，尤其适用于铣削不易夹紧或薄壁工件，铣刀寿命可比逆铣提高 2~3 倍，但采用顺铣法不宜加工有硬皮的工件。另外，采用顺铣时，工作台丝杠、螺母传动副间需要配有间隙调整机构，以免造成工作台窜动。

3）对称铣削与不对称铣削

端面铣削根据铣刀对工件相对位置的不同，可以分为对称铣削、不对称逆铣和不对称顺铣，如图 2-51 所示。

铣刀轴线位于铣削弧长的对称中心位置，铣刀每个刀齿切入和切离工件时的切削厚度一样，这种铣削方式称为对称铣削。否则称为不对称铣削。对称铣削方式具有较大的平均切削厚度，在用较小进给量铣削淬硬钢时，为使刀齿超越冷硬层切入工件，应采用对称铣削。

在不对称铣削中，若切入时的切削厚度小于切出时的切削厚度，称为不对称逆铣，这种铣削方式切入冲击较小，适用于端铣普通碳钢和高强度低合金钢。若切入时厚度大于切出时的切削厚度，则称为不对称顺铣，这种铣削方式用于铣削不锈钢和耐热合金时，可减少硬质合金的剥落磨损，提高切削速度 40% ~ 60%。

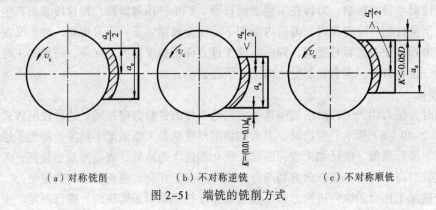

（a）对称铣削　　　　　（b）不对称逆铣　　　　　（c）不对称顺铣

图 2-51　端铣的铣削方式

2.4　钻削、铰削与镗削加工

1. 钻削加工

1）钻削加工特点

钻削加工属于孔加工方法的一种，与外圆表面加工相比，加工孔要比加工外圆困难，其原因是孔加工所用的刀具的尺寸受被加工孔尺寸的限制，刚性差，容易产生弯曲变形和振动；用定尺寸刀具加工孔时，孔加工的尺寸往往直接取决于刀具的相应尺寸，刀具的制造误差和磨损将直接影响孔的加工精度；加工孔时，切削区在工件的内部，排屑及散热条件差，加工精度和表面质量都不容易控制。

钻孔是在实心材料上加工孔的第一道工序，钻孔直径一般小于 80 mm。钻孔加工方式有两种：一种是钻头旋转，例如在钻床、镗床上钻孔，如图 2-52（a）

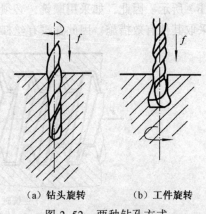

（a）钻头旋转　　　（b）工件旋转

图 2-52　两种钻孔方式

所示；另一种是工件旋转，例如在车床上钻孔，如图 2-52（b）所示。上述两种钻孔方式产生的误差是不相同的。在钻头旋转的钻孔方式中，由于切削刃不对称和钻头刚性不足而使钻头引偏时，被加工孔的中心线会发生偏斜或不直，但孔径基本不变；而在工件旋转的钻孔方式中则相反，钻头引偏会引起孔径的变化，而孔中心线仍然是直的。

常用的钻孔刀具有麻花钻、中心钻、深孔钻等。

2）麻花钻

钻削加工中最常用的刀具为麻花钻，它是一种粗加工用刀具，由工具厂大量生产，供应市场。其常备规格为 $\phi0.1 \sim \phi80$ mm。按柄部形状分为直柄麻花钻和锥柄麻花钻。按制造材料分为高速钢麻花钻与硬质合金麻花钻。硬质合金麻花钻一般制成镶片焊接式，直径 5 mm 以下的硬质合金麻花钻制成整体的。

（1）麻花钻的结构要素。图 2-53 所示为麻花钻的结构图。它是由工作部分、颈部和柄部组成。工作部分担负切削与导向工作；颈部是柄部与工作部分的过渡部分，通常用作砂轮退刀和打印标记的部位；柄部是钻头的夹持部分，用于与机床连接并传递动力。小直径钻头可采用圆柱柄，钻头直径在 12 mm 以上时采用圆锥柄。

麻花钻有两条主切削刃、两条副切削刃和一条横刃。两条螺旋槽形成前面，用于排屑和导入切削液，两个主后面在钻头端面上，钻头外缘上两小段窄棱边形成的刃带是副后面，在钻孔时刃带起导向作用，为减小与孔壁的摩擦，刃带向柄部方向有较小的倒锥量，从而形成副偏角。在钻心处的切削刃叫横刃，两条主切削刃通过横刃相连。

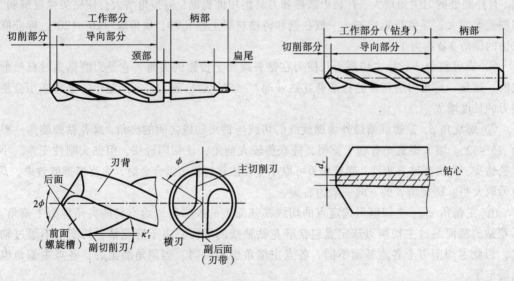

图 2-53 麻花钻结构组成

（2）麻花钻的主要角度。麻花钻的主要角度有前角 γ_{om}、侧后角 α_{fm}、顶角 2ϕ、横刃斜角 ψ 和螺旋角 β 等，如图 2-54 所示。

① 前角 γ_{om}，是在正交平面中测量的前面与基面间的夹角。由于前面是螺旋面，故主切削刃上个点的前角是变化的，且变化值很大，从钻头外缘到钻心，前角由 +30° 减到 -30°。

② 后角 α_{fm}，是在平行于进给方向上的假定工作平面（以钻头为轴心，过切削刃上的选定点的圆柱面）中测量的后面与切削平面间的夹角。主切削刃上各点的后角也是变化的。由

钻头外缘向中心过渡，后角逐渐增大，外缘处后角为 4°~8°，近横刃处为 20°~25°。

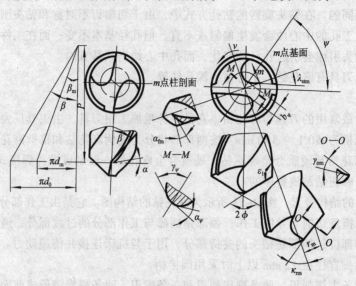

图 2-54　麻花钻的几何角度

③ 顶角 2ϕ，是两条主切削刃在与之平行的中心截面上投影的夹角。顶角越小，且主切削刃越长，切削宽度增加，单位切削刃上的负荷减轻，轴向力减小，这对钻头轴向稳定性有利。且外圆处的刀尖角增大，有利于散热和刀具耐用度提高；但顶角增大会使钻尖强度减弱，切削变形增大，导致扭矩增加。一般在钢和铸铁材料上钻孔时，顶角取 116°~120°。标准麻花钻的顶角 2ϕ 约为 118°。

④ 横刃斜角 ψ，是主切削刃与横刃在钻头端面上投影的夹角。它是刃磨钻头时自然形成的，顶角、后角刃磨正常的标准麻花钻 ψ=47°~55°，后角越大，ψ 角越小，ψ 角减小会使横刃的长度增大。

⑤ 螺旋角 β，是螺旋槽最外缘螺旋线的切线与钻头轴线之间的夹角。麻花钻螺旋角一般为 25°~32°。增大螺旋角有利于排屑，能获得较大前角，使切削轻快，但钻头刚性变差。小直径钻头，为提高钻头刚性，螺旋角 β 可取小些。钻软材料、铝合金时，为改善排屑效果，β 角可取大些。螺旋角 β 的方向一般为右旋。

⑥ 主偏角 κ_{rm}。主切削刃选定点的切线在基面上的投影与进给方向的夹角称为主偏角。麻花钻的基面是过主切削刃选定点包含麻花钻轴线的平面。由于麻花钻主切削刃不通过轴线，因此主切削刃上各点基面不同，各点主偏角也不相同。当顶角磨出后，各点主偏角也就确定了。

⑦ 横刃角度。横刃是麻花钻端面上一段与轴线垂直的切削刃，它是由两个后面相交而形成的。该切削刃的角度除横刃斜角 ψ 以外，还有横刃前角 $\gamma_{o\psi}$、横刃后角 $\alpha_{o\psi}$。

- 横刃前角 $\gamma_{o\psi}$。由于的基面位于刀具的实体内，故横刃前角 $\gamma_{o\psi}$ 为负值。
- 横刃后角 $\alpha_{o\psi}$。横刃后角 $\alpha_{o\psi} \neq 90°$，$|\alpha_{o\psi}|$。

对于标准麻花钻，$r_{o\psi}$=-（50°~60°），$\alpha_{o\psi}$=30°~36°。故钻削时横刃处金属挤刮变形严重，轴向力很大。实验表明，用标准麻花钻加工时，约有 50%的轴向力由横刃产生。

（3）麻花钻切削部分结构的分析与改进。

标准麻花钻虽经多年使用，结构不断改进，但在切削部分仍存在如下问题：

① 主切削刃上各点前角值差别悬殊（＋30°～－30°），切削性能相差较大。

② 横刃较长，又为负前角，钻削时会造成严重挤压，轴向力很大，切削条件较差。

③ 棱边近似为圆柱面的一部分（有小倒锥），副后角接近零度，摩擦严重。

④ 在主、副切削刃相交处，切削速度最大，散热条件较差，因此磨损很快。

⑤ 两条主切削刃很长，切屑宽，各点切屑流出速度相差很大，切屑呈宽螺旋卷状，排屑不畅，切削液难以注入切削区。

针对上述麻花钻存在的问题，使用时根据具体加工情况，对麻花钻切削部分加以修磨改进，可显著改善钻头的切削性能，提高钻削生产率。一般常采用以下措施：

① 修磨横刃。可采用磨短横刃、加大横刃前角、磨短横刃的同时加大横刃前角等修磨形式改善麻花钻的切削性能。

② 修磨前面。加工较硬材料时，可将主切削刃外缘处的前面磨去一部分，适当减小该处前角，以保证足够强度。当加工较软材料时，在前面上磨出卷屑槽，加大前角，减小切屑变形，降低温度，改善工件表面加工质量。

③ 修磨棱边。标准高速钢麻花钻的副后角为零度，在加工无硬皮的工件时，为了减小棱边与孔壁的摩擦，减小钻头磨损，对于直径大于 12 mm 的钻头，需要磨出副后角，并留有宽度为 0.1～0.2 mm 的窄棱边。

④ 修磨切削刃。为了改善散热条件，在主副切削刃交接处磨出过渡刃，形成双重顶角或三重顶角，后者用于大直径钻头。生产中还常采用一种圆弧刃钻头，就是将标准麻花钻的主切削刃外缘处修磨成圆弧。

（4）钻削用量包括钻削深度、进给量和每齿进给量、钻削速度三大部分内容。

① 钻削深度 a_p：钻孔时钻削深度是钻头直径的一半，即 $a_p = d/2$。钻头直径由工艺尺寸决定，尽可能一次钻出所要求的孔。当机床性能不足时，才采用先钻孔再扩孔的工艺。需要扩孔时，钻孔直径取孔径的 50%～70%。

② 进给量 f 和每齿进给量 a_f：钻削时钻头每转一转沿自身轴线方向的移动距离，单位为 mm/r。麻花钻为多齿刀具，它有两条切削刃，即 $z=2$，其每齿进给量 a_f（mm/z）为进给量的一半，即 $a_f = f/2$（mm/z）。

一般钻头进给量受钻头的刚性与强度限制，而大直径钻头受机床进给机构动力与工艺系统刚性限制。普通钻头进给量可按以下经验公式估算：$f = (0.01～0.02) d$。直径小于 3～5 mm 的小钻头，一般用手动进给。

③ 钻削速度 v_c：指麻花钻外缘处的线速度，单位为 m/min，其表达式为

$$v_c = \frac{\pi dn}{2} \qquad （2-10）$$

式中：d ——麻花钻直径（mm）；

n ——麻花钻转速（r/min）。

3）扩孔

扩孔是用扩孔钻对已经钻出、铸出或锻出的孔做近一步加工，以扩大孔径并提高孔的加工质量，如图 2-55

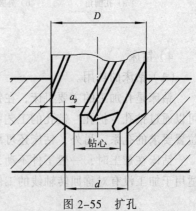

图 2-55 扩孔

所示。扩孔加工既可以作为精加工前的预加工，也可以作为要求不高的孔最终加工。扩孔钻与麻花钻相似，但刀齿较多，没有横刃。扩孔钻按结构可分为整体式和套式两种，如图 2-56 所示。锥柄扩孔钻的直径为 10 ~32 mm，套式扩孔钻的直径为 25 ~80 mm。

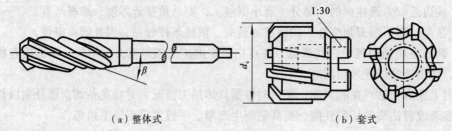

（a）整体式　　　　　　　　　　　（b）套式

图 2-56　扩孔钻

与钻孔相比，扩孔具有下列特点：

（1）扩孔钻齿数多（3 ~ 8 个齿），导向性好，切削比较稳定；

（2）扩孔钻没有横刃，切削条件好；

（3）加工余量小，容屑槽可以做得浅些，钻芯可以做得粗些，刀体强度和刚性较好。

扩孔加工的精度一般为 IT11 ~ IT10，表面粗糙度为 $Ra6.3 ~ 12.5$ μm。扩孔常于直径小于 ϕ 100 mm 的孔。在钻直径较大的孔时（$D \geqslant 30$ mm），常先用小钻头（直径为孔径的 50% ~ 70%），然后再用相应尺寸的扩孔钻扩孔，这样可以提高孔的加工质量和生产效率。

扩孔除了可以加工圆柱孔之外，还可以加工各种特殊形状的扩孔钻（也称锪钻）来加工各种沉头座孔和锪平端面，如图 2-57 所示。锪钻的前端常带有导向柱，用已加工孔导向。

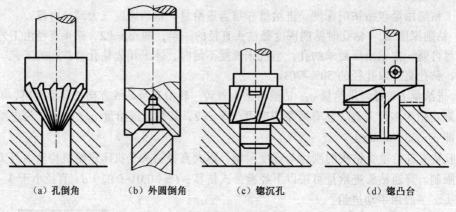

（a）孔倒角　　　　（b）外圆倒角　　　　（c）锪沉孔　　　　（d）锪凸台

图 2-57　锪钻

4）钻床

（1）钻床的功用。

钻床是孔加工的主要机床，在钻床上主要用钻头加工尺寸较小、精度要求不高的孔，也可以通过钻孔 – 扩孔 – 铰孔的工艺手段加工精度要求较高的孔，还可以利用夹具加工有一定位置要求的孔系。另外，钻床还可用于锪平面、锪孔、攻螺纹等工作，如图 2-58 所示。

钻床在加工时，一般工件不动，刀具一面旋转做主运动，一面做轴向进给运动。故钻床适用于加工没有对称回转轴线的工件上的孔，尤其是多孔加工，如箱体、机架等零件上的孔。

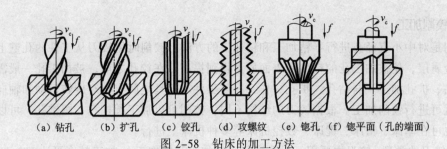

（a）钻孔　　（b）扩孔　　（c）铰孔　　（d）攻螺纹　　（e）锪孔　（f）锪平面（孔的端面）

图 2-58　钻床的加工方法

（2）钻床的主要类型

钻床根据用途和结构不同，主要有台式钻床、立式钻床、摇臂钻床、深孔钻床等类型。

① 立式钻床。图 2-59 所示为最大钻孔直径为 35 mm 的 Z5135 型立式钻床。在立式钻床上钻不同位置的孔时，需要移动工件，因此，立式钻床仅适用于中、小零件的单件、小批生产。

② 摇臂钻床。在大型零件上钻孔时，因工件移动不便，想使工件保持不动，而钻床主轴能在空间调整到任意位置，这就产生了摇臂钻床。图 2-60 所示为摇臂钻床的外形图，摇臂 3 可绕立柱 2 回转和升降，主轴箱 7 又可在摇臂 3 上做水平移动。因此，主轴 8 的位置可在空间任意地调整。被加工工件可安装在工作台上，如工件较大，还可以卸掉工作台，直接安装在底座 1 上，或直接放在周围的地面上，这就为在各种批量的生产中，加工大而重的工件上的孔带来了很大的方便。

③ 其他钻床。台式钻床是放置在台桌上使用的小型钻床，其主轴垂直布置，用于钻削中小型工件上的小孔，按最大钻孔直径划分有 2 mm，6 mm，12 mm，16 mm，20 mm 等多种规格。台式钻床小巧灵活，使用方便，主轴通过变换 V 带在塔形带轮上的位置来实现变速，钻削时只能手动进给，多用于单件、小批量生产。

深孔钻床是用特制的深孔钻头，专门加工深孔的钻床，如加工炮筒、枪管和机床主轴等零件中的深孔。为避免机床过高和便于排除切屑，深孔钻床一般采用卧式布局。为保证获得很好的冷却效果，在深孔钻床上配有周期退刀排屑装置及切削液输送装置，使切削液由刀具内部输入至切削部位。

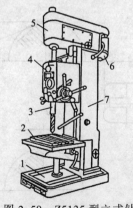 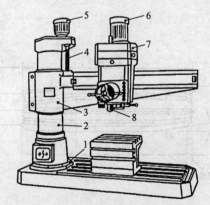

图 2-59　Z5135 型立式钻床　　　　　图 2-60　摇臂钻床外形图

1—底座；2—工作台；3—主轴；　　　　　1—底座；2—立柱；3—摇臂；

4—进给箱；5—主轴箱；6—电动机；7—立柱　　4—摇臂升降丝杠；5、6—电动机；7—主轴箱；8—主轴

2. 铰削加工

铰削是对中小直径孔进行半精加工和精加工的方法。铰削时用铰刀从工件的孔壁上切除微量的金属层，使被加工孔的精度和表面质量得到提高。在铰孔之前，被加工孔一般需经过钻孔或钻、扩孔加工。与钻孔、扩孔一样，只要工件与刀具之间有相对旋转运动和轴向进给运动，就可进行铰削加工。根据铰刀的结构不同，铰削可以加工圆柱孔、圆锥孔，可以用手操作，也可在车床、钻床、镗床、数控机床等多种机床上进行。

（1）铰刀的类型。铰刀主要用于对孔进行半精加工和精加工。加工精度可达 IT9~IT7 级，粗糙度可达 $Ra0.4 \sim 1.6\ \mu m$。铰刀有多种类型（见图 2-61），根据使用方法，可以分为手用铰刀和机用铰刀。

① 手用铰刀一般多为直柄，直径范围为 1~50 mm，如图 2-61（c）所示。其工作部分较长，锥角较小，导向作用好，可防止铰刀歪斜。修配及单件生产铰通孔时，常采用可调节式铰刀，当调节两端螺母使楔形刀片在刀体斜槽内移动时，可改变铰刀尺寸，调节范围为 0.5~10 mm，这样就实现了用一把铰刀可加工不同直径和公差要求的孔。

② 机用铰刀用在机床上铰孔，常用高速钢制造，有锥柄和直柄两种，如图 2-61（a）所示。大尺寸铰刀为节约材料做成套装式的。为提高加工质量、生产率和铰刀耐用度，硬质合金铰刀的应用也日渐增多。

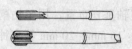 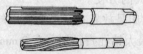 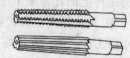

（a）机用直柄和锥柄铰刀　　（b）套式机用铰刀　　（c）手用直槽和螺旋槽铰刀　　（d）锥孔用粗铰刀与精铰刀

图 2-61　铰刀的种类

（2）铰刀的结构。铰刀由柄部、颈部和工作部分组成，如图 2-62 所示。工作部分包括导锥、切削部分和校准部分。切削部分担任主要的切削工作；校准部分起导向、校准和修光作用。为减小校准部分刀齿与已加工孔壁的摩擦，并防止孔径扩大，校准部分的后端为倒锥形状。

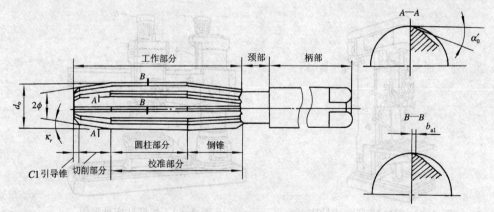

图 2-62　机用铰刀结构

（3）直径和公差。

铰刀是定尺寸刀具，直径及其公差的选取主要取决于被加工孔的直径及其精度。同时，也要考虑铰刀的使用寿命和制造成本。铰刀的公称直径是指校准部分的圆柱部分直径，它应等于被加工孔的基本尺寸 d，而其公差则与被铰削孔的公差、铰刀的制造公差 G、铰刀磨耗备量 N 和铰削过程中孔径的变形性质有关。

① 加工后孔径扩大。铰孔时，由于机床主轴间隙产生的径向圆跳动、铰刀刀齿的径向圆跳动、铰孔余量不均匀而引起的颤动、铰刀的安装偏差、切削液和积屑瘤等因素的影响，会使铰出的孔径大于铰刀校准部分的外径，即产生孔径扩张。这时，铰刀的直径就应减小一些。其极限尺寸可由下式计算

$$d_{o\max} = D_{\max} - P_{\max} \tag{2-11}$$
$$d_{o\min} = D_{\max} - P_{\max} - G \tag{2-12}$$

式中：$d_{o\max}$——铰刀的上极限尺寸；

  $d_{o\min}$——铰刀的下极限尺寸；

  $D_{\max}$——孔的上极限尺寸；

  $P_{\max}$——铰孔时孔的直径最大扩张量。

② 加工后孔缩小。铰削力较大或工件孔壁较薄时，由于工件的弹性变形或热变形的恢复，铰孔后孔径常会缩小。这时，选用的铰刀的直径应增大一些。可用下式表示为

$$d_{o\max} = D_{\max} + P_{\min} \tag{2-13}$$
$$d_{o\min} = D_{\max} + P_{\min} - G \tag{2-14}$$

式中：$P_{\min}$——铰孔时孔的直径最小收缩量。

（4）齿数 z 和槽形。

铰刀齿数一般为 4~12 个齿。齿数多，则导向性好，刀齿负荷轻，铰孔质量高。但齿数过多，会降低铰刀刀齿强度并减小容屑空间，故通常根据直径和工件材料性质选取铰刀齿数。大直径铰刀取较多齿数；加工韧性材料取较小齿数；加工脆性材料取较多齿数。为便于测量直径，铰刀齿数一般取偶数。刀齿在圆周上一般为等齿距分布，在某些情况下，为避免周期性切削负荷对孔表面的影响，也可选用不等齿距结构。

铰刀的齿槽形式有直线型、折线型和圆弧型三种。直线型齿槽制造容易，一般用于 $d_o = 1$~20 mm 的铰刀；圆弧型齿槽具有较大的容屑空间和较好的刀齿强度，一般用于 $d_o > 20$ mm 的铰刀；折线齿槽常用于硬质合金铰刀，以保证硬质合金刀片有足够的刚性支撑面和刀齿强度。

铰刀齿槽方向有直槽和螺旋槽两种。直槽铰刀刃磨、检验方便，生产中常用；螺旋槽铰刀切削过程平稳。螺旋槽铰刀的螺旋角根据被加工材料选取：加工铸铁等取 $\beta = 7°~8°$；加工钢件取 $\beta = 12°~20°$；加工铝等轻金属取 $\beta = 35°~45°$。

（5）铰刀的几何角度。

① 前角 γ_o 和后角 α_o。铰削时由于切削厚度小，切屑与前面只有在切削刃附近接触，前角对切削变形的影响不显著。为了便于制造，一般取 $\gamma_o = 0°$。粗铰塑性材料时，为了减少变形及抑制积屑瘤的产生，可取 $\gamma_o = 5°~10°$，硬质合金铰刀为防止崩刃，取 $\gamma_o = 0°~5°$。为使铰刀重磨后直径尺寸变化小些，取较小的后角。

切削部分的刀齿刃磨后应锋利，不留刃带，校准部分刀齿则必须留有 0.05~0.3 mm 宽的刃带，以起修光和导向作用，也便于铰刀制造和检验。

② 切削锥角 2ϕ。切削锥角主要影响进给抗力的大小、孔的加工精度和表面粗糙度以及刀具耐用度。2ϕ 取得小时，进给力小，切入时的导向性好，但由于切削厚度过小产生较大的

切削变形。同时切削宽度增大使卷、排屑产生困难，并且切入切出时间增长。手用铰刀为了减轻劳动强度，减小进给力及改善切入时的导向性，取较小的 2ϕ 值，通常 $\phi = 1°\sim3°$。对于机用铰刀，工作时的导向由机床及夹具来保证，故可选较大 ϕ 值，以减小切削刃长度和机动时间。加工钢料时 $\phi = 30°$，加工铸铁等脆性材料时 $\phi = 6°\sim10°$，加工盲孔时 $\phi = 90°$。

③ 刃倾角 λ_s。在铰削塑性材料时，高速钢直槽铰刀切削部分的切削刃沿轴线倾斜 $15°\sim20°$ 形成刃倾角 λ_s，它适用于加工余量较大的通孔。为便于制造硬质合金铰刀，一般取 $\lambda_s=0°$。铰削盲孔时，使用带刃倾角的铰刀，需在铰刀端部开一沉头孔以容纳切屑，（见图 2-63 中虚线部分）。

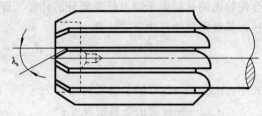

图 2-63　铰刀的刃倾角

（6）铰削工艺特点。

① 铰削的加工余量一般小于 0.1 mm，铰刀的主偏角 κ_r 一般都小于 45°，因此铰削时切削厚度 a_c 很小，为 0.01~0.03 mm。图 2-64 所示为铰刀的工作情况示意图。除主切削刃正常的切削作用外，在主切削刃与校准部分之间的过渡部分上，形成一段切削厚度极薄的区域。当切削厚度小于刃口钝圆半径时，起作用的前角为负值，切削层没有被切除，而是产生弹、塑性变形后被压在已加工表面上，这时刀具对工件的作用是挤刮作用。这个极薄切削厚度区域的变形情况决定铰孔的加工精度和表面粗糙度。由于已加工表面的弹性恢复，校准部分也对已加工表面进行挤压。当铰刀磨损后，刃口钝圆半径增大，切削刃也会有挤刮的现象存在。由此可见，铰削过程是个复杂的切削和挤压摩擦过程。

② 铰削过程所采用的切削速度一般都较低，因而切削变形较大。当加工塑性金属材料时会产生积屑瘤。使用切削液可以避免积屑瘤并使切削力矩减小。但由于切削厚度较小，受到切削液润滑作用的切削刃无法切入工件，只能在加工表面上滑动，使加工表面受到严重挤压和摩擦，从而显著地增加了挤压摩擦力矩。因此总的转矩反而增加。

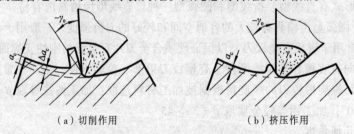

（a）切削作用　　　　　　　（b）挤压作用

图 2-64　铰刀的工作情况

③ 在切削液润滑作用下，切削刃的钝圆部分只在加工表面上滑动，使工件表面受到熨压作用，熨压后已加工表面弹性恢复。熨压作用越大，其加工表面粗糙度就越小，弹性恢复越大，其加工后的入径就越小。此时，铰刀钝化也越快。

④ 铰削不能校正底孔的轴线偏斜。因此，机铰时可以采用浮动连接。

⑤ 铰刀是定直径刀具的精加工刀具，铰削的生产效率比其他精加工方法高，但是其适应性较差，一种铰刀只能用于加工一种尺寸的孔、台阶孔和盲孔。此外，铰削对孔径也有所限制，一般应小于 80 mm。

⑥ 铰孔时，应根据工件材料、结构和铰削余量的大小，综合分析决定切削液的使用。

3. 镗削加工

1）镗削加工适用场合

镗削是一种用镗刀对已有孔进一步加工的精加工方法。可以加工机座、箱体、支架等外形复杂的大型零件上的直径较大的孔，特别是有位置精度要求的孔和孔系。在镗床上利用坐标装置和镗模较容易保证加工精度。镗削加工有如下特点：

（1）镗削加工灵活性大，适应性强。在镗床上除加工孔和孔系外，还可以车外圆、车端面、铣平面。加工尺寸可大亦可小，对于不同的生产类型和精度要求的孔都可以采用这种加工方法。

（2）镗削加工操作技术要求高，生产率低。要保证工件的尺寸精度和表面粗糙度，除取决于所用的设备外，更主要的是与工人的技术水平有关，同时机床、刀具调整时间较多。镗削加工时参加工作的切削刃少，所以一般情况下，镗削加工生产效率较低。使用镗模可以提高生产率，使成本增加，一般用于大批量生产。

2）镗刀

根据加工对象的不同，镗床上使用的镗刀也有所不同，其分类也是多种多样。按切削刃数量可分为单刃镗刀、双刃镗刀和多刃镗刀；按工件的加工表面可分为通孔镗刀、盲孔镗刀、阶梯孔镗刀和端面镗刀；按刀具结构可分为整体式、装配式和可调式。

（1）单刃镗刀。单刃镗刀切削部位与普通车刀相似，刀体较小，结构简单，使用方便，适用于孔的粗、精加工。用单刃镗刀镗孔时，可以校正孔轴线的偏斜或位置误差。单刃镗刀分为整体式和机夹式两种类型，如图 2-65 所示。整体式常用于加工小直径孔；大直径孔一般采用机夹式。在镗盲孔或阶梯孔时，为使镗刀头在镗杆内有较大的安装长度，并具有足够的位置安置压紧螺钉 2 和调节螺钉 1，常将镗刀头在镗杆内倾斜安装，如图 2-65（d）所示。镗通孔时，镗刀头安装如图 2-65（b）、（c）所示。

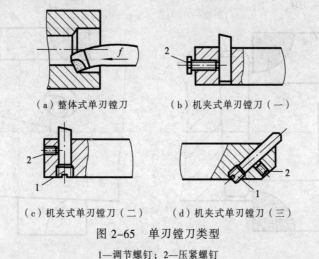

（a）整体式单刃镗刀　　　（b）机夹式单刃镗刀（一）

（c）机夹式单刃镗刀（二）　　　（d）机夹式单刃镗刀（三）

图 2-65　单刃镗刀类型

1—调节螺钉；2—压紧螺钉

（2）微调镗刀。机夹式单刃镗刀尺寸调节费时，调节精度不易控制。图 2-66 所示为一种坐标镗床和数控机床上常用的微调镗刀。它具有调节尺寸容易，尺寸精度高的优点，主要用于精加工。

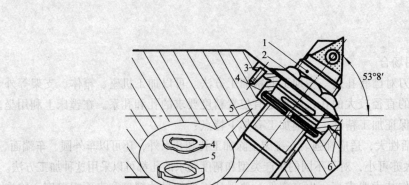

图 2-66　微调镗刀

1—镗刀头；2—微调螺母；3—螺钉；4—波形垫圈；5—调节螺母；6—固定座套

　　微调镗刀是先用调节螺母 5、波形垫圈 4 将微调螺母 2 连同镗刀头 1 一起固定在固定座套 6 上，再用螺钉 3 将固定座套 6 固定在镗杆上。调节时，转动带刻度的微调螺母 2，使镗刀头径向移动达到预定尺寸。旋转调节螺母 5，使波形垫圈 4 和微调螺母 2 产生变形，以产生预紧力削除螺纹副的轴向间隙。

　　（3）双刃镗刀与浮动镗刀。双刃镗刀是定尺寸的镗孔刀具，通过改变两刀刃之间距离，实现对不同直径孔的加工。常用的双刃镗刀有固定式镗刀块和浮动镗刀两种。

　　① 固定式镗刀。固定式镗刀工作时，镗刀块可通过斜楔或者在两个方向倾斜的螺钉等夹紧在镗杆上，如图 2-67 所示。镗刀块相对轴线的位置误差会造成孔径的误差。所以，镗刀块与镗杆上方孔的配合要求较高。刀块安装方孔对轴线的垂直度与对称度误差不大于 0.01 mm。固定式镗刀块用于粗镗或半精镗直径大于 40 mm 的孔。

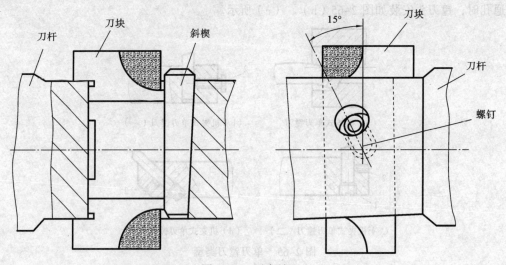

图 2-67　固定镗刀

　　② 可调式双刃镗刀。采用一定的机械结构可以调整两刀片之间的距离，从而使一把刀具可以加工不同直径的孔，并可以补偿刀具磨损的影响。

　　③ 浮动镗刀。浮动镗刀的特点是镗刀块可自由地装入镗杆的方孔中，不需要夹紧，通过作用在两个切削刃上的切削力来自动平衡其切削位置，因此它能自动补偿由刀具安装误差、机床主轴偏差而造成的加工误差，能获得孔的较高的直径尺寸精度（1T7~IT6）。但它无法纠正孔的直线

度误差和位置误差，因而要求预加工孔的直线性好，表面粗糙度不大于 $Ra3.2\ \mu m$。浮动镗刀主要适用于单件、小批生产，加工直径较大的孔，特别适用于精镗孔径大（$d > 200\ mm$）而深（$L/d > 5$）的筒件和管件孔。

3）镗削的工艺特点

镗孔和钻-扩-铰工艺相比，孔径尺寸不受刀具尺寸的限制，而且能使所镗孔与定位表面保持较高的位置精度。镗孔与车外圆相比，由于刀杆系统的刚性差、变形大，散热排屑条件不好，工件和刀具的热变形比较大，因此，镗孔的加工质量与生产效率不如车外圆高。

镗孔的加工范围广，可以加工不同尺寸和不同精度要求的孔。对于孔径较大、尺寸和位置精度要求较高的孔和孔系，镗孔几乎是唯一的加工方法。

镗孔可以在镗床、车床、铣床等机床上进行，具有机动灵活的优点，生产中应用十分广泛。在大批量生产中，为提高镗孔效率，常使用镗模。

4）镗床

镗床是一种主要用镗刀在工件上加工孔的机床，通常用于加工尺寸较大、精度要求较高的孔，特别是分布在不同表面上、孔距和位置精度要求较高的孔，如各种箱体、汽车发动机缸体等零件上的孔。一般镗刀的旋转运动为主运动，镗刀或工件的移动为进给运动。常用的镗床有立式镗床、卧式铣镗床、坐标镗床及金刚镗床等。

（1）卧式镗床。卧式镗床因其工艺范围非常广泛和加工精度高而得到普通应用。卧式镗床除了镗孔外，还可以铣平面及各种形状的沟槽，进行钻孔、扩孔和铰孔，车削端面和短外圆柱面，车槽和车螺纹等。零件可在一次安装中完成大量的加工工序，而且其加工精度比钻床和一般的车床、铣床高，因此特别适合加工大型、复杂的箱体类零件上精度要求较高的孔系及端面。卧式镗床的外形如图 2-68 所示。

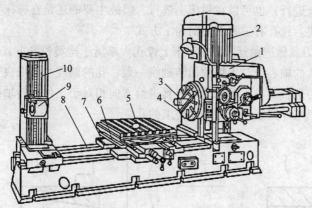

图 2-68　卧式镗床外形图

1—主轴箱；2—主立柱；3—主轴；4—平旋盘；5—工作台；
6—上滑座；7—下滑座；8—床身；9—镗刀杆支承座；10—尾立柱

机床工作时，刀具安装在主轴箱 1 的主轴 3 或平旋盘 4 上。主轴箱 1 可沿主立柱 2 的导轨上下移动。工件安装在工作台 5 上，可与工作台一起随下滑座 7 或上滑座 6 做纵向或横向移动。工作台还可沿滑座的圆导轨绕垂直轴线转位。镗刀可随主轴一起做轴向移动。当镗杆伸出较长时，可用尾立柱 10 上的支承架来支承左端。当刀具装在平旋盘 4 的径向刀架时，可随径向刀架做径向运动。

卧式镗床的工作过程如图 2-69 所示。

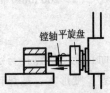
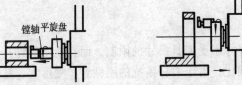
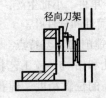

（a）用主轴安装镗刀杆镗不大的孔　　（b）用平旋盘上镗刀镗大直径孔　　（c）用平旋盘上径向刀架镗平面

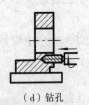
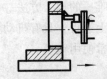
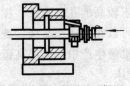

（d）钻孔　　　　（e）用工作台进给镗螺纹　　　　（f）用主轴进给镗螺纹

图 2-69　卧式镗床的工作过程

（2）坐标镗床。坐标镗床是一种高精度机床，主要用于加工精密的孔（IT5 级或更高）和位置精度要求很高的孔系，如钻模、镗模等精密孔。它具有测量坐标位置的精密测量装置，而且这种机床的主要零部件的制造和装配精度很高，并有良好的刚性和抗振性。

坐标镗床的工艺范围很广，除镗孔、钻孔、扩孔、铰孔、精铣平面和沟槽外，还可进行精密划线，以及孔距和直线尺寸的精密测量等工作。

5）镗削加工方法

由上述可知，镗削加工既可以加工平面，也可以加工孔，但最主要的功能还是精加工孔。镗孔既可以在车床上进行，也可以在镗床上进行，但最主要的还是在镗床上进行加工。

（1）镗孔的方式。镗孔有三种不同的加工方式。

① 工件旋转，刀具做进给运动。在车床上镗孔大都属于这类镗孔方式，如图 2-70 所示。工艺特点：加工后孔的轴心线与工件的回转轴线一致，孔的圆度主要取决于机床主轴的回转精度，孔的轴向几何形状误差主要取决于刀具进给方向相对于工件回转轴线的位置精度。这种镗孔方式适于加工与外圆表面有同轴度要求的孔。

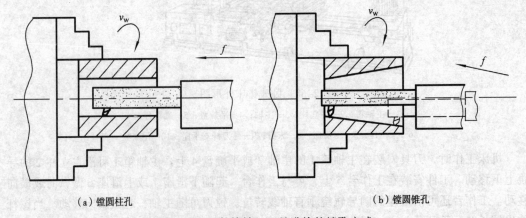

（a）镗圆柱孔　　　　　　　　　　　（b）镗圆锥孔

图 2-70　工件旋转、刀具进给的镗孔方式

② 刀具旋转，工件做进给运动。图 2-71（a）所示为在镗床上镗孔的情况，镗床主轴带动镗刀旋转，工作台带动工件做进给运动。采用这种镗孔的方式镗杆的悬伸长度 L 一定，镗杆的变形对孔的轴向形状精度无影响。但工作台进给方向的偏斜会使孔中心线产生位置误差。镗深孔或离主轴端面较远孔时，为提高镗杆的刚度和镗孔质量。镗杆由主轴前端锥孔和镗床后立柱上的尾座孔支承。

图 2-71（b）所示为用专用镗模镗孔的情况，镗杆与机床主轴采用浮动连接，镗杆支承在镗模的两个导向套中，刚性较好。当工件随同镗模一起向右进给时，镗刀离左支承的距离由 L 变为 L'；如果用普通镗刀来镗孔，则镗杆的变形会使工件孔产生纵向形状误差；若改用双刃浮动镗刀镗孔，因两切削刃的背向力可以相互抵消，因而可以避免产生纵向形状误差。在这种镗孔方式中，进给方向相对主轴轴线的平行度误差对所加工孔的位置精度无影响，此项精度由镗模精度直接保证。

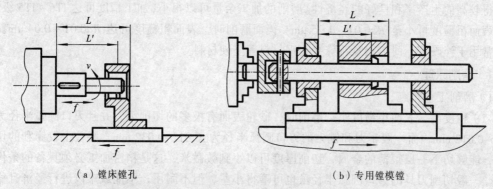

（a）镗床镗孔   （b）专用镗模镗

图 2-71　刀具旋转、工件进给的镗孔方式

③ 工件不动、刀具旋转并做进给运动。采用这种镗孔方式镗孔时，镗杆的悬伸长度是变化的，镗杆的受力变形也是变化的，镗出来的孔必然会产生形状误差，靠近主轴箱处的孔径大，远离主轴箱处的孔径小，形成锥孔。此外，镗杆悬伸长度增大，主轴因自重引起的弯曲变形也增大，孔轴线将产生相应的弯曲。这种镗孔方式只适合于加工较短的孔，如图 2-72 所示。

（2）高速细镗（金刚镗）。

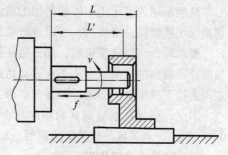

图 2-72　刀具既回转又进给的镗孔方式

与一般镗孔相比，高速细镗的特点是背吃刀量小、进给量小、切削速度高，它可以获得很高的加工精度（IT7~IT6）和很光洁的表面（$Ra0.4 \sim 0.5 \ \mu m$）。由于高速细镗最初是用金刚石镗刀加工，故又称金刚镗，现在普遍采用硬质合金、CBN 和人造金刚石刀具进行高速细镗。高速细镗最初用于加工有色金属，现在也广泛用于加工铸铁件和钢件。

高速细镗常用的切削用量如下。

① 背吃刀量：预镗为 0.2~0.6 mm，终镗为 0.1 mm；

② 进给量为 0.01~0.14 mm/r；

③ 切削速度：加工铸铁时为 100~250 m/min，加工钢件时为 150~300 m/min，加工有色金属时为 300~2000 m/min。

为了保证高速细镗能达到较高的加工精度和表面质量，所用机床（金刚镗床）需具有较高的几何精度和刚度，机床主轴支承常用精密的角接触球轴承或静压滑动轴承，高度旋转零件须经精确平衡。此外，进给机构的运动必须十分平稳，保证工作台能做平稳低速进给运动。

高速细镗加工质量好，生产效率高，在大批大量生产中它被广泛用于精密孔的最终加工。

2.5 磨 削 加 工

随着各种高强度和难加工材料的广泛应用，对零件的精度要求也在不断提高，磨削加工在当前工业生产中已得到迅速的发展。磨削不仅用于精加工，而且用于粗加工毛坯去皮加工，能获得较高的生产率和良好的经济性。磨削的加工余量可以很小，加工精度可达IT6～IT5级，加工表面粗糙度可小至 $Ra0.01～1.25\ \mu m$。镜面磨削时，表面粗糙度可达 $Ra0.01～0.04\ \mu m$。磨削常用于淬硬钢、耐热钢及特殊合金钢材料等坚硬材料。

1. 磨削原理

1）磨削工艺特点

（1）精度高，表面粗糙度小。磨削时，砂轮表面有极多的切削刃，并且刃口圆弧半径为 0.006～0.012 mm，而一般车刀和铣刀的刃口圆弧半径为 0.012～0.032 mm。磨粒上较锋利的切削刃，能够切下一层很薄的金属，切削厚度可以小到数微米，这是精密加工必须具备的条件之一。一般切削刀具的刃口圆弧半径虽也可磨得小些，但不耐用，不能或难以进行经济且稳定的精密加工。

磨削所用的磨床比一般切削加工机床精度高，其刚性好，稳定性较好，并且具有控制小切削深度的微量进给机构，可以进行微量切削，从而保证了精密加工的实现。

磨削时，切削速度很高，如普通外圆磨削速度 $v_c\approx30～35$ m/s，高速磨削速度 $v_c>50$ m/s。当磨粒以很高的切削速度从工件表面切过时，同时有很多切削刃进行切削，每个切削刃仅从工件上切下极少量的金属，残留面很薄，有利于形成光洁的表面。

因此，磨削可以达到高的精度和小的粗糙度。一般磨削精度可达 IT7～IT6。粗糙度 Ra 0.2～0.8 μm，当采用小粗糙度磨削时，粗糙度可达 $Ra0.008～0.1\ \mu m$。

（2）砂轮有自锐作用。

（3）可以磨削硬度很高的材料。

（4）磨削温度高。

2）磨削过程分析

磨削过程是由磨具上的无数个磨粒的微切削刃对工件表面的微切削过程所构成的，如图 2-73 所示。磨料磨粒的形状是很不规则的多面体，不同粒度号磨粒的顶尖角多为90°～120°，并且尖端均带有尖端圆角。经修整后的砂轮的磨粒前角可达–80°～–85°。因此，磨削过程与其他切削方法相比具有自己的特点。

单个磨粒的典型磨削过程可分为三个阶段：

（1）滑擦阶段。磨粒切削刃开始与工件接触，切削厚度由零开始逐渐增大，由于磨粒具有绝对值很大的实际负前角和相对较大的切削刃钝圆半径，所以磨粒并未切削工件，而只是在其表面滑擦而过，工件仅产生弹性变形。这一阶段称为滑擦阶段。其特点是磨粒与工件之间的相互作用主要是摩擦作用，其结果是磨削区产生大量的热，使工件的温度升高。

（2）耕犁阶段。当磨粒继续切入工件，磨粒作用在工件上的法向力 F 增大到一定值时，工件表面产生塑性变形，使磨粒前方受挤压的金属向两边流动，在工件表面上耕犁出沟槽，而沟槽的两侧微微隆起，如图 2-74 所示。此时磨粒和工件间的挤压摩擦加剧，热应力增加。这一阶段称为刻划阶段（耕犁阶段）。其特点是工件表面层材料在磨粒的作用下，产生塑性变形，表层组织内产生变形强化。

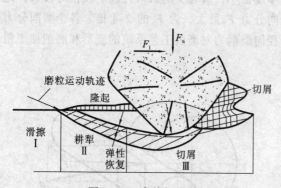

图 2-73　磨粒切入过程

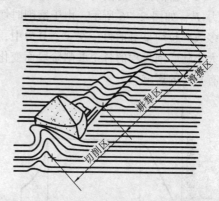

图 2-74　磨削过程的隆起现象

（3）切削阶段。随着磨粒继续向工件切入，切削厚度不断增大，当其达到临界值时，被磨粒挤压的金属材料产生剪切滑移而形成切屑。这一阶段以切削作用为主，但由于磨粒刃口钝圆的影响，同时也伴随有表面层组织的塑性变形强化。

在一个砂轮上，各个磨粒随机分布，形状和高低各不相同，其切削过程也有差异。其中一些突出和比较锋利的磨粒，切入工件较深，经过滑擦、耕犁和切削三个阶段形成非常微细的切屑，由于磨削温度很高而使磨屑飞出时氧化形成火花；比较钝的、突出高度较小的磨粒，切不下切屑，只是起刻划作用，在工件表面上挤压出微细的沟槽；更钝的、隐藏在其他磨粒下面的磨粒只能滑擦工件表面。可见磨削过程是包含切削、刻划和滑擦作用的综合且复杂过程。切削中产生的隆起残余量增加了磨削表面的粗糙度，但实验证明，隆起残余量与磨削速度有着密切关系，随着磨削速度的提高而下降。因此，高速切削能减小表面粗糙度。

3）磨削过程

磨削时，由于径向分力 F_x 的作用，致使磨削时工艺系统在工件径向产生弹性变形，使实际磨削深度与每次的径向进给量有所差别。所以，实际磨削过程，可分为三个阶段，如图 2-75 所示。

（1）初磨阶段。在砂轮的最初的几次径向进给中，由于工艺系统的弹性变形，实际磨削深度比磨床刻度所显示的径向进给量要小。工艺系统刚性愈差，此阶段愈长。

（2）稳定阶段。随着径向进给次数的增加，机床、工件、夹具工艺系统的弹性变形抗力也逐渐增大。直至上述工艺系统的弹性变形抗力等于径向磨削力时，实际磨削深度等于径向进给量，此时进入稳定阶段。

（3）光磨阶段。当磨削余量即将磨完时，径向进给运动停止。由于工艺系统的弹性变形逐渐恢复，实际径向进给量并不为零，而是逐渐减小。为此，在无切入情况下，应增加进给次数，使磨削深度逐渐趋于零，磨削火花逐渐消失。与此同时，工件的精度和表面质量在逐渐提高。

因此，在开始磨削时，可采用较大的径向进给量，压缩初磨和稳定阶段，以提高生产效率；适当增长光磨时间，可更好地提高工件的表面质量。

4）磨削力与磨削温度

（1）磨削力。磨削力可分解为互相垂直的三个分力：切向分力 F_y、径向分力 F_x 和轴向分力 F_z，如图 2-76 所示。由于磨削时切削厚度很小，磨粒上的刃口钝圆半径相对较大，绝大多数磨粒均呈负前角，在三个分力中，径向分力 F_x 最大，为 F_y 的 2~4 倍。各个磨削分力的大小随磨削过程的各个磨削阶段而变化。径向磨削力对磨削工艺系统的变形和磨削加工精度有直接的影响。

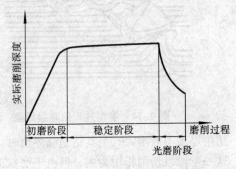

图 2-75　磨削过程中三个阶段

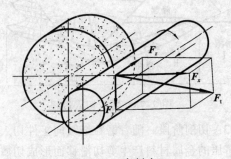

图 2-76　磨削力

（2）磨削热。磨削时，由于磨削速度很高，切削厚度很小，切削刃很钝，所以切除单位体积切削层所消耗的功率为车、铣等切削方法的 10~20 倍。磨削所消耗能量的大部分转变为热能，使磨削区形成高温。

磨削温度常用磨粒磨削点温度和磨削区温度来表示。磨削点温度是指磨削时磨粒切削刃与工件、磨屑接触点的温度。磨削点温度非常高，可达 1 000~1 400 ℃，它不但影响表面加工质量，而且对磨粒磨损以及切屑熔着现象也有很大的影响。砂轮磨削区温度就是通常所说的磨削温度，是指砂轮与工件接触面上的平均温度在 400~1 000 ℃之间，它是产生磨削表面烧伤、残余应力和表面裂纹的原因。

磨削过程中产生大量的热，使被磨削表面层金属在高温下产生相变，从而其硬度与塑性发生变化，这种表层变质现象称之为表面烧伤。高温的磨削表面生成一层氧化膜，氧化膜的颜色决定于磨削温度和变质层深度，所以可以根据表面颜色来推断磨削温度和烧伤程度。如淡黄色为 400~500 ℃，烧伤深度较浅；紫色为 800~900 ℃，烧伤层较深。轻微的烧伤经酸洗才会显示出来。

表面烧伤损坏了零件表层组织，影响零件的使用寿命。避免烧伤的办法是要减少磨削热和加速磨削热的传散，具体可采取如下措施：

① 合理选用砂轮。要选择合理的磨粒类型，选择硬度较软、组织疏松的砂轮，并及时

修整。大气孔砂轮散热条件好，不易堵塞，能有效地避免烧伤。树脂结合剂砂轮退让性好，与陶瓷结合剂砂轮相比不易使工件烧伤。

② 合理选择磨削用量。磨削时砂轮切入量对磨削温度影响最大。提高砂轮速度，会使摩擦速度增大，消耗功率增多，从而使磨削温度升高；提高工件的圆周进给速度和工件轴向进给量，会使工件和砂轮接触时间减少，能使磨削温度降低，可减轻或避免表面烧伤。

③ 采取良好的冷却措施。选用冷却性能好的冷却液，采用较大的流量，采用冷却效果好的冷却方式如喷雾冷却等，可以有效地避免烧伤。

2．砂轮的特性与选择

砂轮是由结合剂将磨料颗粒黏结起来，经压坯、干燥、焙烧及车整而成的多孔体。它的特性取决于磨料、粒度、结合剂、硬度、组织及形状尺寸等。

1）砂轮的组成要素

（1）磨料。磨料分为天然和人造磨料两大类。一般天然磨料含杂质多，质地不均。天然金刚石虽好，但价格昂贵，故目前主要使用的是人造磨料。其性能和适用范围如表 2-13 所示。

表 2-13　砂轮组成要素、代号、性能和适用范围

系　别	名　　称	代　号	性　　　能	适用磨削范围
刚玉	棕刚玉	A	棕褐色，硬度较低，韧性较好	碳钢、合金钢、铸铁
	白刚玉	WA	白色，较 A 硬度高，磨粒锋利，韧性差	淬火钢、高速钢、合金钢
	铬刚玉	PA	玫瑰红色，韧性较 WA 好	高速钢、不锈钢、刀具刃磨
碳化物	黑碳化硅	C	黑色带光泽，比刚玉类硬度高、导热性好、韧性差	铸铁、黄铜、非金属材料
	绿碳化硅	GC	绿色带光泽，较 C 硬度高，耐热性较差	硬质合金、宝石、光学玻璃
超硬磨料	人造金刚石	MBD、VD 等	白色、淡绿、黑色，硬度最高，耐热性较差	硬质合金、宝石、陶瓷
	立方氮化硼	CBN	棕黑色，硬度仅次于 MBD，韧度较 MBD 好	高速钢、不锈钢、耐热钢

（2）粒度。粒度是指磨料颗粒的大小。粒度有两种表示方法：对于用筛选法来区分的较大的颗粒（制砂轮用），以每英寸筛网长度上筛孔的数目表示，如 46# 粒度表示磨粒刚能通过 46 格/in 的筛网；对于用显微镜测量来区分的微细磨粒（称微粉，供研磨用），以其最大尺寸（μm）前加 W 来表示。常用砂轮粒度号及其使用范围如表 2-14 所示。

表 2-14　常用砂轮粒度号及其使用范围

类别		粒　　度　　号	适　用　范　围
磨粒	粗粒	8#、10#、12#、14#、16#、20#、22#、24#	荒磨
	中粒	30#、36#、40#、46#	一般磨削。加工表面粗糙度可达 $Ra0.8$ μm
	细粒	54#、60#、70#、80#、90#、100#	半精磨、精磨和成形磨削。加工表面粗糙度可达 $Ra0.8 \sim 0.1$ μm
	微粒	120#、150#、180#、220#、240#	精磨、精密磨、超精磨、成形磨、刀具刃磨、珩磨
微粉		W60、W50、W40、W28、W20、W14、W10、W7、W5、W3.5、W2.5、W1.5、W1.0、W0.5	精磨、精密磨、超精磨、珩磨、螺纹磨、超精密磨、镜面磨、精研、加工表面粗糙度可达 $Ra0.05 \sim 0.1$ μm

磨料粒度选用原则：粗磨加工时，应选用颗粒较粗的砂轮，以提高生产效率；精磨加工时，应选用颗粒较细的砂轮，以减少加工表面粗糙度；砂轮转速较高或砂轮与工件接触面积较大时，应选用颗粒较粗的砂轮，以防止烧伤工件；磨削软而韧的金属时，应选用颗粒较粗的砂轮，以免砂轮过早堵塞；磨削硬而脆的金属时，应选用颗粒较细的砂轮，以提高同时参加磨削的磨粒数，以提高生产效率。

（3）结合剂。结合剂的性能决定了砂轮的强度、耐冲击性、耐腐蚀性和耐热性。此外，它对磨削温度、磨削表面质量也有一定的影响。结合剂的种类、代号、性能与使用范围如表 2-15 所示。

表 2-15 常用结合剂的性能及使用范围

结合剂	代号	性　　　能	适　用　范　围
陶瓷	V	耐热、耐蚀、气孔率大、易保持廓形，弹性差	最常用，适用于各类磨削加工
树脂	B	强度较 V 高，弹性好，耐热性差	适用于高速磨削、切断、开槽等
橡胶	R	强度较 B 高，更富有弹性，气孔率小，耐热性差	适用于切断、开槽及用作无心磨的导轮
青铜	Q	强度最高，导电性好，磨耗少自锐性差	适用于金刚石砂轮

（4）硬度。砂轮的硬度是指结合剂黏结磨粒的牢固程度，也是指磨粒在磨削力作用下，从砂轮表面脱落的难易程度。砂轮硬，就是磨粒粘得牢，不易脱落；砂轮软，就是磨粒粘得不牢，容易脱落。

砂轮的硬度对磨削生产率、磨削表面质量都有很大的影响。如果砂轮太硬，磨粒磨钝后仍不能脱落，磨削效率很低，工作表面很粗糙并可能烧伤；如果砂轮太软，磨粒还未磨钝已从砂轮上脱落，砂轮损耗大，形状不易保持，影响工件质量；如果砂轮的硬度合适，磨粒磨钝后因磨削力增大而自行脱落，使新的锋利的磨粒露出，砂轮具有自锐性，则磨削效率高，工件表面质量好，砂轮的损耗也小。砂轮的硬度分级如表 2-16 所示。

表 2-16　砂轮的硬度分级

名称选项	级　　　别														
大级名称	超软		软			中软		中		中硬			硬		超硬
小级名称	超软	软1	软2	软3	中软1	中软2	中1	中2	中硬1	中硬2	中硬3	硬1	硬2	超硬	
代号	D	E	F	G	H	J	K	L	M	N	P	Q	R	S	T	Y
选择	磨未淬硬钢选用 L～N，磨淬火合金钢选用 H～K，高表面质量磨削时选用 K～L，刃磨硬质合金刀具选用 H～L														

砂轮硬度选取的原则：工件材料硬度较高时，应选用较软的砂轮；工件材料硬度较低时，应选用较硬的砂轮；砂轮与工件接触面积较大时，应选用较软的砂轮；磨薄壁件及导热性差的工件时，应选用较软的砂轮；精磨和成形磨时，应选用较硬的砂轮；砂轮的粒度号大时，应选用较软的砂轮。

（5）组织。组织表示砂轮中磨料、结合剂和气孔间的体积比例。根据磨粒在砂轮中占有的体积百分数（即磨粒率）砂轮组织号可分为 0～14，如表 2-17 所示。组织号从小到大，磨料率由大到小，气孔率由小到大。砂轮组织号大，组织松，砂轮不易被磨屑堵塞，切削液和空气能带入磨削区域，可降低磨削区域的温度，减少工件因发热而引起的变形和烧伤，也可以提高磨削效率，但组织号大，不易保持砂轮的轮廓形状，会降低成形磨削的精度，磨出的表面也较粗糙。

表 2-17　砂轮的组织号

选项	组织号													
	0	1	2	3	4	5	6	7	8	9	10	11	12	13	14
磨粒率%	62	60	58	56	54	52	50	48	46	44	42	40	38	36	34
疏密程度	紧密				中等				疏松					大气孔	
使用范围	重负荷、成形、精密磨削、间断磨削及自由磨削、加工脆硬材料				外圆磨、内圆磨、无心磨及工具磨、淬火钢工件及刀具刃磨				粗磨,砂轮与工件接触面较大的平面磨,磨削韧性大、硬度低的工件,薄壁、细长类工件					磨削有色金属及塑料、橡胶等非金属以及热敏性大的合金	

2）砂轮的形状、尺寸和标志

为了适应在不同类型的磨床上磨削各种形状和尺寸工件的需要，砂轮有许多种形状和尺寸。常用砂轮的形状、代号、用途如表 2-18 所示。

表 2-18　常用砂轮的形状、代号及主要用途

代号	名称	断　面　形　状	形状尺寸标记	主要用途
1	平面砂轮		1-D×T×H	磨外圆、内孔、平面及刃磨刀具
2	筒形砂轮		2-D×T-W	端磨平面
4	双斜边砂轮		4-D×T/U×H	磨齿轮及螺纹
6	杯形砂轮		6-D×T×H-W，E	端磨平面,刃磨刀具及内孔
11	碗形砂轮		11-D/J×T×H-W，E，K	刃磨刀具,磨削机床导轨

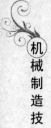

机械制造技术（第2版）

100

续表

代号	名称	断面形状	形状尺寸标记	主要用途
12a	碟形一号砂轮		12a-*D*/*J*×*T*/*U*×*H*-*W*，*E*，*K*	刃磨刀具
41	薄片砂轮		41-*D*×*T*×*H*	切断及磨槽

注：↓所指表示基本工作面。

砂轮的标志印在砂轮端面上。其顺序是：形状代号、尺寸、磨料、粒度号、硬度、组织号、结合剂、线速度。例如：

砂轮 1–300×50×75–A 60 L 5 V –35 m/s

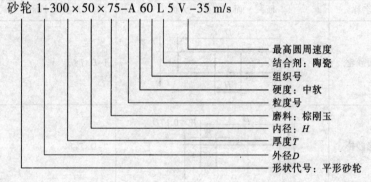

最高圆周速度
结合剂：陶瓷
组织号
硬度：中软
粒度号
磨料：棕刚玉
内径：*H*
厚度*T*
外径*D*
形状代号：平形砂轮

3）砂轮的磨损与寿命

（1）砂轮磨损的形态。砂轮磨损包含磨粒的磨耗磨损、磨粒破碎和脱落磨损等三种形态，如图 2-77 所示。

磨耗磨损是由于磨粒与工件之间的摩擦、黏结、高温氧化和扩散而引起的，一般发生在磨粒与工件的接触处（见图 2-77 中的 *A* 处）。开始时，在磨粒刃尖上出现一磨损的微小平面，当微小平面逐步增大时，磨刃就无法顺利切入工件，而只是在工件表面产生挤压作用，从而使磨削热增加，磨削过程恶化。磨粒破碎发生在一个磨粒的内部（见图 2-77 中的 *B*—*B* 处）。磨粒在磨削过程中，在多次急热急冷作用下，表面形成极大的热应力，而导致局部破碎。磨粒的导热系数越小，热膨胀系数越大，就越容易破碎。脱落磨

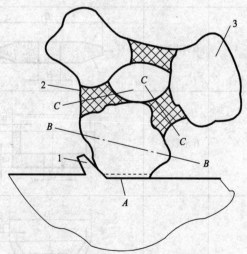

图 2-77　砂轮磨损的三种形态
1—切屑；2—黏合剂；3—磨粒；
A—磨耗磨损；*B*—磨粒破碎；*C*—脱落磨损

损（见图 2-77 中的 *C—C* 处）的难易主要取决于黏合剂的强度。磨削时，随着磨削温度的上升，黏合剂强度下降，当磨削力超过黏合剂强度时，整个磨粒从砂轮上脱落，形成脱落磨损。

砂轮磨损后，会导致磨削性能恶化。当砂轮硬度较低，磨削负荷较轻时，砂轮出现钝化现象，会使金属切除率明显下降。当砂轮硬度较低，磨削负荷较重时，砂轮出现脱落现象，会使得砂轮廓形改变，严重影响磨削精度与表面质量。在磨削碳钢时，磨削产生的高温使切屑软化，嵌塞在砂轮的孔隙处，造成砂轮堵塞；磨削钛合金时，切屑与磨粒的亲和力强，从而造成黏附和堵塞。砂轮堵塞后即失去切削能力，磨削力及磨削温度剧增，表面质量显著下降。

（2）砂轮寿命。砂轮寿命用砂轮在两次修整之间的实际磨削时间表示。它是砂轮磨削性能的重要指标之一，同时还是影响磨削效率和磨削成本的重要因素。砂轮磨损量是最重要的寿命判据。当磨损量增大到一定程度时，工件将发生颤振，表面粗糙度突然增大，或出现表面烧伤现象。准确判断出砂轮寿命比较困难，在实际生产中，砂轮寿命的常用合理数值可参考表 2-19 所示参数。

表 2-19　砂轮寿命的合理数值

磨削种类	外圆磨	内圆磨	平面磨	成形磨
寿命 T/min	1200~2400	600	1500	600

3. 磨床

用磨料或磨具（砂轮、砂带、油石和研磨料）作为切削工具进行切削加工的机床统称为磨床。磨床广泛应用于零件的精加工，尤其是淬硬钢件、高硬度特殊材料及非金属材料（如陶瓷）的精加工。随着科学技术的发展，特别是精密铸造与精密锻造工艺的进步，使得磨床可直接将毛坯磨成成品。此外，高速磨削和强力磨削工艺的发展，进一步提高了磨削效率，因此，磨床的使用范围日益扩大。

1）磨床的主要类型

（1）外圆磨床：包括万能外圆磨床、普通外圆磨床、无心外圆磨床等。

（2）内圆磨床：包括普通内圆磨床、行星内圆磨床、无心内圆磨床。

（3）平面磨床：包括卧轴矩台平面磨床、立轴矩台平面磨床、卧轴圆台平面磨床、立轴圆台平面磨床等。

（4）工具磨床：包括工具曲线磨床、钻头沟槽磨床等。

（5）刀具刃具磨床：包括万能工具磨床、车刀刃磨磨床、滚刀刃磨磨床等。

（6）专门化磨床：包括花键轴磨床、曲轴磨床、齿轮磨床、螺纹磨床等。

（7）其他磨床：包括珩磨机、研磨机、砂带磨床、超精加工机床等。

2）M1432B 型万能外圆磨床

M1432B 型万能外圆磨床是普通精度级万能外圆磨床，它主要用于磨削 IT6~IT7 级精度的内外圆柱、圆锥表面，还可磨削阶梯轴的轴肩、端平面等，磨削表面粗糙度 Ra 值为 0.8 ~ 1.25 μm。

图 2-78 所示为 M1432B 型万能外圆磨床的外形图，它主要由下列部件组成：

① 床身是磨床的基础支承件，在其上装有工作台、砂轮架、头架、后座等部件。床身的内部有用作液压油的油箱。

② 头架用于安装及夹持工件，并带动工件旋转。

③ 工作台是由上下两层组成，上工作台可相对于下工作台在水平面内回转一个角度（±10°）。用于磨削锥度较小的长圆锥面。工作台上装有头架与尾座，它们随工作台一起做纵向往复运动。

④ 内磨装置主要由支架和内圆磨具两部分组成。内圆磨具是磨内孔用的砂轮主轴部件。它做成独立部件安装在支架孔中，可以方便地进行更换。通常每台磨床备有几套尺寸与极限工作转速不同的内圆磨具。

⑤ 砂轮架用于支承并传动高速旋转的砂轮主轴，当需要磨削短锥面时，砂轮架可以在水平面内调整至一定角度（±30°）。

⑥ 尾座和前顶尖一起支承工件。

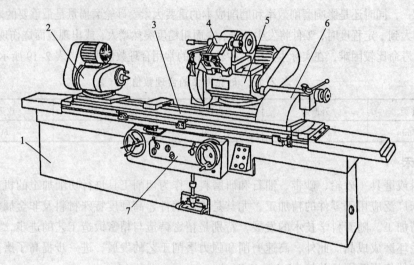

图 2-78　M1432B 型万能外圆磨床

1—床身；2—头架；3—工作台；4—内磨装置；5—砂轮架；6—尾座；7—控制箱

图 2-79 所示为 M1432B 型万能外圆磨床加工示意图。该磨床可以磨削内外圆柱面、圆锥面。

（a）磨外圆柱面　　　　　　　　　　　（b）扳转工作台磨长圆锥面

（c）扳转砂轮架磨短圆锥面　　　　　　（d）扳转头架磨内圆锥面

图 2-79　万能外圆磨床加工示意图

4. 磨削加工方法

根据工件被加工表面的形状和砂轮与工件的相对运动，磨削加工主要包括：外圆磨削、内圆磨削、平面磨削、无心磨削等加工类型。

1）外圆磨削

外圆磨削是用砂轮外圆周面来磨削工件的外回转表面的磨削方法。它不仅能加工圆表面，还能加工圆锥面、端面、球面和特殊形状的外表面等，如图2-80所示。

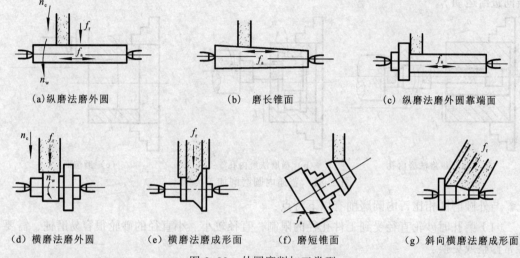

(a) 纵磨法磨外圆　　　　　(b) 磨长锥面　　　　　(c) 纵磨法磨外圆靠端面

(d) 横磨法磨外圆　　(e) 横磨法磨成形面　　(f) 磨短锥面　　(g) 斜向横磨法磨成形面

图2-80　外圆磨削加工类型

（1）外圆磨削用量及工作原理。

① 主运动 n_c。磨削中，砂轮的高速旋转运动为主运动 n_c；磨削速度是指砂轮外圆的线速度 v_c，单位为 m/s。

② 进给运动 n_w。进给运动有工件的圆周进给运动 n_w，轴向进给运动 f_a 和砂轮相对工件的径向进给运动 f_r。

③ 圆周进给速度 v_w。工件的圆周进给速度是指工件外圆的线速度 v_w，单位为 m/s。

④ 轴向进给量 f_a。轴向进给量 f_a 是指工件转一周沿轴线方向相对于砂轮移动的距离，单位为 mm/r。通常 $f_a = （0.02\sim0.08）B$，B 为砂轮宽度，单位为 mm。

⑤ 径向进给量 f_r。径向进给量 f_r 是指砂轮相对于工件在工作台每双（单）行程内径向移动的距离，单位为 mm/（d.str）或 mm/str。

（2）外圆磨削形式。

外圆磨削按照不同的进给方向可分为纵磨法和横磨法两种形式。

① 纵磨法。磨削外圆时，砂轮的高速旋转为主运动，工件做圆周进给运动，同时随工作台沿工件轴向做纵向进给运动。每单行程或每往复行程终了时，砂轮做周期的横向进给运动，从而逐渐磨去工件的全部余量。采用纵磨法每次的横向进给量少，磨削力小，散热条件好，并且能以光磨次数来提高工件的磨削精度和表面质量，是目前生产中使用最广泛的一种方法。

② 横磨法。采用这种形式磨削外圆时，工件不需要做纵向进给运动，砂轮以缓慢的速度连续或断续地沿工件径向做横向进给运动，直至达到精度要求。因此，要求砂轮的宽度比工件的磨削宽度大，一次行程就可完成磨削加工的全过程，所以加工效率高，同时它也适用

于成形磨削。然而，在磨削过程中，砂轮与工件接触面积大，磨削力大，必须使用功率大、刚性好的机床。此外，磨削热集中，磨削温度高，势必影响工件的表面质量，必须给予充分的切削液来降低磨削温度。

2）内圆磨削

普通内圆磨削加工类型如图 2-81 所示。其工作原理为砂轮高速旋转做主运动 n_c，工件旋转做圆周进给运动 n_w，同时砂轮或工件沿其轴线往复做纵向进给运动 f_a，工件沿其径向做横向进给运动 f_r。

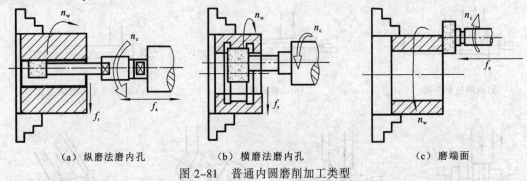

（a）纵磨法磨内孔　　　　　（b）横磨法磨内孔　　　　　　（c）磨端面

图 2-81　普通内圆磨削加工类型

与外圆磨削相比，内圆磨削有以下特点：

（1）磨孔时砂轮直径受到工件孔径的限制，直径较小。小直径的砂轮很容易磨钝，需要经常修整或更换。

（2）为了保证正常的磨削速度，小直径砂轮转速要求较高，目前生产的普通内圆磨床砂轮转速一般为 10 000~24 000 r/min，有些专用内圆磨床砂轮转速可达 80 000 ~ 100 000 r/min。

（3）砂轮轴的直径由于受孔径的限制比较细小，而悬伸长度较大，刚性较差，磨削时容易发生弯曲和振动，使工件的加工精度和表面粗糙度难于控制，限制了磨削用量的提高。

3）平面磨削

常见的平面磨削方式如图 2-82 所示。其同时反映了机床的布局形式。平面磨床主要有以下四种类型：

（1）在矩台卧轴平面磨床上磨平面，如图 2-82（a）所示；

（2）在圆台卧轴平面磨床上磨平面，如图 2-82（b）所示；

（3）在圆台立轴平面磨床上磨平面，如图 2-82（c）所示；

（4）在矩台立轴平面磨床上磨平面，如图 2-82（d）所示。目前应用最广的是矩台卧轴和圆台立轴两种平面磨床。

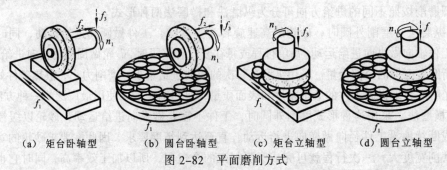

（a）矩台卧轴型　　　　（b）圆台卧轴型　　　　（c）矩台立轴型　　　　（d）圆台立轴型

图 2-82　平面磨削方式

图 2-82（a）、（b）所示为砂轮的圆周面磨削，简称周磨。周磨时，砂轮与工件的接触面积小，摩擦发热小，排屑及冷却条件好，工件受热变形小，且砂轮磨损均匀，所以加工精度较高。但是，砂轮主轴处于水平位置，呈悬臂状态，刚性较差。不能采用较大的磨削用量，生产效率较低。

图 2-82（c）、（d）所示为砂轮的端面磨削，简称端磨。端面磨削时，砂轮轴伸出较短，磨头架主要承受轴向力，所以刚性较好，可以采用较大的磨削用量；另外，砂轮与工件的接触面积较大，同时参加磨削的磨粒数较多，生产效率较高。但是，由于磨削过程中发热量大，冷却条件差，脱落的磨粒及磨屑从磨削区排出比较困难，所以工件热变形大，表面易烧伤，且砂轮端面沿径向各点的线速度不等，使砂轮磨损不均匀，因此磨削质量比周边磨削时差。

4）无心磨削

无心磨削是工件不定中心的一种磨削方法，主要有无心外圆磨削和无心内圆磨削两种方式。无心磨削不仅可以磨削外圆柱面、内圆柱面和内外锥面，还可磨削螺纹和其他形状表面。下面以无心外圆磨削为例介绍其工作原理、磨削方式和工艺特点。

（1）无心磨削的工作原理。无心外圆磨削与普通外圆磨削方法不同，工件不是支承在顶尖上或夹持在卡盘上，而是放在砂轮与导轮之间，以被磨削外圆表面作为基准，支承在托板上，如图 2-83（a）所示。砂轮 1 与导轮 3 的旋转方向相同，由于砂轮 1 的旋转速度很大，导轮 3（用摩擦因数较大的树脂或橡胶作黏结剂制成的刚玉砂轮）需要依靠摩擦力限制工件 4 的旋转，使工件 4 的圆周速度基本等于导轮 3 的线速度，从而在砂轮 1 和工件 4 间形成很大的速度差，产生磨削作用。

为了加快成圆过程和提高工件圆度，工件的中心必须高于砂轮和导轮中心连线，这样工件与砂轮和导轮的接触点不可能对称，从而使工件上凸点在多次转动中逐渐磨圆。实践证明：工件中心愈高，愈易获得较高圆度，磨削过程愈快。但高出距离不能太大，否则导轮对工件的向上垂直分力会引起工件跳动。一般取 $h =（0.15~0.25）d$，d 为工件直径。

（2）无心磨削的磨削方式。无心外圆磨床有两种磨削方法：贯穿磨削法（纵磨法）和切入磨削法（横磨法）。贯穿磨削法如图 2-83（b）所示。磨削时将工件 4 从机床前面放到导板上，推入磨削区。由于导轮 3 在垂直平面内倾斜 α 角，导轮 3 与工件 4 接触处的线速度 $v_导$ 可分解为水平和垂直两个方向的分速度 $v_{导水平}$ 和 $v_{导垂直}$，前者使工件 4 做纵向进给，后者控制工件 4 的圆周进给运动。所以工件 4 被推入磨削区后，既做旋转运动，同时又轴向向前移动，穿过磨削区，从机床另一端出去就磨削完毕。磨削时，工件一个接一个地通过磨削区，加工便连续进行，生产效率高。为了保证导轮和工件间为直线接触，导轮的形状应修整成回转双曲面形。这种磨削方法适用于不带台阶的圆柱形工件。切入磨削法如图 2-83（c）所示。磨削时先将工件 4 放在托板 2 和导轮 3 上，然后由工件 4（连同导轮 3）或砂轮 1 做横向进给。此时导轮 3 的中心线仅倾斜一个很微小的角度（约 0° 30'），以便使导轮对工件产生一微小的轴向推力，将工件 4 靠向挡块 5，保证工件 4 有可靠的轴向定位。这种方法适用于磨削不能纵向通过的阶梯轴和有成形回转表面的工件。

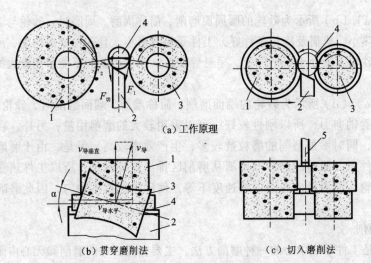

（a）工作原理

（b）贯穿磨削法　　　　　　　（c）切入磨削法

图 2-83　无心外圆磨削

1—砂轮；2—托板；3—导轮；4—工件；5—挡块

（3）特点及应用范围。在无心外圆磨床上磨削外圆时，工件不需要打中心孔，装卸简单省时；用贯穿法磨削时，加工过程可连续不断运行；工件支承刚性好，可用较大的切削用量进行切削，而磨削余量可较小（没有因中心孔偏心面造成的余量不均现象），故生产效率较高。

由于工件定位面为外圆表面，消除了工件中心孔误差、外圆磨床工作台运动方向与前后顶尖的连续不平行以及顶尖的径向跳动等项误差的影响，所以磨削出来的工件尺寸精度和几何精度都比较高，表面粗糙度值也较小。但无心磨削调整费时，只适于成批及大量生产；又因工件的支承及传动特点，只能用来加工尺寸较小，形状比较简单的零件。此外无心磨削不能磨削不连续的外圆表面，如带有键槽、小平面的表面，也不能保证加工面与其他被加工面的相互位置精度。

2.6　圆柱齿轮加工

1. 概述

1）圆柱齿轮的功用与结构特点

齿轮是机械传动中应用极为广泛的传动零件之一，其功用是按照一定的速比传递运动和动力。齿轮因其使用要求不同而具有各种不同的形状和尺寸，但从工艺方面大体上可以将其分为齿圈和轮体两部分。按照齿圈上轮齿的分布形式，齿轮可分为直齿齿轮、斜齿齿轮和人字齿齿轮等；按照轮体的结构特点，齿轮可大致分为盘形齿轮、套筒齿轮、轴齿轮和齿条，如图 2-84 所示。其中盘类齿轮应用最广。

2）齿轮传动精度的要求齿轮本身的制造精度，对整个机器的工作性能、承载能力及使用寿命都有很大影响。根据其使用条件，齿轮传动应满足以下要求：

（1）传动的准确性。即主动齿轮转过一个角度时，从动齿轮应按给定的速比转过相应的角度。要求齿轮在一转中，转角误差的最大值不能超过一定的限度。

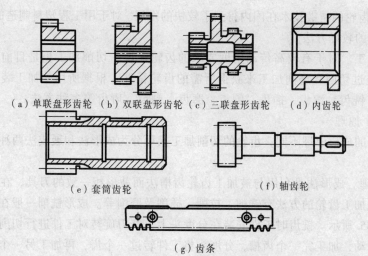

（a）单联盘形齿轮 （b）双联盘形齿轮 （c）三联盘形齿轮 （d）内齿轮

（e）套筒齿轮 　　　　（f）轴齿轮

（g）齿条

图 2-84　圆柱齿轮的结构形式

（2）工作平稳性。要求齿轮传动平稳，无冲击，振动和噪声小，这就需要限制齿轮传动时瞬时传动比的变化，即限制齿轮在转过一个齿形角时的转角误差。

（3）载荷分布均匀性。要求齿轮工作时，齿面接触要均匀，以使齿轮在传递动力时不致因载荷分布不均而使接触应力集中，引起齿面过早磨损。

（4）齿侧间隙。一对相互啮合的齿轮，其齿面间必须留有一定的间隙，即为齿侧间隙，其作用是储存润滑油，使齿面工作时减少磨损；同时可以补偿热变形、弹性变形、加工误差和安装误差等因素引起的齿侧间隙减小，防止卡死。应当根据齿轮副的工作条件来确定合理的齿侧间隙。

以上四项要求应根据齿轮传动装置的用途和工作条件等予以合理地确定。例如，分度齿轮的传动侧重点是传递运动的准确性，以保证主、从动齿轮的运动协调一致；机床和汽车变速箱中的变速齿轮的侧重点是传动平稳性和载荷分布的均匀性，以降低振动和噪音并保证承载能力；重型机械（如轧钢机、矿山机械、起重机械）中传递动力的低速重载齿轮传动的侧重点是载荷分布的均匀性，以保证承载能力；涡轮机中的高速重载齿轮传动，由于传递功率大，圆周速度高，对三项精度都有较高的要求。因此，对不同用途的齿轮和不同侧重的精度要求，应规定不同的精度等级，以适应不同的使用要求，获得最佳的技术经济效益。

为了保证齿轮正常工作，齿轮制造应达到一定的精度标准。国家标准《圆柱齿轮　精度制　第 1 部分：轮齿同侧齿面偏差的定义和允许值》（GB/T 10095.1—2008）规定了 13 个精度等级，用数字 0~12 由低到高的顺序排列，0 级最高，12 级最低。

3）齿形加工方法

齿轮的加工方法可分为无切削加工和切削加工两类。

（1）无切削加工。齿轮的无切削加工方法有铸造、热轧、冷挤、注塑等方法。无切削加工具有生产率高、材料消耗小和成本低等优点。铸造齿轮的精度较低，常用于农机和矿山机械。近十几年来，随着铸造技术的发展，铸造精度有了很大的提高，某些铸造齿轮已经可以直接用于具有一定传动精度要求的机械中。冷挤法只适用于小模数齿轮的加工，但精度较高，尤其是近十年，齿轮的精锻技术在国内得到了较快的发展。对于用工程塑料制造的齿轮来说，注塑加工是成形的较好方法。

（2）切削加工。对于有较高传动精度要求的齿轮来说，切削加工仍是目前主要的加工方法。通常要经过切削和磨削加工来获得所需的齿轮精度。根据所用的加工装备不同，齿轮的切削加工有铣齿、滚齿、插齿、刨齿、磨齿、剃齿、珩齿等多种方法。

4）齿形加工原理

按齿轮齿廓的成形原理不同，齿轮的切削加工又可分为成形法和展成法两种。

（1）成形法。

① 加工原理。成形法是利用与被加工齿轮齿槽法面截形一致的刀具，在齿坯上加工出齿形。成形法加工齿轮的方法有铣削、拉削、插削及磨削等。成形铣削一般在普通铣床上进行，如图 2-85 所示。铣齿时工件安装在分度头上，铣刀旋转对工件进行切削加工，工作台做直线进给运动，加工完一个齿槽，分度头将工件转过一个齿，再加工另一个齿槽，依次加工出所有齿槽。铣削斜齿圆柱齿轮必须在万能铣床上进行。铣削时工作台偏转一个角度 β，使其等于齿轮的螺旋角，工件在随工作台进给的同时，由分度头带动做附加旋转以形成螺旋齿槽。

成形法铣齿的优点是可以在普通铣床上加工，但由于刀具存在近似齿形误差和机床在分齿过程中的转角误差影响，加工精度一般较低，为 IT12~IT9 级，表面粗糙度值为 $Ra\ 3.2\sim6.3\ \mu m$，生产效率不高，一般用于单件小批量生产加工直齿、斜齿和人字齿圆柱齿轮，或用于重型机器制造中加工大型齿轮。

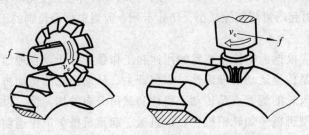

（a）盘形齿轮铣刀铣削　　　　（b）指状齿轮铣刀铣削

图 2-85　直齿圆柱齿轮的成形铣削

② 齿轮铣刀。成形法铣削齿轮所用的刀具有盘形齿轮铣刀和指形铣刀，前者适用于中小模数（$m<8$）的直齿、斜齿圆柱齿轮，后者适用于加工大模数（$m=8\sim40$）的直齿、斜齿齿轮，特别是人字齿轮。采用成形法加工齿轮时，齿轮的齿廓形状精度由齿轮铣刀刀刃的形状来保证，因而刀具的刃形必须符合齿轮的齿形。标准渐开线齿轮的齿廓形状是由该齿轮的模数和齿数决定的。要加工出准确的齿形，就必须要求同一模数的每一种齿数都要有一把相应齿形的刀具，这将导致刀具数量非常庞大。为减少刀具的数量，同一模数的齿轮铣刀按其所加工的齿数通常分为 8 组（精确的是 15 组），只要模数相同，同一组内不同齿数的齿轮都用同一铣刀加工，铣刀分组如表 2-20 所示。例如被加工的齿轮模数是 3，齿数是 45，则应选用模数 $m=3$ 的系列中的 6 号铣刀。

表 2-20　8 把一套的盘形齿轮铣刀刀号及加工齿数范围

刀　号	1	2	3	4	5	6	7	8
加工齿轮范围/齿数	12~13	14~16	17~20	21~25	26~34	35~54	55~134	135 以上

　　每种刀号齿轮铣刀的刀齿形状均按加工齿数范围中最少齿数的齿形设计。所以，在加工该范围内其他齿数的齿轮时，会有一定的齿形误差产生。

　　当加工斜齿圆柱齿轮且精度要求不高时，可以借用加工直齿圆柱齿轮的铣刀，但此时铣刀的号数应按照法向截面内的当量齿数 z_d 来选择。斜齿圆柱齿轮的当量齿数 z_d 可按下式求出

$$z_d = \frac{z}{\cos^3\beta} \tag{2-15}$$

式中：z——斜齿圆柱齿轮的齿数；

　　　　β——斜齿圆柱齿轮的螺旋角。

　　（2）展成法。

　　展成法是利用一对齿轮啮合的原理进行加工的，如图 2-86 所示。刀具相当于一把与被加工齿轮具有相同模数的特殊齿形的齿轮。加工时刀具与工件按照一对齿轮(或齿轮与齿条)的啮合传动关系（展成运动）做相对运动。在运动过程中，刀具齿形的运动轨迹逐步包络出工件的齿形。同一模数的铣刀可以在不同的展成运动关系下，加工出不同的工件齿形。所以用一把刀具就可以切出同一模数而齿数不同的各种齿轮。刀具的齿形可以和工件齿形不同，所以可以使用直线齿廓的齿条式工具来制造渐开线齿轮刀具。例如用修整的非常精确的直线齿廓的砂轮来刃磨渐开线齿廓的插齿刀。这为提高齿轮刀具的制造精度和高精度齿轮的加工提供了有利条件。展成法加工时能连续分度，具有较高的加工精度和生产率，是目前齿轮加工的主要方法。滚齿、括齿、剃齿、磨齿等都属于展成法加工。

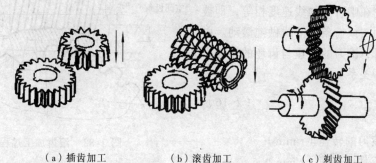

　　（a）插齿加工　　　　　（b）滚齿加工　　　　　（c）剃齿加工

图 2-86　展成法加工原理

2. 滚齿加工

1）滚齿加工的工艺特点

　　滚齿是齿形加工中生产率较高、应用较广的一种加工方法。滚齿的通用性较好，用一把滚刀即可加工模数相同而齿数不同的直齿轮或斜齿轮（但不能加工内齿轮和相距很近的多联齿轮），滚齿还可以用于加工蜗轮。滚齿的加工尺寸范围也较大，从仪器仪表中的小模数齿轮到矿山和化工机械中的大型齿轮都广泛采用滚齿加工。

　　滚齿既可用于齿形的粗加工和半精加工，也可用于精加工。当采用 AA 级齿轮滚刀和高

精度滚齿机时，可直接加工出 7 级精度以上（最高可达 4 级）的齿轮。滚齿加工时齿面是由滚刀的刀齿包络而成的，由于参加切削的刀齿数有限，因此工件齿面的表面质量不高。为提高加工精度和齿面质量，宜将粗、精滚齿分开。精滚的加工余量一般为 0.5~1 mm，且应取较高的切削速度和较小的进给量。

滚齿加工采用展成原理，适应性好，解决了成形法铣齿时齿轮铣刀数量多的问题，并解决了由于刀号分组而产生的加工齿形误差和间断分度造成的齿距误差，精度比铣齿加工高。

2）滚齿加工原理

滚齿加工过程实质上是一对交错轴螺旋齿轮的啮合传动过程，其原理如图 2-87 所示。其中一个斜齿圆柱齿轮直径较小，齿数较少（通常只有一个），螺旋角很大（近似 90°），牙齿很长，因而变成为一个蜗杆（称为滚刀的基本蜗杆）状齿轮。该齿轮经过开容屑槽、磨前后面，做出切削刃，就形成了滚齿用的刀具，称为齿轮滚刀。用该刀具与被加工齿轮按啮合传动关系做相对运动，实现齿轮滚齿加工。

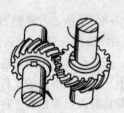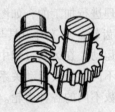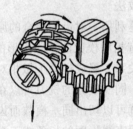

图 2-87　滚齿加工原理

滚齿加工过程如图 2-88 所示。当滚刀旋转时，在其螺旋线的法向剖面内的刀齿，相当于一个齿条做连续移动。根据啮合原理，其移动速度与被切齿轮在啮合点的线速度相等，即被切齿轮的分度圆与该齿条的节线做纯滚动。由此可知，滚齿时，滚刀的转速与齿坯的转速必须严格符合如下关系

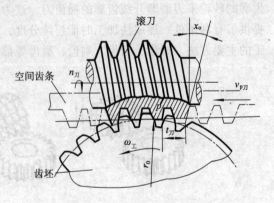

图 2-88　滚齿加工过程

$$\frac{n_刀}{n_工}=\frac{z_工}{K} \qquad (2-16)$$

式中：$n_刀$——滚刀的转速（r/min）；

　　　　$n_工$——工件的转速（r/min）；

　　　　$z_工$——工件的齿数；

　　　　K——滚刀的头数。

显然，在滚齿加工时，滚刀的旋转与工件的旋转运动之间是一个具有严格传动关系要求的内联系传动链。这一传动链是形成渐开线齿形的传动链，称为展成运动传动链。其中滚刀的旋转运动是滚齿加工的主运动。工件的旋转运动是圆周进给运动。除此之外，还有切出全齿高所需的径向进给运动和切出全齿长所需的垂直进给运动。

3）滚齿加工的应用

（1）直齿圆柱齿轮的加工。由滚齿原理分析可知，滚切直齿圆柱齿轮时所需的加工运动

包括形成渐开线的复合展成运动、形成全齿长所需的垂直进给运动和切出全齿深所需的径向进给运动。展成运动由滚刀的旋转运动 B_{11} 和工件的旋转运动 B_{12} 组成；垂直进给运动是由机床带动滚刀沿工件轴向的运动 A_2；径向进给运动是工作台带动工件沿工件径向的运动 C_3 如图 2-89 所示。

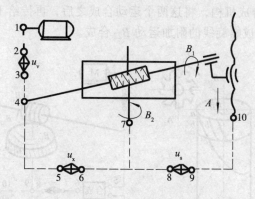

图 2-89　滚切直齿圆柱齿轮的传动原理图

① 展成运动传动链。联系滚刀主轴旋转和工作台旋转的传动链（刀具→4→5→u_x→6→7→工作台）为展成运动传动链，由它保证工件和刀具之间严格的运动关系，其中换置机构 u_x 用来适应工件齿数和滚刀线数的变化。这是一条内联系传动链，它不仅要求传动比准确，而且要求滚刀和工件两者旋转方向必须符合一对交错轴螺旋齿轮啮合时相对运动方向。当滚刀旋转方向一定时，工件的旋转方向由滚刀的螺旋方向确定。

② 主运动传动链。主运动传动链是联系动力源和滚刀主轴的传动链，它是外联系传动链。在图 2-89 所示传动原理图中，主运动传动链为电动机→1→2→u_v→3→4→滚刀。这条传动链产生切削运动，其传动链中换置机构 u_v 用于调整渐开线齿廓的成形速度，应当根据工艺条件确定滚刀转速来调整其传动比。

③ 垂直进给运动传动链。为了使刀架得到该运动，用垂直进给传动链（7→8→u_f→9→10）将工作台和刀架联系起来。传动链中的换置机构 u_f 用于调整垂直进给量的大小和进给方向，以适应不同加工表面粗糙度的要求。由于刀架的垂直进给运动是简单运动。所以，这条传动链是外联系传动链。通常以工作台（工件）每转一转，刀架的位移量来表示垂直进给量的大小。

（2）斜齿圆柱齿轮的加工。滚切斜齿圆柱齿轮需要两个成形运动，即形成渐开线齿廓的展成运动和形成齿长螺旋线的运动。除形成渐开线需要复合展成运动外，螺旋线的实现也需要一个复合运动。因此，滚刀沿工件轴线移动（垂直进给）与工作台的旋转运动之间也必须建立一条内联系传动链。要求工件在展成运动 B_{12} 的基础上再产生一个附加运动 B_{22}，以形成螺旋齿形线。图 2-90（b）所示为是滚切斜齿圆柱齿轮的传动原理图，其中展成运动传动链、垂直进给运动传动链、主运动传动链与直齿圆柱齿轮的传动原理相同，只是在刀架与工件之间增加了一条附加运动传动链（刀架→12→13→u_y→14→15→合成机构→6→7→u_x→8→9→工作台），以保证形成螺旋齿形线，其中换置机构 u_y 用于适应工件螺旋线导程 Ph 和螺旋方向的变化。图 2-90（a）所示简图形象地说明了这个问题。假设工件的螺旋续为右旋，当滚刀沿工件轴向进给 f（mm），滚刀由 a 点到 b 点，这时工件除了做展成运动 B_{12} 以外，还要再附加转动 $b'b$，才能形成螺旋齿形线。同理，当滚刀移动至 c 点时，工件应附加转动 $c'c$。依此类推，当滚刀移动至 p 点（经过了一个工件螺旋线导程 Ph），工件附加转动为 $p'p$，正好转一转。附加运动 B_{22} 的旋转方向与工件展成运动 B_{12} 旋转方向是否相同，取决于工件的螺旋方向及滚刀的进给方向。如果 B_{12} 和 B_{22} 同向，计算时附加运动取 $+1$ 转，反之取 -1 转。在滚切斜齿圆柱齿轮时，要保证 B_{12} 和 B_{22} 这两个旋转运动同时传给工件件又不发生干涉，需要在传动系统中配置运动合成机构，将这两个运动合成之后，再传给工件。工件的实际旋转运动由展成运动 B_{12} 和形成螺旋线的附加运动 B_{22} 合成。

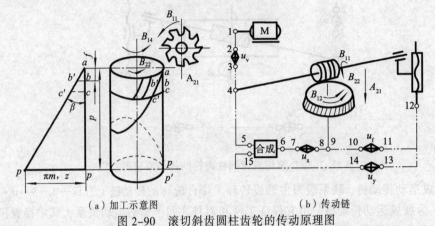

（a）加工示意图　　　　　　　（b）传动链

图 2-90　滚切斜齿圆柱齿轮的传动原理图

（3）滚齿时滚刀的安装。滚齿时，为了切出准确的齿廓，应当使滚刀的螺旋线方向与被加工齿轮的齿面线方向一致，滚刀和工件处于正确的啮合位置。这一点无论对直齿圆柱齿轮还是对斜齿圆柱齿轮都是一样的。因此，需要将滚刀轴线与被切齿轮端面安装成一定的角度，称作安装角 δ。当加工直齿圆柱齿轮时，滚刀安装角 δ 等于滚刀的螺旋升角 γ。图 2-91（a）所示为用右旋滚刀加工直齿圆柱齿轮的安装角；图 2-91（b）所示为用左旋滚刀加工直齿圆柱齿轮的安装角。图中虚线表示滚刀与齿坯接触一侧的滚刀螺旋线方向。当加工斜齿圆柱齿轮时，滚刀的安装角不仅与滚刀螺旋线方向及螺旋升角 γ 有关，而且还与被加工齿轮的螺旋方向及螺旋角 β 有关。当滚刀与被加工齿轮的螺旋线方向相同（即二者都是左旋，或都是右旋）时，滚刀的安装角 $\delta=\beta-\gamma$，当滚刀与被加工齿轮的螺旋线方向相反时，滚刀的安装角 $\delta=\beta+\gamma$。图 2-92（a）所示为右旋滚刀加工右旋圆柱齿轮的安装角；图 2-92（b）所示为右旋滚刀加工左旋圆柱齿轮的安装角。

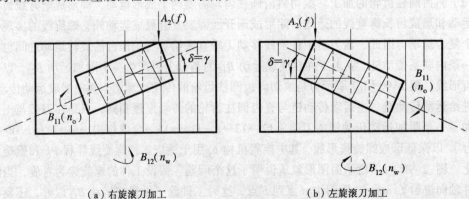

（a）右旋滚刀加工　　　　　　　（b）左旋滚刀加工

图 2-91　滚切直齿圆柱齿轮时滚刀的安装角

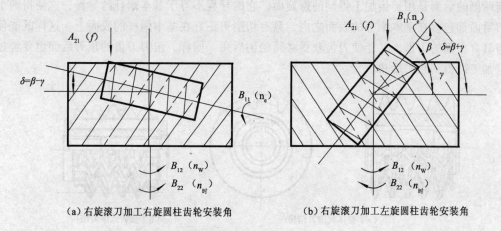

(a) 右旋滚刀加工右旋圆柱齿轮安装角   (b) 右旋滚刀加工左旋圆柱齿轮安装角

图 2-92   滚切斜齿圆柱齿轮时滚刀的安装角

4）齿轮滚刀

（1）滚刀基本蜗杆。齿轮滚刀是滚齿加工的刀具，它相当于一个螺旋角很大的斜齿圆柱齿轮。由于它的轮齿很长，可以绕轴几圈，因而成为蜗杆形状，如图 2-93 所示。为使"蜗杆"能起到切削作用，需要在这个蜗杆沿其长度方向开出若干个容屑槽，以形成切削刃和前后面。蜗杆的轮齿被分成了许多较短的刀齿，并产生了前面 2 和切削刃 5，每个刀齿有一个顶刃和两个侧刃。为了使刀刃有后角，还要用铲齿的方法铲出顶刃后面 3 和侧刃后面 4。但是，滚刀的切削刃仍需位于这个相当于斜齿圆柱齿轮的蜗杆螺旋面 1 上，这个蜗杆就称为齿轮滚刀的基本蜗杆。根据基本蜗杆螺旋面的旋向不同，可分为右旋滚刀和左旋滚刀。

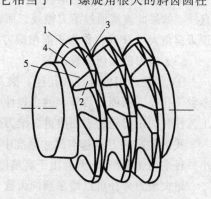

图 2-93   滚刀基本蜗杆

1—蜗杆螺旋面；2—前面；
3—顶刃后面；4—侧刃后面；5—切削刃

基本蜗杆有渐开线蜗杆和阿基米德蜗杆两种。螺旋线是渐开线螺旋面的蜗杆称为渐开线蜗杆，渐开线蜗杆滚刀理论上可以加工出完全正确的渐开线齿轮，但渐开线蜗杆滚刀制造困难，在生产中很少使用。阿基米德蜗杆与渐开线蜗杆非常近似，只是它的轴向截面是直线，这种蜗杆滚刀便于制造、刃磨、测量，已得到广泛的应用。

（2）滚刀基本结构。滚刀结构分为整体式、镶齿式等类型，如图 2-94 所示。目前中小模数滚刀都做成整体结构，大模数滚刀，为了节省材料和便于热处理，一般做成镶齿式结构。

切削齿轮时，滚刀装在滚齿机的心轴上，以内孔定位，并以螺母压紧滚刀的两端面。在制造滚刀时，应保证滚刀的两端面与滚刀轴线相垂直。滚刀孔径有平行于轴线的键槽，工作时用键传递扭矩。滚刀在滚齿机心轴上安装是否正确，是利用滚刀两端轴台的径向跳动来检验的，所以滚刀制造时应保证两轴台与基本蜗杆同轴。

滚刀的切削部分由较多的刀齿组成，用以切除齿坯上多余的材料，从而得到要求的齿形。

刀齿两侧的后面是用铲齿加工得到的螺旋面。它的导程不等于基本蜗杆的导程，这使得两个侧刃后面都包容在基本蜗杆的表面之内，只有切削刃正好在基本蜗杆的表面上。这样既能使刀齿具有正确的刃形，又能使刀齿获得必须的侧后角。同样，滚刀刀齿的顶刃后面也要经过铲背加工以得到顶刃后角。

（a）整体式滚刀结构　　　　　　（b）镶齿式滚刀结构

图 2-94　滚刀结构

1—刀体；2—刀片；3—端盖

滚刀沿轴向开有容屑槽，槽的一个侧面就是滚刀的前面，此面在滚刀端剖面中的截线是直线。如果此直线通过滚刀轴线，那么刀齿的顶刃前角为 0°。这种滚刀称为零前角滚刀；当顶刃前角大于 0°时，称为正前角滚刀。

（3）滚刀的几何参数。

① 齿轮滚刀的外径和孔径。滚刀外径是一个很重要的结构尺寸，它直接影响其他结构参数（孔径、圆周齿数等）的合理性、切削过程的平稳性、滚刀精度和耐用度、滚刀的制造工艺性和加工齿轮的表面质量。滚刀的孔径要根据外径和使用情况而定。

我国制定的刀具基本尺寸标准中将滚刀分为两大系列：一为大外径系列（Ⅰ型），一为小外径系列（Ⅱ型）。前者用于高精度滚刀，后者用于普通精度滚刀。

增大滚刀外径可以增多圆周齿数，减少齿面包络误差，减小刀齿负荷，提高加工精度。但增大外径会降低加工生产率，加大刀具材料的浪费。

② 齿轮滚刀的长度。齿轮滚刀的最小长度应满足两个要求：能完整的包络出齿轮的齿廓；滚刀两端边缘的刀齿不应负荷过重。

由以上要求可以确定滚刀的最小长度，同时还应考虑下列因素对长度值进行修正：由于滚刀的刀齿是按螺旋线分布的，在滚刀两端靠近边缘的几个刀齿是不完整的刀齿，为了使它们不参加切削，应加长滚刀；为使滚刀磨损均匀，应在使用中进行轴向窜刀，应考虑轴向窜刀所必需的长度增加量；轴台的长度是检验滚刀安装是否正确的基准，通常不小于 4 ~ 5 mm。

③ 齿轮滚刀的头数。滚刀的螺纹头数对滚齿生产率和加工精度都有重要影响。采用多头滚刀时，由于参与切削的齿数增加，其生产效率比单头滚刀高。但由于多头滚刀螺旋升角大，设计制造误差增加，铲磨时很难保证精度，加之多头滚刀各螺纹之间存在分度误差，所以多头滚刀的加工精度较低，一般适用于粗加工。近年来，随着刀具制造精度的提高及滚齿机刚度的提高，为多头滚刀的使用创造了良好的条件，使一些多头滚刀不仅可以粗加工，也广泛应用于半精加工。

④ 齿轮滚刀的圆周齿数。齿轮滚刀的圆周齿数影响切削过程的平稳性、加工表面的质量和滚刀的使用寿命。圆周齿数增加时，可使每一个刀齿的负荷减少，使切削过程平稳，有

利于提高滚刀的耐用度。同时也使参加包络齿轮齿廓的切削刃数也增多，被切齿面的加工质量高。但随着圆周齿数的增多，将使齿背的宽度减少，减少了滚刀的可刃磨次数，使滚刀的寿命缩短。通常，对于大直径（Ⅰ型）滚刀，其圆周齿数取 12~16 个；对于小直径（Ⅱ型）滚刀，其圆周齿数取 9~12 个。

（4）滚刀的精度。滚刀按精密程度分为 AAA 级、AA 级、A 级、B 级、C 级。表 2-21 所示为滚刀精度等级与被加工齿轮精度等级的关系。

表 2-21　滚刀精度等级与被加工齿轮精度等级的关系

滚刀精度等级	AAA 级	AA 级	A 级	B 级	C 级
可加工齿轮精度等级	IT6	IT7~IT8	IT8~IT9	IT9	IT10

5）Y5150E 型滚齿机

Y3150E 型滚齿机是一种中型通用滚齿机，主要用于加工直齿和斜齿圆柱齿轮，也可以采用径向切入法加工蜗轮；可以加工的工件最大直径为 500 mm，最大模数为 8 mm，图 2-95 所示为该机床的外形图。其工作原理：立柱 2 固定在床身 1 上，刀架溜板 3 可沿立柱导轨上下移动。刀架体 5 安装在刀架溜板 3 上，可自行绕水平轴线转位。滚刀安装在刀杆 4 上做旋转运动，工件安装在工作台 9 的心轴 7 上，随同工作台一起转动。后立柱 8 和工作台 9 一起装在床鞍 10 上，可沿机床水平导轨移动，用于调整工件的径向位置或径向进给运动。

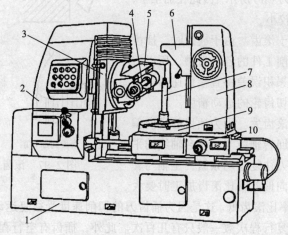

图 2-95　Y3150E 型滚齿机

1—床身；2—立柱；3—刀架溜板；4—刀杆；5—刀架体；6—支架；7—心轴；8—后立柱；9—工作台；10—床鞍

3. 插齿加工

1）插齿加工原理

插齿加工的原理相当于一对圆柱齿轮的啮合传动过程，其中一个是工件，而另外一个是端面磨有前角，齿顶及齿侧均磨有后角的插齿刀，如图 2-96 所示。插齿时，插齿刀沿工件轴向做直线往复运动以完成切削运动，在刀具与齿坯做无间隙啮合运动的过程中，在齿坯上渐渐切出齿廓。在加工的过程中，刀具每往复一次，切出工件齿槽的一小部分，齿廓曲线是在插齿刀切削刃多次相继切削中，由切削刃各瞬时位置的包络线所形成的。

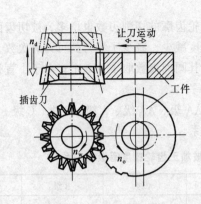
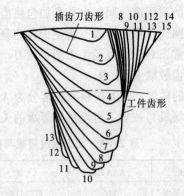

图 2-96　插齿加工原理

2）插齿加工的特点

（1）由于插齿刀在设计时没有滚刀的近似齿形误差，在制造时可通过高精度磨齿机获得精确的渐开线齿形，所以插齿加工的齿形精度比滚齿高。

（2）插齿后齿面的粗糙度值比滚齿小。滚齿时，滚刀沿齿向做间断切削运动，形成图 2-97（a）所示的鱼鳞状波纹；而插齿时插齿刀沿齿向的切削是连续的，如图 2-97（b）所示。因此在加工中，插齿时齿面粗糙度值较小。

（3）运动精度低于滚齿。由于插齿时，插齿刀上各个刀齿顺次切削工件的各个齿槽，所以刀具制造时产生的齿距累积误差将直接传递给被加工齿轮，从而影响被切齿轮的运动精度。

（4）齿向偏差比滚齿大。因为插齿的齿向偏差取决于插齿机主轴回转轴线与工作台轴线的平行度误差。由于插齿刀往复运动频繁，主轴与套筒容易磨损，所以齿向偏差常比滚齿加工时要大。

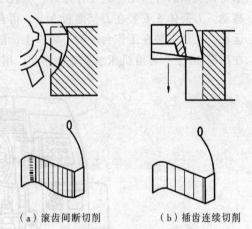

（a）滚齿间断切削　　　（b）插齿连续切削

图 2-97　滚齿和插齿齿面的比较

（5）插齿的生产率比滚齿低。这是因为插齿刀的切削速度受往复运动惯性限制难以提高，目前插齿刀每分钟往复行程次数一般只有几百次。此外，插齿有空行程损失。只有在加工小模数、多齿数并且齿宽较窄的齿轮时，插齿的生产率会比滚齿高。

（6）插齿可以加工内齿轮、双联或多联齿轮、齿条、扇形齿轮等滚齿无法完成的加工。

4. 磨齿加工

磨齿加工是适用于淬硬齿轮的精加工方法。

1）磨齿原理

一般磨齿机都采用展成法来磨削齿面，常见的有大平面砂轮磨齿机、碟形双砂轮磨齿机、锥面砂轮磨齿机和蜗杆砂轮磨齿机。其中，大平面砂轮磨齿机的精度最高，可达 3 级精度，但效率较低，而蜗杆砂轮磨齿机的效率最高，被加工齿轮的精度为 6 级。

图 2-98 所示为大平面砂轮磨齿原理。齿轮的齿面渐开线由靠模来保证。在图 2-98（a）所示原理图中，靠模绕轴线转动，在挡块的作用下，轴线沿导轨移动，因而相当于靠模的基圆在

CPC 线上纯滚动。齿坯与靠模轴线同轴安装即可磨出渐开线齿形。通过转动一定角度可以用同一个靠模磨削不同基圆直径的齿轮，如图 2-98（b）所示。大平面砂轮磨齿精度较高，一般用于刀具或标准齿轮的磨削。

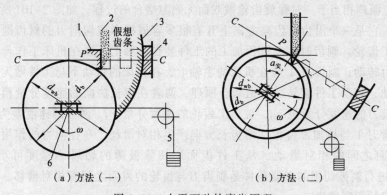

图 2-98　大平面砂轮磨齿原理

1—工件；2—砂轮；3—渐开线靠模；4—挡块；5—配重；6—头架导轨

图 2-99 所示为碟形砂轮磨齿的工作原理。两个碟形砂轮分别模拟与被加工齿轮相啮合的齿条的两个齿面。砂轮只做高速旋转运动，被加工齿轮的往复移动和转动实现渐开线展成运动。

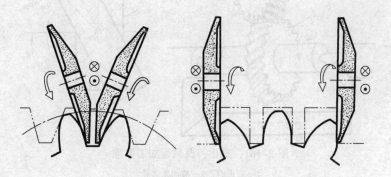

图 2-99　碟形砂轮磨齿工作原理

蜗杆砂轮磨齿法的加工原理和滚齿相似，如图 2-100 所示。砂轮为蜗杆状，磨齿时，砂轮与工件两者保持严格的速比关系，为磨出全齿宽，砂轮还需要沿轴线方向进给。由于砂轮的转速很高（约 2 000 r/min），工件相应的转速也较高，因此磨削效率高。被磨削齿轮的精度主要取决于机床传动链的精度和蜗杆砂轮的形状精度。

2）磨齿加工的特点及应用。磨齿加工的主要特点是加工精度高，一般条件下加工精度可达 4~6 级，表面粗糙度 Ra0.2~0.8 μm；由于采用强制啮合的方式，因此不仅修正误差的能力强，而且可以加工表面硬度很高的齿轮。但是，磨齿加工的效率低，机床复杂，调整困难，故加工成本较高，主要应用于齿轮精度要求很高的场合。

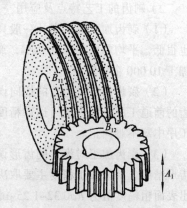

图 2-100　蜗杆砂轮磨齿加工原理

5. 剃齿加工

剃齿常用于未淬火圆柱齿轮的精加工,生产效率很高,是软齿面精加工最常见的加工方法。

1)剃齿加工原理

剃齿加工原理相当于一对螺旋齿轮做双面无侧隙啮合的过程,如图 2-101 所示。其中一个是剃齿刀,它是一个沿齿面齿高方向上开有很多容屑槽形成切削刃的斜齿圆柱齿轮,另一个是被加工齿轮。剃齿时,经过预加工的工件装在心轴上,顶在机床工作台上的两顶尖间,可以自由转动;剃齿刀 1 装在机床的主轴上,在机床的带动下与工件做无侧隙的螺旋齿轮啮合传动,带动工件旋转。根据啮合原理,两者在齿长法向的速度分量相等,在齿长方向上,剃齿刀的速度分量是 v_{1t},被加工齿轮的速度分量 v_{2t},两者的速度差为 Δv_1。这一速度差使剃齿刀 1 与被加工齿轮 2 沿齿长方向产生相对滑动。在径向力的作用下,依靠刀齿和工件齿面之间的相对滑动,从工件齿面上切除极薄的切屑(厚度可小至 $0.005 \sim 0.01\ \text{mm}$)。进行剃齿切削的必要条件是剃齿刀与齿轮的齿面之间有相对滑移,相对滑移的速度就是剃齿的切削速度。

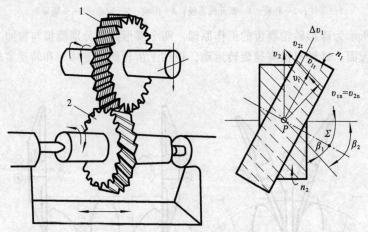

图 2-101　剃齿刀及剃齿加工原理

1—剃齿刀;2—被加工齿轮

2)剃齿的工艺特点及应用

(1)剃齿加工效率高,一般只要求 2~4 min 便可完成一个齿轮的加工。剃齿加工的成本也很低,平均要比磨齿低 90%,剃齿刀一次刃磨可以加工 1 500 多个齿轮,一把剃齿刀约可加工 10 000 个齿轮。

(2)剃齿加工对齿轮的切向误差的修正能力差。因此,在工序安排上应采用滚齿作为剃齿的前通工序,因为滚齿运动精度比插齿好,滚后的齿形误差虽然比插齿大,但这在剃齿工序中却不难纠正。

(3)剃齿加工对齿轮的齿形误差和基节误差有较强的修正能力,因而有利于提高齿轮的齿形精度。剃齿加工精度主要取决于刀具,只要剃齿刀本身精度高,刃磨质量好,就能够剃出表面粗糙度值为 $Ra0.32 \sim 1.25\ \mu\text{m}$、精度为 IT7~IT6 级的齿轮。

(4)剃齿刀通常用高速钢制造,可剃制齿面硬度低于 35 HRC 的齿轮。剃齿加工在汽车、拖拉机及金属切削机床等行业中应用广泛。

3）保证剃齿质量应注意的问题

（1）齿轮材料。要求材料密度均匀，无局部缺陷和韧性不得过大，以免出现滑刀和啃刀现象，影响表面粗糙度。剃前齿轮硬度在 22~32 HRC 范围内。

（2）前齿轮精度。剃齿精度受剃齿前齿轮精度的影响。剃齿一般只能使齿轮精度提高一个等级。从保证加工精度考虑，剃齿前的工序采用滚齿比采用插齿好，因为滚齿的一转精度比插齿好，滚齿后的一齿精度虽比插齿低，但这在剃齿工序中都是不难纠正的。

（3）剃齿余量。剃齿余量的大小，对加工质量及生产率有一定影响。余量不足时，剃前误差和齿面缺陷不能全部除去，会出现剃不光现象；余量过大，刀具磨损快，剃齿质量反而变差。

（4）剃齿刀的选用。剃齿刀的精度分为 A、B、C 三级，分别加工 6、7、8 级精度的齿轮。剃齿刀分度圆直径随模数大小有三种：85 mm、180 mm 和 240 mm，其中 240 mm 应用普遍。分度圆螺旋角有 5°、10°、15° 三种，直齿轮加工多选用 15°，斜齿轮及多联齿轮中的小齿加工多选用 5°。剃齿刀螺旋角方向有左、右旋两种，选用时应与被加工齿轮的旋向相反。

（5）剃齿后的齿形误差与剃齿刀齿廓修研。剃齿后的齿轮齿形有时出现节圆附近凹入现象，一般在 0.03 mm 左右。被剃齿轮齿数越少，中凹现象越严重。为消除剃后齿面中凹现象，可将剃齿刀齿廓修研，使剃齿刀的齿形在节圆附近凹入一些。由于影响齿形误差的因素较难确定，因此剃齿刀的修研需要通过大量实验才能最后确定。

6. 珩齿加工

1）珩齿原理

珩齿是一种用于加工淬硬齿面的齿轮光整加工方法。其加工原理与剃齿类同，也是一对交错轴齿轮的啮合传动，所不同的只是珩磨是利用珩磨轮面上的磨料，通过压力和相对滑动速度来切除金属的。

根据珩齿加工原理，珩磨轮可以做成齿轮式的，直接加工直齿和斜齿圆柱齿轮，如图 2-102 所示。珩磨轮的轮坯采用钢坯，其轮齿部分是用磨料与环氧树脂等经浇铸或热压而成的斜齿，具有较高的精度，珩齿余量一般不超过 0.025 mm，切削速度为 1.5 m/s 左右，工件的轴向进给量为 0.3 mm/r 左右。径向进给量控制在 3~5 纵向行程内切去齿面的全部余量。

2）珩齿的特点

（1）与剃齿相比，由于珩磨轮表面有磨料，因此珩齿可以精加工淬硬齿轮，可得到较小的表面粗糙度和较高的齿面精度。

（2）由于珩齿与剃齿同属齿轮自由啮合，因而修正齿轮的切向误差能力有限。所以，应当在珩前的齿面加工中尽可能采用滚齿来提高齿轮的一转速度（即运动精度）。

（3）蜗杆形珩磨轮的齿面比剃齿刀简单，且易于修磨，珩磨轮精度可高于剃齿刀的精度。

（4）生产效率高，一般为磨齿和研齿的 10~20 倍。刀具寿命也很高，珩磨轮每修正一次，可加工齿轮 60~80 件。

3）珩齿的应用

珩齿修正误差的能力不强，主要用来减小齿轮热处理后齿面的表面粗糙度，一般可从 Ra1.6 μm 减小到 Ra 0.4 μm 以下。珩齿一般用于大批大量生产精度为 IT8~IT6 级的淬火齿轮的加工。

7. 挤齿加工

1）挤齿加工原理

图 2-103 所示为挤齿加工原理。挤齿加工是按展成原理进行的无屑加工。挤齿加工所用

的工具是高精度、高硬度的齿轮，称为挤轮。挤齿加工过程是挤轮与工件在一定压力下无间隙啮合的自由对滚过程。挤轮与齿轮轴线平行旋转，挤轮宽度大于齿轮宽度，所以在挤齿过程中，只需要径向进给而无需轴向进给。

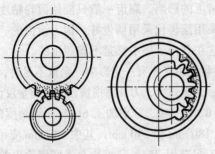

图 2-102　齿轮式珩齿法

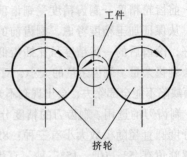

图 2-103　挤齿原理

2）挤齿的特点

（1）精度为 IT7~IT6 级，齿面粗糙度较小，一般 Ra 为 0.04~0.1 μm。挤齿常作为未淬火齿轮齿形的精加工。

（2）挤齿对齿轮误差的修正能力与剃齿类同，对第一公差组的误差修正能力弱，要求挤齿前保证，对其他各项误差的修正能力较强。

（3）挤齿生产率高。一般只需 20~30 s，便可完成一个中等尺寸齿轮的加工，为剃齿加工生产率的 7~8 倍。

（4）挤轮寿命长，成本低。通常剃齿刀刃磨一次只能剃削几百个齿轮，而挤轮可以加工上万个齿轮。

（5）挤多联齿轮时不受轴向限制，原因是挤齿加工轴线平行，无轴向进给。

（6）挤齿机床结构简单，刚性好，成本低。

2.7　刨削与拉削加工

1. 刨削加工

刨削加工是平面加工的方法之一。可加工平面、沟槽。刨削可分为粗刨和精刨，精刨后的表面粗糙度 Ra 值可达 1.6~3.2 μm，两平面之间的尺寸精度可达 IT9~IT7 级，直线度可达 0.04~0.12 mm/m。

1）刨削加工方法

刨削加工是在刨床上进行的。常用的刨床为牛头刨床、龙门刨床。牛头刨床主要用于加工中小型零件，龙门刨床则用于加工大型零件或同时加工多个中型零件。

图 2-104 所示为牛头刨床外形图。在牛头刨床上加工时，工件一般采用平口钳或螺栓压板安装在工作台上，刀具装在滑枕的刀架上。滑枕带动刀具的往复直线运动为主切削运动，工作台带动工件沿垂直于主运动方向的间歇运动为进给运动。刀架后的转盘可绕水平轴线扳转角度，这样在牛头刨床上不仅可以加工平面，还可以加工各种斜面和沟槽，如图 2-105 所示。用成形刨刀还可以刨削成形沟槽。

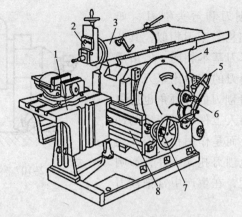

图 2-104 牛头刨床外形图

1—工作台；2—刀架；3—滑枕；4—床身；5—变速手柄；6—滑枕行程调节柄；7—横向进给手柄；8—横梁

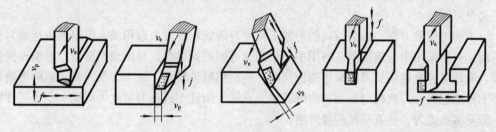

图 2-105 牛头刨的加工类型

图 2-106 所示为龙门刨床外形图。在龙门刨床上加工时，工件用螺栓压板直接安装在工作台上或采用专用夹具安装，刀具安装在横梁上的垂直刀架上或工作台两侧的侧刀架上，工作台带动工件的往复直线运动为主切削运动，刀具沿垂直于主运动方向的间歇运动为进给运动。各刀架也可以绕水平轴线扳转角度，故同样可以加工平面、斜面和沟槽。

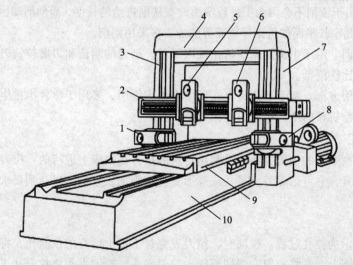

图 2-106 龙门刨床外形图

1、8—侧刀架；2—横梁；3、7—立柱；4—顶梁；5、6—立刀架；9—工作台；10—床身

常用的刨刀有直头刨刀和弯头刨刀，如图 2-107 所示。刨刀的结构与车刀相似，其几何角度的选择原则也与车刀基本相同。但由于刨削过程有冲击，所以刨刀的前角比车刀要小（一般小于 5°~6°），而且刨刀的刃倾角也应取较大的负值，以使刨刀切入工件时所产生的冲击力不是作用在刀尖上，而是作用在离刀尖稍远的切削刃上。为了避免刨刀扎入工件，影响加工表面质量和尺寸精度，在生产中常把刨刀刀杆制成弯头结构。

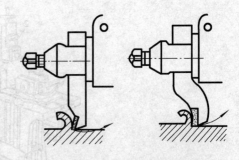

图 2-107　直头刨刀和弯头刨刀

2）刨削加工的特点

刨削加工和铣削均是以加工平面和沟槽为主的切削方法。与铣削加工相比，刨削加工有如下几个方面特点：

（1）加工质量方面。刨削与铣削的加工精度与表面粗糙度大致相当。但刨削主运动为往复运动，只能采用中低速切削。当用中等切削速度刨削钢件时，易出现积屑瘤，影响表面粗糙度。而硬质合金镶齿铣刀可采用高速切削，表面粗糙度较小。加工大平面时，刨削进给运动可不停地进行，刀痕均匀，而铣削时若铣刀直径（面铣）或铣刀宽度（周铣）小于工件宽度，需要多次走刀，会有明显的接刀痕。

（2）加工范围方面。刨削加工范围不如铣削加工广泛，铣削的许多加工内容是刨削无法代替的，例如加工内凹平面、封闭型沟槽以及有分度要求的平面沟槽等。但对于 V 形槽、T 形槽和燕尾槽的加工，铣削由于受定尺寸的限制，一般适宜加工小型的此类工件，而刨削可以加工大型的工件。

（3）生产效率方面。刨削生产率一般低于铣削，这是因为铣削多为多刃刀具的连续切削，无空程损失，硬质合金面铣刀还可以采用高速切削。但对于加工窄长平面，刨削的生产效率则高于铣削，这是由于铣削不会因为工件较窄而改变铣削进给的长度，而刨削却因工件较窄而减少走刀次数。因此窄长平面如机床导轨面等的加工多采用刨削。

（4）成本方面。由于牛头刨床结构比铣床简单，刨刀的制造和刃磨较铣刀容易，因此，一般刨削的成本比铣削低。

（5）实际应用方面。基于上述特点，用牛头刨床刨削，多用于单件小批生产和修配工作中，在中型和重型机械的生产中龙门刨床则使用较多。

2. 拉削加工

拉削是一种高效率的加工方法，是利用特制的拉刀在拉床上进行的。拉刀是加工内外表面的多齿高效刀具，它可依靠刀具尺寸或廓形变化切除加工余量，以达到要求的形状尺寸和表面粗糙度。

1）拉削特点

图 2-108 所示为拉孔过程。拉削时，拉刀先穿过工件上已有的预制孔，将工件的端面靠在拉床的球面垫圈上，并将拉刀左端柄部插入拉刀夹头，拉刀夹头将拉刀从工件孔中拉过，由拉刀上一圈圈不同尺寸的刀齿，分别逐层地从工件孔壁上切除金属，而形成与拉刀最后的刀齿同形状的孔。

拉削的特点如下：

（1）拉削的生产率高。由于拉削时，拉刀同时工作的刀齿数多、切削刃长，且拉刀的刀齿分粗切齿，精切齿和校准齿，在一次工作行程中就能完成工件的粗、精加工及修光，机动时间短，因此拉削的生产率高。

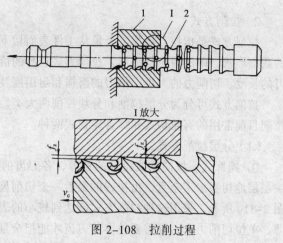

图 2-108　拉削过程

1—工件；2—拉刀

（2）拉削可以获得较高的加工质量。拉刀为定尺寸刀具，具有校准齿可进行校准、修光工作，拉床采用液压系统，传动平稳；拉削速度低（$v = 2\!\sim\!8$ m/min），不会产生积屑瘤。因此拉削加工质量好，精度可达 IT8~IT7 级，表面粗糙度 Ra 值为 0.4~1.6 μm。

（3）拉刀耐用度高，使用寿命长。由于拉削时，切削速度低、切削厚度小，在每次拉削过程中，每个刀齿只切削一次，工作时间短，拉刀磨损慢，加之拉刀刀齿磨钝后，还可重磨几次。因而拉刀耐用度高，使用寿命长。

（4）拉削属于封闭式切削，容屑、排屑和散热均较困难。当切削堵塞容屑空间时，不仅会恶化加工表面质量，损坏刀齿，严重的会造成拉刀断裂。因此，应重视对切屑的妥善处理。通常在刀刃上磨出分屑槽，并给出足够的齿间容屑空间及合理的容屑槽形状，以便切屑自由卷曲。

（5）拉刀制造复杂，成本高。一把拉刀只适用于加工一种规格尺寸的型孔或槽，因此，拉削主要适用于大批大量生产和成批生产中。

（6）拉削可以加工各种截面形状的孔，如图 2-109 所示。拉削的孔径一般为 8~125 mm，孔的深径比一般不超过 5 mm。但拉削不能加工台阶孔和盲孔。由于拉床工作的特点，某些复杂形状零件的孔也不宜进行拉削，如箱体上的孔。

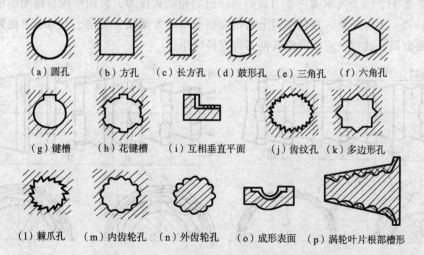

（a）圆孔　（b）方孔　（c）长方孔　（d）鼓形孔　（e）三角孔　（f）六角孔

（g）键槽　（h）花键槽　（i）互相垂直平面　（j）齿纹孔　（k）多边形孔

（l）棘爪孔　（m）内齿轮孔　（n）外齿轮孔　（o）成形表面　（p）涡轮叶片根部槽形

图 2-109　拉削加工的典型工件截面形状

2）拉削方式

拉削方式是指拉刀把加工余量从工件表面切下来的方式。它决定每个刀齿切下的切削层的截面形状，即所谓拉削图形。拉削方式选择的恰当与否，直接影响到刀齿负荷的分配、拉刀的长度、切削力的大小、拉刀的磨损和耐用度及加工表面质量和生产率。

拉削方式可分为分层拉削和分块拉削两大类。分层拉削包括同廓式和渐成式两种，分块拉削目前常用的有轮切式和综合轮切式两种。

（1）分层拉削方式。

① 同廓式。按同廓式设计的拉刀，各刀齿的廓形与被加工表面的最终形状一样。它们一层层地切去加工余量，由拉刀的最后一个切削齿和校准齿切出工件的最终尺寸和表面，如图 2-110 所示。采用这种拉削方式能达到较小的表面粗糙度。但由于每个刀齿的切削层宽而薄，单位切削力大，且需要较多的刀齿才能把余量全部切除，因此，按同廓式设计的拉刀较长，刀具成本高生产率低，并且不适于加工带硬皮的工件。

② 渐成式。按渐成式设计的拉刀，各刀齿可制成简单的直线或圆弧，它们一般与被加工表面的最终形状不同，被加工表面的最终形状和尺寸是由各刀齿切出的表面连接而成，如图 2-111 所示。这种拉刀制造比较方便，但它不仅具有同廓式的同样缺点，而且加工出的工件表面质量较差。

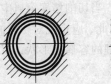
图 2-110 同廓式拉削图形

图 2-111 渐成式拉削图形

（2）分块拉削方式。

① 轮切式。按轮切式设计的拉刀，拉刀的切削部分是由若干齿组组成。每个齿组中有 2~5 个刀齿，它们的直径相同，共同切下加工余量中的一层金属，每个刀齿仅切去一层中的一部分。图 2-112（a）所示为三个刀齿列为一组的轮切式拉刀刀齿的结构与拉削图形。前两个刀齿（1、2）无齿升量，在切削刃上磨出交错分布的大圆弧分屑槽，但为了避免第三个刀齿切下整圈金属，其直径应较同组其他刀齿直径略小。

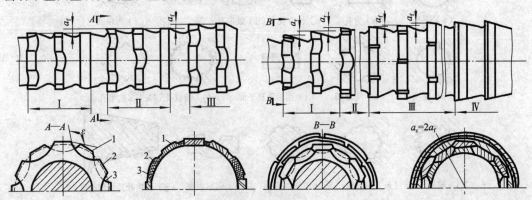

（a）轮切式　　　　　　　　（b）综合轮切式

图 2-112 分块拉削方式

轮切式与分层拉削方式比较，它的优点是每一个刀齿上参加工作的切削刃的宽度较小，但切削厚度较分层拉削方式要大得多。因此虽然每层金属要由一组（2或3个）刀齿去切除，但由于切削厚度要比分层拉削方式大 2~10 倍，所以在同一拉削用量下，所需刀齿的总数减少了许多，拉刀长度大大缩短，不仅节省了贵重的刀具材料，生产率也大为提高。在刀齿上分屑槽的转角处，强度高、散热良好，故刀齿的磨损量也较小。

轮切式拉刀主要适用于加工尺寸大、余量多的内孔，并可以用来加工带有硬皮的铸件和锻件。但轮切式拉刀的结构较复杂，拉后工件的表面粗糙度较大。

② 综合轮切式。按综合轮切式设计的拉刀，集中了同廓式与轮切式的优点，即粗切齿制成轮切式结构，精切齿采用同廓式结构，这样既缩短了拉刀长度，提高了生产效率，又能获得较好的工件表面质量。图 2-112（b）所示为综合轮切式拉刀刀齿的结构与拉削示意图。拉刀上粗切齿Ⅰ与过渡齿Ⅱ采用轮切齿式刀齿结构，各齿均有较大的齿升量。过渡齿齿升量逐渐减小。精切齿Ⅲ采用同廓式刀齿结构，其齿升量较小。校正齿Ⅳ无齿升量。

综合轮切式拉刀刀齿齿升量分布较合理，拉削较平稳，加工表面质量高。但综合轮式拉刀的制造较困难。

3）拉刀的组成与结构要素

（1）拉刀的组成。以图 2-113 所示的圆孔拉刀为例说明拉刀的组成。其主要包括：前柄部是拉刀与拉床的连接部分，用以夹持拉刀、传递动力；颈部是前柄部和过渡锥之间的连接部分，此处可以打标记；过渡锥是颈部与前导部之间的锥度部分，起对准中心的作用，使拉刀易于进入工件孔；前导部用于引导拉刀的切削齿正确地进入工件孔，可防止刀具进入工件孔后发生歪斜。同时还可以检查预加工孔的尺寸；切削部担负切削工作，切除工件上全部的拉削余量，由粗切齿、过渡齿和精切齿组成；校准部用以校正孔径，修光孔壁。还可以作为精切齿的后备齿；后导部用以保证拉刀最后的正确位置，防止拉刀即将离开工件时，工件下垂而损坏已加工表面；后柄部用作大型拉刀的后支承，防止拉刀下垂。

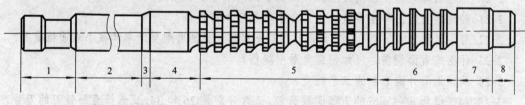

图 2-113　圆孔拉刀的组成

1—前柄部；2—颈部；3—过渡锥；4—前导部；5—切削部；6—校准部；7—后导部；8—后柄部

（2）拉刀的结构要素。

① 齿升量 a_f：前后两相邻刀齿（或两组刀齿）的高度差（或半径差）。同廓式圆孔拉刀的齿升量是相邻两个刀齿半径之差。轮切式圆孔拉刀的齿升量是相邻两组刀齿半径之差。

② 圆孔拉刀刀齿的直径：拉刀上第一个切削齿的直径等于预加工孔的公称直径，应使其无齿升量，目的是防止在预加工孔径偏小时，不致因负荷太大而使第一刀齿过早磨损或损坏。从第二个刀齿开始，下一个刀齿的直径按齿升量依次递增。最后一个切削齿的直径应等于校准齿的直径。

设计时应根据拉刀类型、切削方式、加工质量等合理地选择齿升量、前角、后角、容屑槽、齿距、刃带等结构参数（可查阅刀具设计手册）。

思考及练习题

2-1 简述车削加工的工艺范围。

2-2 简述车床的类型及各自的特点。

2-3 普通车床由哪几部分组成？各部分的作用是什么？

2-4 在 CA6140 型车床上车削导程为 $Ph=10$ mm 的公制螺纹时，可能有几条传动路线？

2-5 可转位车刀有哪些常用的结构？各有什么特点？

2-6 成形车刀有哪些种类？各有什么特点？

2-7 与车削相比，铣削过程有哪些特点？

2-8 试分析比较圆周铣削时，顺铣与逆铣的优缺点及各自适用的场合。

2-9 铣床主要有哪些类型？各用于什么场合？

2-10 表面发生线的形成方法有几种？

2-11 机床有哪些部分组成？试分析其主要功用。

2-12 什么是外传动链？什么是内传动链？各有什么特点？

2-13 试分析比较中心磨和无心外圆磨削的工艺特点和应用范围。

2-14 固定式镗刀和浮动镗刀有什么区别？它们各用于什么场合？浮动镗对镗杆有哪些严格要求？

2-15 卧式镗床有哪些成形运动？说明其能完成哪些加工工作？

2-16 钻床和镗床在加工工艺上有什么不同？

2-17 钻床夹具怎样分类？各个类型的结构特点和应用范围是什么？

2-18 钻模板有哪几种？说明其结构特点。

2-19 从结构上看，镗套有哪些类型？各自有什么特点？应怎样选用？

2-20 为什么麻花钻主切削刃上任一点的主偏角不等于半顶角？

2-21 砂轮的特性由哪些参数组成？各个参数应如何选择？

2-22 磨削过程分哪三个阶段？如何运用这一规律来提高磨削生产率和减小表面粗糙度？

2-23 什么是表面烧伤？应如何避免磨削烧伤？

2-24 简述无心外圆磨削的工艺特点。

2-25 加工模数 $m=3$ mm 的直齿圆柱齿轮，齿数分别是 26 和 34，试选择盘形铣刀的刀号。在相同的切削条件下，哪一个齿轮的加工精度高？为什么？

2-26 什么是齿轮滚刀的基本蜗杆？齿轮滚刀与基本蜗杆有哪些异同点？

2-27 简述齿轮滚刀的前角和后角的形成原理。

2-28 为什么剃齿的加工精度高于滚齿和插齿？

2-29 简述滚齿、插齿、剃齿和珩齿的加工特点。

2-30 常用的磨齿加工有哪几种加工方法？各自的原理和特点是什么？

2-31 拉削加工的特点是什么？拉削加工适用于什么场合？

2-32 拉削方式有哪几种？各有何优缺点？并说明其使用范围。

2-33 试比较刨削加工与铣削加工在加工平面和沟槽时各自的特点。

机床夹具及其设计

学习目的

- 了解夹具的组成、分类、选用及组合夹具基本知识；
- 理解六点定位原则及夹紧机构的夹紧原理；
- 掌握常用定位元件的种类、特点及应用和常用设备夹具的特点及夹具的设计方法；
- 会分析定位误差产生的原因并进行相关计算。

观察与思考

图 3-0 所示为套筒的零件图，现处于加工中钻 $\phi 6H9$ 的孔，根据生产批量、生产条件的不同，在保证加工质量的前提下，所采用的工装（工艺装备）也有所不同。

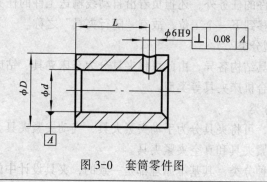

图 3-0 套筒零件图

3.1 工件的定位

1. 夹具的概念

如前所述，在机床上对工件进行切削加工时，为了能够加工出合乎精度要求的工件，需要将工件在机床上装好夹牢。用于安装工件的装置称为机床夹具。有时习惯上还将一些扩大机床工艺范围的装置，如靠模、仿形装置等也称为机床夹具。加工中使用的夹具、刀具、量具以及其他辅助工具等统称为工艺装备（简称工装）。

2. 夹具的分类

1）按夹具的应用范围分类

（1）通用夹具。在通用机床上一般都附有通用夹具，如车床上的三爪自定心卡盘、四爪单动卡盘、花盘、顶尖和鸡心夹头，铣床上的平口虎钳、分度头和回转工作台等。它们都有较大的适用范围，无需调整或稍加调整就可以用于装夹不同的工件。这类夹具结构已定形，尺寸已标准化和系列化。这类夹具大多数已成为机床的标准附件，由专门的机床附件厂负责制造、供应。用这类夹具夹紧工件（特别是夹紧形状复杂或加工精度要求高的工件）往往很费时，且操作复杂，生产效率低。因此通用夹具主要用于单件小批量生产和采用找正法装夹工件的场合。

（2）专用夹具。针对某一工件的某一工序的要求而专门设计制造的夹具称为专用夹具。这类夹具上有专门的定位和夹紧装置，工件无须进行找正就能获得正确的位置。另外，因不需要考虑通用性，所以专用夹具可以设计得紧凑，操作方便。因此，用专用夹具可以保证较高的加工精度和生产效率。专用夹具通常是根据加工要求自行设计与制造的，其设计与制造周期较长，制造费用也较高。当产品变更时，往往因无法再使用而"报废"。

（3）可调整夹具。可调整夹具是指加工完一种工件后，通过调整或更换夹具上个别元件，就可加工形状相似、尺寸相近、加工工艺相似的多种工件的一种夹具，包括通用可调夹具和成组夹具两类。

（4）组合夹具。组合夹具是指按某种工序的加工要求，用预先准备好的通用标准元件和部件组合而成的一种夹具。用完之后可以将这类夹具拆卸下来，更换元部件组装成新夹具，供再次使用。这种夹具具有组装迅速、准备周期短、能反复使用等优点，被广泛用于多品种、小批量生产，特别是新产品试制尤为适用。近几年组合夹具也在数控加工中得到了广泛使用。

（5）随行夹具。随行夹具是一种在自动线或柔性制造系统中使用的夹具。它除了具有一般夹具所担负的装夹工件的任务外，还担负着沿自动线输送工件的任务，即跟随被加工工件沿着自动线从一个工位移到下一个工位，故有"随行夹具"之称。

2）按使用机床类型分类

机床类型不同，夹具结构各异，由此可将夹具分为车床夹具、钻床夹具、铣床夹具、镗床夹具、磨床夹具和组合机床夹具等类型。

3）按夹具动力源分类

按夹具动力源分类，可将夹具分为手动夹紧夹具、气动夹紧夹具、液压夹紧夹具、气液联动夹紧夹具、电磁夹紧夹具和真空夹紧夹具。

无论机床夹具按何种分类，其基本原理都是一致的，夹具设计中的一些基本问题，如工件的定位和夹紧，夹具的对定等则是共同的。

3. 夹具的作用

夹具在机械加工过程中的主要作用表现在以下几个方面：

（1）易于保证加工精度，并使加工精度稳定。

（2）缩短装夹工时，提高劳动生产率。

（3）减轻劳动强度，降低生产成本。

（4）扩大机床的工艺范围。

4. 夹具的组成

1）定位元件

由于夹具的首要任务是对工件进行定位和夹紧，因此，无论何种夹具都必须设置有确定工件在夹具中正确加工位置的定位元件。图 3-1 所示为钻后盖零件上 12 mm 孔的夹具。夹具上的圆柱销 5、菱形销 1 和支承板 6 都是定位元件，通过它们使工件在夹具中占据正确的位置。

2）夹紧装置

该装置用来夹紧工件，使已经定好位置的工件在加工过程中不因外力（重力、惯性力以及切削力等）的作用而产生位移。它通常是一种机构，包括夹紧元件（如夹爪、压板等）、增力及传动装置（如杠杆、螺纹传动副、斜楔、凸轮等）以及动力装置（如气缸、油缸）等。图 3-1 所示的螺杆 2（与圆柱销合成的一个零件）、螺母 3 和开口垫圈 4 组成了夹紧装置。

3）夹具体

它用来连接夹具上各个元件及装置，使其成为一个整体。它是夹具的基础件，常常通过将夹具体与机床有关部位进行连接，以确定夹具相对于机床的位置。图 3-1 所示的件 7 即为夹具体，可通过它将夹具的所有部分连接成一个整体。

4）对刀-导引元件

采用专用夹具加工工件时，一般都用调整法加工。为了预先调整好刀具的位置，在夹具上设有确定刀具（铣刀、刨刀、砂轮等）位置或引导刀具（孔加工用刀具）方向的对刀-导引元件，如铣夹具中常见的对刀块，钻夹具中的钻套、钻模板等。图 3-1 所示的钻套 9 与钻模板 8 就是为了引导钻头而设置的引导元件。

5）其他装置或元件

为了使夹具在机床上占有正确的位置，一般夹具（小型夹具除外）都设有供其本身在机床上定位和夹紧用的连接元件（如定位键）。此外，按照加工要求，有些夹具上还设有其他装置和机构，如上下料装置、分度装置、工件顶出装置等。

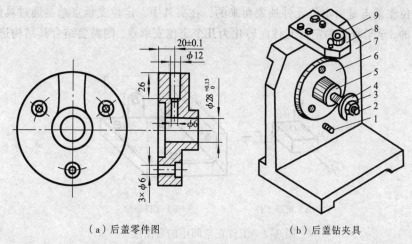

（a）后盖零件图　　　　　　（b）后盖钻夹具

图 3-1　后盖零件图及后盖钻夹具

1—菱形销；2—螺杆；3—螺母；4—开口垫圈；5—圆柱销；6—支承板；7—夹具体；8—钻模板；9—钻套

5. 工件在夹具中的定位

工件在夹具中定位，就是要确定工件与定位元件的相对位置，从而保证工件相对于刀具和机床的正确加工位置。工件在夹具中的定位，是由工件的定位基准（面）与夹具定位元件的工作表面（定位表面）相接触或相配合实现的。工件位置正确与否，可用加工要求来衡量。一批工件逐个在夹具上定位时，每个工件在夹具中占据的位置不可能绝对一致，但每个工件的位置变动量必须控制在加工要求所允许的范围内。

由此可知，工件在夹具中的定位应解决两方面的问题：一是工件位置是否确定，即定位方案的设计；二是工件位置是否准确，即定位精度问题。

1）六点定位原理

一个尚未定位的工件是一个自由刚体，其在空间的位置是不确定的。例如图3-2（a）所示的矩形工件，其在空间直角坐标系中可沿 x、y、z 三个坐标轴任意移动，也可绕此三坐标轴转动，分别用 $\vec{x}$、$\vec{y}$、$\vec{z}$ 和 $\hat{x}$、$\hat{y}$、$\hat{z}$ 表示，即为工件的六个自由度。要使工件具有唯一确定的位置，就必须限制它在空间的六个自由度。图3-2（b）所示为用六个合理分布的定位支承点与工件分别接触，即一个支承点限制工件的一个自由度，使工件在夹具中的位置完全确定。由此可见，要使工件在空间具有唯一确定的位置，就必须限制工件在空间的六个自由度，这就是"六点定位原理"。

应用工件的"六点定位原理"进行定位分析时，应注意以下几点：

（1）定位就是限制自由度，通常用合理布置的定位支承点来限制工件的自由度。

（2）定位支承点限制工件自由度的作用，应理解为定位支承点与工件定位基准面始终保持紧贴接触。若两者脱离，则意味着失去定位作用。

（3）定位和夹紧是两个不同的概念：定位是为了使工件在空间某一方向占据唯一确定的位置，此时工件除受自身重力作用外，不受其他外力作用。而夹紧则是使工件在外力作用下，仍能保证其唯一正确位置，对于一般夹具，先实施定位，然后再夹紧。对于自定心夹具（如三爪自定心卡盘），则是定位和夹紧过程同时进行。因此，一定要把定位和夹紧区别开来，不能混为一谈。

（4）定位支承点是由定位元件抽象而来的，在夹具中，定位支承点总是通过具体的定位元件来体现的，至于具体的定位元件应转化为几个定位支承点，则需要结合其结构进行分析。

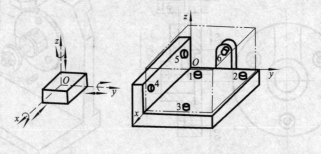

（a）矩形工件　　　　（b）工件定位

图3-2　工件在空间中的自由度

2）工件定位时的几种情况

设计夹具时，必须根据本工序加工时工件需要保证的位置尺寸和位置精度，按照工件的定位原理，分析研究应该限制工件的哪几个自由度，对哪些自由度可不必限制。图3-3所示为铣削长方体工件上的通槽时的工件定位，为保证槽底面与 A 面的平行度和尺寸 H，就必须限制工件的 $\vec{z}$、$\hat{x}$、$\hat{y}$ 三个自由度；为保证槽侧面与 B 面的平行度及尺寸 F 的加工要求，还需要限制 $\vec{x}$、$\hat{z}$ 两个自由度。至于 $\vec{y}$，按加工要求可不用限制。因一批工件逐个在夹具中定位时，各个工件沿 y 轴的位置即使不同，也不会影响加工通槽的要求。

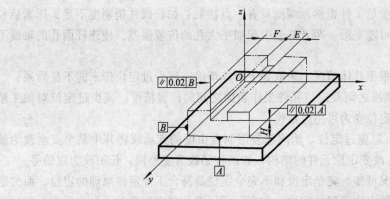

图 3-3 按工件加工要求必须限制的自由度

根据工件的加工要求，工件在夹具中的定位，常有以下几种定位情况：

（1）完全定位。工件的六个自由度被定位元件无重复的限制，工件在夹具中具有唯一确定的位置称为完全定位。在工件上铣键槽，保证尺寸 Z，需要限制 $\vec{z}$、$\hat{x}$、$\hat{y}$；保证尺寸 X，需要限制 $\vec{x}$、$\hat{y}$、$\hat{z}$；保证尺寸 Y，需要限制 $\vec{y}$、$\hat{z}$、$\hat{x}$。综合起来，必须限制工件的六个自由度，即完全定位，如图 3-4（a）所示。

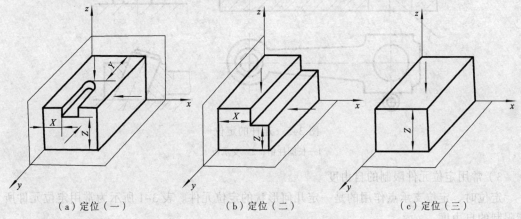

图 3-4 工件限制自由度的确定

（2）不完全定位（部分定位）。在工件上铣台面时，工件沿 y 轴的移动自由度 $\vec{y}$，对工件的加工精度无影响，工件在这一方向上的位置不确定只影响加工时的进给行程，故此处只需要限制五个自由度，即 $\vec{x}$、$\vec{z}$、$\hat{x}$、$\hat{y}$、$\hat{z}$，如图 3-4（b）所示。这种对不影响工件加工要求的某些自由度不加限制的定位方式称为不完全定位。显然不完全定位是合理的定位方式。图 3-4（c）所示的加工工件上表面的定位方式也采用的是不完全定位。

（3）欠定位。根据工件的加工要求，应该限制的自由度没有完全被限制的定位称为欠定位。欠定位无法保证加工要求。因此，在确定工件的定位方案时，决不允许有欠定位的现象发生。

（4）过定位（重复定位）。工件的一个或几个自由度被不同的定位支承点重复限制的定位称为过定位或重复定位。在图 3-5 所示的连杆定位方案中，长圆柱销 1 限制 $\vec{x}$、$\vec{y}$、$\hat{x}$、$\hat{y}$ 四个自由度，支承板 2 限制 $\hat{x}$、$\hat{y}$、$\vec{z}$ 三个自由度。其中，$\hat{x}$、$\hat{y}$ 被两个定位元件重复限制，产生了过定位。如工件孔与端面垂直度误差较大，且孔与销间隙又很小时，会出现两种情况：

如长圆柱销刚度好，定位后工件歪斜，端面只有一点接触；如长圆柱销刚度不足，压紧后长圆柱销将歪斜，工件也可能变形。两者都会引起加工大孔的位置误差，使连杆两孔的轴线不平行。

在实际应用中应当根据具体情况，采取如下措施消除或减少过定位带来的不良后果：

① 提高工件定位基准之间及定位元件工作表面之间的位置精度，减少过定位对加工精度的影响，使不可用过定位变为可用过定位。

② 改变定位方案，避免过定位。消除重复限制自由度的支承或将其中某个支承改为辅助支承（或浮动支承）；改变定位元件的结构，如圆柱销改为菱形销，长销改为短销等。

由上述几种定位情况可知，完全定位和不完全定位是符合工件定位原理的定位，而欠定位和过定位是不符合工件定位原理的定位。在实际应用中，欠定位绝对不允许出现，但过定位在不影响加工要求的前提下允许使用。

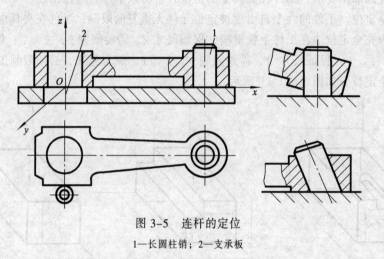

图 3-5　连杆的定位

1—长圆柱销；2—支承板

3）常用定位元件限制的自由度

定位时，定位支承点作用的是一定几何形状的定位元件。表 3-1 所示为常用定位元件所能限制的自由度。

表 3-1　常见典型定位方式及定位元件所能限制的自由度

工件定位基准面	定位元件	定位方式及所限制的自由度	工件定位基准面	定位元件	定位方式及所限制的自由度
平面	支承钉		圆孔	锥销	

工件定位基准面	定位元件	定位方式及所限制的自由度	工件定位基准面	定位元件	定位方式及所限制的自由度
平面	支承板		支承板或支承钉	
	固定支承与自定位支承				
	固定支承与辅助支承		外圆柱面		
圆孔	短圆柱			V形架	
	长圆柱				
	锥销			定位套	

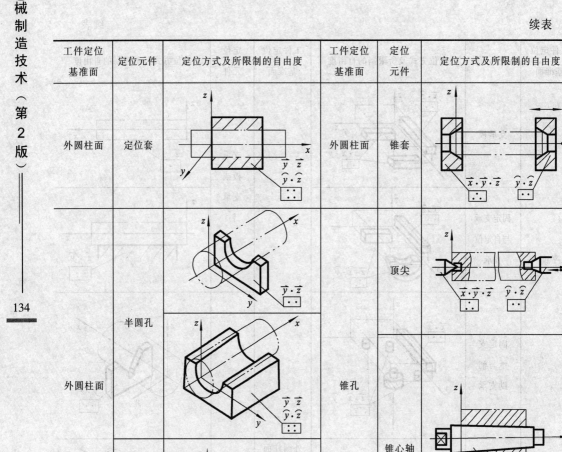

工件定位基准面	定位元件	定位方式及所限制的自由度	工件定位基准面	定位元件	定位方式及所限制的自由度
外圆柱面	定位套		外圆柱面	锥套	
	半圆孔			顶尖	
外圆柱面			锥孔		
	锥套			锥心轴	

表 3-2 所示为根据工件的加工要求，必须限制的自由度。

表 3-2　根据加工要求必须限制的自由度

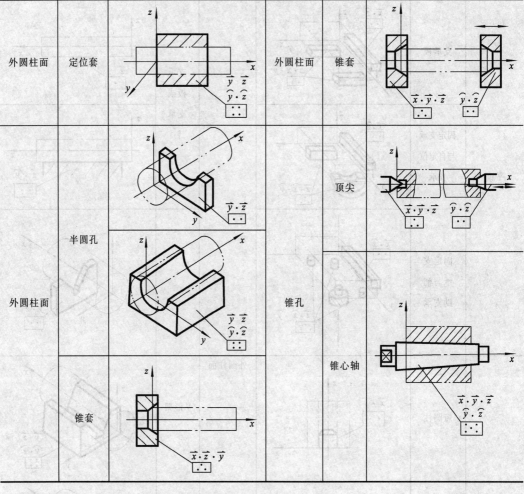

工 序 简 图	加 工 要 求	必须限制的自由度
	尺寸 H	$\vec{z}$、$\widehat{x}$

工 序 简 图	加 工 要 求	必须限制的自由度
加工面宽为W的槽	（1）尺寸 H； （2）W 对称平面对 ϕD 轴线的对称度	$\bar{x}$、$\bar{z}$ $\hat{x}$、$\hat{z}$
加工面宽为W的槽	（1）尺寸 H； （2）尺寸 L； （3）W 对称平面对 ϕD 轴线的对称度	$\bar{x}$、$\bar{y}$、$\bar{z}$ $\hat{x}$、$\hat{z}$
加工面宽为W的槽	（1）尺寸 H； （2）尺寸 L； （3）W 对称平面对 ϕD 轴线的对称度； （4）W 对称平面对 W_1 对称平面的对称度；	$\bar{x}$、$\bar{y}$、$\bar{z}$ $\hat{x}$、$\hat{y}$、$\hat{z}$
加工面圆孔	通孔	$\bar{x}$、$\bar{y}$ $\hat{x}$、$\hat{y}$、$\hat{z}$
	（1）尺寸 B； （2）尺寸 L；	
	盲孔	$\bar{x}$、$\bar{y}$、$\bar{z}$ $\hat{x}$、$\hat{y}$、$\hat{z}$
加工面圆孔	通孔	$\bar{x}$、$\bar{y}$ $\hat{x}$、$\hat{z}$
	（1）尺寸 L； （2）加工孔轴线对 ϕD 轴线的垂直度与对称度	
	盲孔	$\bar{x}$、$\bar{y}$、$\bar{z}$ $\hat{x}$、$\hat{z}$
加工面圆孔	通孔	$\bar{x}$、$\bar{y}$ $\hat{x}$、$\hat{y}$
	加工孔轴线对 ϕD 轴线的同轴度	
	盲孔	$\bar{x}$、$\bar{y}$、$\bar{z}$

4）对定位元件的要求

工件的定位基面有各种形式，如平面、内孔、外圆、圆锥面和型面等。不同形状的定位基面应选择与之相适应的定位元件。由于夹具定位元件是确定工件位置的元件，且经常与工件定位基面接触，定位元件的设计与制造应满足以下要求：

（1）足够的精度。由于工件的定位是通过定位副的配合实现的，定位元件上的限位基面的精度将直接影响工件的精度。

（2）足够的强度和刚度。定位元件不仅限制工件自由度，还要支承工件，承受夹紧力和切削力。

（3）耐磨性好。工件的装卸会磨损定位元件的限位基面，导致定位精度下降。为了延长定位元件的更新周期，提高夹具的使用寿命，定位元件应有很好的耐磨性。

（4）工艺性好。定位元件力求结构简单、合理，便于加工、装配和更换。

5）定位元件的应用

（1）工件以平面定位时的定位元件包括主要支承和辅助支承。

① 主要支承。主要支承用来限制工件自由度，起定位作用。常用的有固定支承、可调支承、自位支承（浮动支承）三种。

固定支承有支承钉和支承板两种形式，其结构和尺寸都已经标准化，如图3-6所示。

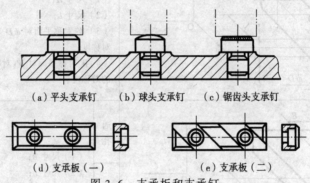

（a）平头支承钉　　（b）球头支承钉　　（c）锯齿头支承钉

（d）支承板（一）　　　　　（e）支承板（二）

图3-6　支承板和支承钉

当工件以粗基准定位时，常用球头支承钉或锯齿头支承钉；而精基准定位时常用平头支承钉和支承板，支承板用于接触面较大的情况。

可调支承结构如图3-7所示。常用于工件定位过程中支承钉的高度需要调整的场合，如毛坯分批制造，其形状及尺寸变化较大而又以粗基准定位。

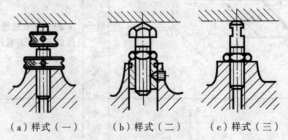

（a）样式（一）　　　（b）样式（二）　　　（c）样式（三）

图3-7　可调支承结构

自位支承是在工件定位过程中能自动调整位置的支承，如图3-8所示。其作用相当于一个固定支承，只限制一个自由度，适用于工件以粗基准定位或刚性不足的场合。

② 辅助支承。辅助支承只用来提高工件的装夹刚度和稳定性，不起定位作用。它是在工件夹紧后，再固定下来，以承受切削力。辅助支承的应用如图 3-9 所示。

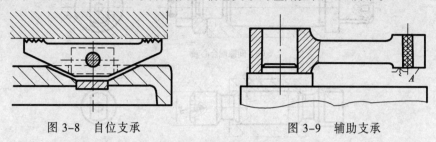

图 3-8 自位支承   图 3-9 辅助支承

（2）工件以圆孔定位时的定位元件包括定位销和心轴。

① 定位销。常用的定位销有圆柱销和圆锥销。图 3-10 所示为常用圆柱销结构，其限制了工件的两个自由度。图 3-10（a）、（b）、（c）所示为固定式定位销；当大批大量生产时，为便于更换定位销，可采用图 3-10（d）所示的带衬套的结构形式。定位销已标准化，设计时可查有关手册。

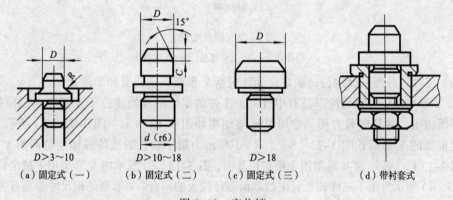

（a）固定式（一） （b）固定式（二） （c）固定式（三） （d）带衬套式

图 3-10 定位销

图 3-11 所示为工件以圆孔在圆锥销上定位的示意图，它限制了工件的三个自由度。

② 心轴。常用的心轴有圆柱心轴和圆锥心轴。图 3-12 所示为常用的圆柱心轴结构形式，它主要用于车、铣、磨、齿轮加工等机床上加工套筒和盘类零件。图 3-12（a）所示为间隙配合心轴，装卸方便，定心精度不高；图 3-12（b）所示为过盈配合心轴，这种心轴制造简单、定位准确，不用另设夹紧装置，但装卸不方便；图 3-12（c）所示为花键心轴，用于加工以花键孔定位的工件。

圆锥心轴（小锥度心轴）定心精度高，可达 $\phi 0.02 \sim \phi 0.01\ \text{mm}$，但会使工件的轴向位移误差加大。适于工件定位孔精度不低于 IT7 的精车和磨削加工，不能加工端面。

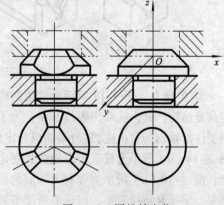

图 3-11 圆锥销定位

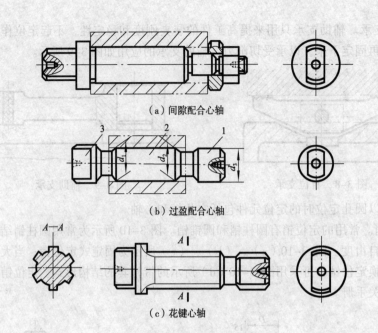

（a）间隙配合心轴

（b）过盈配合心轴

（c）花键心轴

图 3-12　圆柱心轴

1—引导部分；2—工作部分；3—传动部分

（3）工件以外圆柱面定位时的定位元件包括 V 形架、定位套和半圆孔。

① V 形架。V 形架的优点是对中性好（工件的定位基准始终位于 V 形架两限位基面的对称平面内），并且安装方便。常用 V 形架结构如图 3-13 所示。图 3-13（a）所示为用于较短定位面的 V 形架；图 3-13（b）、（c）所示为用于较长的或阶梯轴定位面的 V 形架，其中图 3-13（b）所示的 V 形架用于粗定位基面，图 3-13（c）所示的 V 形架用于精定位基面；图 3-13（d）所示为用于工件较长且定位基面直径较大的场合。V 形架结构尺寸参见有关手册。

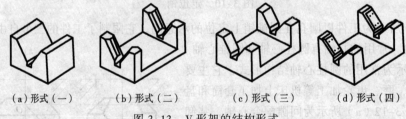

（a）形式（一）　　（b）形式（二）　　（c）形式（三）　　（d）形式（四）

图 3-13　V 形架的结构形式

② 定位套。图 3-14 所示为常用的两种定位套结构。其内孔面为限位基面，为了限制工件沿轴向的自由度,常与端面组合定位。图 3-14（a）所示为带有小端面的长度定位套；图 3-14（b）所示为带有大端面的短定位套。定位套结构简单，但定心精度不高，只适用于工件以精基准定位。

③ 半圆孔。图 3-15 所示为半圆孔定位装置，当工件尺寸较大，用圆柱孔定位不方

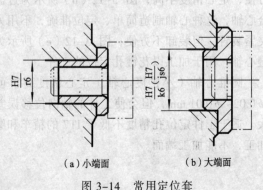

（a）小端面　　　　（b）大端面

图 3-14　常用定位套

便时，可将圆柱孔改成两半，下半孔用作定位工件，上半孔用作夹紧工件。短半圆孔限制工件的两个自由度；长半圆孔限制四个自由度。

（4）工件以组合表面定位常用定位元件。

在实际生产中，为满足加工要求，有时采用几个定位面相组合的方式进行定位。常见的组合形式：两顶尖孔、一端面一孔、一端面一外圆、一面两孔等，与之相对应的定位元件也

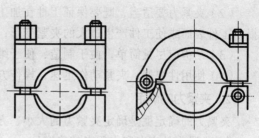

图3-15　半圆孔定位装置

是组合式的。例如，长轴类零件采用双顶尖组合定位；箱体类零件采用一面双销组合定位。

几个表面同时参与定位时，各定位基准（基面）在定位中所起的作用有主次之分。例如，轴以两顶尖孔在车床前后顶尖定位的情况，前顶尖为主要定位基面，前顶尖限制三个自由度，后顶尖限制两个自由度。

3.2　工件的夹紧

夹紧是工件装夹过程中的重要组成部分。工件定位后，必须通过一定的机构产生夹紧力，将其固定，使工件保持准确的定位位置，以保证在加工过程中，在切削力等外力作用下不产生位移或振动。这种产生夹紧力的机构称为夹紧装置。

1. 夹紧装置的组成和要求

1）夹紧装置的组成

工件在夹具中正确定位后，由夹紧装置将工件夹紧。夹紧装置由以下部分组成：

（1）动力装置。产生夹紧力的装置，如人力、液压装置、电磁装置与气压装置等。

（2）夹紧元件。直接用于夹紧工件的元件。

（3）中间传力机构。将原动力传递给夹紧元件的机构。

图3-16所示为夹紧装置的组成图，其中气缸1为动力装置，压板4为夹紧元件，由斜楔2、滚轮3和杠杆等组成的斜楔铰链传力机构为中间传力机构。在有些夹具中，夹紧元件往往就是中间传力机构的一部分，通常将夹紧元件和中间传力机构统称为夹紧机构。

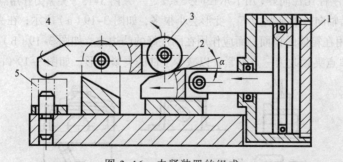

图3-16　夹紧装置的组成
1—气缸；2—斜楔；3—滚轮；4—压板；5—工件

2）对夹紧装置的要求

（1）夹紧过程不得改变工件在夹具中占有的正确定位位置；

（2）夹紧力要适当，既要保证工件在加工过程中定位的稳定性，又要防止因夹紧力过大损伤工件表面或使工件产生过大的夹紧变形；

（3）结构应尽量简单，便于制造，便于维修；

（4）使用性要好，夹紧动作迅速，操作方便，安全省力。

2. 夹紧力的确定

夹紧力的确定就是确定夹紧力的大小、方向和作用点。

1）夹紧力的方向和作用点的确定

（1）夹紧力应指向主要限位面。对工件只施加一个夹紧力时，夹紧力的方向应尽可能朝向主要限位面。在图3-17所示的夹紧力方向示意图中，工件被镗孔与 A 面有垂直度要求，因此加工时，以 A 面为主要限位面。夹紧力 F_j 的方向应朝向 A，如图3-17（a）所示；如果夹紧力改朝 B 面，由于工件左端面与底面的夹角误差，夹紧时将破坏工件的定位，影响孔与左端的垂直度要求，如图3-17（b）所示。

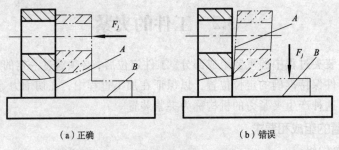

（a）正确　　　　　　　　（b）错误

图 3-17　夹紧力方向示意图

（2）夹紧力的作用点应落在定位元件的支承范围内。夹紧力 F_j 的作用点落到了定位元件的支承范围之外，夹紧时将破坏工件的定位，如图3-18所示。

（3）夹紧力的作用点应落在工件刚性较好的方向和部位，这一原则对于刚性差的工件来说特别重

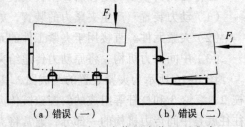

（a）错误（一）　　　（b）错误（二）

图 3-18　夹紧力作用点位置不准确

要。薄壁套的轴向刚性比径向好，用卡爪径向夹紧，工件变形大，若沿轴向施加夹紧力 F_j，变形会小很多，如图3-19（a）所示；在夹紧薄壁箱体时，夹紧力 F_j 不应作用在箱体的顶面，而应作用在刚性好的凸边上，如图3-19（b）所示；当箱体没有凸边时，可将单点夹紧改为三点夹紧，以减少工件的夹紧变形，如图3-19（c）所示。

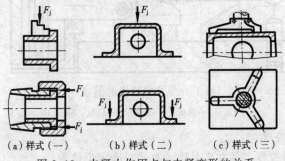

（a）样式（一）　　　（b）样式（二）　　　（c）样式（三）

图 3-19　夹紧力作用点与夹紧变形的关系

（4）夹紧力作用方向应尽量与工件的切削力、重力等的作用方向一致，可减少所需夹紧力值，如图 3-20 所示。

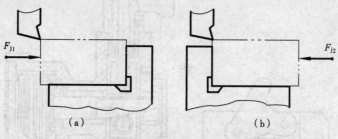

图 3-20　夹紧力的作用方向与切削力方向

（5）夹紧力的作用点应靠近工件的加工面，以便减小切削力对工件造成的翻转力矩。必要时应在工件刚度差的部位增加辅助支承并施加夹紧力，以减小切削过程中的振动和变形。图 3-21 所示的零件其加工部位刚度较差，在靠近切削部位处增加辅助支承并施加附加夹紧力，可有效地防止切削过程中的振动和变形。

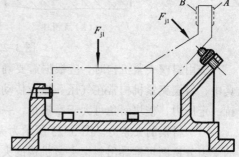

图 3-21　夹紧力作用点靠近被加工表面

2）夹紧力大小的确定

从理论上讲，夹紧力的大小，应与在加工过程中工件受到的切削力、离心力、惯性力、自身重力所形成的合力或者力矩相平衡，但在加工过程中，切削力本身是变化的，夹紧力的大小还与工艺系统的刚度、夹紧机构的传递效率等因素有关。所以计算夹紧力的大小是一个复杂的过程。

为了简化计算，在估算夹紧力时，只考虑主要因素在力系中影响。一般只考虑切削力（矩）对夹紧的影响；并假设工艺系统是刚性的，切削过程是稳定的；找出在夹紧过程中对夹紧最不利的瞬时状态，按静力平衡原理估算此状态下夹紧力的大小。为保证夹紧安全可靠，将计算出的夹紧力再乘以安全系数，作为实际需要的夹紧力。用公式表示为

$$F_j = KF \qquad\qquad (3-1)$$

式中：F_j——实际所需的夹紧力；

　　　F——由静力平衡计算出的夹紧力；

　　　K——安全系数，考虑工艺系统的刚性和切削力的变化，一般取 $K = 1.5 \sim 3$。

3. 典型的夹紧装置

夹紧机构是夹紧装置的重要组成部分，因为无论采用何种力源装置，都必须通过夹紧装置机构将原动力转化为夹紧力。各类机床夹具应用的夹紧机构多种多样，以下介绍几种利用机械摩擦实现夹紧，并可自锁的典型夹紧机构。

1）斜楔夹紧机构

斜楔是夹紧机构中最基本的增力和锁紧元件。它是利用斜楔的斜面移动产生楔紧力直接或间接地对工件夹紧的机构。直接使用斜楔夹紧工件的夹具较少，它常与其他机构配合使用。斜楔夹紧机构可分为无滑柱的斜楔机构和带滑柱的斜楔机构，如图 3-22 所示。

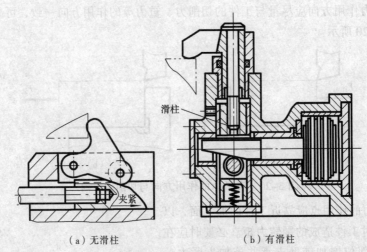

（a）无滑柱　　　　　　　　　（b）有滑柱

图 3-22　斜楔夹紧机构

选用斜楔夹紧机构时，应根据需要确定斜角 α 必须小于摩擦角，常取 8°~12°。在现代夹具中，斜楔夹紧机构常在气压、液压传动装置中与其他机构配合使用，由于气压和液压可保持一定压力，楔块斜角可大于摩擦角，一般选用 15°~30°。

（1）斜楔的夹紧力。图 3-23 所示为夹紧机构斜楔的受力分析图。根据图 3-23（a）所示的受力分析图可推导出斜楔夹紧机构的夹紧力计算公式

$$F_Q = F_W \tan\varphi_1 + F_W \tan(\alpha+\varphi_2)$$

$$F_W = \frac{F_Q}{\tan\varphi_1 + \tan(\alpha+\varphi_2)} \qquad\qquad （3-2）$$

当 α、φ_1、φ_2 均很小且 $\varphi_1 = \varphi_2 = \varphi$ 时，上式可近似的简化为

$$F_W = \frac{F_Q}{\tan(\alpha+2\varphi)} \qquad\qquad （3-3）$$

式中：　　F_W——夹紧力；

　　　　　F_Q——作用力；

　　　φ_1、φ_2——分别为斜楔与支承面和工件受压面间的摩擦角，常取 φ_1、$\varphi_2 = 5°~8°$；

　　　　α——斜楔的斜角，常取 $\alpha=6°~10°$。

（2）斜楔的自锁条件。在图 3-23（b）所示的受力分析图中，当作用力消失后，斜楔仍能夹紧工件而不会自行退出。根据力的平衡条件，合力 $F_1 \geqslant F_{RX}$，即

$$F_M = \tan\varphi_1 \geqslant F_M \tan(\alpha+\varphi_2)$$

所以自锁条件为

$$\alpha \leqslant \varphi_1 + \varphi_2 \qquad\qquad （3-4）$$

设 $\varphi_1 = \varphi_2 = \varphi$，则

$$\alpha \leqslant 2\varphi \qquad\qquad （3-5）$$

一般钢铁的摩擦因数为 $\mu = 0.1~0.15$。摩擦角 $\varphi = \arctan(0.1~0.15) = 5°43'~8°32'$，故有 $\alpha \leqslant 11°~17°$。通常，为可靠起见，取 $\alpha = 6°~8°$。

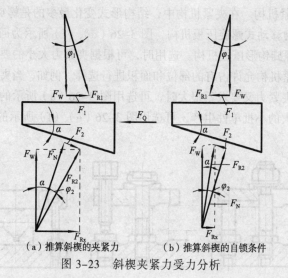

（a）推算斜楔的夹紧力　　　（b）推算斜楔的自锁条件

图 3-23　斜楔夹紧力受力分析

2）螺旋夹紧机构

螺旋夹紧机构是利用螺旋直接或间接夹紧工件的机构。这类夹紧结构简单，夹紧可靠，易于操作，增力比大，自锁性能好，是手动夹紧中应用最广泛的一种夹紧机构。其中有关元件和结构多数已标准化、规格化和系列化。其主要缺点是夹紧和松开工件比较费时费力。

（1）简单螺旋夹紧机构。这种装置有两种形式：图 3-24（a）所示为机构螺杆直接与工件接触，其缺点是容易损伤已加工面或使工件转动，一般不宜选用；图 3-24（b）所示为常用的螺旋夹紧机构，其螺钉头部常装有摆动压块，可防止螺杆夹紧时带动工件转动和损伤工件表面，螺杆上部装有手柄，夹紧时不需要扳手，操作方便、迅速。当工件夹紧部分不宜使用扳手，且该部位夹紧力要求不大时，可选用这种机构。图 3-25 所示为生产中经常用的快速螺旋夹紧机构。

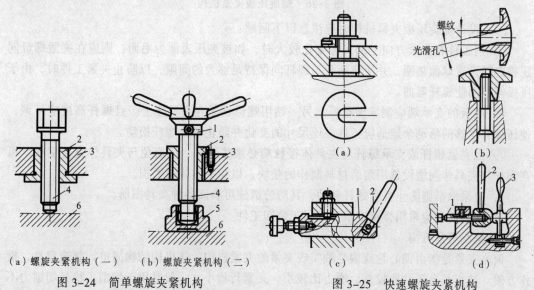

（a）螺旋夹紧机构（一）　（b）螺旋夹紧机构（二）

图 3-24　简单螺旋夹紧机构

1—手柄；2—套；3—夹具体；4—夹紧螺钉；5—压脚；6—工件

图 3-25　快速螺旋夹紧机构

1—夹紧轴；2、3—手柄

（2）螺旋压板夹紧机构。在夹紧机构中，结构形式变化最多的是螺旋压板机构。图 3-26（a）、（b）、（e）所示为移动式螺旋压板机构，图 3-26（c）、（f）所示为回转式螺旋压板机构，图 3-26（d）所示为螺旋钩形压板机构。选用时，可根据夹紧力大小的要求、工作高度尺寸的变化范围、夹具上夹紧机构允许占有的部位和面积进行选择。例如，当夹具中只允许夹紧机构占据很小的面积，而夹紧力又要求不很大时，可选用图 3-26（a）所示的螺旋压板夹紧机构；工件夹紧高度变化较大的小批单件生产，可选用图 3-26（e）、（f）所示的通用压板夹紧机构。

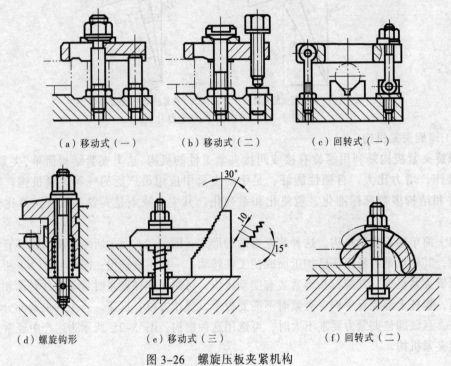

（a）移动式（一）　　　（b）移动式（二）　　　（c）回转式（一）

（d）螺旋钩形　　　（e）移动式（三）　　　（f）回转式（二）

图 3-26　螺旋压板夹紧机构

（3）设计螺旋压板夹紧机构时应注意以下问题：

① 当工件在夹紧方向上的尺寸变化较大时，如被夹压表面为毛面，则应在夹紧螺母同压板之间设置球面垫圈，并使垫圈孔与螺杆间保持足够大的间隙，以防止夹紧工件时，由于压板倾斜而使螺杆弯曲。

② 压板的支承端应制成圆球形，另一端用螺母锁紧在夹具体上。且螺杆高度应可调，使压板有足够的活动余地适应工件夹压尺寸的变化并防止支承螺杆松动。

③ 当夹紧螺杆或支承螺杆与夹具体接触端必须移动时，应避免与夹具体直接接触。可在螺杆与夹具体间增设选用耐磨材料制作的垫块，以免夹具体被磨损。

④ 应采取措施防止夹紧螺杆转动，其防转措施可参阅各种夹具图册。

⑤ 夹紧压板应采用弹簧支承，以利于装卸工件。

3）偏心夹紧机构

偏心夹紧是指由偏心轮或偏心轴实现夹紧的夹紧机构。该机构结构简单，制造容易，操作方便。缺点是自锁性能较差，增力比较小，夹紧行程小。一般常用于切削平稳且切削力不大的场合。图 3-27 所示为偏心机构的应用实例。

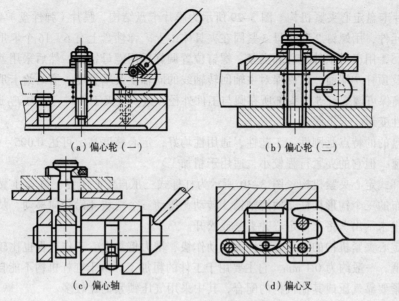

（a）偏心轮（一）　　　　　　　（b）偏心轮（二）

（c）偏心轴　　　　　　　　　　（d）偏心叉

图 3-27　偏心夹紧机构

4）定心夹紧机构

当工件被加工面以中心要素（轴线、中心平面等）为工序基准时，为使基准重合以减少定位误差，需采用定心夹紧机构。定心夹紧机构具有定心（对中）和夹紧两种功能，如卧式车床的三爪自定心卡盘是最常用的定心夹紧机构。

定心夹紧机构按其定心作用原理可分为两种类型：一种是依靠传动机构使定心夹紧元件等速移动，从而实现定心夹紧，如螺旋式、杠杆式、楔式机构等；另一种是利用薄壁弹性元件受力后产生均匀的弹性变形（收缩或扩张）来实现定心夹紧，如弹簧筒夹、膜片卡盘、波纹套、液性塑料等。下面介绍几种常用的定心夹紧结构。

（1）螺旋式定心夹紧机构。图 3-28 所示为螺旋式定心夹紧机构，螺杆 4 两端的螺纹旋向相反，螺距相同。当其旋转时，使两个 V 形钳口 1、2 做对向或反向等速移动，从而实现对工件的定心夹紧或松开。V 形钳口可按工件不同形状进行调整。

这种定心夹紧机构的特点是结构简单、工作行程大、通用性好，但定心精度不高，一般为 0.1～0.5 mm。主要适用于粗加工或半精加工中需要行程大而定心精度要求不太高的场合。

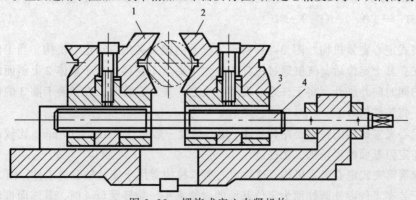

图 3-28　螺旋式定心夹紧机构

1、2—V 形钳口；3—滑铁；4—双向螺杆

（2）膜片卡盘定心夹紧机构。图 3-29 所示为膜片卡盘结构，膜片（弹性盘）4 为定心夹紧弹性施力元件，用螺钉 2 和螺母 3 紧固在夹具体 1 上。弹性盘上有 6 ~ 16 个卡爪，爪上装有可调螺钉 5，用于对工件定心和夹紧。螺钉位置调好后用螺母锁紧，然后采用就地加工法磨螺钉头部及顶杆 7 端面，以确保对主轴回转轴线的同轴度及垂直度，磨时给卡爪留有一定的预胀量，确保可调螺钉 5 的头部所在圆与工件外径一致。装夹工件时，外力 F_Q 通过推杆 8 使膜片 4 弹性变形，卡爪张开。

膜片卡盘的的特点是刚性、工艺性、通用性均好，定心精度高，可达 0.005 ~ 0.01 mm，操作方便迅速，但它的夹紧行程较小，适用于精加工。

（3）杠杆式定心夹紧机构。图 3-30 所示为杠杆式三爪自定心卡盘。滑套 1 做轴向移动时，圆周均布的三个钩形杠杆 2 便绕轴销 3 转动，拨动三个滑块 4 沿径向移动，从而带动其上卡爪（图中未示出）将工件定心并夹紧或松开。

杠杆式定心夹紧机构的特点是刚性大、动作快、增力倍数大、工作行程也比较大，但其定心精度较低，一般约为 0.1 mm。它主要用于工件的粗加工。由于杠杆机构不能自锁，所以这种机构锁紧要靠气压或其他机构的配合，其中采用气压锁紧的比较多。

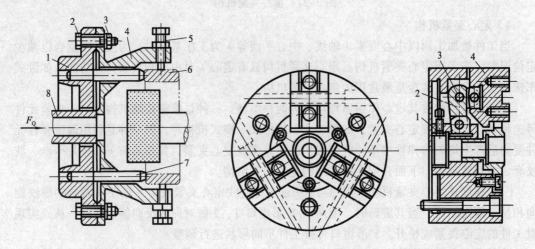

图 3-29　膜片卡盘定心夹紧机构　　　　图 3-30　杠杆式三爪自定心卡盘

1—夹具体；2—螺钉；3—螺母；4—膜片（弹性盘）；　　1—滑套；2—钩形杠杆；3—轴销；4—滑块

5—可调螺钉；6—工件；7—顶杆；8—推杆

（4）楔式定心夹紧机构。图 3-31 所示为机动的楔式夹爪自动定心机构。当工件以内孔及左端面在夹具上定位后，气缸通过拉杆 4 使六个夹爪 1 左移，由于本体 2 上斜面的作用，夹爪左移的同时向外胀开，将工件定心夹紧；反之，夹爪右移时，在弹簧卡圈 3 的作用下使夹爪收拢，将工件松开。

楔式定心夹紧机构的特点是结构紧凑，定心精度一般可达 0.02 ~ 0.07 mm，比较适用于工件以内孔作定位基面的半精加工工序。

（5）弹簧筒夹式定心夹紧机构。这种定心夹紧机构常用于安装轴套类工件。图 3-32（a）所示为用于装夹工件以外圆柱面为定位基面的弹簧夹头。旋转螺母 4 时，其端面推动弹性筒夹 2 左移，此时锥套 3 内锥面迫使弹性筒夹 2 上的簧瓣向心收缩，从而将工件定心夹紧。如

图 3-32（b）所示为用于工件以内圆柱为定位基面的弹簧心轴。因工件的长径比 $L/d > 1$，故弹性筒夹 2 的两端各有簧瓣。旋转螺母 4 时，其端面推动锥套 3，同时推动弹性筒夹 2 左移，锥套 3 和夹具体 1 的外锥面同时迫使弹性筒夹 2 的两端簧瓣向外均匀扩张，从而将工件定心夹紧。反向转动螺母，带动锥套，便可卸下工件。

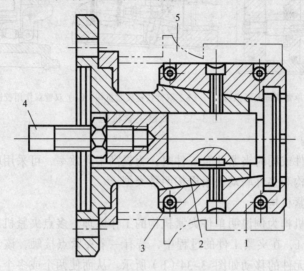

图 3-31　机动楔式夹爪自动定心机构

1—夹爪；2—本体；3—弹簧卡圈；4—拉杆；5—工件

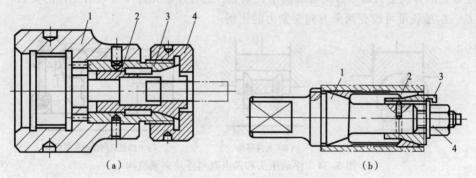

（a）　　　　　　　　　　　　　　　　（b）

图 3-32　弹簧夹头和弹簧心轴

1—夹具体；2—弹性筒夹；3—锥套；4—螺母

弹簧筒夹式定心夹紧机构的特点是结构简单、体积小、操作方便迅速，因而应用十分广泛。其定心精度可稳定在 0.04 ~ 0.1 mm。为保证弹性筒夹正常工作，工件定位基面的尺寸公差应控制在 0.1 ~ 0.5 mm，故一般适用于精加工或半精加工场合。

5）铰链夹紧机构

图 3-33 所示为常用铰链夹紧机构的三种基本机构，其工作原理是由气缸带动铰链臂及压板转动夹紧或松动工件。

铰链夹紧机构是一种增力机构，其特点是结构简单，动作迅速，增力比大，摩擦损失小，并易于改变力的作用方向，但自锁性能差，常与具有自锁性能的机构组成复合夹紧机构。铰链夹紧机构适用于多点、多件夹紧，在气动、液压夹具中获得广泛应用。

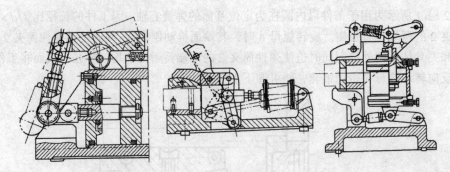

（a）单臂铰链夹紧机构 　（b）双臂铰链夹紧机构 　（c）双臂双作用铰链夹紧机构

图 3-33　铰链夹紧机构

6）联动夹紧机构

需要多点夹紧工件或同时夹紧几个工件时，为提高生产效率，可采用联动夹紧机构。其包括单件联动夹紧机构和多件联动夹紧机构两种类型。

（1）单件联动夹紧机构。

以多点单件夹紧机构为例说明单件夹紧机构的工作原理。多点夹紧机构中有一个重要的浮动机构或浮动元件1，在夹紧工件的过程中，若有一个夹紧点接触，该元件就能摆动，如图 3-34（a）所示；无件的移动如图 3-34（b）所示。从而使两个或多个夹紧点都与工件接触，直至最后均衡夹紧。图 3-34（c）所示为四点双向浮动夹紧机构，夹紧力分别作用在两个相互垂直的方向上，每个方向各有两个夹紧点，通过浮动元件1实现对工件的夹紧，调节杠杆 L_1、L_2 的长度可改变两个方向夹紧力的比例。

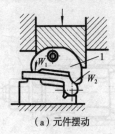
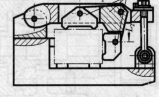

（a）元件摆动 　　　　　（b）元件移动 　　　　（c）四点双向浮动夹紧机构

图 3-34　浮动压头和四点双向浮动夹紧机构

（2）多件联动夹紧机构。图 3-35 所示为多件夹紧机构，各个夹紧力相互平行，理论分配到各工件上的夹紧力是相等的。图 3-35（a）所示为利用浮动压块进行夹紧；图 3-35（b）所示为以流动介质代替浮动元件实现多件夹紧。最常见的流动介质是液性塑料。

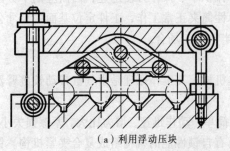
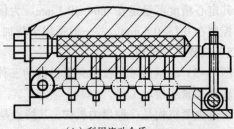

（a）利用浮动压块 　　　　　　　　（b）利用流动介质

图 3-35　多件平行夹紧机构

（3）联动夹紧机构在设计时应注意以下问题：

① 联动夹紧机构必须设置浮动环节，或者工件本身是能够浮动的。

② 适当限制被夹紧工件的数目，以避免机构过分复杂，动作不可靠。

③ 机构符合机械传动原理，进行必要的运动分析和受力分析，以确保实现设计意图。

④ 机构要有足够的刚性。

3.3 典型机床夹具

在金属切削加工过程中，合理设计机床夹具对提高劳动生产率和经济效益具有现实意义。

1. 车床夹具

1）车床夹具的特点

车床主要用于加工零件的内外圆柱面、圆锥面、螺纹以及端平面等。上述表面都是围绕机床主轴的旋转轴线而成形的，因此，车床夹具一般都安装在机床主轴上，加工时随机床主轴一起旋转。由于夹具本身处于旋转状态，因而车床夹具在保证定位和夹紧的基本要求前提下，还必须有可靠的防松结构。

2）车床夹具的类型

车床夹具按其使用范围，可分为通用车床夹具、专用车床夹具和组合车床夹具三类。

在车床上常用的通用夹具有三爪自定心卡盘、四爪单动卡盘、顶尖、中心架、鸡心夹头等。通用夹具的特点是适应性强，操作也比较简单，但效率较低。一般用于单件小批生产。通用夹具一般作为机床附件供应。

专用夹具是针对某一种工件的某一工序的加工要求而专门设计制造的夹具。其特点是结构紧凑，操作迅速、方便。并能满足零件的特定形状和特定表面加工的需要。这种夹具不具有通用性，成本较高，多用于大批大量生产或满足指定要求。

组合夹具是采用预先制造好的标准夹具元件，根据设计好的定位夹紧方案组装而成的专用夹具。它既具有专用夹具的优点，又具有标准化、通用化的优点。产品变换后，夹具的组成元件可以拆开清洗入库，不会造成浪费，适用于新产品试制和多品种小批量的生产。在大量采用数控机床、应用 CAD／CAM／CAP 技术的现代企业机械产品生产过程中具有独特且明显的优势。

3）典型车削夹具

（1）角铁式车床夹具。图 3-36 所示为一种典型的角铁式车床夹具，工件 7 以两个孔在圆柱定位销 2 和削边定位销 1 上定位；底面直接在支承板 4 上定位。两个螺旋压板分别在两个定位销孔旁把工件夹紧。导向套 8 用来引导加工轴孔的刀杆。平衡块 9 用以消除夹具在回转时的不平衡现象。夹具上还设置有轴向定位基面 3，它与圆柱定位销 2 保持确定的轴向距离，可以利用它来控制刀具的轴向行程。

（2）定心夹紧装置。对于回转体工件或以回转体表面定位的工件可采用定心夹紧夹具。常见的有弹簧套筒、液性塑料夹具等。在图 3-37 所示的夹具中，工件以内孔定位夹紧，采用了液性塑料夹具。工件套在定位圆柱上，轴向由端面定位，旋紧螺钉 2，经过滑柱 1 和液性塑料 3 使薄壁定位套 4 产生变形，使工件 5 同时定心夹紧。

单元（三） 机床夹具及其设计

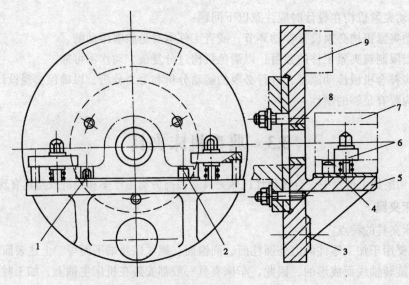

图 3-36　角铁式车床夹具

1—削边定位销；2—圆柱定位销；3—定位基面；4—支承板；5—夹具体；

6—压板；7—工件；8—导向套；9—平衡块

（3）组合夹具。图 3-38 所示为一个典型的车削组合夹具。工件用已加工的底面部两个孔定位，用两个压板夹紧。其中的夹具体、定位销、压板、底座等均为通用元件。

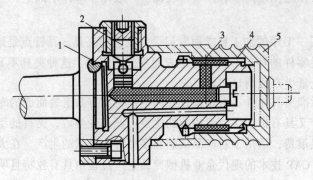

图 3-37　液性塑料定心夹紧夹具

1—滑柱；2—压紧螺钉；3—液性塑料；4—薄壁定位套；5—工件

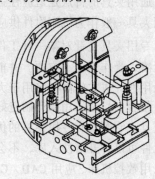

图 3-38　组合夹具

4）车床夹具设计要点

（1）连接元件的设计。车床和圆磨床夹具的连接元件形式主要取决于所采用机床的主轴端部结构。由于这两种夹具与各自机床主轴的连接方式很相似，因此以车床夹具为代表来叙述其连接元件的形式。常见的连接方式有下列几种形式：

① 夹具以前后顶尖孔与机床主轴前顶尖和尾架后顶尖相连接，由拨盘带动。较长的定位心轴常采用这种连接方式。

② 夹具以莫氏锥柄与机床主轴的莫氏锥孔相连接，需要时可用长螺杆从主轴尾部穿过主轴孔将夹具拉紧，以增大连接面的摩擦力矩。这种连接方式定心精度好，而且装卸迅速方便，但刚性较差，适用于短定位心轴和小型夹具。

③ 夹具与车床主轴端部直接连接，如图 3-39 所示。图 3-39（a）所示为夹具体以短锥孔 K 和端面 T 与车床主轴端的短锥体和端面相连接，并用螺钉紧固。这种连接方式定心精度较高，刚性也较好，但制造时除要保证锥孔锥度和严格控制锥孔直径尺寸外，还要保证锥孔对端面的垂直度，以达到锥体与端面同时接触的良好效果。因而夹具体加工较为复杂，要达到夹具能与各台同型号规格车床的主轴端互换连接则更为困难。但这种主轴端部结构是国家标准规定的形式，其应用将日趋广泛。图 3-39（b）所示为夹具体以端面 T 和圆柱孔 D 与机床主轴的轴颈和端面连接，用螺纹 M 紧固，并用两个保险块 2 防止夹具在反向旋转时螺纹连接发生松动。采用这种连接方式，零件制造简单，但用圆柱体配合存在间隙，定心精度较低。夹具与 C620，C620-1，C630 等型号的车床主轴端部的连接可采用这种方式。图 3-39（c）所示为夹具体以 1:4 锥孔与主轴锥体连接，依靠主轴上的拉紧螺母 3 把夹具拉紧，并用键 4 来传递扭矩。由于没有端面连接，这种方式的刚性较差，因此常用于轻型夹具。夹具与 C616 等型号的车床主轴端部的连接可采用这种方式。

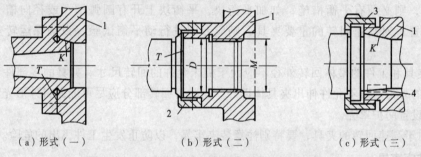

（a）形式（一）　　　（b）形式（二）　　　（c）形式（三）

图 3-39　夹具与车床主轴端部直接连接的形式

1—夹具体；2—保险块；3—拉紧螺母；4—键

④ 夹具通过过渡盘与车床主轴端部连接，如图 3-40 所示。过渡盘 2 与机床主轴端部的连接形式因车床主轴端部结构的不同可以有多种方式，例如图 3-40（a）所示为过渡盘以短锥孔和端面与机床主轴端部短锥体和端面连接。过渡盘另一端则与夹具相连。采用过渡盘的连接方式不但能使夹具适用于各种不同主轴端部结构的机床，而且可使机床安装各种不同夹具，增加了通用性。过渡盘与夹具的连接一般采用端面和圆柱面连接方式，其直径尺寸 d 通常采用 K7/h6，M7/h6 等配合。但有了过渡盘的中间环节，会影响夹具的定心精度。

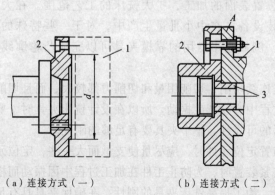

（a）连接方式（一）　　　　　（b）连接方式（二）

图 3-40　采用过渡盘的连接方式

1—夹具；2—过渡盘；3—安装套；A—找正基面

单元（三）　机床夹具及其设计

为了提高夹具的定心精度，可采用图 3-40（b）所示的找正基面连接方式。图中 *A* 是找正基面。找正时，先将夹具安装在过渡盘 2 上预夹紧，用指示表按找正基面 *A* 找正，并调整夹具回转轴线使之与机床主轴回转轴线同轴，然后用螺栓紧固。安装套 3 起预定心作用，便于找正，它与过渡盘之间应有较大的配合间隙，以保证找正时调整夹具的需要。安装套还可以在找正夹具前起支承夹具的作用。为了保护找正基面不被碰伤，应将 *A* 面做成凹槽形。

（2）车床夹具的其他设计要点。除了连接元件设计的重要问题之外，设计车床和圆磨床夹具时还需考虑下列问题：

① 设计卡盘类和花盘类车床夹具时，外形尺寸要尽可能紧凑些，重心要与回转轴线重合，以减小离心力和回转力矩的影响。

② 缩短夹具的悬伸长度，使重心靠近主轴，以减少主轴的弯曲载荷，保证加工精度。

③ 若夹具（连同工件）重心偏离机床主轴回转轴线，特别是夹具的结构相对回转轴线不对称，则必须有平衡措施，如加平衡块，平衡块上开有圆弧槽（或径向槽），便于调整其位置。对高速回转的重要夹具，则应专门进行动平衡试验，以确保运转安全和加工质量。

④ 夹具和工件的整体回转外径不应大于机床允许的回转尺寸。夹具的零部件和其上装夹的工件的外形一般不允许伸出夹具体以外。同时对回转部分应尽可能做得外形光整，避免尖角，并设置防护罩壳。

⑤ 对于高速回转的夹具，要特别注意装夹牢靠，以防止发生工件飞出的危险。

2. 铣床夹具

1）铣床夹具的特点与作用

铣削夹具是在铣削加工中确定工件在机床上与刀具之间具有相对正确位置的专用工艺装备。与其他夹具类相同，铣削夹具的组成也有夹具体、定位元件和夹紧元件等部分。除此之外，由于铣削加工方法的特殊性，铣削夹具中还需要有对刀引导元件和导向定位元件。对刀引导元件用于调整机床时确定刀具与夹具之间的相对位置，导向定位元件用于确定夹具在机床上相对于进给运动方向的正确位置。

应用铣削夹具不仅可以保证零件的加工精度，提高加工生产率，而且可以完成一些复杂表面和零件上特殊位置表面的加工，扩大铣床的工艺范围。在大批大量生产中，是必不可少的铣削加工工装设备；在中小批量生产中，对于一些特殊的零件和特殊的表面的加工也是非常重要的。例如应用专用的靠模夹具可以完成凸轮廓线的铣削和复杂型腔的铣削。

铣削加工过程不是连续切削，切削用量和切削力都较大，而且切削力的大小和方向都是变化的，因此，切削过程中容易产生振动。所以在设计铣床夹具时，要特别注意工件在夹具上定位的稳定性和夹紧的可靠性。整个夹具要有足够的刚性。

为此，在设计和布置定位元件时，应尽量使支承面大一些，定位元件的两个支承之间要尽量远一些。在设计夹紧装置时，为防止工件在加工过程中因振动而松动，夹紧装置要有足够的夹紧力和自锁能力。为了提高铣床夹具的刚性，在确保夹具具有足够的排屑空间的前提下，要尽量降低夹具的高度，注意施力方向和作用点的位置。

2）铣床夹具的类型

铣床夹具可分为直线进给式铣床夹具、圆周进给式铣床夹具和机械仿形进给靠模铣削夹具三类。

（1）直线进给式铣床夹具。这类夹具安装在铣床工作台上，加工中工作台是按直线进给方式运动的，如图 3-41 所示。为了降低辅助时间，提高铣削工序的生产率，对于直线进给式的铣床夹具来说，可以采取下面两种措施：

① 采用多件或多工位加工。与单件分别装夹加工相比，该方法可以节省每次进刀的引进和越程时间，可提高铣削效率。

② 将装卸工件等的辅助时间与机动时间重合。

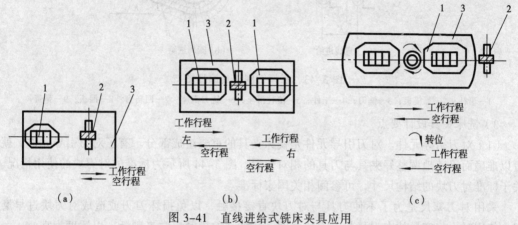

图 3-41　直线进给式铣床夹具应用

1—工位；2—铣刀；3—夹具体

（2）圆周进给式铣床夹具。圆周进给式铣床夹具的结构形式也很多，此处着重介绍转盘铣床上的圆周进给式铣床夹具的工作原理。转盘铣床通常有一个很大的转台或转鼓（前者为立轴，后者为卧轴），在转台上可以沿圆周依次布置若干工作夹具，依靠转台旋转而将其上的工作夹具依次送入转盘铣床的切削区域，从而进行连续铣削。图 3-42 为圆周进给式铣床夹具的工作原理示意图。

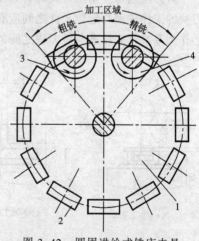

图 3-42　圆周进给式铣床夹具的工作原理示意图

1—工作台；2—夹具；3—粗铣头；4—精铣头

（3）机械仿形进给靠模铣削夹具。这种夹具安装在卧式或立式铣床上，利用靠模使工件在进给过程中相对铣刀同时做轴向和径向直线运动，来加工直纹曲面或空间曲面，它适用于中小批量的生产规模。在两轴、三轴联动的数控铣床广泛应用之前，利用靠模仿形是成形曲面型腔切削加工的主要方法。按照主进给运动的运动方式，靠模夹具可分为直线进给和圆周进给两种，如图 3-43 所示。

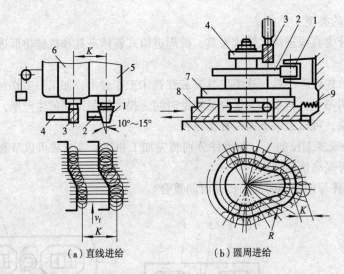

（a）直线进给　　　　　　（b）圆周进给

图 3-43　靠模铣削夹具原理图

1—滚柱；2—靠模板；3—铣刀；4—工件；5—滚柱滑座；6—铣刀滑座；7—回转台；8—溜板；9—弹簧

3）铣床夹具设计要点

（1）对刀引导元件。对刀引导元件是铣床夹具的重要组成部分。有了对刀引导元件，就可以准确而迅速地调整好夹具与刀具的相对位置。图 3-44 所示为标准的对刀块的使用情况。关于标准对刀块的结构尺寸，可参阅相关国家标准。

采用对刀塞尺是为了不使刀具与对刀块直接接触，以免损坏刀刃或造成对刀块过早磨损。使用时，将塞尺放在刀具与对刀块之间，凭抽动的松紧感觉来判断，以适度为宜。

对刀块通常使用销钉或螺钉紧固在夹具体上，其位置要便于对刀过程和工件的装卸。对刀块的工作表面与定位元件之间应有一定的位置要求，即应以定位元件的工件表面或对称中心作为基准，来校准与对刀块之间的位置尺寸关系。

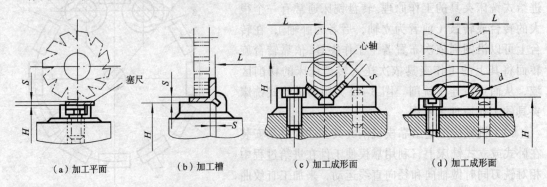

（a）加工平面　　　　（b）加工槽　　　　（c）加工成形面　　　　（d）加工成形面

图 3-44　对刀块

采用对刀块对刀，加工精度一般不超过 IT8 级。当定位精度要求较高时，或者不便于设置对刀块时，可采用试切法、标准件对刀法或用百分表校正定位元件相对刀具的位置。

对刀块工作面在夹具上的位置是以定位元件的定位表面或定位元件轴线为基准进行标注的。其位置尺寸可根据工序尺寸及塞尺尺寸计算，其公差一般取为相应工序尺寸公差的 1/5 ~ 1/2，偏差对称标注。

（2）定位键。定位键是夹具在机床上的导向定位元件，它安装在夹具底面的纵向槽中，一般采用两个，其距离越远，定位精度就越高，个别小型夹具也可用一个长键。通过与铣床工作台T形槽相配合，它不仅可以确定夹具在机床上的位置，还可以承受切削扭矩，减轻螺栓负荷，增加夹具的稳定性，因此，铣平面夹具有时也装定位键。除了铣床夹具使用定位键外，钻床、镗床等夹具也经常使用。

定位键有矩形和圆柱形两种类型。常用的矩形定位键有两种结构形式，对于A型键，如图3-45（a）所示，其与夹具体槽和工作台T形槽的相配合尺寸均为B，其极限偏差可选h6或h8。夹具体上用于安装定向键的槽宽B_2取与B尺寸相同，极限偏差可选H7或js6，A型定位键适用于夹具定位精度要求不高的场合。为了提高精度，可选用B型定位键如图3-45（b）所示，B型键的侧面开有沟槽或台阶将定位键分成上下两个部分。上部分尺寸与夹具体相配合，常取H7/h6。下部宽度尺寸B_1与铣床工作台的T形槽相配合，因工作台T形槽的公差为H8或H7，故尺寸B_1按h8或h6制造，以减小配合间隙，提高夹具的定向精度。在制造B型定位键时，B_1应留有修磨量0.5 mm，以便与工作台T形槽修配，达到较高的配合精度。圆柱形定位键的圆柱面与T形槽平面是线接触，容易磨损，故用得不多。

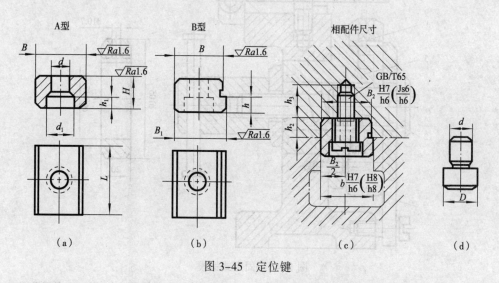

图 3-45　定位键

对于大型夹具或定位精度要求高的铣夹具，常不放置定位键，而在夹具体的侧面加工出一窄长平面作为夹具安装时的找正基面，通过找正获得较高的定向精度。

3. 钻床夹具

钻床夹具（通称钻模）是用来在钻床上钻孔、扩孔、铰孔的机床夹具。通过钻套引导刀具进行加工是钻模的主要特点。钻削时，被加工孔的尺寸精度主要由刀具本身的尺寸精度来保证；而孔的位置精度则是由钻套在夹具上相对于定位元件的位置精度来确定。因此，通过钻套引导刀具进行加工，就既可提高刀具系统的刚性，防止钻头引偏，加工孔的位置又不需划线和找正，工序时间大大缩短，显著地提高了生产率，故钻模在成批生产中应用很广。

钻模一般由钻模板、钻套、定位元件、夹紧装置和夹具体等组成。钻套和钻模是钻削夹具所特有的组成部分。

1）钻床夹具的分类及其结构形式

钻模的种类很多，可分为固定式、回转式、翻转式、滑柱式和盖板式等。

（1）固定式钻模。固定式钻模在使用过程中钻模的位置固定不动，一般用于摇臂钻床、镗床和多轴钻床。在立式钻床上使用时，一般只能加工一个孔。如果在立式钻床上加工孔系，则需要在主轴上增加一个多轴传动头。在立式钻床工作台上安装钻模时，首先用装在主轴上的钻头（精度要求高时用心轴）插入钻套以校正钻模位置，然后将其固定，这样既可减少钻套的磨损，又可保证被加工孔有较高的位置精度。

图 3-46 所示为固定式钻模，工件以其端面和键槽与钻模上的定位法兰 3 及定位键 4 相接触而定位。转动螺母 6 使螺杆 2 向右移动时，通过钩形开口垫圈 1 将工件夹紧。松开螺母 6，螺杆 2 在弹簧的作用下向左移，钩形开口垫圈 1 松开并绕螺钉摆下即可卸下工件。

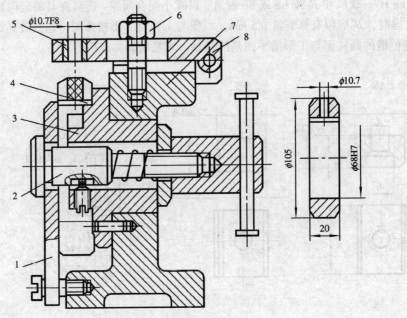

图 3-46　固定式钻模

1—钩形开口垫圈；2—螺杆；3—定位法兰；4—定位键；5—钻套；6—螺母；7—夹具体；8—钻模板

（2）翻转式钻模。翻转式钻模的特点：一般用于加工小型工件上分布在不同表面上的孔，其夹具体的外形多为箱形或多面体结构，使用过程中可在工作台上翻转，实现加工表面的转换。使用翻转式钻模可以减少工件安装次数，保证孔的位置精度。图 3-47 所示为钻锁紧螺母上圆周孔的翻转式钻模。工件以内孔和端面定位，拧紧夹紧螺母 5，向左拉动倒锥螺栓 2，使可胀圈 3 胀开，将内孔胀紧，并使工件端面紧贴在支承板 4 上。根据加工孔的位置在夹具四侧装有钻套 1 以引导钻头。夹具整体在钻床工作台上翻转，顺序钻削四个圆周孔。放松夹紧螺母 5，在弹簧作用下，倒锥螺栓 2 右移，松开胀圈以更换工件。夹具体四面做成凹槽状，形成每面四个钻脚，使夹具在钻床工作台上安放稳定，也能减少加工量。

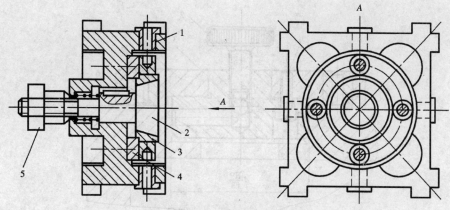

图 3-47　翻转式钻模

1—钻套；2—倒锥螺栓；3—胀圈；4—支承板；5—夹紧螺母

（3）回转式钻模。回转式钻模的特点是夹具带有分度装置，一般适用于加工同一圆周上的平行孔系或同一截面内径向孔或同一直线上的等距孔系等。加工过程中钻套一般固定不动，分度装置带动工件实现预定的回转或移动。图 3-48 所示为用来加工扇形工件上三个等分径向孔的回转式钻模。在转盘 6 上有三个径向均布的钻套孔，其端面有三个对应的分度孔。钻孔前，对定位销 2 在弹簧力的作用下插入分度锥孔中。反转手柄 5，螺套 4 通过锁紧螺母使转盘 6 锁紧在夹具体上。钻孔后，正转手柄 5 将转盘松开，同时螺套 4 上的端面凸轮将对定位销 2 拔出，进行分度，直至对定位销 2 插入第二个锥孔，然后锁紧进行第二个孔的加工。

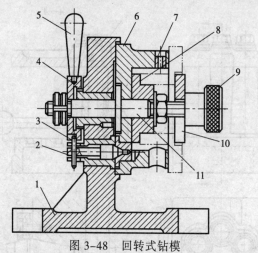

图 3-48　回转式钻模

1—夹具体；2—对定位销；3—横销；4—螺套；5—手柄；6—转盘；
7—钻套；8—定位件；9—滚花螺母；10—开口垫圈；11—转轴

（4）盖板式钻模。盖板式钻模最显著的特点是没有夹具体。箱体零件的端面法兰孔常用图 3-49 所示的盖板式钻模进行钻削，以箱体的孔及端面为定位面，盖板式钻模像盖子一样置于图示位置并实现定位，靠滚花螺钉 2 旋进时压迫钢球使径向均布的三个滑柱 5 顶向工件内孔面，从而实现夹紧。当法兰孔位置精度要求不高时，可不设置夹紧结构，但先钻一个孔后插入销，再钻其他孔。

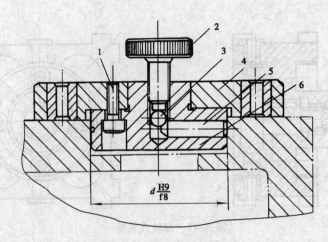

图 3-49　盖板式钻模

1—螺钉；2—滚花螺钉；3—钢球；4—钻模板；5—滑柱；6—定位销

（5）滑柱式钻模。滑柱式钻模是一种带有升降钻模板的通用可调夹具。图 3-50 所示为手动滑柱式钻模的通用结构，由夹具体 1、三根滑柱 2、钻模板 4 和传动、锁紧机构所组成。使用时只要根据工件的形状、尺寸和加工要求等具体情况，专门设计制造相应的定位、夹紧装置和钻套等，装在夹具体的平台和钻模板上的适当位置，就可用于加工。转动手柄 6 经过齿轮齿条的传动和左右滑柱的导向，便能顺利地带动钻模板升降，将工件夹紧或松开。

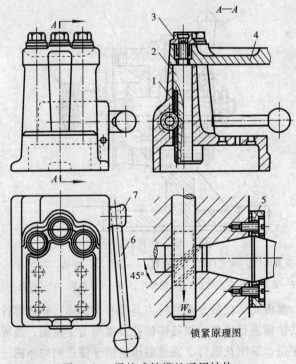

图 3-50　滑柱式钻模的通用结构

1—夹具体；2—滑柱；3—锁紧螺母；4—钻模板；5—套环；6—手柄；7—螺旋齿轮轴

钻模板在夹紧工件或升降至一定高度后，必须自锁。锁紧机构的种类很多，但用得最广泛的则是图 3-50 所示的圆锥锁紧机构，其工作原理是螺旋齿轮轴 7 的左端制成螺旋齿，与中间滑柱后侧的螺旋齿条相啮合，其螺旋角为 45°。轴的右端制成双向锥体，锥度为 1：5，与夹具体 1 及套环 5 的锥孔配合。钻模板下降接触到工件后继续施力，则钻模板通过夹紧元件将工件夹紧，并在齿轮轴上产生轴向分力使锥体楔紧在夹具体的锥孔中。由于锥角小于两倍摩擦角（锥体与锥角的摩擦因数 $f=0.1$，$\phi=6°$），故能自锁。当加工完毕，钻模板升到一定高度时，可以使齿轮轴的另一段锥体楔紧在套环 5 的锥孔中，将钻模板锁紧。这种手动滑柱式钻模的机械效率较低，夹紧力不大，并且由于滑柱和导孔为间隙配合（一般为 H7／f7），因此被加工孔的垂直度和孔的位置尺寸难以达到较高的精度。但是其自锁性能可靠，结构简单，操作方便，具有通用、可调的优点，所以不仅广泛用于大批量生产，而且也已推广到小批生产中。该钻模适用于中、小件的加工。

2）钻模结构设计要点

钻模设计中，除了要解决一般夹具所共有的定位、夹紧等问题之外，其特有的是专供引导刀具的钻套（引导元件）和安装钻套的钻模板。

（1）钻套。钻套的主要作用是确定定尺寸孔加工刀具的加工位置，保证加工孔的轴线位置尺寸。当然，钻套也起引导刀具、增强刀具系统刚性的作用，它是钻模的重要元件。

钻套的结构和尺寸已经标准化了。根据使用特点，钻套可分为如下四种类型：

① 固定钻套。固定钻套主要用于小批生产条件下单纯用钻头钻孔的工序。固定钻套是直接装在钻模板的相应孔中的，因此固定钻套磨损后不能更换。固定钻套有两种结构，如图 3-51 所示。带肩的主要用于钻模板较薄时，用以保持钻套必须的引导长度。有了肩部，还可以防止钻模板上的切屑和冷却液落入钻套孔中。

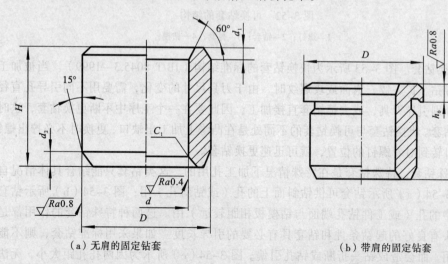

（a）无肩的固定钻套　　　　（b）带肩的固定钻套

图 3-51　固定钻套

固定钻套的下端应超出钻模板，而不应缩在钻模板内，以防止带状切屑卷入钻套中而加快钻套的磨损。关于标准固定钻套的结构，可参阅国家标准。

② 可换钻套。在大批量生产中，为了克服固定钻套磨损后无法更换的缺点，可以使用可换钻套，其标准结构（JB/T 8045.2—1999）如图 3-52 所示。它的凸缘上铣有台肩，钻套螺钉的圆柱头盖在此台肩上，可防止钻套转动和掉出。当钻套磨损后，只要拧去螺钉，便可更换新的可换钻套。对更换频繁的钻套，为了保护钻模板不被损坏，应在可换钻套外配装一个衬套。可换钻套与固定钻套一样，只用于单工步孔加工。

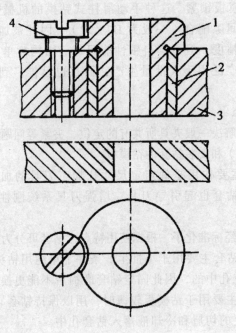

图 3-52 可换钻套的结构

1—螺钉；2—钻套；3—衬套；4—钻模

③ 快换钻套。图 3-53 所示为快换钻套的标准结构（JB/T 8045.3—1999）。当被加工孔要连续进行钻、扩、铰、锪面或攻螺纹时，由于刀具尺寸的变化，需要用不同引导孔直径尺寸的钻套分别引导刀具，或去掉钻套直接加工，因此要在一个工序中不断更换钻套，这时应使用快换钻套。快换钻套与可换钻套的不同处是在凸缘上加工出缺口，更换时不必拧出螺钉，只要将缺口转到对着螺钉的位置，就可迅速更换钻套。

④ 特殊钻套。特殊钻套是在特殊情况下加工孔用的。这类钻套只能结合具体情况自行设计。图 3-54（a）所示钻套可供钻斜面上的孔（或钻斜孔）用；图 3-54（b）所示钻套可供钻凹坑中的孔（或工件钻孔端面与钻模板相距较远）用。这两种特殊钻套的作用都是为了保证钻头有良好的起钻条件和钻套具有必要的引导长度。如果采用标准钻套，则不能起到这些作用，而会造成钻头折断或钻孔引偏。图 3-54（c）所示为因两孔孔距太小，无法分别采用各自的快换钻套而采用的一种特殊钻套，它可在同一个快换钻套体上加工出两个导向孔。

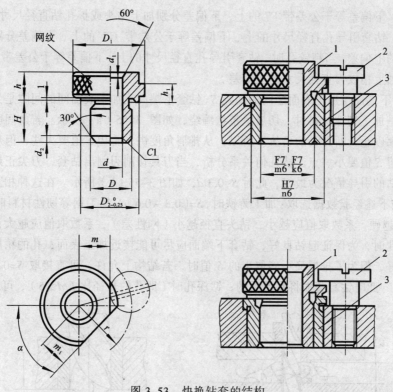

图 3-53 快换钻套的结构

1—快换钻套；2—螺钉；3—衬套

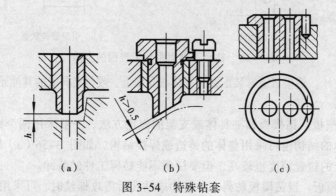

（a） （b） （c）

图 3-54 特殊钻套

（2）钻套引导孔的尺寸和极限偏差的确定。在选用标准钻套时，钻套的引导孔尺寸与极限偏差需要由设计者确定，其余的结构尺寸在标准中都已规定。引导孔的尺寸与极限偏差可按下述原则确定：

① 钻套所引导的定尺寸孔加工刀具，如钻头、扩孔钻、铰刀等，其结构和尺寸都已标准化、规格化了（见有关国家标准），并由工具厂生产供应，所以钻套引导孔与这类孔加工刀具的配合应按基轴制来选取。

② 钻套引导孔的公称尺寸应等于所引导刀具直径的公称尺寸。

③ 钻套引导孔与刀具之间应保证一定的配合间隙，以防止两者在加工过程中发生卡住咬死现象。根据一般加工情况，具体推荐引导孔极限偏差：当钻孔、扩孔时，钻套引导孔直

径尺寸的上、下偏差等于公差带 F7 的上、下偏差分别加上钻头或扩孔钻直径尺寸的上偏差；当粗铰孔时，钻套引导孔直径尺寸的上、下偏差等于公差带 G7 的上、下偏差分别加上粗铰刀直径尺寸的上偏差；当精铰孔时，钻套引导孔直径尺寸的上、下偏差等于公差带 G6 的上、下偏差分别加上精铰刀直径尺寸的上偏差。

④ 钻套下端面与加工表面之间的间隙 S。钻套下端面至加工表面间的间隙是为了排屑的需要。尤其是加工韧性材料时，切屑呈带状缠绕，如图 3-55（a）所示。若此间隙过小，就可能发生阻塞以至折断刀具的事故。所以，从排屑角度讲，希望 S 值要大些，但从良好引导来看，则希望 S 值要小一点。按几何关系分析，当刀具切削刃刚出钻套，刀尖正好碰着工件表面时，起钻的引导情况为最好，此时 $S \approx 0.3\,d$，如图 3-55（b）所示。在这种相互制约的情况下，一般按下述经验数据选取：加工铸铁时，$S=(0.3\sim0.6)d$；加工钢等韧性材料时，$S=(0.5\sim1.0)d$；材料越硬，系数取值应越小，钻头直径越小（刚性差），系数取值应越大；在斜面或圆弧面上钻孔时，为保证起钻良好，钻套下端面应尽可能接近加工表面；孔的精度要求高，要求引导良好，但为了排屑又不能取小的 S 值时，若结构上允许，可直接取 $S=0$，使切屑由引导孔排出，此时钻套磨损将是严重的；钻深孔时（即孔的长径比 $L/d > 5$），可取 $S=1.5\,d$。

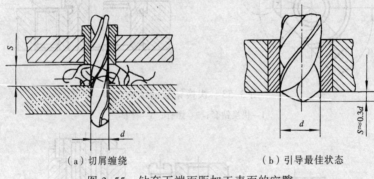

（a）切屑缠绕　　　　　　　　（b）引导最佳状态

图 3-55　钻套下端面距加工表面的空隙

（3）钻模板设计。钻模板通常装配在夹具体或支架上，或与夹具上的其他元件相连接。常见的有如下四种类型：

① 固定式钻模板。钻模板和夹具体或支架的固定方法，一般采用两个圆锥销和螺钉装配连接；对于简单的结构也可采用整体的铸造或焊接结构，如图 3-56（a）所示。它们的结构都较简单，钻套的位置精度也较高，但要注意不能妨碍工件的装卸。

② 铰链式钻模板。当钻模板妨碍工件装卸或钻孔后需攻螺纹时，可采用图 3-56（b）所示的铰链式钻模板，它与夹具体或支架采用铰链连接。

铰链销与钻模板的销孔采用 G7/h6 配合，与铰链座销孔采用 N7/h6 配合。钻模板与铰链座凹槽一般采用 H8/g7 配合，精度要求高时应配制，控制 0.01~0.02 mm 的间隙，钻套导向孔与夹具安装面的垂直度，可通过调整垫片或修磨支件的高度予以保证。加工时，钻模板需用菱形螺母或其他方法予以锁紧。由于铰链销孔之间存在配合间隙，其加工精度比采用固定式钻模板低。

③ 可卸式钻模板。可卸钻模板以两孔在夹具体上的圆柱销 3 和菱形销 4 上定位，并用铰链螺栓将钻模板和工件一起夹紧，加工完毕需要将钻模板卸下，才能装卸工件，如图 3-56（c）所示。使用这类钻模板，装卸钻模板时较费力，钻套的位置精度低，因此一般多在使用其他类

型钻模板不便于装夹工件时才采用该种钻模板。

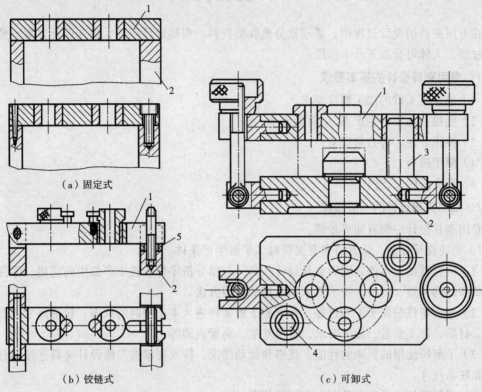

（a）固定式

（b）铰链式

（c）可卸式

图 3-56　夹具上的几种钻模板

1—钻模板；2—夹具体（支架）；3—圆柱销；4—菱形销；5—垫片

④ 悬挂式钻模板。在立式钻床上采用多轴传动头进行平行孔系加工时，所用的钻模板就连接在传动箱上，并随机床主轴往复移动。钻模板 5 的位置由导向滑柱 2 来确定，并悬挂在滑柱上，通过弹簧 1 和横梁 6 与机床主轴或主轴箱连接，如图 3-57 所示。这类钻模板多与组合机床或多轴箱联合使用。

（4）夹具体。钻模的夹具体一般不设定位或导向装置，夹具通过夹具底面安放在钻床工作台上，可直接用钻套找正并用压板压紧（或在夹具体上设置耳座用螺栓压紧）。

（5）钻套位置尺寸和公差的确定。钻套在夹具上的位置以定位元件的定位表面或定位元件轴线为基准进行标注。钻套位置尺寸为公称尺寸以工件相应尺寸的平均尺寸为公称尺寸，公差取工件相应尺寸公差的 $1/5 \sim 1/2$，偏差对称标注。

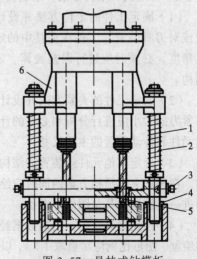

图 3-57　悬挂式钻模板

1—弹簧；2—导向滑柱；3—螺钉；
4—套；5—钻模板；6—横梁

3.4 专用夹具设计

在专用夹具的设计过程中，必须充分地收集资料，明确设计任务，优选设计方案，整个设计过程，大体可分以下几个阶段：

1. 专用夹具设计的基本要求

（1）能保证工件的加工精度要求；

（2）能提高加工的生产率，降低成本；

（3）操作方便、省力和安全；

（4）便于排屑；

（5）有良好的工艺性。

2. 专用夹具设计的一般步骤

专用夹具设计一般有如下步骤：

1）明确设计任务，认真研究有关资料，了解生产条件

（1）研究被加工零件，明确夹具设计任务。包括分析零件在整个产品中的应用、零件本身形状和结构特点、材料、技术要求和毛坯的获得方法。

（2）分析零件的加工工艺过程。特别要了解零件进入本工序时的状态，包括尺寸、形状精度，材质，加工余量，加工要求，定位基准，夹紧表面等。

（3）了解所使用的机床的性能、规格和运动情况。特别要掌握与所设计夹具连接部分的结构和联系尺寸。

（4）了解零件的投产批量和生产纲领情况。

（5）收集有关设计资料。包括机械零件、夹具设计等标准及其他相关资料。

2）拟定夹具结构方案，绘制夹具结构草图

（1）确定工件的定位方法并设计相应的定位装置；确定刀具的引导方式并设计引导装置或对刀具装置。工件在夹具中的定位应符合定位原理，所选定位方案必须保证工件的加工精度，必要时应进行误差验算。定位元件和导向元件的设置要合理，并应尽量采用标准结构。

（2）确定工件的夹紧方式并设计夹紧装置。夹紧力的方向和作用点应符合夹紧原则，对夹紧力的大小应进行分析和必要的计算（有时需要通过做试验决定夹紧力的大小），以确定夹紧元件和传动装置的主要尺寸。

（3）确定其他元件或装置的结构形式，考虑这些元件和装置的布局，确定出夹具体的结构。在构思夹具结构方案的同时应绘制夹具的结构草图，以检查方案的合理性和可行性，并为进一步绘制夹具总图做好准备。

（4）绘制夹具总图。结构方案经讨论审查后，便可正式绘制夹具总图。总图应按国家标准绘制，图形比例应尽量取 1：1，以便使绘出的图样具有良好的直观性，工件过大可用 1：2 或 1：5 的比例，过小可用 2：1 的比例。总图的视图数应在能清楚地表示各零件相互关系的原则上尽量少，总图上的主视图应尽可能选取与操作者正对的位置。

绘制总图的步骤：先用双点画线绘制工件的轮廓外形（即把工件视为一假想透明体，不遮挡夹具），并画出定位基面、夹紧表面和被加工表面。被加工表面上的加工余量，可用网纹

线或粗实线表示。而后按照工件的形状和位置依次画出定位、导向、夹紧装置等各元件的具体结构，最后画出夹具体，以使夹具成为一整体。

（5）标注总图上各部分尺寸和技术要求。在夹具总图上应标注轮廓尺寸和必要的装配、检验尺寸及其公差，制订主要元件和装置之间的相互位置精度要求等。当加工的技术要求较高时，应进行工序精度分析。最后要对总图上所有零件编号，填写零件明细表和标题栏。

（6）绘制夹具零件图。为简化夹具设计和制造，应尽可能采用标准元件。标准的夹具零件及部件，可在国家标准、行业标准及工厂内规定的标准中选择。夹具中的非标准零件应自行设计制造，为此必须绘制其零件图。非标准零件的绘制应符合国家制图标准规定，其视图的选择应尽可能与零件在总图上的工作位置相一致。非标准零件的公差和技术要求应依据夹具总图的公差和技术要求，参照同类零件并考虑本单位的生产条件来决定。

在实际工作中，上述设计步骤并非一成不变，但它在一定程度上反映了设计夹具所要考虑的问题和设计经验，因此对于缺乏设计经验的人员来说，遵循一定的方法、步骤进行设计是很有帮助的。

3. 夹具公差和技术要求的制订

1）夹具总图上应标注的尺寸和技术要求

（1）外形轮廓尺寸。一般是指夹具的最大外形轮廓尺寸，特别是当夹具结构中有可动部分时，应包括可动部分处于极限位置时在空间所占尺寸。例如，夹具上有超出夹具体外的旋转部分时，应注出最大旋转半径；有升降部分时，应注出最高和最低位置。由此可见，标出夹具最大外形轮廓尺寸，就能知道夹具实际所占的空间大小和可能活动的范围，从而可以校核所设计的夹具是否会与机床、刀具发生干涉。

（2）与定位精度有关的尺寸公差及相互位置要求。例如定位元件上定位表面的尺寸公差及配合性质，各定位元件间的位置尺寸及相互位置要求，定位元件与夹具安装基面间的位置尺寸及相互位置精度要求，夹具主要元件间的配合尺寸和配合性质。

（3）定位元件与导向元件、对刀元件间的位置尺寸及相互位置精度要求。主要是指铣、刨夹具中所设的对刀块，钻、镗夹具中的钻套和镗套这类元件的有关位置尺寸及形位精度的标注。

（4）夹具与机床连接部分的尺寸及配合性质。这类尺寸表示夹具如何与机床有关部分连接，从而确定夹具在机床上的正确位置。对于车床、圆磨床夹具，主要是指夹具与机床主轴端的连接尺寸；对于铣床夹具，则是指夹具上的定位键与 U 形槽和机床工作台上的 T 形槽的配合尺寸。标注尺寸时，还常以夹具上的定位元件作为相互位置尺寸的基准。

（5）与保证夹具装配精度有关或检验方法有关的特殊技术要求。这类技术要求指属于夹具内部各组成连接副的配合、各组成元件之间的位置关系等，如定位元件与夹具体，滑柱钻模的滑柱与导孔的配合等。虽不一定与工件、刀具、机床有直接关系，但也影响加工精度和规定的使用要求。

此外，对夹具制造和使用的一些特殊要求，如夹具的操作、平衡、安全、装配使用中的注意事项等，则用文字在夹具总图上加以说明。

2）夹具公差的确定

夹具公差可分为与工件加工尺寸直接有关的和与工件加工尺寸无直接关系的两类。

（1）夹具中与工件尺寸有关的公差。例如夹具上定位元件之间、对刀-引导元件之间等有关尺寸公差。它们直接与工件上相应的加工尺寸公差发生联系，因而须按工件加工尺寸公差来决定。一般按下列原则确定这类公差：

① 在不增加制造困难的前提下，夹具公差应制订得尽量小，以增加夹具的可靠性，并补偿使用中的磨损量。

② 为便于夹具制造和装配，夹具的距离尺寸公差应作对称分布，其公称尺寸应为工件相应尺寸的平均值。例如被加工工件孔距为 $185_{-0.5}^{0}$ mm，夹具上应标为（184.75±0.25）mm 而不能标为（185±0.25）mm，因为（185+0.25）mm 已超过最大极限尺寸 185 mm。

③ 在夹具制造中，为减少加工困难，提高夹具的精度，可采用调整法、修配法、组合加工或在使用的机床上加工等方法。在这些情况下，某些零件的制造公差可放宽些。

④ 在实际设计中多用经验类比法来确定这类公差值的大小。通常，将夹具的尺寸公差和形位公差取为工件相应公差的 1/5~1/2；工件的精度要求较高，公差值较小时，为使夹具制造不十分困难，宜取 1/3~1/2；工件的公差值较大，生产批量较大时，宜取 1/5~1/3。夹具上主要角度公差一般取为工件相应角度公差的 1/5~1/2，常取±10′，要求严的可取±1′~±5′。

（2）夹具中与工件加工要求无直接关系的公差。例如定位元件与夹具体的配合尺寸公差，夹紧装置各组成零件间的配合尺寸公差等，它们大都属于夹具内部结构配合尺寸的公差，主要根据零件的功用和装配要求，按一般公差与配合的制订原则，参照有关经验值来确定。

① 当工件加工尺寸或角度公差为自由公差时，夹具上相应公差一般取为±0.1 mm 或±10′。

② 当工件的加工面没有提出相互位置精度要求时，夹具上的那些主要元件间的位置公差可按经验取为（100∶0.02）~（100∶0.05），或者全长不大于 0.03~0.05 mm。

4. 夹具体的设计

1）夹具体的结构形式

夹具体的结构形式一般由机床的有关参数、夹具各元件和装置的分布以及工件的外廓尺寸而定。图 3-58 所示为夹具体的结构形式，它分为开式、半开式和框架式三种。一般开式结构的制造工艺性较好，而框架式结构的整体刚性较强。在选择夹具体的结构形式时，应注意考虑三个方面的问题：首先要考虑与工件的形状、尺寸、加工要求以及所选用的机床相适应；其次要便于夹具体毛坯的制造和切削加工；最后还要便于工件的装卸。

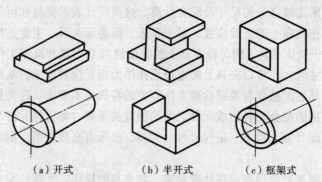

（a）开式　　　　（b）半开式　　　　（c）框架式

图 3-58　夹具体的结构形式

2）夹具体毛坯的制造方法

（1）铸造夹具体。铸造夹具体的材料大多采用 HT150 或 HT200 灰铸铁。要求强度很高时，可用铸钢（如 ZG35）；要求重量轻时，可用铸铝（如 ZL104），如图 3-59（a）所示。铸造夹具体的优点是工艺性好，可以铸出各种复杂形状的外形，并具有较好的抗压强度、刚度和抗振性，但铸造夹具体的生产周期长，单件制造成本较高，而且因铸造时存在内应力，易引起变形，从而影响夹具体精度的持久性。

（2）焊接夹具体。焊接夹具体由钢板、型材焊接而成，如图 3-59（b）所示。与铸造夹具体相比，其主要优点是结构通常较简单，易于制造，生产周期短，成本低，重量轻，使用也较灵活；缺点是焊接时的热应力较大，易变形，需进行退火处理，并应设置加强筋或隔板，以提高其刚性。目前一些发达国家常采用这种夹具体。

（3）装配夹具体。这是近年来发展的一种新型的夹具体。装配夹具体是由标准毛坯件或标准零件以及个别非标准件通过螺钉、销钉连接组装而成的，如图 3-59（c）所示。它具有制造周期短、成本低、可组织专业化生产、精度稳定等优点，并有利于夹具体结构的标准化、系列化，也便于夹具的计算机辅助设计，是一种很有发展前途的夹具体类型。

（4）其他类型的夹具体包括锻造夹具体和型材夹具体。

① 锻造夹具体，如图 3-59（d）所示。它适用于形状简单、尺寸不大，而要求其强度、刚度很大的场合，一般情况下很少采用，并且锻造成型后应作退火处理。

② 型材夹具体，它是采用板料、棒料、管材等型材直接加工而成的夹具体。它具有制造周期短、成本低等优点，适用于小型夹具的制造，如心轴类夹具的夹具体。

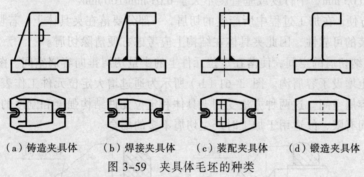

（a）铸造夹具体　（b）焊接夹具体　（c）装配夹具体　（d）锻造夹具体

图 3-59　夹具体毛坯的种类

3）夹具体设计的基本要求

设计夹具体时，有以下一些基本要求：

（1）有足够的强度和刚度。在加工过程中，夹具体要承受切削力、夹紧力、惯性力，以及切削过程中产生的冲击和振动，所以夹具体应有足够的刚度和强度。为此，夹具体要有足够的壁厚，并根据受力情况适当布置加强筋或采用框式结构。一般加强筋厚度取壁厚的 0.7 ~ 0.9，筋的高度不大于壁厚的 5 倍。

（2）减轻重量，便于操作。在保证一定的强度和刚度的情况下，应尽可能使夹具体体积小、重量轻。在不影响刚度和强度的地方，应开窗口、凹槽，以便减轻其重量。特别对于手动、移动或翻转夹具，通常要求夹具总重量不超过 100 N（相当于 10 kg），以便于操作。

（3）安放稳定、可靠。夹具体在机床上的安放应稳定，对于固定在机床上的夹具，应使其重心尽量低；对于不固定在机床上的夹具，其重心和切削力作用点应落在夹具体在机床上的支承面范围内。夹具越高，支承面积应越大。为了使接触面接触紧密，夹具体底面中部一般应挖空。对于较大的夹具体应采用图 3-60（a）所示的周边接触、图 3-60（b）所示的两端接触或图 3-60（c）所示的四脚接触等方式。各接触部位应在夹具体的一次安装中同时磨出或刮研出。

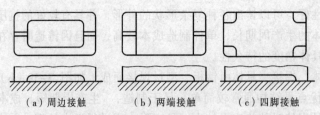

（a）周边接触　　（b）两端接触　　（c）四脚接触

图 3-60　夹具安装基面的形式

（4）结构简单，工艺性好。夹具体的结构应尽量紧凑，工艺性好，便于制造、装配。夹具体上最重要的加工表面有三组：夹具体在机床上定位部分的表面、安放定位元件的表面、安放刀具和导向装置或元件的表面。夹具体的结构应便于这些表面的加工。

（5）尺寸稳定，有一定的精度。夹具体经制造加工完成后，尺寸应保持稳定，避免其日久变形。为此，对于铸造夹具体毛坯，要进行时效处理；对于焊接夹具体毛坯，要进行退火处理；铸造夹具体其壁厚过渡要和缓、均匀，以免产生过大的铸造残余应力。必要时，在粗加工后，还应进行二次去应力时效处理。

夹具体各主要表面要有一定的精度和表面粗糙度要求，特别是应有位置精度要求。这是保证工件在夹具中加工精度的必要条件。一般的推荐值：粗糙度 $Ra0.8\sim1.6\ \mu m$，平面度或直线度不大于 $0.05\ mm$，平行度或垂直度不大于 $0.01\ mm/100\ mm$。

（6）排屑方便。在加工过程中所产生的切屑，一部分要落在夹具体上。若切屑积聚过多，将影响工作安装的可靠性，因此夹具体在结构上应考虑方便清除切屑。

① 增加容纳切屑的空间，使落在定位元件上的少量切屑排向容屑空间。图 3-61（a）所示为在夹具体上增设了容屑沟。图 3-61（b）所示为通过增大定位元件工作表面与夹具体之间的距离形成容屑空间。这两种方法受到夹具体和定位元件结构强度和刚度的限制，实际所增加的容屑空间有限，故适用于加工时产生切屑不多的场合。

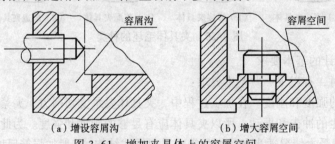

容屑沟　　　　　　　　　　容屑空间

（a）增设容屑沟　　　　　　　（b）增大容屑空间

图 3-61　增加夹具体上的容屑空间

② 采用可自动排屑结构，如在夹具体上设计排屑用的斜面或缺口，使切屑自动由斜面处滑下并排出夹具体外。

（7）吊装方便，使用安全。夹具体的设计应使夹具吊装方便，使用安全。在加工中要翻转或移动的夹具，通常要在夹具体上设置手柄或手扶部位，以便于操作。对于大型夹具，为便于吊运，在夹具体上应设有吊环、起吊环或起重螺栓。对于旋转类夹具体，要尽量避免凸出部分，或装上安全罩，并考虑平衡。

5. 专用夹具设计实例

设计任务书：设计在成批生产条件下，在 Z525 立式钻床上钻削图 3-62 所示拨叉零件上的螺纹底孔 $\phi 8.4\ mm$ 的钻床夹具。

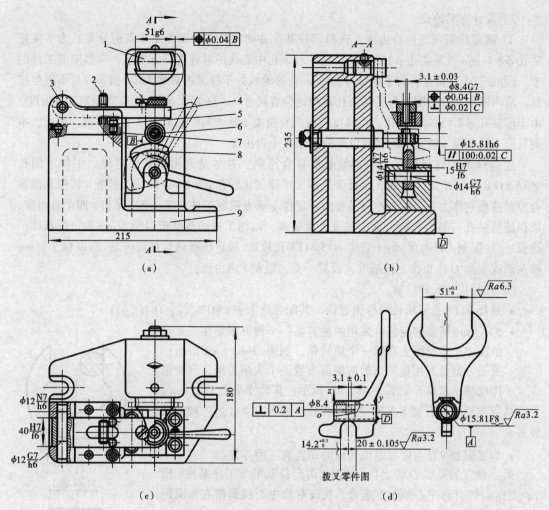

图 3-62 拨叉钻孔夹具

1—防转扁销；2—锁紧销钉；3—销轴；4—钻模板；
5—支承钉；6—定位心轴；7—模板座；8—偏心轮；9—夹具体

1）设计任务分析

（1）孔 $\phi8.4$ mm 为自由尺寸，可一次钻削保证，该孔在轴线方向的设计基准是槽 $14.2_0^{+0.1}$mm 的对称中心线，要求距离为（3.1 ± 0.1）mm，该尺寸精度通过钻模是完全可以保证的；孔 $\phi8.4$ mm 在径向方向的设计基准是孔 $\phi15.81$F8 的中心线，其对称度要求是 0.2 mm，可用夹具保证。

（2）孔 $\phi15.81$F8、槽 $14.2_0^{+0.1}$mm 和拨叉口 $51_0^{+0.1}$mm 是前工序已完成的尺寸，本工序的后续工序是以 $\phi8.4$ mm 孔为底孔攻螺纹 M10。

（3）立钻 Z525 的最大钻孔直径为 $\phi25$ mm，主轴端面到工作台的最大距离 $H = 700$ mm；工作台面尺寸为 375 mm×500 mm，其空间尺寸完全能满足夹具的布置和加工范围的要求。

（4）本工序为单一孔加工，夹具可采用固定式。

2）设计方案论证

① 确定所需限制的自由度，选择定位基准并确定各基准面上支承点的分布。为了保证钻孔 $\phi 8.4$ mm 对基准孔 $\phi 15.81F8$ 垂直并对该孔中心线的对称度符合要求，应当限制工件的 $\vec{x}$、$\hat{x}$ 和 $\vec{z}$ 三个自由度；为了保证 $\phi 8.4$ mm 孔的轴线处于拨叉的对称面（z 面）内且不发生扭斜，应当限制 $\hat{y}$ 自由度；为了保证孔对槽的位置尺寸（3.1 ± 0.1）mm，还应当限制 $\vec{y}$ 自由度。由于所钻孔 $\phi 8.4$ mm 为通孔，孔深度方向的自由度 z 轴方向的移动可以不加限制，因此，本夹具应当限制除 z 轴方向的移动以外的其余五个自由度。

定位基准的选择应尽可能遵循基准重合原则，并尽量选用精基准定位。工件上的孔 $\phi 15.81F8$ 是已经加工过的孔，且又是本工序要加工的孔 $\phi 8.4$ mm 的设计基准，按照基准重合原则选择它作为主定位基准，设置四个定位支承点限制工件的 $\vec{x}$、$\vec{z}$、$\hat{x}$ 和 $\hat{y}$ 四个自由度，以保证所钻孔与基准孔的对称度和垂直度要求；以加工过的拨叉槽口 $51^{+0.1}_{0}$ mm 为定位基准，设置一点，限制 $\hat{y}$ 自由度，由于它离 $\phi 15.81F8$ 孔较远，故定位准且稳定可靠。所以 $14.2^{+0.1}_{0}$ mm 槽两侧或端面 D 作止推定位基准，设置一点，限制 $\vec{y}$ 自由度。

② 选择定位元件结构。

- $\phi 15.81F8$ 孔采用长圆柱销定位，其配合选为 $\phi 15.81F8(^{+0.043}_{+0.016})/h7(^{0}_{-0.018})$。
- $51^{+0.1}_{0}$ mm 槽面的定位可采用两种方案：一种方案是在拨叉口的其中一个槽面上布置一个防转销，如图 3-63（a）所示；另一方案是利用拨叉口的两侧面布置一个大削边销，与长销构成两销定位，如图 3-63（b）所示。其尺寸采用 $51^{+0.1}_{0}$ mm。

从定位稳定及有利于夹紧等方面比较这两种方案，后一种方案较好。

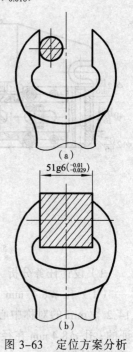

（a）

$51g6(^{-0.01}_{-0.029})$

（b）

图 3-63　定位方案分析

- 为了限制 $\vec{y}$ 自由度，定位元件的布置有三种方案：

第一种方案是以 D 面定位。此时，因定位基准与工序基准（槽 $14.2^{+0.1}_{0}$ mm 的对称中心线）不重合，且该对称中心线到槽右侧面距离尺寸为 $7.1^{+0.05}_{0}$ mm。定位基准与工序基准的联系尺寸的公差即为其基准不重合误差，且 $\Delta B_1 = 0.05+0.105\times2 = 0.26$ mm，已超过尺寸 3.1 ± 0.1 mm 的加工公差（0.2 mm），故此方案不能采用。

第二种方案是以槽口两侧面中的任一面为定位基准，采用圆柱销单面定位。这时工序基准是槽的对称中心线，仍属于基准不重合，槽口尺寸变化所形成的基准不重合误差为

$$\Delta B_2 = 0.05 \text{ mm}; \frac{1}{3}\times 0.2 = 0.067 \text{ mm};$$

$$0.05 \text{ mm} < 0.067 \text{ mm}$$

此方案可用。

第三种方案是以槽口两侧面的对称平面为定位基准，采用具有对称结构的定位元件（可伸缩的锥形定位销或带有对称斜面的偏心轮等）定位，此时，定位基准与工序基准完全重合，定位间隙也可以消除，$\Delta B_3 = 0$。

比较上述三种方案，第一种方案不能保证加工精度；第二种方案具有结构简单、定位精度可以保证的优点；第三种方案定位误差为零，但结构比前两种方案复杂了些。从大批量生

产的条件来看，第三种方案虽然结构复杂一点，却能完成夹紧的任务，因此第三种方案是较恰当的，如图 3-64 所示。

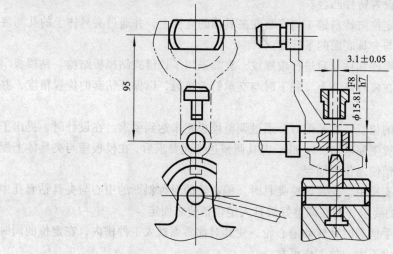

图 3-64　定位、夹紧元件的布置

③ 定位误差分析。影响对称度的定位误差为

$$\Delta D = D_{max} - d_{min} = (15.81 + 0.043) - (15.81 - 0.018) = 0.061（mm）$$

此值小于工件相应尺寸公差的三分之一（1/3×0.2 = 0.067 mm），能满足要求。影响所钻孔是否在 z 平面上的角度误差为

$$\frac{X_{1max} + X_{2max}}{2L} = \tan^{-1}\frac{(0.1 + 0.029) + (0.043 + 0.018)}{2 \times 95} = 3'26''$$

工件在任意方向偏转时，总角度误差为±3'26"。此值远小于自由公差±50'。

综上所述，本定位方案由于采用了圆偏心轮式定心夹紧装置，它兼有定心和夹紧的作用，因此能保证槽面与偏心轮接触良好，基准位移误差较小；又因基准重合，故定位误差更小。本方案操作方便、迅速，结构也不太复杂，故采用它较合理。

3）夹紧机构的确定

当定位心轴水平放置时，在 Z525 立钻上钻 $\phi 8.4$ mm 孔的钻削力和扭矩均由定位心轴来承担。这时工件的夹紧可以有两种方案：

（1）在心轴轴向施加轴向力夹紧。这时，可在心轴端部采用螺纹夹紧装置，夹紧力与切削力处于垂直状态。这种结构虽然简单，但装卸工件却比较麻烦。

（2）在槽 $14.2_{0}^{+0.1}$ mm 中采用带对称斜面的偏心轮定位件夹紧，偏心轮转动时，对称斜面楔入槽中，斜面上的向上分力迫使工件中孔 $\phi 15.81F8$ 与定位心轴的下母线紧贴，而轴向分力又使斜面与槽紧贴，使工件在轴向被偏心轮固定，起到了既定位又夹紧的作用。

显然，第二种方案具有操作方便的优点。

4）总体结构分析

按设计步骤，先在各视图部位用双点画线画出工件的外形，然后围绕工件布置定位、夹紧和导向元件（见图 3-62），再进一步考虑零件的装卸、各部件结构单元的划分、加工时操作的方便性和结构工艺性的问题，使整个夹具形成一个整体。

该夹具具有如下结构特点：

（1）夹具采用整体铸件结构，刚性较好。为保证铸件壁厚均匀，内腔掏空。为减少加工面，各部件的结合面处设置铸件凸台。

（2）定位心轴 6 和定位防转扁销 1 均安装在夹具体的立柱上，并通过夹具体上的孔与底面的平行度，保证心轴与夹具底面的平行度。

（3）为了便于装卸零件和钻孔后进行攻螺纹，夹具采用了铰链式钻模板结构。钻模板 4 用销轴 3 采用基轴制装在模板座 7 上，翻下时与支承钉 5 接触，以保证钻套的位置精度，并用锁紧螺钉 2 锁紧。

（4）钻套孔对心轴的位置，在装配时，通过调整模板座来达到要求。在设计时，提出了钻套孔对心轴轴线的位置度要求 $\phi 0.04$ mm。夹具调整达到此要求后，在模板座与夹具体上配钻铰定位孔，打入定位销使之位置固定。

（5）偏心轮装在其支座中，安装调整夹具时，偏心轮的对称斜面的中心与夹具钻套孔中心线保持 3.1±0.03 mm 的要求，并在调整好后打入定位销使之固定。

（6）夹紧时，通过手柄顺时针转动偏心轮，使其对称斜面楔入工件槽内，在定位的同时将工件夹紧。由于钻削力不大，故工作可靠。

该夹具对工件定位考虑合理，且采用偏心轮使工件既定位又夹紧，简化了夹具结构，适用于成批生产。

思考及练习题

3-1 固定支承有哪几种形式？各适用于什么场合？

3-2 可调支承与辅助支承有哪些区别？

3-3 夹紧装置由哪几部分组成？

3-4 车床夹具由哪几部分组成？

3-5 简述在铣床夹具中使用对刀块和塞尺的作用。并说明其对调刀尺寸计算产生的影响。

3-6 钻床夹具分为哪几类？各类型的结构特点和应用范围是什么？

3-7 钻模板有哪几种？说明其结构特点。

3-8 从结构上看，镗套有哪些种类？各自有什么特点？应怎样选用？

3-9 夹具设计的基本要求是什么？

3-10 进行夹具设计的基本依据是什么？

3-11 进行夹具设计时应对设计任务做哪些方面的分析？

3-12 被加工零件在夹具设计总图中应怎样表示？它对其他结构的表示有没有影响？

3-13 夹具总图上应标注哪几类尺寸？

3-14 为了校核所设计的夹具是否与机床、刀具等发生干涉，在夹具图上应标注什么尺寸？

3-15 夹具体的结构有哪几种类型？各有哪些特点？

3-16 夹具体设计应符合哪些基本要求？如何改善夹具体的容屑、排屑性能？

3-17 什么是定位？简述工件定位的基本原理。

3-18 什么是过定位？举例说明过定位可能产生哪些不良后果，可采取哪些措施？

3-19 为什么说夹紧不等于定位？

3-20 分析图 3-65 所示定位方案，回答如下问题：

（1）三爪卡盘、顶尖各限制工件的哪些自由度？

（2）该定位属于哪种定位类型？

（3）该定位是否合理，如不合理，请加以改正。

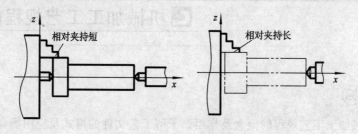

图 3-65 定位方案

3-21 分析加工图 3-66 所示零件的尺寸时，应限制的自由度？

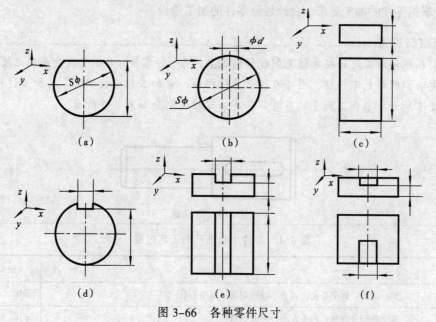

图 3-66 各种零件尺寸

3-22 综述车床夹具、钻床夹具、铣床夹具和镗床夹具设计时应注意的问题。

3-23 专用夹具由哪几部分组成？各自的作用是什么？

3-24 简述专用夹具的分类。

3-25 分析常用的定位元件限制的自由度数目。

3-26 简述的常用的夹紧装置的类型及各自的特点。

单(元)四

🔁 机械加工工艺规程的制订

🔺 学习目标

- 了解机械加工工艺规程的概念及作用，了解工艺文件的格式及应用场合；
- 理解定位基准、工艺尺寸链的概念；
- 掌握零件毛坯的选择、工艺路线的拟定、加工余量确定的方法和工序尺寸及公差的计算方法；
- 会根据零件的加工要求，合理划分零件的加工阶段。

🔍 观察与思考

我们在机械加工现场经常能见到这样的现象，同一种零件，当加工数量差别比较大时，其加工方法、顺序也不一样。图 4-0 所示为阶梯轴，当加工数量较少时，其加工过程的划分如表 4-1 所示。当加工数量较多时，其加工过程的划分如表 4-2 所示。

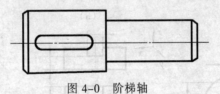

图 4-0　阶梯轴

表 4-1　单件小批生产的工艺过程

工序号	工 序 内 容	设 备
1	车一端面，钻中心孔；调头车另一端面，钻中心孔	车床
2	车大外圆及倒角；调头车小外圆及倒角	车床
3	铣键槽，去毛刺	铣床

表 4-2　大批大量生产的工艺过程

工序号	工 序 内 容	设 备
1	车一端面，钻中心孔	车床
2	车大外圆及倒角	车床
3	车小外圆及倒角	车床
4	铣键槽	键槽铣床
5	去毛刺	钳工台

4.1 机械加工工艺规程

用工艺文件规定的机械加工工艺过程称为机械加工工艺规程。机械加工工艺规程是规定产品或零部件机械加工工艺过程和操作方法等的工艺文件。生产规模的大小、工艺水平的高低以及解决各种工艺问题的方法和手段都要通过机械加工工艺规程来体现。因此，机械加工工艺规程设计是一项极为重要的工作。它要求设计者必须具备丰富的生产实践经验和广博的机械制造工艺基础理论知识。

1. 基本概念

1）机械产品生产过程

在机械产品制造时，由原材料（或半成品）转变成成品的各个相互关联的整个过程称为生产过程，它包括生产技术准备工作、原材料运输和保管、毛坯制造、零件的机械加工和热处理、表面处理、产品装配、调试、检验以及涂装和包装等过程。

根据机械产品复杂程度的不同，工厂的生产过程又可分为若干车间的生产过程。某一车间的原材料或半成品可能是另一车间的成品，而其成品又可能是其他车间的原材料或半成品。例如，锻造车间的成品是机械加工车间的原材料或半成品，机械加工车间的成品又是装配车间的原材料或半成品。机械加工工艺过程是机械产品生产过程中的一部分，是对机械产品中的零件采用各种加工方法，直接用于改变毛坯的形状、尺寸、表面粗糙度以及力学性能，使之成为合格零件的全部劳动过程。

2）机械加工工艺过程

工艺是指使各种原材料（或半成品）成为成品的方法。工艺过程是指在生产过程中改变生产对象的形状、尺寸、相对位置和性能等，使其成为半成品或成品的过程。机械产品的工艺过程又可分为铸造、锻造、冲压、焊接、铆接、机械加工、热处理、电镀、涂装、装配等工艺过程。工艺过程是生产过程中的主要组成部分，工艺过程根据其作用不同可分为零件机械加工过程和部件（或成品）装配工艺过程。

机械加工工艺过程是利用切削加工、磨削加工、电解质加工、超声波加工、电子束及离子束加工等加工方法，直接改变毛坯的形状、尺寸、相对位置和性能等，使其转变为合格零件的过程。把零件装配成部件（或成品）并达到装配要求的过程称为装配工艺过程。机械加工工艺过程直接决定零件和产品的质量，对产品的成本和生产周期都有较大的影响，是机械产品整个工艺过程的主要组成部分。本单元将主要讨论机械加工工艺过程。

3）机械加工工艺过程的组成

一般将机械加工工艺过程组成层次依次细分为工序、安装、工位、工步和走刀。

（1）工序。一个（或一组）工人在一个工作地点对一个（或同时对几个）工件连续完成的那一部分加工过程称为一道工序。根据这一定义，只要工人、工作地点、工作对象（工件）之一发生变化或不是连续完成，则应成为另一道工序。因此，同一个零件，同样的加工内容可以有不同的工序安排，例如图 4-0 所示零件的加工，其工艺过程如表 4-2 所示。此时车削外圆、倒角的内容在一台车床上连续完成，属于一道工序。如果在两台机床上顺序完成，或者虽在一台机床上加工，但先将一批工件的一端全部车好，再车另一端，这时车削就变成了两道工序，整个工艺过程就变成了四道工序。除此以外，还可以有其他安排。工序安排和工序数目的确定与零件的技术要求、零件的数量和现有工艺条件等有关。

（2）安装。在同一道工序中对工件每一次定位和夹紧所完成的那部分工序内容称为一个安装。例如表4-1所示的工序2，在一次定位和夹紧后仍需再次调头定位和夹紧，才能完成全部工序内容，因此该工序共有两个安装；而表4-2所示的工序2是在一次装夹下完成全部工序内容，故该工序只有一个安装。

（3）工位。在工件的一次安装中，有时通过分度（或移位）装置等使工件相对于机床床身变换加工位置，我们把每一个加工位置上所完成的工艺过程称为工位。在一个安装中，可能只有一个工位，也可能需要有几个工位。

图4-1所示为通过立轴式回转工作台使工件变换加工位置的实例，其共有四个工位，依次为装卸工件、钻孔、扩孔和铰孔，实现了在一次装夹中同时进行钻孔、扩孔和铰孔加工。

可以看出，如果一个工序只有一个安装，并且该安装中只有一个工位，则工序内容就是安装内容，同时也就是工位内容。

（4）工步。在一个工位中加工表面、切削刀具、切削速度和进给量都不变的情况下所完成的工艺过程，称为一个工步。

按照工步的定义，带回转刀架的机床（转塔车床、加工中心）其回转刀架的一次转位所完成的工位内容应属一个工步，此时若有几把刀具同时参与切削，该工步称为复合工步。图4-2所示为用立轴转塔车床回转刀架加工齿轮内孔及外圆的一个复合工步。可以看出，应用复合工步主要是为了提高工作效率。

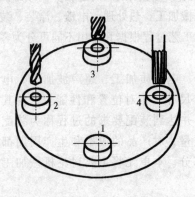

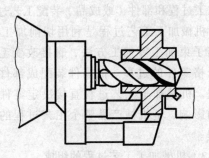

图4-1　多工位加工　　　　图4-2　立轴转塔车床的一个复合工步

1—装卸工件；2—钻孔；3—扩孔；4—铰孔

（5）走刀。切削刀具在加工表面上切削一次所完成的工步内容，称为一次走刀。一个工步可包括一次或数次走刀。当需要切去的金属层很厚，不能在一次走刀下切完时，则需要分为多次走刀。走刀是构成切削工艺过程的最小单元。

2. 生产类型及特点

机械加工工艺规程的详细程度与生产类型有关，不同的生产类型是由产品的年生产纲领即年产量来区别的。

1）年生产纲领和生产批量

企业根据市场需求和自身的生产能力决定生产计划。在计划期内，应当生产的产品产量和进度计划称为生产纲领。计划期为一年的生产纲领称为年生产纲领。零件的年生产纲领通常按下式计算

$$N= Qn（1+\alpha）（1+\beta）\qquad（4-1）$$

式中：N ——零件的年生产纲领（件/年）；

    Q ——产品的年产量（台/年）；

    n ——每台产品中该零件的数量（件/台）；

    α ——备品率；

    β ——废品率。

2）生产类型

根据零件的生产纲领或生产批量可以划分出不同的生产类型，它反映了企业生产专业化的程度，一般分为单件生产、大量生产、成批生产三种不同的生产类型。

（1）单件生产。单件生产是指生产的产品品种繁多，同一种产品的产量很小，各个工作地的加工对象经常改变，很少重复生产。

（2）大量生产。大量生产是指同一产品的生产数量很大，通常是一工作地长期进行同一种零件的某一道工序的加工。

（3）成批生产。成批生产是指一年中分批轮流生产几种不同的产品，每种产品均有一定的数量，生产呈周期性重复。每次投入或产出的同一产品的数量称为批量。按照批量的大小，成批生产可分为小批、中批、大批生产三种。小批量生产的工艺特征接近单件生产，常将两者合称为单件小批量生产。大批量生产的工艺特征接近于大量生产，常将两者合称为大批大量生产。

按年生产纲领，划分生产类型，两者的关系如表 4-3 所示。

表 4-3　生产类型和生产纲领的关系

生产类型	生产纲领（件／年）		
	重 型 机 械	中 型 机 械	轻 型 机 械
单件生产	≤5	≤20	≤100
小批生产	5～100	20～200	100～500
中批生产	100～300	200～500	500～5000
大批生产	300～1 000	500～5 000	5000～50000
大量生产	>1 000	>5000	>50000

为了获得最佳的经济效益，对于不同的生产类型，其生产组织、生产管理、车间管理、毛坯选择、设备工装、加工方法和操作者的技术等级要求均有所不同，具有不同的工艺特点。各种生产类型的主要工艺特点如表 4-4 所示。

表 4-4　不同生产类型的工艺特点

工艺特点	生 产 类 型		
	单件小批生产	中 批 生 产	大批大量生产
加工对象	经常变换	周期性变换	固定不变
毛坯及余量	木模手工造型或自由锻，毛坯精度低，加工余量大	部分采用金属模铸造或模锻。毛坯精度及加工余量中等	广泛采用金属模机器造型和模锻。毛坯精度高，加工余量小
机床设备和布置	通用机床，按机群式布置	部分专用机床，部分流水线布置，部分通用机床	广泛采用专用机床，按流水线布置
工艺装备	通用工艺装备，必要时采用专用夹具	广泛采用专用夹具，可调夹具。部分专用刀具、量具	广泛采用高效工艺装备
工件装夹	通用夹具装夹和划线找正	广泛采用专用夹具装夹，部分划线找正	全部采用专用夹具装夹
装配方法	广泛采用修配法	广泛采用互换法	广泛采用互换法
操作者技术水平要求	高	中	低
工艺文件	工艺过程卡片	工艺卡片，内容详细	工艺卡片、工序卡片，内容详细
生产率	低	中	高
成本	高	中	低

　　随着技术进步和市场需求的变化，生产类型的划分也发生着变化，传统的大批大量生产往往不能适应产品及时更新换代的需要，而单件小批生产的生产能力又跟不上市场的需求，因此各种生产类型都朝着生产过程柔性化的方向发展。

4.2　机械加工工艺规程的制订

　　机械加工工艺规程是规定零件机械加工工艺过程和加工规范等的工艺文件之一，它是在具体的生产条件下，将合理的工艺过程和加工规范，按照规定的形式书写成工艺文件，经审批后用来指导生产。机械加工工艺规程一般包括零件加工的工艺路线、各工序的具体内容及所用的设备和工艺装备、零件的检验项目及检验方法、切削用量、时间定额等内容。

1. 工艺规程的作用

　　（1）工艺规程是生产准备工作的依据。在新产品投入生产以前，必须根据工艺规程进行有关的技术准备和生产准备工作。例如，原材料及毛坯的供给，工艺装备（刀具、夹具、量具）的设计、制造及采购，机床负荷的调整，作业计划的编排，劳动力的配备等。

　　（2）工艺规程是组织生产的指导性文件。生产的计划和调度、工人的操作、质量的检查等都是以工艺规程为依据。按照它进行生产，就有利于稳定生产秩序，保证产品质量，获得较高的生产率和较好的经济性。

　　（3）工艺规程是新建和扩建工厂（或车间）时的原始资料。根据生产纲领和工艺规程可以确定生产所需的机床和其他设备的种类、规格和数量、车间面积、生产工人的工种、等级及数量、投资预算及辅助部门的安排等。

（4）便于积累、交流和推广行之有效的生产经验。已有的工艺规程可作为以后制订类似零件的工艺规程时的参考，以减少制订工艺规程的时间和工作量，也有利于提高工艺技术水平。

2. 工艺规程制订的原则

工艺规程制订的原则是优质、高产和低成本，即在保证产品质量的前提下，争取最好的经济效益。

（1）确保加工质量是制订工艺规程的首要原则。编制工艺规程应以保证零件加工质量，达到设计图纸规定的各项技术要求为前提。

（2）经济的合理性。在保证加工质量的基础上，应使工艺过程有较高的生产效率和较低的成本。在一定的生产条件下，可能会出现几种能够保证零件技术要求的工艺方案。此时应通过成本核算或相互对比，选择经济上最合理的方案，使产品生产成本最低。

（3）应充分考虑和利用现有生产条件，尽可能做到均衡生产。

（4）良好的生产条件。尽量减轻工人劳动强度，保证安全生产，创造良好、文明劳动条件。在工艺方案上要尽量采取机械化或自动化措施，以减轻工人繁重的体力劳动。

（5）技术的先进性。了解国内外本行业工艺技术的发展，通过必要的工艺试验，尽可能采用先进适用的工艺和工艺装备。

3. 制订工艺规程的原始资料

（1）产品全套装配图和零件图。

（2）产品验收的质量标准。

（3）产品的生产纲领和生产类型。

（4）毛坯资料。主要包括各种毛坯制造方法的技术经济特征；各种型材的品种和规格、毛坯图等；在无毛坯图的情况下，需要实际了解毛坯的形状、尺寸及机械性能等。

（5）现场的生产条件。主要包括毛坯的生产能力、技术水平或协作关系，现有加工设备及工艺装备的规格、性能、新旧程度及现有精度等级，操作工人的技术水平，辅助车间制造专用设备、专用工艺装备及改造设备的能力等。

（6）各种有关手册、图册、标准等技术资料。

（7）国内外新技术、工艺的应用与发展情况。

4. 制订工艺规程的步骤

（1）计算年生产纲领，确定生产类型。

（2）分析零件图及产品装配图，对零件进行工艺分析，形成拟定工艺规程的总体思路。

（3）确定毛坯的制造方法。

（4）拟订工艺路线，选择定位基准，划定加工阶段。

（5）确定各工序所用的设备及刀具、夹具、量具和辅助工具。

（6）确定各工序的加工余量，计算工序尺寸及公差。

（7）确定各工序切削用量及工时定额。

（8）确定各主要工序的技术要求及检验方法。

（9）编制工艺文件。

5. 工艺文件的格式

零件的机械加工工艺规程制订好后，必须将各项内容填写在工艺文件上，以便遵照执行。工艺文件的形式有多种，在我国各机械制造单位中使用的工艺文件内容也不尽一致，但其基本内容是相同的。为了加强科学管理和便于交流，各项工艺文件的格式已做了规定，要求生产单位按统一规定的格式填写。

最常用的工艺文件有机械加工工艺过程卡片、工艺卡片和工序卡片。

1）机械加工工艺过程卡片

机械加工工艺过程卡片是以工序为单位，简要地列出整个零件加工所经过的工艺路线（包括毛坯制造、机械加工和热处理等）。它是制订其他工艺文件的基础，也是生产准备、编排作业计划和组织生产的依据。由于工序的说明不够具体，机械加工工艺过程卡片一般不直接指导工人操作，而作为生产管理方面的文件。但在单件小批生产中，由于通常不编制其他较详细的工艺文件，就以该卡片指导生产。机械加工工艺过程卡片格式如表 4-5 所示。

表 4-5　机械加工工艺过程卡片

（工厂名）	机械加工工艺过程卡片	产品名称及型号		零件名称			零件图号		
		材料	名称	毛坯	种类	零件质量/kg		毛重	第　页
			牌名		尺寸			净重	共　页
			性能	每料件数		每台件数		每批件数	
工序号	工序内容		加工车间	设备名称及编号		工艺装备名称及编号		技术等级	时间额定/min
						夹具　刀具　量具			单件　准备—终结
更改内容									
编制		抄写		校对		审核		批准	

2）机械加工工艺卡片

机械加工工艺卡片是以工序为单位，详细地说明整个工艺过程的一种工艺文件。它是用来指导工人生产和帮助车间管理人员和技术人员掌握整个零件加工过程的一种主要技术文件，广泛应用于成批生产的零件和重要零件的小批生产中。机械加工工艺卡片内容包括零件的材料、毛坯种类、工序号、工序名、工序内容、工艺参数、操作要求以及采用的设备和工艺装备等。机械加工工艺卡片格式如表4-6所示。

表4-6　机械加工工艺卡片

（工厂名）	机械加工工艺卡片	材料	产品名称及型号		零件名称		零件图号			
			名称		毛坯	种类	零件质量/kg	毛重		第 页
			牌名			尺寸		净重		共 页
			性能	每料件数			每台件数		每批件数	

工序	安装	工步	工序内容	同时加工零件数	切削用量				设备名称及编号	工艺装备名称及编号			技术等级	时间额定/min	
					背吃力量（mm）	进给量（mm·r⁻¹或mm·mm⁻¹）	切削速度（r·min⁻¹或双行程数·min⁻¹）	切削速度（m·min⁻¹）		夹具	刀具	量具		单件	准备—终结
更改内容															
编制		抄写		校对		审核		批准							

3）机械加工工序卡片

机械加工工序卡片是根据机械加工工艺卡片为每一道工序制订的。它更详细地说明整个零件各个工序的要求，是用来具体指导工人生产操作的工艺文件，在这种卡片上要画工序简图，说明该工序每个工步的内容、工艺参数、操作要求以及所用的设备及工艺装备。一般用于大批大量生产的零件。机械加工工序卡片格式如表4-7所示。

表 4-7　机械加工工序卡片

（工作名）	机械加工厂工序卡片	产品名称及型号	零件名称	零件图号	工序名称	工序号	第　页
							共　页
			车间	工段	材料名称	材料牌号	力学性能
			同时加工件数	每料件数	技术等级	单件时间/min	准备—终结时间/min
			设备名称	设备编号	夹具名称	夹具编号	工作液
（画工序简图处）							
			更改内容				

工步号	工步内容	计算数据(mm)			走刀次数	切削用量				工时定额/min			刀具、量具及辅助工具				
		直径或长度	进给长度	单边余量		背吃刀量 min	进给量(mm·r⁻¹或mm·min⁻¹)	切削速度(r·min⁻¹或双行程数·min⁻¹)	切削速度(m·min⁻¹)	基本时间	辅助时间	工作地服务时间	工步	名称	规格	编号	数量

编制		抄写		校对		审核		批准	

6. 机械加工工艺规程的设计

1）机械加工工艺规程的设计原则

（1）必须可靠地保证零件图样上所有技术要求的实现，不得擅自修改图样。

（2）在满足规定的生产纲领和生产批量、保障生产安全要求下，充分利用现有生产条件，做到工艺成本最低、工人的劳动强度较轻。

2）设计机械加工工艺规程的步骤和内容

（1）阅读零件图和装配图。了解产品的用途、性能和工作条件，熟悉零件在产品中的地位和作用。

（2）工艺审查。审查图纸上的尺寸、视图和技术要求是否完整、正确、统一；找出主要技术要求并分析关键的技术问题；审查零件的结构工艺性。所谓零件的结构工艺性是指在满足使用要求的前提下，制造该零件的可行性和经济性。功能相同的零件，其结构工艺性可能有差异。所谓结构工艺性好，是指在现有工艺条件下既能方便制造，又有较低的制造成本。目前，关于零件结构工艺性分析仍停留在定性分析阶段。如果在工艺审查中发现了问题，应同产品设计部门联系，共同研究解决办法。

（3）确定毛坯。确定毛坯的主要依据是零件在产品中的作用和生产纲领以及零件本身的结构。常用毛坯的种类有铸件、锻件、型材、焊接件、冲压件等。毛坯的选择通常是由产品设计者来完成的，工艺人员在设计机械加工工艺规程之前，首先要熟悉毛坯的特点。例如，对于铸件应了解其分型面、浇口和冒口的位置以及铸件公差和拨模斜度等。这些都是设计机械加工工艺规程时不可缺少的原始资料。毛坯的种类和质量与机械加工关系密切。毛坯质量好，精度高，它们对保证加工质量、提高劳动生产率和降低机械加工工艺成本有重要作用。这里所说的降低机械加工工艺成本是以提高毛坯制作成本为代价的。在选择毛坯的时候，应从实际出发，除了要考虑零件的作用、生产纲领和零件的结构以外，还要充分考虑现实工作环境和条件。

（4）拟定机械加工工艺路线。拟定机械加工工艺路线是制订机械加工工艺规程的核心。其主要内容有选择定位基准、确定加工方法、排定加工顺序以及安排热处理、检验和其他工序等。机械加工工艺路线的最终确定，一般要通过对比论证，即通过对几条工艺路线的分析与比较，从中选出一条适合本单位条件、确保加工质量、高效率和低成本的最佳工艺路线。

（5）确定满足各工序要求的工艺装备。工艺装备包括机床、夹具、刀具和量具等，对需要改装或重新设计的专用工艺装备应提出具体设计任务书。

（6）确定各主要工序的技术要求和检验方法。

（7）确定各工序的加工余量、计算工序尺寸和公差。

（8）确定切削用量。目前，在单件小批生产中，切削用量多由操作者自行决定，机械加工工艺规程中一般不作明确规定。对于中批，特别是在大批大量生产时，为了保证生产的合理性和节奏均衡，要求必须规定切削用量，并不得随意改动。

（9）确定时间定额并进行技术经济可行性分析。

（10）填写工艺文件。

3）制订机械加工工艺规程的作用

在单件小批生产中，由于分工上比较粗糙，因此其机械加工工艺规程可以简单一些，一般只编写简单的工艺过程卡片；在中批生产中，多采用工艺卡片；在大批大量生产中要求有细致和严密的组织工作，因此要求有详细完整的全套工艺文件，以确保产品质量。不论生产类型如何，都必须有章可循，即都必须制订机械加工工艺规程，其原因包括以下几个方面：

单元四 机械加工工艺规程的制订

（1）生产的计划调度、工人的操作、质量检查等都是以机械加工工艺规程为依据。一切生产人员都不得随意违反机械加工工艺规程。

（2）生产准备工作（包括技术准备工作）离不开机械加工工艺规程。在产品投入生产以前，需要做大量的生产准备和技术准备工作，例如，关键技术的分析与研究；刀、夹、量具的设计、制造或采购；原材料、毛坯件的制造或采购；设备改装或新设备的购置或定做等。这些工作都必须根据机械加工工艺规程来展开。

（3）除单件小批生产以外，在中批或大批大量生产中要新建或扩建车间（或工段），其原始依据也是机械加工工艺规程。根据机械加工工艺规程确定机床的种类和数量、机床的布置和动力配置、生产面积和工人的数量等。

机械加工工艺规程的修改与补充是一项极为重要的工作，它必须经过认真讨论和严格的审批手续。不过，所有的机械加工工艺规程几乎都要经过不断的修改与补充才能得以完善，只有这样才能不断吸收先进经验，尽可能保持其在现实生产条件下的合理性。

4.3 零件的工艺分析

通过认真地分析与研究产品的零件图与装配图，可以熟悉产品的用途、性能及工作条件，明确零件在产品中的位置和功用，搞清各项技术条件制订的依据，找出主要技术要求与技术关键，以便在制订工艺规程时，采取适当的工艺措施加以保证。

1. 零件的技术要求分析

零件图样上的技术要求，既要满足设计要求，又要便于加工，而且齐全并合理。其技术要求包括下列几个方面：

（1）加工表面的尺寸精度、形状精度和表面质量；

（2）各加工表面之间的相互位置精度；

（3）工件的热处理和其他要求，如动平衡、镀铬处理、未注圆角、去毛刺等。

2. 零件的结构工艺性分析

所谓零件的结构工艺性，是指零件在满足使用要求的前提下，制造该零件的可行性和经济性。它包括零件的各个制造过程中的工艺性，有零件结构的铸造、锻造、冲压、焊接、热处理、切削加工等工艺性。由此可见，零件结构工艺性涉及面很广，具有综合性，必须进行全面综合地分析。

对于零件机械加工结构工艺性，主要从零件加工的难易性和加工成本两方面考虑。在满足使用要求的前提下，一般对零件的技术要求应尽量降低，同时对零件每一个加工表面的设计，应充分考虑其可加工性和加工的经济性，使其加工工艺路线简单，有利于提高生产效率，并尽可能使用标准刀具和通用工装等，以降低加工成本。此外，零件机械加工结构工艺性还要考虑以下要求：

（1）设计的结构要有足够的加工空间，以保证刀具能够接近加工部位，留有必要的退刀槽和越程槽等；

（2）设计的结构应便于加工，如应尽量避免使钻头在斜面上钻孔；

（3）尽量减少加工面积，如对大平面或长孔，合理加设空刀面等；

（4）从提高生产率的角度考虑，在结构设计中应尽量使零件上相似的结构要素（如退刀槽、键槽等）规格相同，并应使类似的加工面（如凸台面、键槽等）位于同一平面上或同一轴截面上，以减少换刀或安装次数及调整时间；

（5）零件结构设计应便于加工时的安装与夹紧。

表 4-8 所示为部分零件切削加工结构工艺性改进前后的示例。

表 4-8　部分零件切削加工结构工艺性改进前后的示例

序　号	（A）结构工艺性不好	（B）结构工艺性好	说　明
1			键槽的尺寸、方位相同，则可在一次装夹中加工出全部键槽，以提高生产率
2			结构 B 的底面接触面积小，加工量小，稳定性好
3			结构 B 有退刀槽保证了加工的可能性，减少刀具（砂轮）的磨损
4			被加工表面的方向一致，可以在一次装夹中进行加工
5			结构 B 避免深孔加工，节约了零件材料
6			箱体类零件的外表面比内表面容易加工，应以外部连接表面代替内部连接表面

序　号	（A）结构工艺性不好	（B）结构工艺性好	说明
7	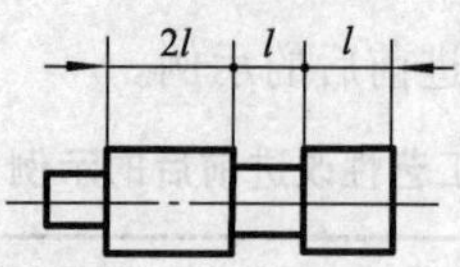	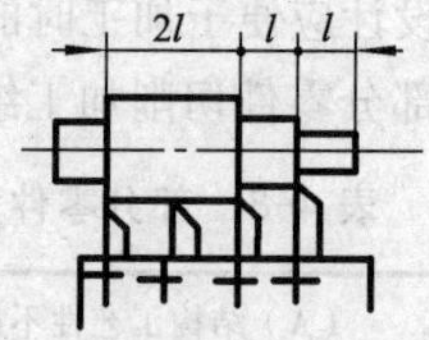	加工表面长度相等或成倍数，直径尺寸沿一个方向递减，便于布置刀具，可在多刀半自动车床上加工，如结构B所示
8	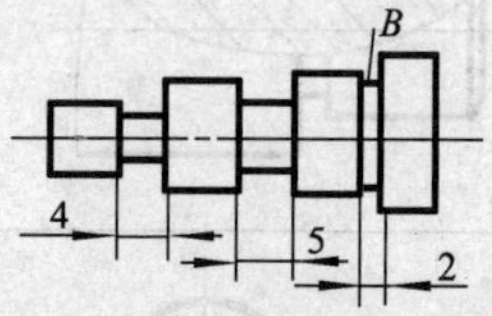	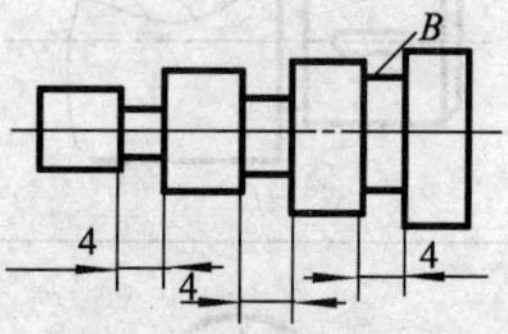	凹槽尺寸相同，可减少刀具种类，减少换刀时间，如结构B所示
9	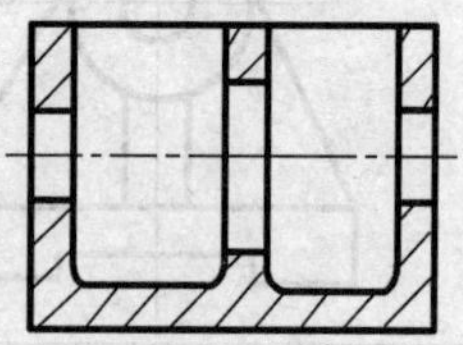	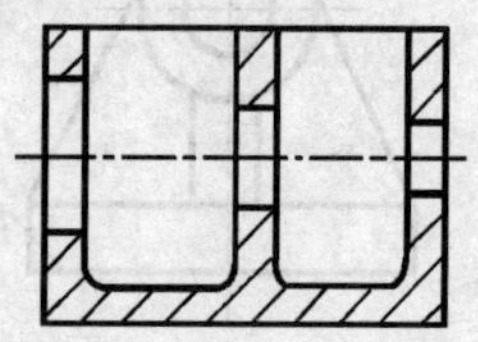	同轴孔的孔径应向同一方向递减或递增
10			结构B的三个凸台表面，可在一次走刀中加工完毕

4.4　毛坯的选择

根据零件（或产品）所要求的形状、尺寸等制成的供进一步加工用的生产对象称为毛坯。毛坯的确定，不仅影响毛坯制造的经济性，而且影响机械加工的经济性。所以在确定毛坯时，既要考虑热加工方面的因素，也要兼顾冷加工方面的要求，以便从确定毛坯这一环节中降低零件的制造成本。毛坯的确定主要包括以下几方面的内容：

1. 毛坯种类的选择

毛坯的种类很多，同一种毛坯又有多种制造方法。机械制造中常用的毛坯有以下几种类型：

1）铸件

形状复杂的零件毛坯，宜采用铸造方法制造。目前铸件大多用砂型铸造，它又分为木模手工造型和金属模机器造型。木模手工造型铸件精度低，加工表面余量大，生产率低，适用于单件小批生产或大型零件的铸造。金属模机器造型生产率高，铸件精度高，但设备费用高，铸件的重量也受到限制，适用于大批量生产的中小型铸件。其次，少量质量要求较高的小型铸件可采用特种铸造（如压力铸造、离心制造和熔模铸造等）。

2）锻件

机械强度要求高的钢制件，一般要用锻件毛坯。锻件有自由锻锻件和模锻件两种。自由锻锻件可用手工锻打（小型毛坯）、机械锤锻（中型毛坯）或压力机压锻（大型毛坯）等方法获得。自由锻锻件的精度低，生产率不高，加工余量较大，而且零件的结构必须简单；适用于单件和小批生产，以及用于制造大型锻件。

模锻件的精度和表面质量都比自由锻件好，而且锻件的形状也可较为复杂，因而能减少机械加工余量。模锻的生产率比自由锻高得多，但需要特殊的设备和锻模，故适用于批量较大的中小型锻件。

3）型材

型材按截面形状可分为圆钢、方钢、六角钢、扁钢、角钢、槽钢及其他特殊截面的型材。型材有热轧和冷拉两类。热轧的型材精度低，但价格便宜，用于一般零件的毛坯；冷拉的型材尺寸较小、精度高，易于实现自动送料，但价格较高，多用于批量较大的生产，适用于自动机床加工。

4）焊接件

焊接件是用焊接方法而获得的结合件，焊接件的优点是制造简单、周期短、节省材料，缺点是抗振性差，变形大，需要经时效处理后才能进行机械加工。

除此之外，还有冲压件、冷挤压件、粉末冶金等其他类型的毛坯。

2. 毛坯形状和尺寸的确定

毛坯形状和尺寸，基本上取决于零件形状和尺寸。零件和毛坯的主要差别在于，在零件需要加工的表面上，应加上一定的机械加工余量，即毛坯加工余量。毛坯加工余量和公差的大小，与毛坯的制造方法有关，生产中可参考有关工艺手册或有关企业、行业标准来确定。

在确定了毛坯加工余量以后，对于毛坯的形状和尺寸，除了将毛坯加工余量附加在零件相应的加工表面上外，还要考虑毛坯制造、机械加工和热处理等多方面工艺因素的影响。下面仅从机械加工工艺的角度，分析确定毛坯的形状和尺寸时应考虑的问题。

1）工艺搭子的设置

有些零件，由于结构的原因，加工时装夹不方便、不稳定，为了装夹方便迅速，可在毛坯上制出凸台，即所谓的工艺搭子，如图 4-3 所示。工艺搭子只在装夹工件时用，零件加工完成后，一般都要切掉，但当不影响零件的使用性能和外观质量时，可以保留。

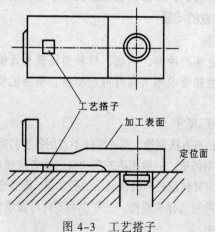

图 4-3　工艺搭子

工艺搭子
加工表面
定位面

2）整体毛坯的采用

在机械加工中，有时会遇到如磨床主轴部件中的三瓦轴承、发动机的连杆和车床的开合螺母等类零件。为了保证这类零件的加工质量并使加工方便，常将其做成整体毛坯，加工到一定阶段后再切开。图4-4所示为连杆整体毛坯。

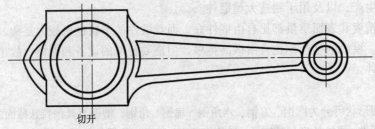

图4-4　连杆整体毛坯

3）合件毛坯的采用

为了便于加工过程中的装夹，对于一些形状比较规则的小形零件，如T形键、扁螺母、小隔套等，应将多件合成一个毛坯，待加工到一定阶段后或者大多数表面加工完毕后，再加工成单件。图4-5所示为扁螺母整体毛坯及加工。

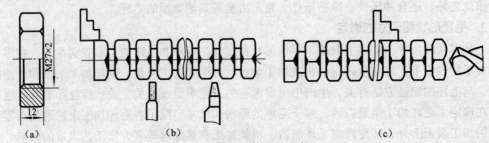

图4-5　扁螺母整体毛坯及加工

在确定了毛坯种类、形状和尺寸后，还应绘制一张毛坯图，作为毛坯生产单位的产品图样。绘制毛坯图，是在零件图的基础上，在相应的加工表面上加上毛坯余量。但绘制时还要考虑毛坯的具体制造条件，如铸件上的孔、锻件上的孔和空挡、法兰等的最小铸出和锻出条件；铸件和锻件表面的起模斜度（拔模斜度）和圆角；分型面和分模面的位置等。并用双点画线在毛坯图中表示出零件的表面，以区别加工表面和非加工表面。

3. 毛坯种类选择中应注意的问题

1）零件材料及其力学性能

零件的材料大致确定了毛坯的种类。例如，材料为铸铁和青铜的零件应选择铸件毛坯；钢质零件形状不复杂，力学性能要求不太高时可选型材；重要的钢质零件，为保证其力学性能，应选择锻件毛坯。

2）零件的结构形状与外形尺寸

形状复杂的毛坯，一般用铸造方法制造。薄壁零件不宜用砂型铸造；中小型零件可考虑用先进的铸造方法；大型零件可用砂型铸造。一般用途的阶梯轴，如各阶梯直径相差不大，可用圆棒料；如各阶梯直径相差较大，为减少材料消耗和机械加工的劳动量，则宜选择锻件毛坯。尺寸大的零件一般选择自由锻造；中小型零件可选择模锻件；一些小型零件可做成整体毛坯。

3）生产类型

大量生产的零件应选择精度和生产率都比较高的毛坯制造方法，如铸件采用金属模机器造型或精密铸造；锻件采用模锻、精锻；型材采用冷轧或冷拉型材；零件产量较小时应选择精度和生产率较低的毛坯制造方法。

4）现有生产条件

确定毛坯的种类及制造方法，必须考虑具体的生产条件，如毛坯制造的工艺水平，设备状况以及对外协作的可能性等。

5）充分考虑利用新工艺、新技术和新材料的可能性

随着机械制造技术的发展，毛坯制造方面的新工艺、新技术和新材料的应用也发展很快。如精铸、精锻、冷挤压、粉末冶金和工程塑料等在机械中的应用日益增加。采用这些方法大大减少了切削加工量，甚至可以不需要切削加工就能达到加工要求，大大提高经济效益。在选择毛坯时应给予充分考虑，在可能的条件下应尽量采用。

4.5　定位基准的选择

拟订加工路线的第一步是选择定位基准。定位基准选择不当，往往会增加工序，或使工艺路线不合理，或使夹具设计困难，甚至达不到零件的加工精度（特别是位置精度）要求。

1. 基准的基本概念及分类

基准就是零件上用来确定其他点、线或面位置的点、线或面等几何要素。根据功用的不同，可将基准分为设计基准和工艺基准两大类。

1）设计基准

设计基准是指设计图样上所采用的基准。例如图 4-6（a）所示的 A 面是 B 面和 C 面长度尺寸的设计基准；D 面为 E 面和 F 面长度尺寸的设计基准，又是两孔水平方向的设计基准。图 4-6（b）所示的齿轮，其齿顶圆、分度圆和内孔直径的设计基准均是孔的轴线。

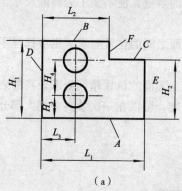
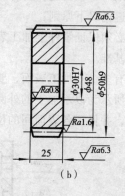

（a）　　　　　　　　　　　　　（b）

图 4-6　设计基准分析

2）工艺基准

工艺基准是在机械加工工艺过程中用来确定被加工表面加工后尺寸、形状、位置的基准。工艺基准按不同的用途可分为工序基准、定位基准、测量基准和装配基准。

（1）工序基准。在工序图上用来确定本工序的被加工表面加工后的尺寸、形状、位置的基准，称为工序基准。所标定的被加工表面位置的尺寸，称为工序尺寸。图 4-7 所示的通孔

为加工表面，要求其中心线与 A 面垂直，并与 B 面及 C 面保持距离 L_1，L_2，因此表面 A、表面 B 和表面 C 均为本工序的工序基准。

（2）定位基准。定位基准是工件上与夹具定位元件直接接触的点、线或面，在加工中用作定位时，它使工件在工序尺寸方向上获得确定的位置。图 4-8 所示零件的内孔套在心轴上加工 $\phi40h6$ 外圆时，内孔中心线即为定位基准。定位基准是由技术人员编制工艺规程时确定的。作为定位基准的点、线、面在工件上也不一定存在，但必须由相应的实际表面来体现。

（3）测量基准。测量已加工表面尺寸及位置的基准，称为测量基准。图 4-8 所示的零件，当以内孔为基准（套在检验心轴上）去检验 $\phi40h6$ 外圆的径向圆跳动和端面 B 的端面圆跳动时，内孔即测量基准。

（4）装配基准。装配时用以确定零件在机器中位置的基准。如图 4-8 所示零件的 $\phi40h6$ 外圆及端面 B。

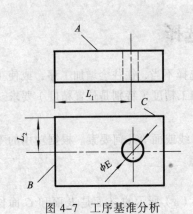

图 4-7　工序基准分析

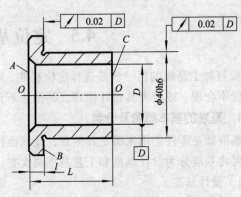

图 4-8　定位基准分析

2．粗基准的选择

选择粗基准时，主要是保证各加工表面有足够的余量，使不加工表面的尺寸、位置符合要求。一般要遵循以下原则：

（1）如果必须保证零件上加工表面与不加工表面之间的位置要求，则应选择不需要加工的表面作为粗基准。

若零件上有多个不加工表面，要选择其中与加工表面的位置精度要求较高的表面作为粗基准。图 4-9 所示为以不加工的外圆表面作为粗基准，可以在一次装夹中把大部分要加工的表面加工出来，并保证各表面间的位置精度。

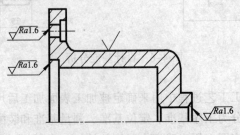

图 4-9　粗基准选择

（2）如果必须保证零件某重要表面的加工余量均匀，则应以该表面为粗基准。

图 4-10 所示为机床导轨的加工，其精度要求高而且要求导轨面耐磨性好，加工时只能切除一层薄而均匀的金属，使其表层保留均匀一致的金相组织和高硬度。因此，先以导轨面为粗基准加工床脚平面，然后以床脚平面为精基准加工导轨面。

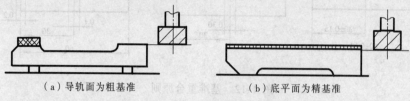

（a）导轨面为粗基准　　　　　　　　（b）底平面为精基准

图 4-10　机床导轨的加工

（3）如果零件上所有的表面都需要机械加工，则应以加工余量最小的加工表面作为粗基准，以保证加工余量最小的表面有足够的加工余量。

图 4-11 所示为台阶轴，台阶轴 A 外圆较长，产生弯曲的可能性大，因此设计时给的加工余量比 B 外圆的余量大，且毛坯制造时 A 与 B 不一定同轴。加工时若先以 B 为粗基准车外圆 A，则调头后车外圆 B 时，可保证 B 有足够而均匀的余量。反之，若以 A 为粗基准，车外圆 B，则可能出现因 B 余量不够而造成废品。

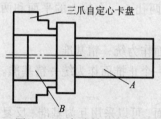

三爪自定心卡盘

图 4-11　台阶轴的粗基准

（4）为了保证零件定位稳定、夹紧可靠，尽可能选用面积较大、平整光洁的表面作为粗基准。应避免使用有飞边、浇注系统、冒口或其他缺陷的表面作粗基准。

（5）粗基准一般只能用一次，重复使用容易导致较大的基准位移误差。

3．精基准的选择

当以粗基准定位加工了一些表面以后，在后续的加工中，就应以精基准作为主要定位基准。选择精基准时，主要考虑的问题是如何便于保证零件的加工精度和装夹方便、可靠。一般要遵循以下原则：

1）基准重合原则

应尽量选择加工表面的设计基准作为精基准，即"基准重合"原则。在对加工面位置尺寸和位置关系有决定性影响的工序中，特别是当位置公差要求较严时，一般不应违反这一原则。否则，将由于存在基准不重合误差，而增大加工难度。

在图 4-12（a）所示的零件中，A 面、B 面均已加工完毕，钻孔时若选择 B 平面作为精基准，则定位基准与设计基准重合，尺寸 30 ± 0.15 可直接保证，加工误差易于控制，如图 4-12（b）所示；若选 A 面作为精基准，则尺寸 30 ± 0.15 是间接保证的，产生基准不重合误差。影响尺寸精度的因素除与本工序钻孔有关的加工误差外，还有与上一个工序加工 B 面有关的加工误差，如图 4-12（c）所示。

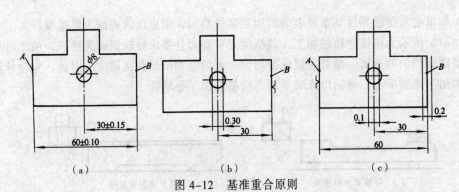

图 4-12　基准重合原则

2）基准统一原则

当工件以某一组表面作精基准定位，可以方便地加工大多数（或全部）其余表面时，应尽早地将这组基准面加工出来，并达到一定精度，以后大多数（或全部）工序均以它为精基准进行加工。为减少设计和制造夹具的时间与费用，避免因基准频繁变化所带来的定位误差，提高各加工表面的位置精度，尽可能选用同一组表面作为各个加工表面的加工基准。在实际生产中，经常使用的统一基准形式有以下四种：

（1）轴类零件常使用两顶尖孔作为统一精基准。

（2）箱体类零件常使用一面两孔（一个较大的平面和两个距离较远的孔）作为统一精基准。

（3）盘套类零件常使用止口面作为统一精基准。

（4）套类零件用一个长孔和一个止推面作为统一精基准。

3）互为基准原则

对某些位置精度要求高的表面，可以采用互为基准、反复加工的方法来保证其位置精度，这就是"互为基准"的原则。为了获得小而均匀的加工余量和较高的位置精度，常采用反复加工，互为基准的方法。例如，图 4-13 所示为齿轮剖视图，在进行精密加工时，采用先以齿面为基准磨削齿轮内孔，再以磨好的内孔为基准磨齿面，从而保证磨齿面余量均匀，且内孔与齿面又有较高的位置精度。

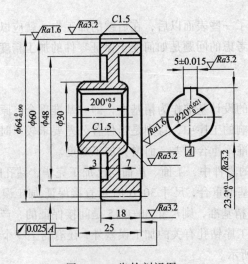

图 4-13　齿轮剖视图

4) 自为基准原则

对一些精度要求很高的表面，在精密加工时，为了保证加工精度，要求加工余量小而且均匀，可采用图 4-14 所示的自为基准磨削导轨面。以已经精加工过的表面自身作为定位基准，这就是"自为基准"的原则。为了保证精加工或光整加工工序加工面本身的精度，选择加工表面本身作为定位基准进行加工。采用自为基准原则，不能校正位置精度，只能保证被加工表面的余量小而均匀，因此，表面的位置精度必须在前面的工序中予以保证。例如，磨削床身导轨面，用导轨面本身（精基准）找正定位，导轨面本身的位置精度应由上一道工序保证。

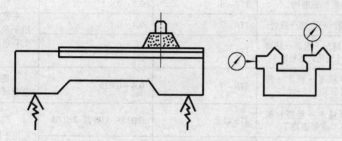

图 4-14　采用自为基准磨削导轨面

5) 便于装夹原则

所选择的精基准，尤其是主要定位面，应有足够大的面积和精度，以保证定位准确、可靠。同时还应使夹紧机构简单，操作方便。

4. 辅助基准

在精加工过程中，如定位基准面过小，或者基准面和被加工面位置错开了一个距离，定位不可靠时，常常采取辅助基准。辅助支承和辅助基准虽然都是在加工时起增加零件的刚性的作用，但两者是有本质区别的。辅助支承仅起支承作用，辅助基准既起支承作用，又起定位作用。

4.6　工艺路线的拟定

工艺路线的拟订是制订工艺规程的关键，它制订的是否合理，直接影响到工艺规程的合理性、科学性和经济性。工艺路线拟订的主要任务是选择各个表面的加工方法和加工方案、确定各个表面的加工顺序以及工序集中与分散的程度、合理选用机床和刀具、确定所用夹具的大致结构等。关于工艺路线的拟订，经过长期的生产实践已总结出一些带有普遍性的工艺设计原则，但在具体拟订时，特别要注意根据生产实际灵活应用。

1. 表面加工方法的选择

1) 各种加工方法所能达到的经济精度及表面粗糙度

为了正确选择表面加工方法，首先应了解各种加工方法的特点并掌握加工经济精度的概念。任何一种加工方法可以获得的加工精度和表面粗糙度均有一个较大的范围。

各种加工方法所能达到的加工经济精度和表面粗糙度，以及各种典型表面的加工方案在机械加工手册中都能查到。表 4-9、表 4-10 和表 4-11 所示为摘录的外圆、内孔和平面等典型表面的加工方法和加工方案以及所能达到的加工经济精度和表面粗糙度。

表 4-9　外圆柱面加工方案

序号	加工方法	经济精度 （公差等级表示）	表面粗糙度 Ra 值／μm	适用范围
1	粗车	IT11 ~ 13	50 ~ 12.5	适用于淬火钢以外的各种金属
2	粗车→半精车	IT8 ~ 10	6.3 ~ 3.2	
3	粗车→半精车→精车	IT7 ~ 8	1.6 ~ 0.8	
4	粗车→半精车→精车→滚压（或抛光）	IT7 ~ 8	0.2 ~ 0.025	
5	粗车→半精车→磨削	IT7 ~ 8	0.8 ~ 0.4	主要用于淬火钢，也可用于未淬火钢，但不宜加工有色金属
6	粗车→半精车→粗磨→精磨	IT6 ~ 7	0.4 ~ 0.1	
7	粗车→半精车→粗磨→精磨→超精加工（或轮式超精磨）	IT5	0.1~0.025 或 Rz0.1	
8	粗车→半精车→精车→精细车（金刚车）	IT6 ~ 7	0.4 ~ 0.025	主要用于要求较高的有色金属加工
9	粗车→半精车→粗磨→精磨→超精磨（或镜面磨）	IT5 以上	0.025 ~ 0.06 或 Rz0.05	用于极高精度的外圆加工
10	粗车→半精车→粗磨→精磨→研磨	IT5 以上	0.1 ~ 0.006 或 Rz0.05	

表 4-10　孔加工方案

序号	加工方法	经济精度 （公差等级表示）	表面粗糙度 Ra 值／μm	适用范围
1	钻	IT11 ~ 12	12.5	用于加工未淬火钢及铸铁的实心毛坯，也可用于加工有色金属（但表面粗糙度稍大，孔径小于 15 ~ 20 mm）
2	钻→铰	IT9	3.2 ~ 1.6	
3	钻→铰→精铰	IT7 ~ 8	1.6 ~ 0.8	
4	钻→扩	IT10 ~ 11	12.5 ~ 6.3	同上（但孔径大于 15 ~ 20mm）
5	钻→扩→铰	IT8 ~ 9	3.2 ~ 1.6	
6	钻→扩→粗铰→精铰	IT7	1.6 ~ 0.8	
7	钻→扩→机铰→手铰	IT6 ~ 7	0.4 ~ 0.1	
8	钻→扩→拉	IT7 ~ 9	1.6 ~ 0.1	大批大量生产（精度由拉刀的精度而定）
9	粗镗（或扩孔）	IT11 ~ 12	12.5 ~ 6.3	
10	粗镗（粗扩）→半精镗（精扩）	IT8 ~ 9	3.2 ~ 1.6	除淬火钢外各种材料，毛坯有铸出孔或锻出孔
11	粗镗（扩）→半精镗（精扩）→精镗（铰）	IT7 ~ 8	1.6 ~ 0.8	
12	粗镗（扩）→半精镗（精扩）→精镗→浮动镗刀→精镗	IT6 ~ 7	0.8 ~ 0.4	
13	粗镗（扩）→半精镗→磨孔	IT7 ~ 8	0.8 ~ 0.2	主要用于淬火钢也可用于未淬火钢，但不宜用于有色金属
14	粗镗（扩）→半精镗→粗磨→精磨	IT6 ~ 7	0.2 ~ 0.1	
15	粗镗→半精镗→精镗→金钢镗	IT6 ~ 7	0.4 ~ 0.05	主要用于精度要求高的有色金属加工

序号	加工方法	经济精度 （公差等级表示）	表面粗糙度 Ra 值 / μm	适用范围
16	钻→（扩）→粗铰→精铰→珩磨；钻→（扩）→拉→珩磨；粗镗→半精镗→精镗→珩磨	IT6 ~ 7	0.2 ~ 0.025	精度要求很高的孔
17	以研磨代替上述方案中的珩磨	IT6 级以上		

表 4-11 平面加工方案

序号	加工方法	经济精度 （公差等级表示）	表面粗糙度 Ra 值 / μm	适用范围
1	粗车→半精车	IT9	6.3 ~ 3.2	端面
2	粗车→半精车→精车	IT7 ~ 8	1.6 ~ 0.8	
3	粗车→半精车→磨削	IT8 ~ 9	0.8 ~ 0.22	
4	粗刨（或粗铣）→精刨（或精铣）	IT8 ~ 9	6.3 ~ 1.6	一般不淬硬平面（端铣表面粗糙度较细）
5	粗刨（或粗铣）→精刨（或精铣）→刮研	IT6 ~ 7	0.8 ~ 0.1	精度要求较高的不淬硬平面，批量较大时宜采用宽刃精刨方案
6	以宽刃刨削代替上述方案刮研	IT7	0.8 ~ 0.2	
7	粗刨（或粗铣）→精刨（或精铣）→磨削	IT7	0.8 ~ 0.2	精度要求高的淬硬平面或不淬硬平面
8	粗刨（或粗铣）→精刨（或精铣）→粗磨→精磨	IT6 ~ 7	0.4 ~ 0.02	
9	粗铣→拉	IT7 ~ 9	0.8 ~ 0.2	大量生产，较小的平面（精度视拉刀精度而定）
10	粗铣→精铣→磨削→研磨	IT6 级以上	0.1 ~ Rz0.05	高精度平面

2）选择表面加工方案时应考虑的因素

选择加工方法，常常根据经验或查表来确定，再根据实际情况或通过工艺试验进行修改。

因此在选择表面加工方案时应考虑下列因素：

（1）工件材料的性质。例如，淬火钢的精加工要用磨削，有色金属的精加工为避免磨削时堵塞砂轮，则要用高速精细车或精细镗（金刚镗）。

（2）工件的形状和尺寸。例如，对于公差为 IT7 的孔采用镗削、铰削、拉和磨削等都可达到要求。但是，箱体上的孔一般不宜采用拉或磨，而常常选择镗孔（大孔时）或铰孔（小孔时）。

（3）生产类型。大批量生产时，应采用高效率的先进工艺，例如用拉削方法加工孔和平面，用组合铣削或磨削同时加工几个表面，对于复杂的表面采用数控机床及加工中心等；单件小批生产时，宜采用刨削、铣削平面和钻、扩、铰孔等加工方法，避免盲目地采用高效加工方法和专用设备而造成经济损失。

（4）具体生产条件。应充分利用现有设备和工艺手段，发挥群众的创造性，挖掘企业潜力。还要重视新工艺和新技术，提高工艺水平。有时，因设备负荷的原因，需要改用其他加工方法。

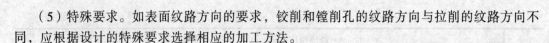

（5）特殊要求。如表面纹路方向的要求，铰削和镗削孔的纹路方向与拉削的纹路方向不同，应根据设计的特殊要求选择相应的加工方法。

2. 加工阶段的划分

1）划分方法

零件的加工质量要求较高时，都应划分加工阶段。一般划分为粗加工、半精加工和精加工三个阶段。如果零件要求的精度特别高，表面粗糙度很细时，还应增加光整加工和超精密加工阶段。各加工阶段的主要任务如下。

（1）粗加工阶段：切除毛坯上各加工表面的大部分加工余量，使毛坯在形状和尺寸上接近零件成品。因此，应采取措施尽可能提高生产率。同时要为半精加工阶段提供精基准，并留有充分均匀的加工余量，为后续工序创造有利条件。

（2）半精加工阶段：达到一定的精度要求，并保证留有一定的加工余量，为主要表面的精加工作准备。同时完成一些次要表面的加工（如紧固孔的钻削，攻螺纹，铣键槽等）。

（3）精加工阶段：主要任务是保证零件各主要表面达到图纸规定的技术要求。

（4）光整加工阶段：对精度要求很高（IT6以上），表面粗糙度很小（小于 $Ra0.2\ \mu m$）的零件，需安排光整加工阶段。其主要任务是减小表面粗糙度或进一步提高尺寸精度和形状精度。

2）合理划分加工阶段的主要原因

（1）保证加工质量。工件粗加工时切除金属较多，产生较大的切削力和切削热，同时也需要较大的夹紧力，在这些力和热的作用下，工件会产生较大的变形，加工质量很差。加工过程划分阶段后，粗加工造成的加工误差，通过半精加工和精加工逐渐消除，保证了零件加工质量要求。

（2）合理使用设备。划分加工阶段后，粗加工可采用功率大、刚性好和精度较低的高效率机床以提高效率。而精加工则可采用高精度设备以确保零件的精度要求。这样既充分发挥了设备各自的特点，也做到了设备的合理使用。

（3）便于安排热处理工序。划分加工阶段，有利于在各阶段间合理地安排热处理工序。例如，某些轴类零件，在粗加工后安排调质，在半精加工后安排淬火，最后进行精加工。这样不仅容易满足零件的性能要求，而且淬火引起的变形又可通过精加工工序予以消除。

（4）及时发现废品，免于浪费。划分加工阶段，便于在粗加工后及早发现毛坯的缺陷，及时决定报废或修补，以免继续加工而造成浪费。精加工安排在最后，有利于防止或减少表面的损伤。

在拟定零件的工艺路线时，一般都要遵循划分加工阶段这一原则，但在具体应用时要灵活掌握，不能绝对化。例如对于精度和表面质量要求较低而工件刚性足够，毛坯精度较高，加工余量小的工件，可不划分加工阶段。又如对一些刚性好的重型零件，由于装夹吊运很费时，也往往不划分加工阶段而在一次安装中完成粗精加工。

还需要指出的是，将工艺过程划分成几个加工阶段是对整个加工过程而言的，不能单纯从某一表面的加工或某一工序的性质来判断。例如工件的定位基准，在半精加工阶段甚至在粗加工阶段就需要加工得很准确，而在精加工阶段中安排某些钻孔之类的粗加工工序也是常有的。

3. 加工工序的划分

工序集中就是零件的加工集中在少数工序内完成，而每一道工序的加工内容却比较多；

工序分散则相反，整个工艺过程中工序数量多，而每一道工序的加工内容则比较少。

1）工序集中的特点

（1）有利于采用高生产率的专用设备和工艺装备，如采用多刀多刃、多轴机床、数控机床和加工中心等，从而大大提高生产率。

（2）减少了工序数目，缩短了工艺路线，从而简化了生产计划和生产组织工作。

（3）减少了设备数量，相应减少了操作工人和生产面积。

（4）减少了工件安装次数，不仅缩短了辅助时间，而且在一次安装下能加工较多的表面，也易于保证这些表面的相对位置精度。

（5）专用设备和工艺装备复杂，生产准备工作和投资都比较大，尤其是转换新产品比较困难。

2）工序分散特点

（1）设备和工艺装备结构都比较简单，调整方便，对工人的技术水平要求低。

（2）可采用最有利的切削用量，减少机动时间。

（3）容易适应生产产品的变换。

（4）设备数量多，操作工人多，占用生产面积大。

3）工序集中与工序分散的选用

工序集中与工序分散各有利弊，选用时应考虑生产类型、现有生产条件、工件结构特点和技术要求等因素，使制订的工艺路线适当地集中，合理地分散。单件小批生产采用组织集中，以便简化生产组织工作。大批大量生产可采用较复杂的机械集中，如各种高效组合机床、自动机床等加工，对一些结构较简单的产品，也可采用分散的原则。成批生产应尽可能采用效率较高的机床，如转塔车床、多刀半自动车床等，使工序适当集中。对于重型零件，为了减少工件装卸和运输的劳动量，工序应适当集中，对于刚性差且精度高的精密工件，则工序应适当分散。目前的发展趋势是倾向于工序集中。

4. 工序顺序的安排

1）机械加工工序的安排

（1）基准先行。零件加工一般多从精基准的加工开始，再以精基准定位加工其他表面。因此，选作精基准的表面应安排在工艺过程的起始工序先进行加工，以便为后续工序提供精基准。例如轴类零件先加工两端中心孔，然后再以中心孔作为精基准，粗、精加工所有外圆表面。齿轮加工则先加工内孔及基准端面，再以内孔及端面作为精基准，粗、精加工齿形表面。

（2）先粗后精。精基准加工好以后，则整个零件的加工工序，应是粗加工工序在前，相继为半精加工、精加工及光整加工。按先粗后精的原则先加工精度要求较高的主要表面，即先粗加工再半精加工各主要表面，最后再进行精加工和光整加工。在对重要表面精加工之前，有时需要对精基准进行修整，以利于保证重要表面的加工精度，如主轴在高精度磨削时，精磨和超精磨削前都须研磨中心孔；精密齿轮磨齿前，也要对内孔进行磨削加工。

（3）先主后次。根据零件的功用和技术要求。先将零件的主要表面和次要表面分开，然后先安排主要表面的加工，后加工次要表面。因为主要表面往往要求精度较高，加工面积较大，容易出废品，应放在前阶段进行加工，以减少工时的浪费，次要表面加工面积小，精度一般也较低，又与主要表面有位置要求，应在主要表面加工之后进行加工。

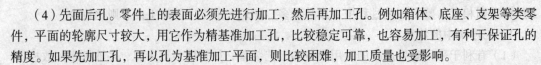

（4）先面后孔。零件上的表面必须先进行加工，然后再加工孔。例如箱体、底座、支架等类零件，平面的轮廓尺寸较大，用它作为精基准加工孔，比较稳定可靠，也容易加工，有利于保证孔的精度。如果先加工孔，再以孔为基准加工平面，则比较困难，加工质量也受影响。

2）热处理工序的安排

热处理可用来提高材料的力学性能，改善工件材料的加工性能和消除内应力，其安排主要是根据工件的材料和热处理目的来进行。热处理工艺可分为两大类：预备热处理和最终热处理。

（1）预备热处理。预备热处理的目的是改善加工性能、消除内应力并为最终热处理准备良好的金相组织。其热处理工艺有退火、正火、时效、调质等。

① 退火和正火。退火和正火用于经过热加工的毛坯。含碳量高于 0.5% 的碳钢和合金钢，为降低其硬度易于切削，常采用退火处理；含碳量低于 0.5% 的碳钢和合金钢，为避免其硬度过低切削时粘刀，而采用正火处理。退火和正火尚能细化晶粒、均匀组织，为以后的热处理做准备。退火和正火常安排在毛坯制造之后、粗加工之前进行。

② 时效处理。时效处理主要用于消除毛坯制造和机械加工中产生的内应力。为减少运输工作量，对于一般精度的零件，在精加工前安排一次时效处理即可。但对于精度要求较高的零件（如坐标镗床的箱体等），应安排两次或数次时效处理工序。简单零件一般可不进行时效处理。除铸件外，对于一些刚性较差的精密零件（如精密丝杠），为消除加工中产生的内应力，稳定零件加工精度，常在粗加工、半精加工之间安排多次时效处理。有些轴类零件加工，在校直工序后也要安排时效处理。

③ 调质。调质即在淬火后进行高温回火处理，它能获得均匀细致的回火索氏体组织，为以后的表面淬火和渗氮处理时减少变形做准备，因此调质也可作为预备热处理。由于调质后零件的综合力学性能较好，对某些硬度和耐磨性要求不高的零件，也可作为最终热处理工序。

（2）最终热处理。最终热处理的目的是提高硬度、耐磨性和强度等力学性能，它包括淬火、渗碳淬火和渗氮处理。

① 淬火。淬火有表面淬火和整体淬火。其中表面淬火因为变形、氧化及脱碳较小而应用较广，而且表面淬火还具有外部强度高、耐磨性好，而内部保持良好的韧性、抗冲击力强的优点。为提高表面淬火零件的机械性能，常需要将调质或正火等热处理作为预备热处理。其一般工艺路线：下料→锻造→正火（退火）→粗加工→调质→半精加工→表面淬火→精加工。

② 渗碳淬火。渗碳淬火适用于低碳钢和低合金钢，先提高零件表层的含碳量，经淬火后使表层获得高的硬度，而心部仍保持一定的强度和较高的韧性和塑性。渗碳分整体渗碳和局部渗碳。局部渗碳时对不渗碳部分要采取防渗措施（镀铜或镀防渗材料）。由于渗碳淬火变形大，且渗碳深度一般在 0.5～2 mm 之间，所以渗碳工序一般安排在半精加工和精加工之间。其工艺路线一般为：下料→锻造→正火→粗、半精加工→渗碳淬火→精加工。

当局部渗碳零件的不渗碳部分，采用加大余量后切除多余的渗碳层的工艺方案时，切除多余渗碳层的工序应安排在渗碳后、淬火前进行。

③ 渗氮处理。渗氮是使氮原子渗入金属表面获得一层含氮化合物的处理方法。渗氮层可以提高零件表面的硬度、耐磨性、疲劳强度和抗蚀性。由于渗氮处理温度较低、变形小、且渗氮层较薄（一般不超过 0.6～0.7 mm），因此渗氮工序应尽量靠后安排，常安排在精加工之间进行。为减小渗氮时的变形，在切削后一般需要进行消除应力的高温回火。

3）检验工序的安排

检验工序一般安排在粗加工后，精加工前；送往外车间前后；重要工序和工时长的工序前后；零件加工结束后，入库前。

4）其他工序的安排

（1）表面强化工序。例如滚压、喷丸处理等，一般安排在工艺过程的最后。

（2）表面处理工序。例如发蓝、电镀等，一般安排在工艺过程的最后。

（3）探伤工序。例如 X 射线检查、超声波探伤等，多用于零件内部质量的检查，一般安排在工艺过程的开始。磁力探伤、荧光检验等主要用于零件表面质量的检验，通常安排在该表面加工结束以后。

（4）平衡工序。包括动、静平衡，一般安排在精加工以后。

在安排零件的工艺过程中，不要忽视去毛刺、倒棱和清洗等辅助工序。在铣键槽、齿面倒角等工序后应安排去毛刺工序。零件在装配前都应安排清洗工序，特别在研磨等光整加工工序之后，更应注意进行清洗工序，以防止残余的磨料嵌入工件表面，加剧零件在使用中的磨损。

4.7　加工余量的确定

在选择了毛坯，拟定出加工工艺路线之后，就需要确定加工余量，计算各工序的工序尺寸。加工余量大小与加工成本有密切关系，加工余量过大不仅浪费材料，而且增加切削工时，增大刀具和机床的磨损，从而增加成本；加工余量过小，会使前一道工序的缺陷得不到纠正，造成废品，从而也使成本增加。因此，合理地确定加工余量，对提高加工质量和降低成本都有十分重要的意义。

1. 加工余量的概念

在机械加工工艺中，每一工序加工的标准是各个加工表面的工序加工尺寸及其公差。确定工序尺寸，首先要确定加工余量。所谓加工余量，是指在机械加工过程中必须从某一加工表面切除的金属层厚度。加工余量分为工序余量和加工总余量。

1）工序余量

工序余量是指为完成某一道工序所必须切除的金属层厚度，即相邻两工序的工序尺寸之差。

（1）工序余量的计算。

加工余量有单边余量和双边余量之分，平面加工余量是单边余量，它等于实际切削的金属层厚度。对于外圆和孔等回转表面，加工余量是指双边余量，即以直径方向计算，实际切削的金属为加工余量数值的一半，如图 4-15 所示。由图可知：

对于外表面的单边余量　　　$Z_b = a - b$

对于内表面的单边余量　　　$Z_b = b - a$

式中：Z_b——本工序的工序余量；

　　　　a ——前工序的工序尺寸；

　　　　b ——本工序的工序尺寸。

对于轴：$2Z_b = D_a - D_b$

对于孔：$2Z_b = D_b - D_a$

式中：Z_b——为本工序的基本余量；

$\quad\quad D_a$——上工序的公称尺寸；

$\quad\quad D_b$——本工序的公称尺寸。

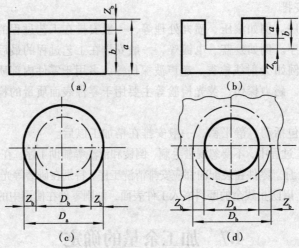

图 4-15　加工余量

当加工某个表面的工序是分几个工步时，则相邻两工步尺寸之差就是工步余量。它是某工步在表面上切除的金属层厚度。

（2）基本余量、最大余量、最小余量及余量公差。

由于毛坯制造和各个工序尺寸都存在着误差，因此，加工余量也是个变动值。当工序尺寸用公称尺寸计算时，所得的加工余量称为基本余量或称公称余量。

最小余量（Z_{min}）是保证该工序加工表面的精度和质量所需切除的金属层最小厚度。最大余量（Z_{max}）是该工序余量的最大值。下面以图 4-16 所示图样为例来计算各余量值，其他各类表面的情况与此例类似。

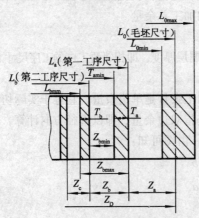

（a）被包容面（轴）加工余量及公差

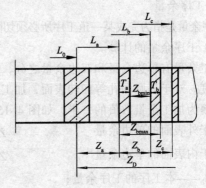

（b）包容面（孔）加工余量及公差

图 4-16　加工余量及公差

① 对于被包容面［见图 4-16（a）］。

本工序的基本余量：$\quad\quad\quad\quad\quad\quad Z_b = L_a - L_b$

本工序的最大余量：$\qquad Z_{bmax}=Z_b+T_b$

本工序的最小余量：$\qquad Z_{bmin}=Z_b-T_a$

本工序余量公差：$\qquad T_z=T_b+T_a$

式中 L_a，T_a——分别为上工序的公称尺寸和尺寸公差；

$\qquad L_b$，T_b——为本工序的公称尺寸和尺寸公差。

② 对于包容面 [见图 4-16（b）]。

本工序的基本余量：$\qquad Z_b=L_b-L_a$

本工序的最大余量：$\qquad Z_{bmax}=Z_b+T_b$

本工序的最小余量：$\qquad Z_{bmin}=Z_b-T_a$

本工序余量公差：$\qquad T_z=T_b+T_a$

式中 L_a，T_a——分别为上工序的公称尺寸和尺寸公差；

$\qquad L_b$，T_b——分别为本工序的公称尺寸和尺寸公差。

工序尺寸公差带的布置，一般都采用"单向、入体"原则。即对于被包容面（轴类），公差都标成下偏差，取上偏差为零，工序公称尺寸即为最大工序尺寸；对于包容面（孔类），公差都标成上偏差，取下偏差为零。但是，孔中心距尺寸和毛坯尺寸的公差带一般都取双向对称布置。

2）加工总余量

加工总余量是指由毛坯变为成品的过程中，在某加工表面上所切除的金属层总厚度，即毛坯尺寸与零件图设计尺寸之差。由图 4-16（b）所示实例可知，不论是包容面还是被包容面，其加工总余量均等于各工序余量之和，即

$$Z_D = Z_a + Z_b + Z_c + \cdots Z_n$$

$$Z_D = \sum_{i=1}^{n} Z_i$$

式中 Z_D——加工总余量；

$\qquad Z_i$——第 i 道工序余量，n 为工序数。

3）影响加工余量大小的因素

为了合理确定加工余量，首先必须了解影响加工余量的因素。影响加工余量的主要因素有：

（1）前工序的尺寸公差。由于工序尺寸有公差，前工序的实际工序尺寸有可能出现最大或最小极限尺寸。为了使前工序的实际工序尺寸在极限尺寸的情况下，本工序也能将上工序留下的表面粗糙度和缺陷层切除，本工序的加工余量应包括上工序的公差。

（2）前工序的形状和位置公差。当工件上有些形状和位置偏差不包括在尺寸公差的范围内时，这些误差又必须在本工序加工纠正，在本工序的加工余量中必须包括它。

（3）前工序的表面粗糙度和表面缺陷。为了保证加工质量，本工序必须将前工序留下的表面粗糙度和缺陷层切除。

（4）本工序的安装误差。安装误差包括工件的定位误差和夹紧误差，若用夹具装夹，还应有夹具在机床上的装夹误差。这些误差会使工件在加工时的位置发生偏移，所以加工余量还必须考虑安装误差的影响。

2. **加工余量的确定**

实际工作中，确定加工余量的方法包括：分析计算法、经验估算法和查表修正法。

单元四 机械加工工艺规程的制订

1）分析计算法

分析计算法是根据有关加工余量计算公式和一定的试验资料，对影响加工余量的各项因素进行分析和综合计算来确定加工余量。用这种方法确定加工余量比较经济合理，但必须有比较全面和可靠的试验资料。目前，只在材料十分贵重，以及军工生产或少数大量生产的工厂中采用。

2）经验估算法

经验估算法是根据工厂的生产技术水平，依靠实际经验确定加工余量。为防止因余量过小而产生废品，经验估计的数值总是偏大，这种方法常用于单件小批量生产。

3）查表修正法

查表修正法是根据各工厂长期的生产实践与试验研究所积累的有关加工余量数据，制成各种表格并汇编成手册，确定加工余量时，查阅有关手册，再结合本厂的实际情况进行适当修正后确定，目前此法应用较为普遍。

4.8 工序尺寸及公差的确定

机械加工过程中，工件的尺寸在不断地变化，由毛坯尺寸到工序尺寸，最后达到设计要求的尺寸。在这个变化过程中，加工表面本身的尺寸及各表面之间的尺寸都在不断地变化，这种变化无论是在一个工序内部，还是在各个工序之间都有一定的内在联系。应用尺寸链理论去揭示它们之间的内在关系，掌握它们的变化规律是合理确定工序尺寸及其公差和计算各种工艺尺寸的基础，因此，本节先介绍工艺尺寸链的基本概念，然后分析工艺尺寸链的计算方法以及工艺尺寸链的应用。

1. 工艺尺寸链的概念

1）工艺尺寸链的定义和特征

图 4-17（a）所示为一个定位套，A_Σ 与 A_1 为图样上已标注的尺寸。按零件图进行加工时，尺寸 A_Σ 不便直接测量。如果欲通过对易于测量的尺寸 A_2 进行加工，以间接保证尺寸 A_Σ 的要求，则首先需要分析尺寸 A_1、A_2 和 A_Σ 之间的内在关系，然后据此算出尺寸 A_2 的数值。又如图 4-17（b）所示零件，假设零件图上标注设计尺寸 A_1 和 A_Σ，当用调整法加工 C 表面时（A、B 表面已加工完成），为使夹具结构简单和工件定位时稳定可靠，常选表面 A 为定位基准，并按调整法根据对刀尺寸 A_2 加工表面 C，以间接保证尺寸 A_Σ 精度要求，则尺寸 A_1、A_2 和 A_Σ 这些相互联系的尺寸就形成一个尺寸封闭图形，即为工艺尺寸链，如图 4-17（c）所示。

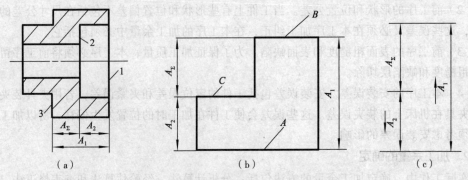

图 4-17 零件加工与测量中的尺寸联系

通过以上分析可以知道，工艺尺寸链的主要特征是封闭性和关联性。

（1）封闭性：是指尺寸链中各个尺寸的排列呈封闭形式，不封闭就不成为尺寸链。

（2）关联性：是指出任何一个直接保证的尺寸及其精度的变化，必将影响间接保证的尺寸和其精度。例如上尺寸链中，A_1、A_2 的变化，都将引起 A_Σ 的变化。

2）工艺尺寸链的组成

（1）环：组成工艺尺寸链的各个尺寸都称为工艺尺寸链的环。图 4-17 所示的尺寸 A_1、A_2 和 A_Σ 都是工艺尺寸链的环。环又可分为封闭环和组成环。

（2）封闭环：在加工过程中，间接获得、最后保证的尺寸。图 4-17 所示的尺寸 A_Σ 是间接获得的。封闭环用下标"Σ"表示。每个尺寸链只能有一个封闭环。

（3）组成环：除封闭环以外的其他环，称为组成环。组成环的尺寸是直接保证的，它又影响到封闭环的尺寸。按其对封闭环的影响又可分为增环和减环。

① 增环：是指当其余组成环不变，而该环增大（或减小）使封闭环随之增大（或减小）的环。图 4-17（c）所示的 A_1 即为增环，可标记成 $\vec{A}_1$。

② 减环：是指当其余组成环不变，该环增大（或减小）反而使封闭环减小（或增大）的环。如图 4-17（c）中的尺寸 A_2 即为减环。标记成 $\overleftarrow{A}_2$。

3）工艺尺寸链的建立

利用工艺尺寸链进行工序尺寸及其公差的计算，关键在于正确找出尺寸链，正确区分增、减环和封闭环。其方法如下：

（1）封闭环的确定。即加工后间接得到的尺寸。对于工艺尺寸链，要认准封闭环是"间接、最后"获得的尺寸这一关键点。在大多数情况下，封闭环可能是零件设计尺寸中的一个尺寸或者是加工余量值。

封闭环的确定还要考虑到零件的加工方案。如加工方案改变，则封闭环也将可能变成另一个尺寸。例如图 4-17（a）所示零件，当以表面 3 定位车削表面 1，获得尺寸 A_1，然后以表面 1 为测量基准车削表面 2 获得尺寸 A_2 时，则间接获得的尺寸 A_Σ 即为封闭环。但是，如果改变加工方案，以加工过的表面 1 为测量基准直接获得尺寸 A_2，然后调头以表面 2 为定位基准，采用定距装刀的调整法车削表面 3 直接保证尺寸 A_Σ，则 A_1 尺寸间接获得，是封闭环。

在零件的设计图中，封闭环一般是未注的尺寸（即开环）。

（2）组成环的查找。从封闭环两端起，按照零件表面间的联系，逆向循着工艺过程的顺序，分别向前查找该表面最近一次加工的加工尺寸，之后再找出该尺寸另一端表面的最后一次加工尺寸，直至两边汇合为止，所经过的尺寸都为该尺寸链的组成环。

（3）区分增减环。对于环数少的尺寸链，可以根据增、减环的定义来判别。对于环数多的尺寸链，可以采用箭头法，即从 A_Σ 开始，在尺寸的上方（或下边）画箭头，然后顺着各环依次画下去，凡箭头方向与封闭环 A_Σ 的箭头方向相同的环为减环，相反的为增环。

需要注意的是，所建立的尺寸链，必须使组成环数最少，这样能更容易满足封闭环的精度或者使各组成环的加工更容易、更经济。

4）工艺尺寸链计算的基本公式

尺寸链的计算方法有两种：极值法与概率法。这里仅介绍生产中常用的极值法。极值法是从最坏情况出发来考虑问题的，即当所有增环都为最大极限尺寸而减环恰好都为最小极限尺寸，或所有增环都为最小极限尺寸而减环恰好都为最大极限尺寸时，来计算封闭环的极限尺寸和公差。事实上，一批零件的实际尺寸是在公差带范围内变化的。在尺寸链中，所有增环不一定同时出现最大或最小极限尺寸，即使出现，此时所有减环也不一定同时出现最小或最大极限尺寸。

极值法解工艺尺寸链的基本计算公式如下：

（1）封闭环的公称尺寸计算

$$A_\Sigma = \sum_{i=1}^{m} \bar{A}_i + \sum_{j=m+1}^{n-1} \bar{A}_j \tag{4-2}$$

式中：m——增环的环数；

n——包括封闭环在内的总环数。

（2）封闭环极限尺寸的计算

$$A_{\Sigma\max} = \sum_{i=1}^{m} \bar{A}_{i\max} + \sum_{j=m+1}^{n-1} \bar{A}_{j\min} \tag{4-3}$$

$$A_{\Sigma\min} = \sum_{i=1}^{m} \bar{A}_{i\min} + \sum_{j=m+1}^{n-1} \bar{A}_{j\max} \tag{4-4}$$

（3）封闭环上下偏差的计算

$$B_s(A_\Sigma) = \sum_{i=1}^{m} B_s(\bar{A}_i) - \sum_{j=m+1}^{n-1} B_x(\bar{A}_j) \tag{4-5}$$

$$B_x(A_\Sigma) = \sum_{i=1}^{m} B_x(\bar{A}_i) - \sum_{j=m+1}^{n-1} B_s(\bar{A}_j) \tag{4-6}$$

（4）封闭环的公差计算

$$T(A_\Sigma) = \sum_{i=1}^{n-1} T(A_i) \tag{4-7}$$

式中：$T(A_i)$——第 i 个组成环的公差。

（5）封闭环平均尺寸计算

$$A_{\Sigma M} = \sum_{i=1}^{m} \bar{A}_{iM} - \sum_{j=m+1}^{n-1} \bar{A}_{iM} \tag{4-8}$$

式中各组成环平均尺寸按下式计算

$$A_{iM} = \frac{A_{i\max} + A_{i\min}}{2}$$

（6）平均偏差的计算

$$B_M(A_\Sigma) = \sum_{i=1}^{m} B_M(\bar{A}_i) - \sum_{j=m+1}^{n-1} B_M(\bar{A}_j) \tag{4-9}$$

式中各组成环平均偏差按下式计算

$$B_M A_i = \frac{B_s A_i + B_x A_i}{2} \tag{4-10}$$

5）工艺尺寸链的计算形式

（1）正计算：已知各组成环尺寸求封闭环尺寸。其计算结果是唯一的。产品设计的校验常用这种形式。

（2）反计算：已知封闭环尺寸求各组成环尺寸。由于组成环通常有若干个，所以反计算形式需要将封闭环的公差值按照尺寸大小和精度要求合理地分配给各组成环。产品设计常用此形式。

（3）中间计算：已知封闭环尺寸和部分组成环尺寸求某一组成环尺寸。该方法应用最广，常用于加工过程中基准不重合时计算工序尺寸。

2. 工艺尺寸链的分析与解算

1）工序基准与设计基准重合时工序尺寸及其公差的确定

零件上外圆和内孔的加工多属于这种情况。当表面需经多次加工时，各工序的加工尺寸及公差取决于各工序的加工余量及所采用加工方法的经济加工精度，计算的顺序是由最后一道工序向前推算。计算步骤为：

（1）定毛坯总余量和工序余量。

（2）定工序公差。最终工序尺寸公差等于设计尺寸公差，其余工序公差按经济精度确定。求工序公称尺寸，从零件图上的设计尺寸开始，一直往前推算到毛坯尺寸，某工序公称尺寸等于后道工序公称尺寸加上或减去后道工序余量。

（3）标注工序尺寸公差。最后一道工序的公差按设计尺寸标注，其余工序尺寸公差按入体原则标注。

例如：某零件孔的设计要求为 $\phi 100^{+0.03}_{0}$ mm，Ra 值为 0.8 μm，需淬硬。其加工工艺路线为：毛坯→粗镗→半精镗→精镗→浮动镗。求各工序尺寸。

首先，通过查表或凭经验确定毛坯总余量与其公差、工序余量以及工序的经济精度和公差值，然后，计算工序公称尺寸，结果如表 4-12 所示。

表 4-12　工序尺寸及公差的计算　　　　　　　　单位：mm

工序名称	工序余量	工序的经济精度	工序公称尺寸	工序尺寸
浮动镗	0.1	H7 $\left(^{+0.035}_{0}\right)$	100	$\phi 100^{+0.035}_{0}$
精镗	0.5	H9 $\left(^{+0.087}_{0}\right)$	100-0.1=99.9	$\phi 99.9^{+0.087}_{0}$
半精镗	2.4	H11 $\left(^{+0.22}_{0}\right)$	99.9-0.5=99.4	$\phi 99.4^{+0.22}_{0}$
粗镗	5	H13 $\left(^{+0.54}_{0}\right)$	99.4-2.4=97	$\phi 97^{+0.54}_{0}$
毛坯	8	±1.2	97-5=92 或 100-8=92	$\phi 92 \pm 1.2$

2）工艺基准与设计基准不重合时工序尺寸及其公差的确定

（1）测量基准与设计基准不重合时工序尺寸及其公差的计算。

在加工中，有时会遇到某些加工表面的设计尺寸不便测量，甚至无法测量的情况，为此需要在工件上另选一个容易测量的测量基准，通过对该测量尺寸的控制来间接保证原设计尺寸的精度。这就产生了测量基准与设计基准不重合时，测量尺寸及公差的计算问题。

【例4-1】如图4-18所示零件，加工时要求保证尺寸（6±0.1）mm，但该尺寸不便测量，只好通过测量尺寸 x 来间接保证，试求工序尺寸 x 及其上、下偏差。

解： 在图4-18（a）所示尺寸（6±0.1）mm是间接得到的即为封闭环。工艺尺寸链如图4-18（b）所示。其中尺寸 x，26±0.05 mm为增环，尺寸 $36_{-0.05}^{0}$ mm为减环。

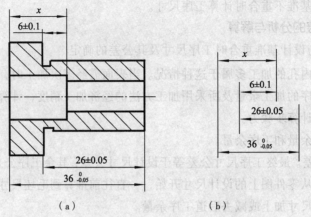

（a）　　　　　　　（b）

图4-18　测量基准与设计基准不重合的尺寸换算

由式（4-2）得

$$6 = x + 26 - 36, \quad x = 16 \text{ mm}$$

由式（4-5）得

$$0.1 = B_s(x) + 0.05 - (-0.05), \quad B_s(x) = 0$$

$$-0.1 = B_x(x) + (-0.05) - 0; \quad B_x(x) = -0.05 \text{ mm}; \quad x = 16$$

（2）定位基准与设计基准不重合时的工序尺寸计算。

采用零件调整法加工时，如果加工表面的定位基准与设计基准不重合，就要进行尺寸换算，重新标注工序尺寸。

【例4-2】在图4-19（a）所示的零件中，尺寸 $60_{-0.12}^{0}$ mm已经保证，现以1面定位用调整法精铣2面，试标出工序尺寸。

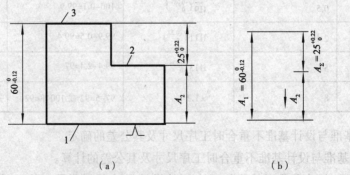

（a）　　　　　　　（b）

图4-19　定位基准与设计基准不重合的尺寸换算

解： 当以1面定位加工2面时，将按工序尺寸 A_2 进行加工，设计尺寸 $A_\Sigma = 25_{0}^{+0.22}$ 是本工序间接保证的尺寸，为封闭环，其尺寸链如图4-19（b）所示。则尺寸 A_2 的计算如下。

公称尺寸计算

$$25 = 60 - A_2, \quad A_2 = 35 \text{ mm}$$

下极限偏差计算

$$+ 0.22 = 0 - B_x(A_2), \quad B_x(A_2) = -0.22 \text{ mm}$$

上极限偏差计算

$$0 = -0.12 - B_s(A_2), \quad B_s(A_2) = -0.12 \text{ mm}$$

则工序尺寸

$$A_2 = 35_{-0.22}^{-0.12} \text{ mm}$$

当定位基准与设计基准不重合进行尺寸换算时，也需要提高本工序的加工精度，使加工更加困难。同时也会出现假废品的问题。

3）中间工序的工序尺寸及其公差的确定

【例 4-3】图 4-20 所示为齿轮内孔的局部简图，设计要求为：孔径 $\phi 40_{0}^{+0.05}$ mm，键槽深度尺寸为 $43.6_{0}^{+0.34}$ mm，其加工顺序为：

（1）镗内孔至 $\phi 39.6_{0}^{+0.1}$ mm；

（2）插键槽至尺寸 A；

（3）淬火处理；

（4）磨内孔，同时保证内孔直径 $\phi 40_{0}^{+0.05}$ mm 和键槽深度 $43.6_{0}^{+0.34}$ mm 两个设计尺寸的要求。试确定插键槽的工序尺寸 A。

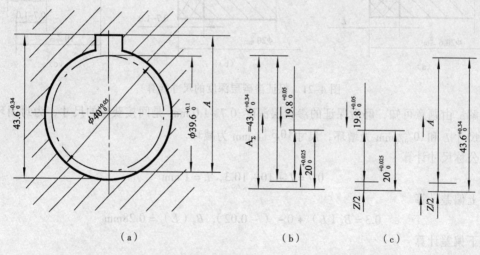

（a）　　　　　　　　　　（b）　　　　　　　（c）

图 4-20　内孔及键槽加工的工艺尺寸链

解：先画出工艺尺寸链，如图 4-20（b）所示。需要注意的是，当有直径尺寸时，一般应考虑用半径尺寸来画尺寸链。因最后工序是直接保证 $\phi 40_{0}^{+0.05}$ mm，间接保证 $43.6_{0}^{+0.34}$ mm，故 $43.6_{0}^{+0.34}$ mm 为封闭环，尺寸 A 和 $20_{0}^{+0.025}$ mm 为增环，$19.8_{0}^{+0.05}$ mm 为减环。利用基本公式计算可得

公称尺寸计算

$$43.6 = A + 20 - 19.8$$

$$A = 43.4 \text{ mm}$$

上极限偏差计算

$$B_s(A) = +0.315 \text{ mm}$$

下偏差计算

$$0 = B_x(A) + 0 - 0.05$$
$$B_x(A) = +0.05 \text{ mm}$$

所以

$$A = 43.4^{+0.315}_{+0.05} \text{ mm}$$

按入体原则标注为

$$A = 43.45^{+0.265}_{0} \text{ mm}$$

另外，尺寸链还可以列成图 4-20（c）所式形式，引进了半径余量 Z/2，图 4-20（c）所示左图中 Z/2 是封闭环，右图中 Z/2 则认为是已经获得，而 $43.6^{+0.34}_{0}$ mm 是封闭环。其结果与图 4-20（b）所示尺寸链相同。

4）保证渗氮、渗碳层深度的工艺计算

【例 4-4】 图 4-21 所示为一批圆轴，其加工过程为车外圆至 $\phi 20.6^{0}_{-0.04}$ mm；渗碳淬火；磨外圆至 $\phi 20^{0}_{-0.02}$ mm。试计算保证磨后渗碳层深度为 0.7~1.0 mm 时，渗碳工序的渗入深度及其公差。

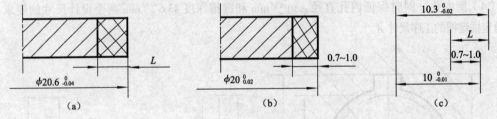

图 4-21 保证渗碳层深度的尺寸换算

解： 由题意可知，磨后保证的渗碳层深度 0.7~1.0 mm 是间接获得的尺寸，为封闭环。其中尺寸 L 和 $10^{0}_{-0.01}$ mm 为增环，尺寸 $10.3^{0}_{-0.02}$ mm 为减环。

公称尺寸计算

$$0.7 = L + 10 - 10.3, \quad L = 1 \text{ mm}$$

上偏差计算

$$0.3 = B_s(L) + 0 - (-0.02), \quad B_s(L) = 0.28 \text{mm}$$

下偏差计算

$$0 = B_x(L) + (-0.01) - 0, \quad B_x(L) = 0.01 \text{mm}$$

因此

$$L = 1^{+0.28}_{+0.01} \text{ mm}$$

4.9 机械加工生产率和技术经济分析

制订工艺规程的根本任务是在保证产品质量的前提下，提高劳动生产率和降低成本，即做到高产、优质、低消耗。要达到这一目的，制订工艺规程时，还必须对工艺过程开展认真的技术经济分析，采取有效的工艺措施提高机械加工生产率。

1. 时间定额

1）时间定额的概念

所谓时间定额是指在一定生产条件下，规定生产一件产品或完成一道工序所需消耗的时间。它是安排作业计划、核算生产成本、确定设备数量、人员编制以及规划生产面积的重要依据。

2）时间定额的组成

（1）基本时间 T_m。 基本时间是指直接改变生产对象的尺寸、形状、相对位置以及表面状态或材料性质等工艺过程所消耗的时间。对于切削加工来说，基本时间就是切除金属所消耗的时间（包括刀具的切入和切出时间在内）。

（2）辅助时间 T_a。 辅助时间是为实现工艺过程所必须进行的各种辅助动作所消耗的时间。它包括装卸工件、开停机床、引进或退出刀具、改变切削用量、试切和测量工件等所消耗的时间。

基本时间和辅助时间的总和称为作业时间。它是直接用于制造产品或零部件所消耗的时间。

辅助时间的确定方法随生产类型而异。大批大量生产时，为使辅助时间规定得合理，需将辅助动作分解，再分别确定各分解动作的时间，最后予以综合；中批生产则可根据以往统计资料来确定；单件小批生产常用基本时间的百分比进行估算。

（3）布置工作地时间 T_s。 布置工作地时间是为了使加工正常进行，工人照管工作地（如更换刀具，润滑机床，清理切屑，收拾工具等）所消耗的时间。它不是直接消耗在每个工件上的。而是将消耗在一个工作班内的时间，折算到每个工件上的。一般按作业时间的 2% ~ 7%估算。

（4）休息与生理需要时间 T_r。 休息与生理需要时间是工人在工作班内恢复体力和满足生理上的需要所消耗的。 T_r 是按一个工作班为计算单位，再折算到每个工件上的。对机床操作工人一般按作业时间的 2% ~ 4%估算。

以上四部分时间的总和称为单件时间 T_t，即

$$T_t = T_m + T_a + T_s + T_r$$

（5）准备与终结时间 T_e。 准备与终结时间是指工人为了生产一批产品或零部件，进行准备和结束工作所消耗的时间。在单件或成批生产中，每当开始加工一批工件时，工人需要熟悉工艺文件，领取毛坯、材料、工艺装备、安装刀具和夹具，调整机床和其他工艺装备等所消耗的时间以及加工一批工件结束后，需拆下和归还工艺装备，送交成品等所消耗的时间。T_e 既不是直接消耗在每个工件上的，也不是消耗在一个工作班内的时间，而是消耗在一批工件上的时间。因而分摊到每个工件的时间为 T_e / n ，其中 n 为批量。故单件和成批生产的单件工时定额的计算公式 T_t 应为

$$T_t = T_m + T_a + T_s + T_r + T_e / n$$

大批大量生产时，由于 n 的数值很大，$T_e / n \approx 0$，故不考虑准备终结时间。

2. 机床的选择

机床是加工工件的主要生产工具，选择时应考虑下述问题：

（1）所选择的机床应与加工零件相适应，即机床的精度应与加工零件的技术要求相适应；机床的主要规格尺寸应与加工零件的外轮廓尺寸相适应；机床的生产率应与零件的生产纲领相适应。

单元（四） 机械加工工艺规程的制订

（2）生产现场的实际情况，即现有设备的类型，规格及实际精度、设备的分布排列及负荷情况、操作者的实际水平等。

（3）生产工艺技术的发展。如在一定的条件下考虑采用计算机辅助制造（CAM）、成组技术（GT）等新技术时，则有可能选用高效率的专用、自动、组合等机床以满足相似零件组的加工要求，而不仅仅考虑某一零件批量的大小。综合考虑上述因素，在选择时应充分利用现有设备，并尽量采用国产机床。当现有设备的规格尺寸和实际精度不能满足零件的设计要求时，应优先考虑新技术、新工艺进行设备改造，实施"以小干大"、"以粗干精"等行之有效的办法。

3. 工艺装备的选择

1）夹具的选择

单件小批量生产应尽量选用通用夹具，如机床自带的卡盘、平口钳、转台等。大批大量生产时，应采用高生产效率的专用夹具，积极推广气、液传动的专用夹具，在推行计算机辅助制造、成组技术等新工艺，或提高生产效率时，则应采用成组夹具、组合夹具。夹具的精度应与零件的加工精度应相适应。

2）刀具的选择

刀具的选择主要取决于工序所采用的加工方法、加工表面的尺寸、工件材料、所要求的精度和表面粗糙度、生产率及经济性等，选择刀具时应尽可能采用标准刀具，必要时可采用高生产率的复合刀具和其他专用刀具。

3）量具的选择

量具的选择主要是根据要求检验的精度和生产类型，量具的精度必须与加工精度相适应。在单件小批生产中，应尽量采用通用量具、量仪，而在大批大量生产中，则应采用各种量规、高生产率的检验仪器、检验夹具。

4. 提高机械加工生产率的途径

提高劳动生产率的工艺措施可有以下几个方面：

1）缩短基本时间

在大批大量生产时，由于基本时间在单位时间中所占比重较大，因此通过缩短基本时间即可提高生产率。缩短基本时间主要有以下四种途径：

（1）提高切削用量、增大切削速度、进给量和背吃刀量，都可缩短基本时间，但切削用量的提高受到刀具耐用度和机床功率、工艺系统刚度等方面的制约。

（2）采用多刀同时切削。

（3）多件同时加工。

（4）减少加工余量。

2）缩短辅助时间

辅助时间在单件时间中也占有较大比重，尤其在大幅度提高切削用量之后，基本时间显著减少，辅助时间所占比重就更高。此时采取措施缩减辅助时间就成为提高生产率的重要方向。缩短辅助时间有两种不同的途径，一是使辅助动作实现机械化和自动化，从而直接缩减辅助时间；二是使辅助时间与基本时间重合，间接缩短辅助时间。

3）缩短布置工作地时间

布置工作地时间，大部分消耗在更换刀具上，因此必须减少换刀次数并缩减每次换刀所需的时间，提高刀具的耐用度可减少换刀次数。而换刀时间的减少，则主要通过改进刀具的安装方法和采用装刀夹具来实现。如采用各种快换刀夹，刀具微调机构，专用对刀样板或对刀样件以及自动换刀装置等，以减少刀具的装卸和对刀所需时间。

4）缩短准备与终结时间

缩短准备与终结时间的途径：扩大产品生产批量，以相对减少分摊到每个零件上的准备与终结时间；直接减少准备与终结时间。

5. 机械加工技术经济分析的方法

制订机械加工工艺规程时，在同样能满足工件的各项技术要求的前题下，一般可以拟订出几种不同的加工方案，而这些方案的生产效率和生产成本会有所不同。为了选取最佳方案就需要进行技术经济分析。所谓技术经济分析，就是通过比较不同工艺方案的生产成本，选出最经济的加工工艺方案。

生产成本是指制造一个零件或一台产品所必需的一切费用的总和。生产成本包括两大类费用：第一类是与工艺过程直接有关的费用称为工艺成本，占生产成本的 70%~75%；第二类是与工艺过程无关的费用，如行政人员工资，厂房折旧，照明取暖等。由于在同一生产条件下与工艺过程无关的费用基本上是相等的，因此对零件工艺方案进行经济分析时，只要分析与工艺过程直接有关的工艺成本即可。

4.10 制订机械加工工艺规程实例

图 4-22 所示为某坐标镗床的变速箱壳体。现以小批量生产条件下该零件的机械加工工艺规程制订为例，总结制订机械加工工艺规程的方法和要点。

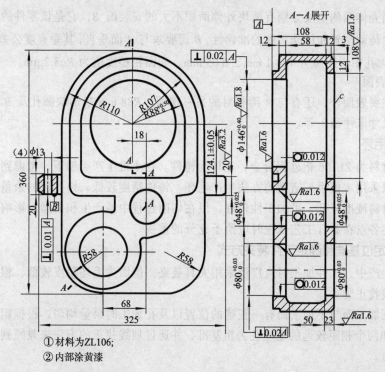

① 材料为ZL106；
② 内部涂黄漆

图 4-22 坐标镗床的变速箱壳体

1. 制订工艺规程的原始资料

在制订机械加工工艺规程时，必须具备下列原始资料：

（1）零件的设计图和产品或部件的装配图，对于简单的或者熟悉的典型零件，有时没有装配图也可以。

（2）零件的生产纲领和生产类型。

（3）现有的生产条件和有关的资料。包括毛坯的生产条件、机械加工车间的设备和工艺装备情况、专用设备和工艺装备的制造能力、工人的技术水平以及各种有关的工艺资料和标准等。

（4）国内外同类产品的有关工艺资料。

本例着重介绍工艺规程的制订方法，而并未针对某个具体的生产单位，故采用的各项资料均来源于手册和标准。

2. 分析零件的结构特点和技术要求，审查结构工艺性

该零件为某坐标镗床的变速箱壳体，其外形尺寸为 360 mm×325 mm×l08 mm，属小型箱体零件，内腔无加强肋，结构简单，孔多壁薄，刚性较差。其主要加工面和加工要求如下：

1）三组平行孔系

三组平行孔用来安装轴承，因此都有较高的尺寸精度（IT7）和形状精度（圆度 0.012mm）要求，表面粗糙度为 Ral.6 μm，彼此之间的孔距公差为±0.l mm。

2）端面 A

端面 A 是与其他相关部件联结的结合面，表面粗糙度为 Ral.6 μm，三组孔均要求与 A 面垂直，公差 0.02 mm。

3）装配基准面 B

在变速箱壳体两侧中段分别有两块外伸面积不大的安装面 B，它是该零件的装配基准。为了保证齿轮传动位置和传动精度的准确性，B 面要求与 A 面垂直，其垂直度公差为 0.0l mm，与 ϕ146 mm 大孔中心距离为 124.1 mm±0.05 mm，表面粗糙度值为 Ra3.2 μm。

4）其他表面

除上述主要表面外，还有与 A 面相对的另一端面、R88 mm 扇形缺圆孔及 B 面上的安装小孔（图中尺寸未注出）等。

3. 选择毛坯

该零件材料为 ZL106 铝硅铜合金，毛坯为铸件。在小批生产类型下，考虑到零件结构比较简单，所以采用木模手工造型的方法生产毛坯。铸件精度较低，铸孔留的余量较多而不均匀。ZL106 材料硬度较低，可加工性较好。但在切削过程中易产生积屑瘤，影响加工表面的粗糙度。上述各点在制订工艺规程时应给予充分的重视。

4. 选择定位基准和确定工件装夹方式

在成批生产中，工件加工时应广泛采用夹具装夹，但因为毛坯精度较低，粗加工时可以部分采用划线找正装夹。

为了保证加工面与不加工面有一正确的位置以及孔加工时余量均匀，根据粗基准选择原则，选 C 面和两个相距较远的毛坯孔为粗基准，并通过划线找正的方法来兼顾到其他各加工面的余量分布。

该零件为一小型箱体，加工面较多且互相之间有较高的位置精度，故选择精基准时首先

考虑采用基准统一的方案。B 面为该零件的装配基准，用它来定位可以使很多加工要求实现基准重合，但 B 面很小，用它作为主要定位基准装夹不稳定，故采用面积较大、要求也较高的端面 A 作为主要定位基准，限制三个自由度；用 B 面限制两个自由度；用加工过程中的 $\phi146$mm 大孔限制一个自由度，以保证孔的加工余量均匀。

5. 拟定工艺路线

1）选择表面加工方法

工件材料为有色金属、孔的直径较大，要求较高，孔加工采用粗镗→半精镗→精镗的加工方案；平面加工采用粗铣→精铣的加工方案。但 B 面与 A 面有较高的垂直度要求，铣削不易达到，故铣后还应增加精加工工序，考虑到该表面面积较小，在小批生产条件下，采用刮削的方法来保证其加工要求是可行的。

2）加工阶段的划分和工序集中的程度

该件要求较高，刚性较差，加工应划分为粗加工、半精加工和精加工三个阶段。在粗加工和半精加工阶段，平面和孔交替反复加工，逐步提高精度。孔系位置精度要求高，三孔宜集中在一道工序一次装夹下加工出来，其他平面加工也应当适当集中。

3）工序顺序安排

根据"先基面，后其他"的原则，在工艺过程的开始先将上述定位基准面加工出来。根据"先面后孔"的原则，在每个加工阶段均先加工平面，再加工孔。因为平面加工时系统刚性较好，精加工阶段可以不再加工平面。最后适当安排次要表面（如小孔、扇形窗口等）的加工和热处理、检验等工序。

最后拟定的工艺路线如表 4-13 所示。

表 4-13　齿轮箱加工工艺路钱

工序号	工序名称	工序内容	设备	工艺装备	备注
1	铸	铸造			
2	划线	以 $\phi146$ mm、$\phi80$ mm 为基准，兼顾轮廓，划出平面和孔的轮廓线	钳台	划线盘	
3	粗铣	按线校正，粗铣 A 面及对面	X52	面铣刀	
4	粗铣	A 面定位，按线校正，粗铣 B 面	X52	盘铣刀	
5	划线	划三孔及 $R88$ mm 扇形缺圆窗口线		划针	
6	粗镗	以 A、B 面定位，按线校正，粗镗三孔及 $R88$mm 扇形缺圆面	T68	通用角铁、镗刀	
7	粗铣	粗铣缺圆窗口	X52	盘铣刀	
8	精铣	精铣 A 面及对面	X52	面铣刀	
9	精铣	精铣 B 面，留刮削余量 0.2 mm	X52	盘铣刀	
10	钻	钻壳体端盖螺钉孔及 B 面安装孔	Z525	钻模、钻头	
11	刮	刮 B 面，达到尺寸要求，四边倒角		平板、刮刀研模、研具	
12	半精镗	半精镗三孔及 $R88$mm 扇形缺圆孔	T68	镗模、镗刀	
13	涂漆	内腔涂黄色漆		镗模、镗刀	
14	精镗	精镗三孔达图样要求	T68	内径量表	
15	检验	按图样检验入库			

6. 设计工序内容

1）选择机床和工艺装备

根据小批量生产类型的工艺特征，选择通用机床和部分专用夹具来加工，尽量采用标准的刀具和量具。机床的型号名称和工艺装备的名称规格如表 4-13 所示。

2）加工余量和工序尺寸的确定

以端面加工为例，查表 4-12 得

$$Z_{毛坯A} = 4.5 \text{ mm （铸件顶面）}$$

$$Z_{毛坯C} = 3.5 \text{ mm （铸件底面）}$$

$$Z_{粗铣} = 2.5 \text{ mm}$$

| 粗铣经济精度 IT12 | $T_{粗铣} = 0.35 \text{mm}$ |
| 精铣经济精度 IT10 | $T_{精铣} = 0.14 \text{mm}$ |

计算毛坯尺寸： 108 mm + 4.5 mm + 3.5 mm = 116 mm

第一次粗铣尺寸： 116 mm $-$ $Z_{粗铣}$ = 113.5 mm

第二次粗铣尺寸： 113.5 mm $-$ 2.5 mm = 111 mm

A 面精铣余量： 4.5 mm $-$ 2.5 mm = 2 mm

C 面精铣余量： 3.5 mm $-$ 2.5 mm = 1 mm

第一次精铣尺寸： 111 mm $-$ 2 mm = 109 mm

第二次精铣尺寸： 108 mm（工件设计尺寸）

按入体方向标注公差，结果如图 4-23 所示。图中"。"表示定位基准，箭头指向加工面。

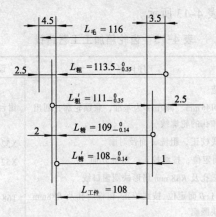

图 4-23　变速箱壳体铣削工序尺寸

3）切削用量和工时定额的确定

可用查表法来确定各工序切削用量和工时定额。因篇幅限制此处不再赘述，可在课程设计中加以训练。

7. 填写工艺文件

零件的机械加工工艺规程制订好以后，必须将上述各项内容填写在工艺文件上，以便遵照执行。

思考及练习题

4-1 什么是生产过程、工艺过程、工艺规程？工艺规程在生产中有哪些作用？

4-2 什么是工序、安装、工位、工步？

4-3 如何划分生产类型？各种生产类型的工艺特征是什么？

4-4 工艺规程的作用和制订原则各有哪些？

4-5 什么是零件的结构工艺性？请举例说明。

4-6 什么是经济加工精度？选择加工方法时应考虑的主要问题有哪些？

4-7 机械加工工艺过程划分加工阶段的原因是什么？

4-8 什么是工序集中？什么是工序分散？各有什么特点？

4-9 机械加工工序的安排原则是什么？

4-10 试述在零件加工过程中，划分加工阶段的目的和原则。

4-11 试叙述零件在机械加工工艺过程中，安排热处理工序的目的、常用的热处理方法及其在工艺过程中安排的位置。

4-12 什么是毛坯余量？什么是工序余量和总余量？影响加工余量的因素有哪些？

4-13 图 4-24 所示为工件成批生产时用端面 B 定位加工表面 A（调整法），以保证尺寸 $10_{-0.20}^{0}$ mm，试标注铣削表面 A 时的工序尺寸及上、下偏差。

4-14 图 4-25 所示为零件镗孔工序在 A、B、C 面加工后进行，并以 A 面定位。设计尺寸为（100 ± 0.15）mm，但加工时刀具按定位基准 A 调整。试计算工序尺寸 L 及上、下偏差。

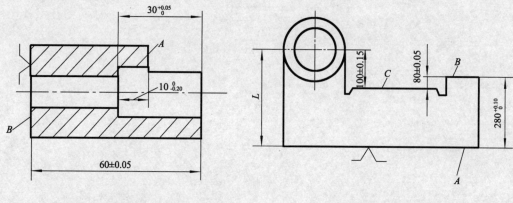

图 4-24 零件图（一）   图 4-25 零件图（二）

4-15 图 4-26 所示为零件在车床上加工阶梯孔时，尺寸 $10_{-0.4}^{0}$ mm 不便测量，而需要测量尺寸 x 来保证设计要求。试换算该测量尺寸。

4-16 什么是时间定额？批量生产和大量生产时的时间定额分别怎样计算？

4-17 什么是工艺成本？它由哪两类费用组成？单件工艺成本与年产量的关系如何？

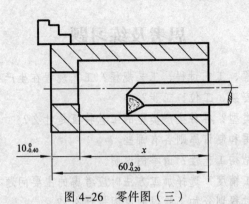

图 4-26　零件图（三）

4-18　编制图 4-27 所示的蜗杆轴零件在单件小批生产时的工艺过程。

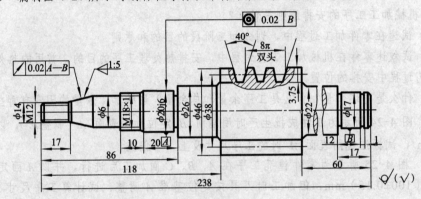

图 4-27　蜗杆轴

单元五

典型零件的加工

🖥️ **学习目标**

- 了解轴类零件、套筒类零件、箱体类零件及圆柱齿轮的特点与功用、技术要求、材料和毛坯的种类选择；
- 理解各种典型零件定位及夹持方法对加工质量的影响；
- 掌握轴类零件、套筒类零件、箱体类零件及圆柱齿轮加工工艺分析、制订的方法；
- 会根据零件的具体要求正确制订其加工工艺。

🔍 **观察与思考**

图 5-0 所示为常见的轴类零件、套筒类零件、箱体类零件和齿轮的实例图，它们的形状各异，这些零件的加工工艺各有什么特点？

图 5-0 典型零件

5.1 轴类零件加工

轴类零件是机械产品中的零件之一，它主要用于支承传动零件（齿轮、带轮等）、承受载荷、传递转矩以及保证装在轴上零件（如刀具等）的回转精度。

根据轴的结构形状，轴可分为光轴、空心轴、半轴、阶梯轴、花键轴、十字轴、偏心轴、曲轴和凸轮轴等，如图 5-1 所示。

根据轴的长度 L 与直径 d 之比，又可分为刚性轴（$L/d \leqslant 12$）和挠性轴（$L/d > 12$）两种。

由以上结构及分类可以看到，轴类零件一般为回转体，其长度大于直径。其结构要素通常由内外圆柱面、内外圆锥面、端面、台阶面、螺纹、键槽、花键、横向孔及沟槽等组成。

1. 轴类零件的主要技术要求

（1）尺寸精度。轴类零件的尺寸精度主要是指直径和长度的精度。直径方向的尺寸，若有一定配合要求，比其长度方向的尺寸要求严格得多。因此，对于直径的尺寸常常规定有严格的公差。主要轴颈的直径尺寸精度根据使用要求通常为 IT9～IT6，甚至为 IT5。至于长度方向的尺寸要求则不那么严格，通常只规定其公称尺寸。

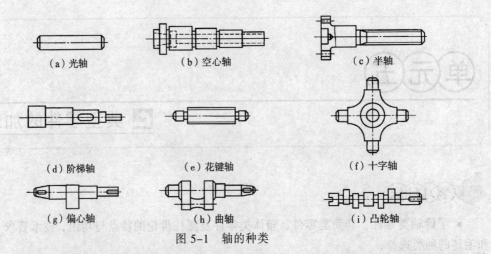

（a）光轴　　　（b）空心轴　　　（c）半轴

（d）阶梯轴　　　（e）花键轴　　　（f）十字轴

（g）偏心轴　　　（h）曲轴　　　（i）凸轮轴

图 5-1　轴的种类

（2）几何形状精度。轴类零件一般依靠两个轴颈支承，轴颈同时也是轴的装配基准，所以轴颈的几何形状精度（圆度、圆柱度等），一般应根据工艺要求限制在直径公差范围内。对几何形状要求较高时，可在零件图上另行规定其允许的公差。

（3）位置精度。位置精度主要是指装配传动件的配合轴颈相对于装配轴承的支承轴颈的同轴度，通常是用配合轴颈对支承轴颈的径向圆跳动来表示的；根据使用要求，规定最高精度轴为 0.001~0.005 mm，而一般精度轴为 0.01~0.03 mm。

此外，还有内外圆柱面的同轴度和轴向定位端面与轴心线的垂直度要求等。

（4）表面粗糙度。根据零件表面工作部位的不同，可有不同的表面粗糙度，例如普通机床主轴支承轴颈的表面粗糙度为 Ra0.16~0.63 μm，配合轴颈的表面粗糙度为 Ra0.63~2.5 μm，随着机器运转速度的增大和精密程度的提高，轴类零件表面粗糙度值要求也将越来越小。

2. 轴类零件的材料和毛坯

合理选用材料和规定热处理的技术要求，对提高轴类零件的强度和使用寿命有重要意义，同时，对轴的加工过程有极大的影响。

1）轴类零件的材料

材料的选用应满足其力学性能（包括材料强度、耐磨性、和抗腐蚀性等），同时，选择合理热处理和表面处理方法（如发蓝处理、镀铬等），以使零件达到良好的强度、刚度和所需的表面硬度。

一般轴类零件常用 45 钢，根据不同的工作条件采用不同的热处理规范（如正火、调质、淬火等），以获得一定的强度、韧性和耐磨性。对中等精度而转速较高的轴类零件，可选用 40Cr 等合金钢。这类钢经调质和表面淬火处理后，具有较高的综合力学性能。精度较高的轴，同时还可用轴承钢 GCrl5 和弹簧钢 65Mn 等材料，它们通过调质和表面淬火处理后，具有更高耐磨性和耐疲劳性能。对于高转速、重载荷等条件下工作的轴，可选用 20CrMnTi、20Mn2B、20Cr 等低碳合金钢或 38CrMoAIA 氮化钢。低碳合金钢经渗碳淬火处理后，具有很高的表面硬度、抗冲击韧性和心部强度，热处理变形却很小。

2）轴类零件的毛坯

轴类零件的毛坯最常用的是圆棒料和锻料，只有某些大型的、结构复杂的轴才采用铸件。由于毛坯经过加热锻造后，能使金属内部纤维组织沿表面均匀分布，从而获得较高的抗拉、抗弯及抗扭强度。所以，除光轴、直径相差不大的阶梯轴可使用棒料外，比较重要的轴，大都采用锻件。

根据生产规模的大小决定毛坯的锻造方式。一般模锻件因需要昂贵的设备和专用锻模，成本高，故适用于大批量生产；而单件小批量生产时，一般宜采用自由锻件。

轴类零件的主要加工表面是外圆。不同精度等级和表面粗糙度要求的外圆表面，可采用不同的典型加工方案来获得。

3. 轴类零件的一般加工工艺路线

轴类零件的主要表面是各个轴颈的外圆表面，空心轴的内孔精度一般要求不高，而精密主轴上的螺纹、花键、键槽等次要表面的精度要求也比较高。因此，轴类零件的加工工艺路线主要是考虑外圆的加工顺序，并将次要表面的加工合理地穿插其中。下面是生产中常用的不同精度、不同材料轴类零件的加工工艺路线。

（1）一般渗碳钢的轴类零件加工工艺路线：备料→锻造→正火→钻中心孔→粗车→半精车、精车→渗碳（或碳氮共渗）→淬火、低温回火→粗磨→次要表面加工→精磨。

（2）一般精度调质钢的轴类零件加工工艺路线：备料→锻造→正火（退火）→钻中心孔→粗车→调质→半精车、精车→表面淬火、回火→粗磨→次要表面加工→精磨。

（3）精密氮化钢轴类零件的加工工艺路线：备料→锻造→正火（退火）→钻中心孔→粗车→调质→半精车、精车→低温时效→粗磨→氮化处理→次要表面加工→精磨→光磨。

（4）整体淬火轴类零件的加工工艺路线：备料→锻造→正火（退火）→钻中心孔→粗车→调质→半精车、精车→次要表面加工→整体淬火→粗磨→低温时效处理→精磨。

由此可见一般精度轴类零件，最终工序采用精磨就足以保证加工质量。而对于精密轴类零件，除了精加工外，还应安排光整加工。对于除整体淬火之外的轴类零件，其精车工序可根据具体情况不同，安排在淬火热处理之前进行，或安排在淬火热处理之后，次要表面加工之前进行。应该注意的是，经淬火后的部位，不能用一般刀具切削，所以一些沟、槽、小孔等须在淬火之前加工完。

4. 阶梯轴加工工艺分析

生产图 5-2 所示的减速箱传动轴，其生产批量为小批生产，材料为 45 热轧圆钢，零件需调质，该轴为没有中心通孔的多阶梯轴。根据该零件工作图，其轴颈 M、N，外圆 P、Q 及轴肩 G、H、I 有较高的尺寸精度和形状位置精度，并有较小的表面粗糙度值，该轴有调质热处理要求。

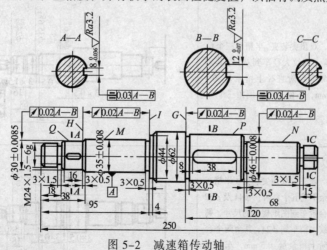

图 5-2 减速箱传动轴

1）确定主要表面加工方法和加工方案

传动轴大多是回转表面，主要是采用车削和外圆磨削。由于该轴主要表面 M，N，P，Q

的公差等级较高（IT6），表面粗糙度值较小（$Ra0.8\mu m$），最终加工应采用磨削。所以此阶梯轴加工路线设定为"粗车→热处理→半精车→铣槽→精磨"的加工方案。表 5-1 所示为该轴加工工艺过程。

表 5-1 传动轴加工工艺过程

工序号	工 种	工序内容	加工简图	设 备
1	下料	$\phi 60\times 265$		
2	车	三爪自定心卡盘夹持工件，车端面见平，钻中心孔，用尾架顶尖顶住，粗车三个台阶，直径、长度均留余量 2 mm		车床
		调头，三爪自定心卡盘夹持工件另一端，车端面总长保持 259 mm，钻中心孔，用尾架顶尖顶住，粗车加外四个台阶，直径、长度均留余量 2 mm		
3	热	调质处理 24~38 HRC		
4	钳	修研两端中心孔		车床
5	车	双顶尖装夹。半精车三个台阶，螺纹大径车到 $\phi 24$，其余两个台阶直径上留余量 0.5 mm，车槽三个，倒角三个		车床
		调头，双顶尖装夹。半精车余下的五个台阶，$\phi 44$ 及 $\phi 52$ 台阶车到图纸规定的尺寸，螺纹大径车到 $\phi 24$，其余两个台阶上留余量 0.5 mm，车槽三个，倒角四个		

工序号	工种	工序内容	加工简图	设备
6	车	双顶尖装夹。车一端螺纹 M24×1.5-6g，调头，车另一端	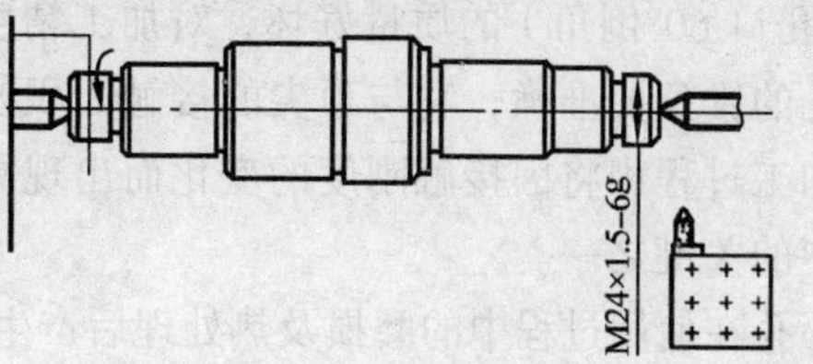 M24×1.5-6g	车床
7	钳	划键槽及一个止动垫圈槽加工线		
8	铣	铣两个键槽及一个止动垫圈槽，键槽深度比图纸规定尺寸多铣 0.25 mm，作为磨削的余量	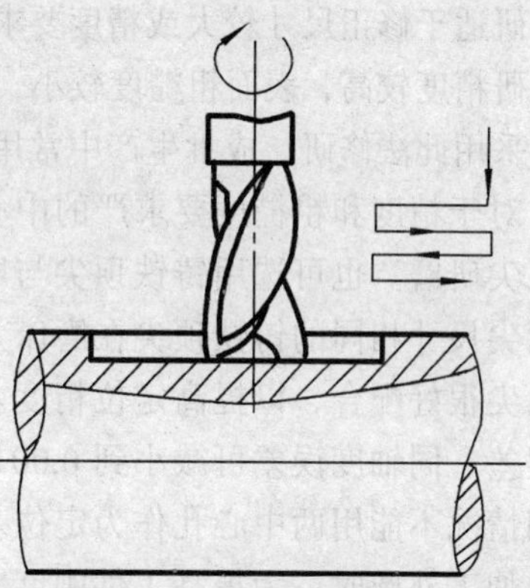	铣床
9	钳	修研两端中心孔	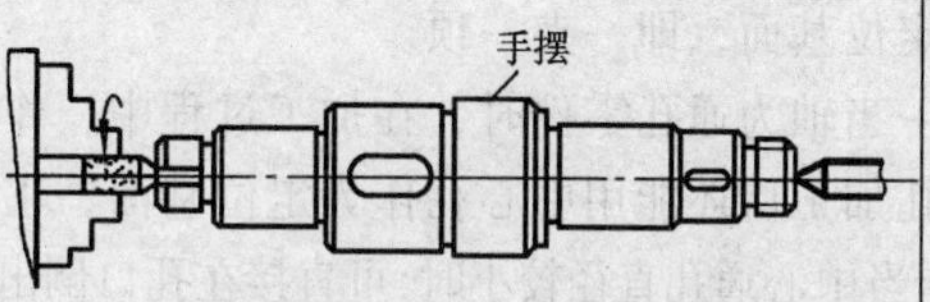 手摆	车床
10	磨	磨外圆 Q 和 M，并用砂轮端面靠磨 H 和 I，调头，磨外圆 N 和 P，靠磨台阶 G	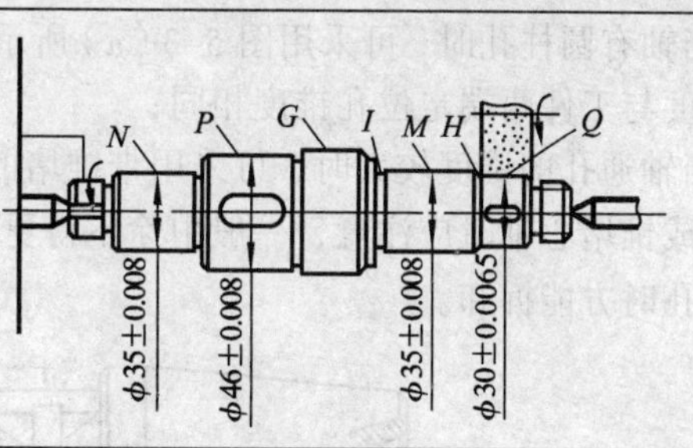 N P G I M H Q φ35±0.008 φ46±0.008 φ35±0.008 φ30±0.0065	外圆磨床
11	检	检验		

2）划分加工阶段

该轴加工划分为三个加工阶段，即粗车（粗车外圆、钻中心孔），半精车（半精车各处外圆、台肩和修研中心孔等），粗精磨各处外圆。各加工阶段大致以热处理为界。

3）选择定位基准

轴类零件的定位基面，最常用的是两中心孔。因为轴类零件各外圆表面、螺纹表面的同轴度及端面对轴线的垂直度是相互位置精度的主要项目，而这些表面的设计基准一般都是轴的中心线，采用两中心孔定位就能符合基准重合原则。而且由于多数工序都采用中心孔作为定位基面，能最大限度地加工出多个外圆和端面，这也符合基准统一原则。

中心孔在使用中，特别是精密轴类零件加工时，要注意中心孔的研磨。因为两端中心孔（或两端孔口60°倒角）的质量好坏，对加工精度影响很大，应尽量做到两端中心孔轴线相互重合，孔的锥角要准确，它与顶尖的接触面积要大，表面粗糙度要小，否则装夹于两顶尖间的轴在加工过程中将因接触刚度的变化而出现圆度误差。因此，保证两端中心孔的质量，是轴加工中的关键之一。

中心孔在使用过程中的磨损及热处理后产生的变形都会影响加工精度。因此，在热处理之后，磨削加工之前，应安排修研中心孔工序，以消除误差。常用的修研方法有：用铸铁顶尖、油石或橡胶顶尖、硬质合金顶尖以及用中心孔磨床修研。前两种的修研精度高，表面粗糙度小。铸铁顶尖修研适于修正尺寸较大或精度要求特别高的中心孔，但效率低，一般不多采用；硬质合金顶尖修研精度较高，表面粗糙度较小，工具寿命较长，修研效率比油石高，一般轴类零件的中心孔可采用此法修研。成批生产中常用中心孔磨床修磨中心孔，精度和效率都较高。

此外，对于精度和粗糙度要求严的中心孔，可选用硬质合金顶尖修研，然后再用油石或橡胶砂轮顶尖研磨。也可选用铸铁顶尖与磨床顶尖在机床一次调整中加工出来，然后，用这个与磨床顶尖尺寸相同的铸铁顶尖在磨床上来修研工件上的中心孔。这样可以保证工件中心孔与磨床顶尖很好配合，以提高定位精度。实践证明，中心孔经这样修磨后，加工出的外圆表面圆度误差、同轴度误差可减小到 0.001～0.002 mm。

但下列情况不能用两中心孔作为定位基面：

（1）粗加工外圆时，为提高工件刚度，则采用轴外圆表面为定位基面，或以外圆和中心孔同作定位基面，即一夹一顶。

（2）当轴为通孔零件时，在加工过程中，作为定位基面的中心孔因钻出通孔而消失。为了在通孔加工后还能用中心孔作为定位基面，工艺上常采用三种方法。

① 当中心通孔直径较小时，可直接在孔口倒出宽度不大于2 mm的60°内锥面来代替中心孔；

② 当轴有圆柱孔时，可采用图5-3（a）所示的锥堵，取1:50锥度；当轴孔锥度较小时，取锥堵锥度与工件两端定位孔锥度相同；

③ 当轴通孔的锥度较大时，可采用带锥堵的心轴，简称锥堵心轴，如图5-3（b）所示。使用锥堵或锥堵心轴时应注意，一般中途不得更换或拆卸，直到精加工完各处加工面，不再使用中心孔时方能拆卸。

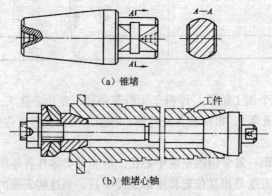

（a）锥堵

工件

（b）锥堵心轴

图5-3 锥堵与锥堵心轴

4）热处理工序的安排

该轴需要进行调质处理。它应放在粗加工后，半精加工前进行。如采用锻件毛坯，必须首先安排退火或正火处理。该轴毛坯为热轧钢，可不必进行正火处理。

5）加工顺序安排

除了应遵循加工顺序安排的一般原则，如先粗后精、先主后次等，还应注意以下几点：

（1）外圆表面加工顺序应为，先加工大直径外圆，然后再加工小直径外圆，以免一开始就降低了工件的刚度。

（2）轴上的花键、键槽等表面的加工应在外圆精车或粗磨之后，精磨外圆之前。

轴上矩形花键通常采用铣削和磨削加工，产量大时常用花键滚刀在花键铣床上加工。以外径定心的花键轴，通常只磨削外径和键侧，而内径铣出后不必进行磨削，但如经过淬火而使花键扭曲变形过大时，也要对侧面进行磨削加工。以内径定心的花键，其内径和键侧均需要进行磨削加工。

（3）轴上的螺纹一般有较高的精度，如果安排在局部淬火之前进行加工，则淬火后产生的变形会影响螺纹的精度。因此螺纹加工宜安排在工件局部淬火之后进行。

（4）当零件孔的 $L/D \geqslant 5$ 时，就属于深孔。由于深孔加工工艺性很差，故安排加工顺序及具体加工方法时要考虑一些特殊的问题。

首先，深孔加上应安排在调质以后及外圆表面粗车或半精车之后，既可以避免调质引起的变形对孔轴心线直线度的影响，又可以为深孔加工提供一个较精确的定位基准。其次，深孔加工中，应采用工件旋转，刀具送进的方式，以使工件的回转中心与机床主轴回转中心相一致。刀杆要有支承，刀头应有导向块，以保证孔轴中心线的直线度。刀具常采用分屑和断屑措施，切削区利用喷射法进行充分冷却，并使切屑顺利排出。

5. 精密轴类零件加工工艺特点

精密轴件不仅一些主要表面的精度和表面质量要求很高，而且要求其精度比较稳定。这就要求轴类零件在选材、工艺安排、热处理等方面具有很多特点。

1）选材

应选性能稳定、热处理变形小的优质合金钢，如 38CrMnALA 等。

2）主要表面加工工序详细划分

例如支承轴颈要经过粗车、精车、粗磨、精磨和终磨等多道工序，其中还穿插一些热处理工序，以减少内应力所引起的变形。

3）要十分重视中心孔（定位内锥面或大倒角等）的修研

精密轴加工往往需要安排数次研磨中心孔的工序，这样有利于提高加工精度。

4）安排合理、足够的热处理工序

精密主轴的热处理工艺，除必须安排与一般轴类零件相同的热处理工序以外，特别要注意消除内应力的热处理以及保持工件精度稳定的热处理工艺。

5）精密轴的螺纹往往要求较高

为了避免损伤螺纹，往往需要对其进行淬火处理，但淬火又会使螺纹变形。所以，精密轴上的螺纹是在外圆柱面淬火后直接由螺纹磨床磨出，淬火前并不加工。

6）精密轴的最终工序往往在精磨以后还要安排光整加工。

图 5-4 所示的精密轴件的加工工艺过程如表 5-2 所示。

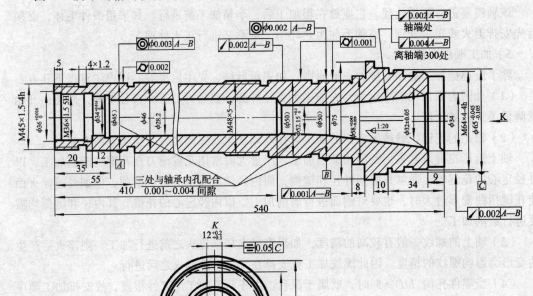

图 5-4 精密主轴

表 5-2 精密主轴加工工艺过程

工序号	工序名称	工序内容	定位及夹紧
1	锻	自由锻	
2	热处理	退火	
3	车	荒车两端面，钻中心孔，荒车各外圆留加工余量 5 mm	外圆，中心孔
4	热处理	调质	
5	车	粗车各外圆留加工余量 2 mm，割试片（金相检验用），钻中心通孔留加工余量 3 mm，两端 60°倒角（工艺用）	外圆，中心孔
6	热处理	吊挂在炉内高温时效	
7	车	修研倒角，半精车各外圆和轴肩及端面留加工余量 1mm，车锥孔留加工余量 2 mm，倒角 60°	60°倒角，外圆，中心架
8	热处理	中温时效	
9	磨	修研倒角，粗磨各外圆留磨量 0.8 mm，$\phi45$ mm，$\phi50$ mm 外圆，备上中心架用	60°倒角
10	检验	磁粉探伤	
11	车	扩孔 $\phi28.2$ mm 和 $\phi21.5$ mm 至尺寸，精车端面、锥孔和 60°倒角，精车各外圆留加工余量 0.4 mm，车空刀槽，车左端螺纹部分留加工余量 1 mm（备去氮化层用）	60°倒角，外圆，中心架
12	磨	磨各外圆留加工余量 0.15 mm，螺纹部分留加工余量 0.7 mm（备去氮化层用），上中心架处外圆尺寸一批要一致	60°倒角
13	磨	磨锥孔及 60°倒角、左端内孔各处，$\phi34$ mm 磨至 $\phi33.2$ mm，备装堵头用	外圆，中心架

工序号	工序名称	工序内容	定位及夹紧
14	铣	铣右端面两处扁平面 55 mm 和 70 mm 及铣 12 mm 深 9 mm	外圆，扁平面
15	钳	锐边倒钝，两端装防氮堵头	
16	氮化	工件与试片一起氮化，检验氮化深度 0.45mm～0.6 mm，零件上进行硬度检查	
17	车	拆去两端防氮堵头，修光锥孔，两端装工艺堵头	外圆，中心架
18	磨	精磨各外圆留磨量 0.08 mm，ϕ45 mm 和 ϕ50 mm 两处尺寸一批要一致，中心架备用，检验后拆去两端工艺堵头	两端中心孔
19	磨	内磨右端锥孔磨量 0.05 mm 及倒角，内磨右端各孔及端面至图样要求	外圆，中心架
20	热处理	定性处理	
21	车	精车 M36x1.5-5H 螺纹至图样要求，装两端堵头	外圆，中心架
22	磨	精磨 ϕ46 mm 和 M36x1.5-5h 螺纹大径至图样要求，其他外圆留磨量 0.04 mm	两端中心孔
23	磨	精磨外螺纹三处至图样要求	两端中心孔
24	磨	精细磨外圆至图样要求，两处 ϕ45 mm 和 ϕ50 mm 与轴承内环配磨至图样要求	两端中心孔
25	磨	主轴与主轴套筒部装后精细磨主轴锥孔	

5.2　套筒类零件加工

套筒类零件是机械加工中经常碰到的一类零件，其应用范围很广。套筒类零件通常起支承和导向作用。由于功用不同，套筒类零件的结构和尺寸有很大差别，但结构上仍有共同的特点：零件的主要表面为同轴要求较高的内外回转面；零件的壁厚较薄易变形；长径比 $L/D>1$ 等。图 5-5 所示为常见套筒类零件的示例。

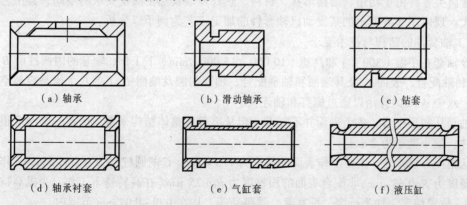

（a）轴承　　　　　　（b）滑动轴承　　　　　　（c）钻套

（d）轴承衬套　　　　（e）气缸套　　　　　　（f）液压缸

图 5-5　套筒类零件示例

1. 套筒类零件的主要技术要求

套筒类零件的外圆表面多以过盈或过渡配合与机架或箱体孔配合起支承作用，内孔主要起导向作用或支承作用，常与传动轴、主轴、活塞、滑阀等相配合，有些套的端面或凸缘端面有定位或承受载荷的作用。套筒类零件的主要表面是孔和外圆，其主要有如下技术要求：

1）孔的技术要求

孔是套筒类零件起支承或导向作用的最主要表面，通常与运动的轴、刀具或活塞相配合。孔的直径尺寸公差等级一般为 IT7~IT6，气缸和液压缸由于与其配合的活塞上有密封圈，要求较低，通常取 IT9。孔的形状精度，应控制在孔径公差以内，一些精密套筒控制在孔径公差的 1/2~1/3，甚至更严。对于长的套筒，除了圆度要求以外，还应注意孔的圆柱度。为了保证零件的功用和提高其耐磨性，孔的表面粗糙度值为 Ra0.16~1.6 μm，要求高的精密套筒可达 Ra0.04 μm。

2）外圆表面的技术要求

外圆是套筒类零件的支承面，常以过盈配合或过渡配合与箱体或机架上的孔相连接。外径尺寸公差等级通常取 IT7~IT6，其形状精度控制在外径公差以内，表面粗糙度值为 Ra0.63~3.2 μm。

3）孔与外圆的同轴度要求

内、外圆表面之间的同轴度应根据加工与装配要求而定，当孔的最终加工是将套筒装入箱体或机架后进行时，套筒内外圆间的同轴度要求较低；若最终加工是在装配前完成的，则同轴度要求较高，一般为 0.01~0.06 mm。

4）孔轴线与端面的垂直度要求

套筒的端面（包括凸缘端面）若在工作中承受载荷，或在装配和加工时作为定位基准，则端面与孔轴线垂直度要求较高，一般为 0.01~0.05 mm。

2. 套筒类零件的材料与毛坯

套筒类零件一般用钢、铸铁、青铜或黄铜制成。有些滑动轴承采用双金属结构，以离心铸造法在钢或铸铁内壁上浇注巴氏合金等轴承合金材料，既可节省贵重的有色金属，又能提高轴承的寿命。

套筒零件毛坯的选择与其材料、结构、尺寸及生产批量有关；孔径小的套筒，一般选择热轧或冷拉棒料，也可采用实心铸件；孔径较大的套筒，常选择无缝钢管或带孔的铸件、锻件；大量生产时，可采用冷挤压和粉末冶金等先进的毛坯制造工艺，这样既提高生产率，又节约材料。

3. 套筒类零件的加工工艺分析

套筒类零件由于功用、结构形状、材料、热处理以及加工质量要求的不同，其工艺上差别很大。现以图 5-6 所示的某发动机轴套件的加工工艺为例予以分析。

1）轴套件的结构与技术要求

该轴套在中温（300℃）和高速（10 000 ~ 15 000 r/min）下工作，轴套的内圆柱面 B 及端面 D 和轴配合，表面 C 及其端面和轴承配合，轴套内腔及端面 D 上的八个槽是冷却空气的通道，八个 ϕ10 的孔用以通过螺钉和轴连接。

轴套从构形来看，各个表面并不复杂，但从零件的整体结构来看，则是一个刚度很低的薄壁件，最小壁厚为 2 mm。

从精度方面来看，主要工作表面的精度为 IT5 ~ IT8，C 的圆柱度为 0.005 mm，工作表面的粗糙度为 Ra0.63 μm，非配合表面的粗糙度为 Ra1.25 μm（在高转速下工作，为提高抗疲劳强度）。位置精度，如平行度、垂直度、圆跳动等，均在 0.01 ~0.02 mm 范围内。

该轴套的材料为高合金钢 40CrNiMoA，要求淬火后回火，保持硬度为 285 ~ 321 HBS，最后要进行表面氧化处理。毛坯采用模锻件。

2）轴套加工工艺过程

表 5-3 所示为成批生产条件下，加工轴套的工艺过程。

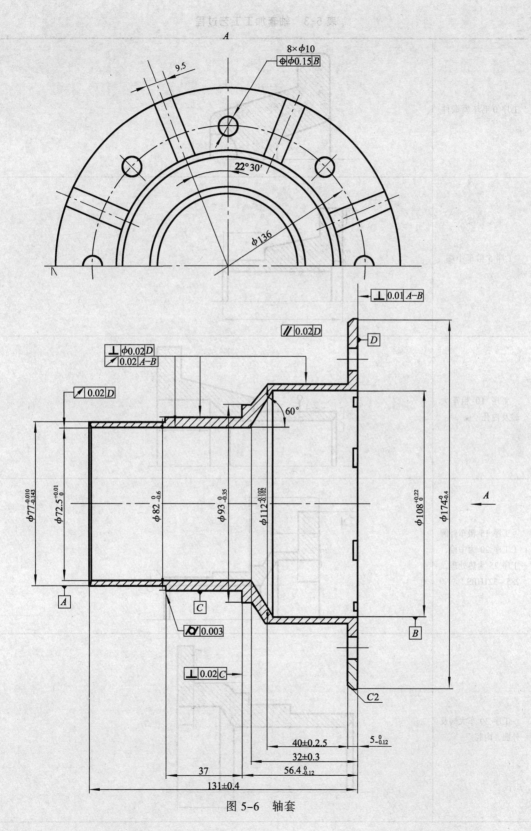

图 5-6 轴套

表 5-3　轴套加工工艺过程

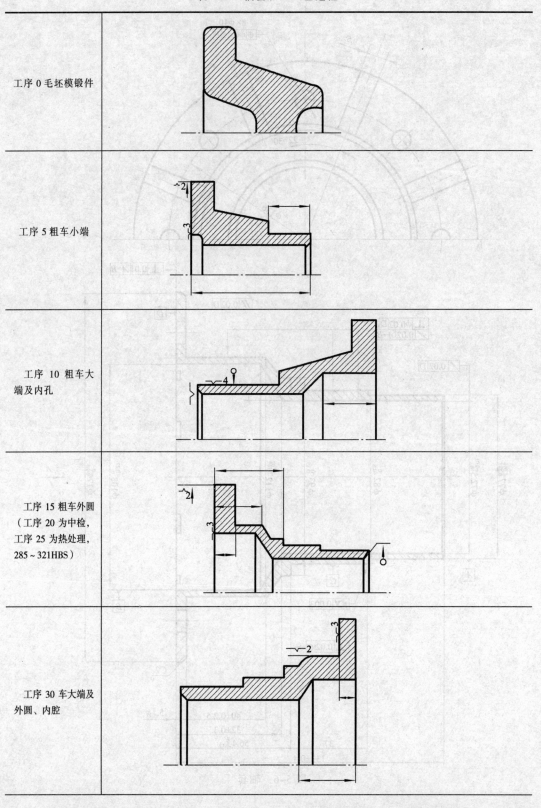

| 工序 0 毛坯模锻件 |
| 工序 5 粗车小端 |
| 工序 10 粗车大端及内孔 |
| 工序 15 粗车外圆（工序 20 为中检，工序 25 为热处理，285～321HBS） |
| 工序 30 车大端及外圆、内腔 |

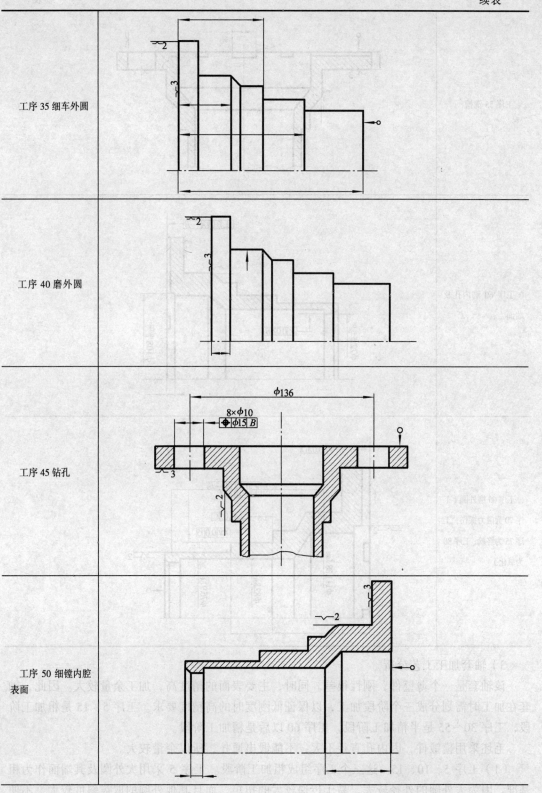

工序 35 细车外圆

工序 40 磨外圆

工序 45 钻孔

8×φ10
φ15 B

φ136

工序 50 细镗内腔
表面

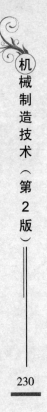

工序 55 铣槽	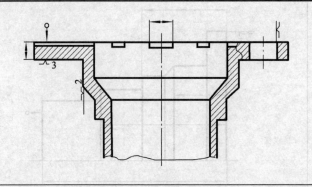
工序 60 磨内孔及端面	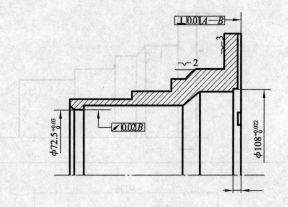
工序 65 磨外圆（工序 70 为磁力探伤；工序 75 为终检；工序 80 为氧化）	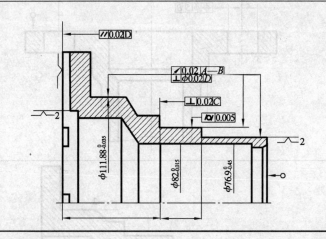

3）轴套加工工艺分析

该轴套是一个薄壁件，刚性很差。同时，主要表面的精度高，加工余量较大。因此，轴套在加工时需划分成三个阶段加工，以保证低刚度时的高精度要求。工序 5～15 是粗加工阶段，工序 30～55 是半精加工阶段，工序 60 以后是精加工阶段。

毛坯采用模锻件，因内孔直径不大，不能锻出通扎，所以余量较大。

（1）工序 5、10、15。这三个工序组成粗加工阶段。工序 5 采用大外圆及其端面作为粗基准。因为大外圆的外径较大，易于传递较大的扭矩，而且其他外圆的取拔斜度较大，不便于夹紧。工序 5 主要是加工外圆，为下一工序准备好定位基准，同时切除内孔的大部分余量。

工序 10 是加工大外圆及其端面，并加工大端内腔。这一工序的目的是切除余量，同时也为下一工序准备定位基准。

工序 15 是加工外圆表面，用工序 10 加工好的大外圆及其端面作定位基准，切除外圆表面的大部分余量。

粗加工采用三个工序，用互为基准的方法，使加工时的余量均匀，并使加工后的表面位置比较准确，从而使以后工序的加工得以顺利进行。

（2）工序 20、25。工序 20 是中间检验。因下一工序为热处理工序，需要转换车间，所以一般应安排一个中间检验工序。工序 25 是热处理。因为零件的硬度要求不高（285～321 HBS），所以安排在粗加工阶段之后进行，不会给半精加工带来困难。同时，有利于消除粗加工时产生的内应力。

（3）工序 30、35、40。工序 30 的主要目的是修复基准。因为热处理后有变形，原来基准的精度遭到破坏。同时半精加工的要求较高，也有必要提高定位基准的精度。所以应把大外圆及其端面加工准确。另外，在工序 30 中，还安排了内腔表面的加工，这是因为工件的刚性较差，粗加工后余量留的较多，所以在这里再加工一次。为后续精加工做好余量方面的准备。

工序 35 是用修复后的基准定位，进行外圆表面的半精加工。并完成外锥面的最终加工。其他面留有余量，为精加工做准备。

工序 40 是磨削工序，其主要任务是建立辅助基准，提高 ϕ112 外圆的精度，为以后工序作定位基准用。

（4）工序 45、50、55。这三个工序是继续进行半精加工，定位基准均采用 ϕ112 外圆及其端面。这是用统一基准的方法保证小孔和槽的相互位置精度。为了避免在半精加工时产生过大的夹紧变形，所以这三个工序采用 D 面作轴向压紧。

这三个工序在顺序安排上，钻孔应在铣槽以前进行，因为在保证孔和槽的角向位置时，用孔作角向定位比较合适。半精镗内腔也应在铣槽以前进行，其原因是在镗孔口时避免断续切削而改善加工条件，至于钻孔和镗内腔表面这两个工序的顺序，相互间没有多大影响，可任意安排。

在工序 50 和 55 中，由于工序要求的位置精度不高，所以虽然有定位误差存在，但只要在工序 40 中规定一定的加工精度，就可将定位误差控制在一定范围内，这样，位置精度保证就不会产生很大的困难。

（5）工序 60、65。这两个工序是精加工工序。对于外圆和内孔的精加工工序，常采用"先孔后外圆"的加工顺序，因为孔定位所用的夹具比较简单。

在工序 60 中，用 ϕ112 外圆及其端面定位，用 ϕ112 外圆夹紧。为了减小夹紧变形，故采用均匀夹紧的方法，在工序中对 A、B 和 D 面采用一次安装加工，其目的是保证垂直度和同轴度。

在工序 65 中加工外圆表面时，采用 A、B 和 D 面定位，由于 A、B 和 D 面是在工序 60 中一次安装加工的，相互位置比较准确，所以为了保证定位的稳定可靠，采用这一组表面作为定位基准。

（6）工序 70、75、80。工序 70 为磁力探伤，主要是检验磨削的表面裂纹，一般安排在机械加工之后进行。工序 75 为终检，检验工件的全部精度和其他有关要求。检验合格后的工件，最后进行表面保护处理（工序 80，氧化）。

由以上分析可知，影响工序内容、数目和顺序的因素很多，而且这些因素之间彼此有联系。在制订零件加工工艺时，要进行综合分析。另外，不同零件的加工过程，都有其特点，主要的工艺问题也各不相同，因此要特别注意关键工艺问题的分析。如套类零件，主要是薄壁件，精度要求高，所以要特别注意变形对加工精度的影响。

4. 无台阶套筒加工

图 5-7 所示为采用无缝钢管材料的液压缸。为了保证活塞在液压缸内移动顺利，其技术要求包括对该液压缸内孔的圆柱度要求；对内孔轴线的直线度要求；内孔轴线与两端面间的垂直度要求；内孔轴线对两端支承外圆（$\phi 82h6$）的轴线同轴度要求等。除此之外还特别要求：内孔必须光洁无纵向刻痕。若为铸铁材料时，则要求其组织紧密，不得有砂眼、针孔及疏松。必要时用泵检测。表 5-4 所示为液压缸的加工工艺过程。

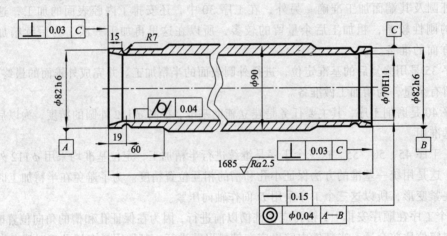

图 5-7 无缝钢管材料的液压缸

表 5-4 液压缸加工工艺过程

序号	工艺名称	工序内容	定位及夹紧
1	配料	无缝钢管切断	
2	车	车 $\phi 82$ mm 部分外圆到 $\phi 88$ mm，并车 M88×1.5 mm 螺纹（工艺用）	一夹一大头顶
		车端面及倒角	一夹一托（$\phi 88$ mm 处）
		调头车 $\phi 82$ mm 部分外圆到 $\phi 84$ mm	一夹一大头顶
		车端面及倒角，预留 1 mm 加工余量，取总长 1 686mm	一夹一托（$\phi 88$ mm 处）
3	深孔推镗	半精镗孔到 $\phi 69$ mm	一紧固一托（M88×1.5 mm 端用螺纹固定在夹具上，另一端用中心架）
		精推镗孔到 $\phi 69.85$ mm	
		精铰（浮动镗）孔到 $\phi(70\pm0.02)$ mm，表面粗糙度值 Ra2.5 μm	

序号	工艺名称	工 序 内 容	定位及夹紧
4	滚压孔	用滚压头滚压孔到 $\phi 70^{+0.20}_{0}$ mm，表面粗糙度值 $Ra0.32$ μm	一紧固一托
5	车	车除工艺螺纹，车 $\phi 82h6$ 到尺寸，车 $R7$ 槽	一软爪夹一定位顶
		镗内锥孔及车端面	一软爪夹一托(百分表找正)
		调头，车 $\phi 82h6$ 到规定尺寸，车 $R7$ 槽	一软爪夹一定位顶
		镗内锥孔及车端面	一软爪夹一定位顶

液压缸加工工艺过程分析如下：

（1）长套筒零件的加工中，为保证内外圆的同轴度，在加工外圆时，一般与空心主轴的安装相似，即以孔的轴线为定位基准，用双顶尖顶孔口棱边或一头夹紧一头用顶尖顶孔口；加工孔时，与深孔加工相同，一般采用夹一头，另一头用中心架托住外圆，作为定位基准的外圆表面应为已加工表面，以保证基准精确。

（2）该液压缸零件的加工，因孔的尺寸精度要求不高，但为保证活塞与内孔的相对运动顺利，对孔的形状精度要求较高，表面质量要求较高。因而终加工采用滚压以提高表面质量，精加工采用镗孔和浮动铰孔以保证较高的圆柱度和孔的直线度要求，由于毛坯采用无缝钢管，毛坯精度高，加工余量小，内孔加工时，可直接进行半精镗。

（3）该液压缸壁薄，采用径向夹紧易变形。但由于轴向长度大，加工时需要两端支承，因此经常要装夹外圆表面。为使外圆受力均匀，先在一端外圆表面上加工出工艺螺纹，使下面的工序都能由工艺螺纹夹紧外圆，当终加工完成后，再车去工艺螺纹达到外圆要求的尺寸。

5. 轮盘类零件加工工艺

轮盘类零件在机械中应用很广，其种类也很多，如齿轮、带轮和端盖等。轮盘类零件的功用和受力情况相差很大，因此毛坯种类也不相同。一般，齿轮毛坯常用锻件，也可用铸件；带轮、端盖等形状较复杂的零件，常用灰铸铁件；直径较小的轮盘类零件也可用棒料为毛坯。

轮盘类零件的结构一般由孔（光孔或花键孔）、外圆、端面和沟槽等组成，有的零件上尚有齿形。技术要求除表面本身的尺寸精度、形状精度和粗糙度外，还可能有内、外圆间的同轴度、端面与孔轴线的垂直度等位置精度要求。这类零件孔的精度一般要求较高，孔的表面粗糙度值为 $Ra1.6$ μm 或更小；外圆的精度一般比孔低，粗糙度值比孔大些。

1）轮盘类零件加工工艺特点

轮盘类零件一般以孔为设计基准，以一个主要端面为轴向尺寸的设计基准。一般均选用外圆作粗基准，这是因为多数中小型轮盘类零件在加工前尚未铸出或锻出孔，或虽有毛坯孔，但孔径太小或余量不匀等，无法作粗基准。当有些零件有较大和较准确的毛坯孔时，为较容易保证孔的加工精度，则选孔作粗基准。

精基准可选孔和外圆。生产中考虑到内外圆加工的难易程度、刀具刚性和夹具结构的复杂程度，实际上大都选孔作为零件最后加工的精基准。而在加工过程中则往往采用孔与外圆反复互相作为精基准，以利于逐步提高相互位置精度。

当孔直径过小或长度太短，易使心轴等夹具刚性不足或定位精度不高时，可采用外圆（需有较高的精度）或轮齿的渐开线作精基准，最后精加工孔。

有些精度要求不高的轮盘类零件，如结构上允许，或选用棒料为毛坯时，可在一次装夹中加工完毕。

2）典型工艺过程

（1）拉孔方案（大批大量生产）。调质→车端面、钻孔、扩孔→拉孔→粗、精车另一端面和外圆→滚齿或插齿→热处理→齿形精整加工→以齿形定位磨内孔。

（2）车孔方案。车端面、钻孔、粗车孔→以孔定位粗车另一端面及外圆→调质→以外圆定位半精车、精车端面和内孔→以孔定位精车另一端面和外圆→滚齿或插齿→热处理→齿形精整加工→磨内孔。

有的方案最后一次热处理采用高频淬火，此时就不需要齿形精整加工，也不需磨削内圆。有的无齿形加工，在精车外圆后即加工完毕。

3）轮盘类零件加工工艺分析

图 5-8 所示为双联齿轮，成批生产（每批 100 件）；材料为 40Cr；毛坯为锻件；两端孔口 $\phi34$ 成 15°倒角，必须在粗加工中车至尺寸，并应考虑精车余量。否则，工件套在花键心轴上后，精车端面时会将心轴车坏，或端面车不平；因花键孔在拉削时定位基准是浮动的，无法保证孔与外圆的同轴度，因此车削齿坯时，先粗车齿坯各外圆和端面，各留精车余量 1～2 mm，待拉削好花键孔后，套上花键心轴再精车各部分至尺寸，以保证孔与外圆的同轴度，以及孔与端面的垂直度。双联齿轮的加工工艺过程如表 5-5 所示。

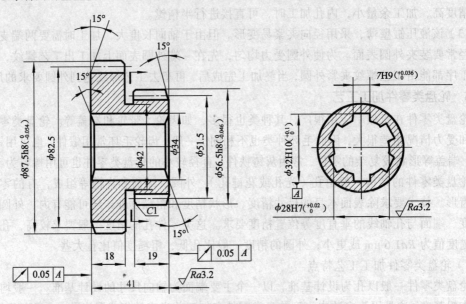

图 5-8 双联齿轮

$m_1=m_2=2.5$，$\alpha=20°$，$z_1=33$，$z_2=19$；精度 7FL；齿部 50 HRC

表 5-5 双联齿轮的加工工艺过程

工序号	工序名称	工 序 内 容	设备
1	锻	锻造并退火，检查	模锻锤
2	热处理	调质（250 HBS），检查	
3	车	三爪自定心卡盘装夹 $\phi87.5h8$ 毛坯外圆，校正；车端面；粗车外圆 $\phi56.5h8$ 至 $\phi57.5$，粗车沟槽至 $\phi43\times3$，尺寸 19 车至 19.5；倒角	卧式车床

工序号	工序名称	工 序 内 容	设备
4	车	三爪自定心卡盘夹 $\phi56.5h8$ 粗车后的外圆表面 车端面，尺寸 41 车至 42，粗车外圆 $\phi87.5h8$ 至 $\phi88.5$，钻孔至 $\phi27$，车孔至 $\phi27.80$，铰孔 $\phi28H7$ 至尺寸；两端孔口 $\phi34$ 成 $15°$ 倒角；检查	卧式车床
5	拉	拉花键孔 $6\times28\times32\times7$ 至尺寸，检查	拉床
6	车	套花键心轴，装夹于两顶尖间；车外圆 $\phi87.5h8$ 至尺寸；车外圆 $\phi56.5h8$ 至尺寸；车两端面至尺寸 41；车沟槽 $\phi42$ 至尺寸，保持尺寸 18、19；齿部倒角；检查	卧式车床
7	插齿	工件以花键孔定位于心轴上，校正心轴；按图样要求插齿 $z_1=33$、$z_2=19$，检查	插齿机
8	倒角	工件以花键孔定位于心轴上，校正；按图样要求齿部倒角	齿轮倒角机
9	热处理	高频感应淬火，齿部淬硬（50 HRC），检查	
10	珩齿	工件以花键孔定位于花键心轴上。珩齿 $z_1=33$、$z_2=19$ 至尺寸，检查	齿轮珩磨机
11	钳	去毛刺，清洗，涂防锈油，入库	

6. 套筒类零件加工中的关键工艺问题

一般套筒类零件在机械加工中的关键工艺问题是保证内外圆的相互位置精度（即保证内、外圆表面的同轴度以及轴线与端面的垂直度要求）和防止变形。

1）保证相互位置精度

要保证内外圆表面间的同轴度以及轴线与端面的垂直度要求，通常可采用下列三种工艺方案：

（1）在一次安装中加工内外圆表面与端面。这种工艺方案由于消除了安装误差对加工精度的影响，因而能保证较高的相互位置精度。该工艺方案工序比较集中，一般用于零件结构允许在一次安装中，加工出全部有位置精度要求的表面的场合。

（2）先加工孔，然后以孔为定位基准加工外圆表面。当以孔为基准加工套筒的外圆时，常用刚度较好的小锥度心轴安装工件。小锥度心轴结构简单，易于制造，心轴用两顶尖安装，其安装误差很小。用这种方法种常加工短套筒类零件，可保证较高的位置精度。如中、小型的套、带轮、齿轮等零件，一般均采用这种方法。

（3）先加工外圆，然后以外圆为基准加工内孔。采用这种方法时，工件装夹迅速可靠，但夹具相对复杂，工件获得较高的位置精度，必须采用定心精度高的夹具。如弹簧膜片卡盘、经过修磨的三爪自定心卡盘及软件包爪等夹具。较长的套筒一般多采用这种加工方案。

（4）孔精加工常采用拉孔、滚压孔等工艺方案，这样即可以提高生产效率，同时可以解决镗孔和磨孔时因镗杆、砂轮杆刚性差而引起的加工误差。

2）防止变形的方法

薄壁套筒在加工过程中，往往由于夹紧力、切削力和切削热的影响而引起变形，致使加工精度降低。防止薄壁套筒的变形，可以采取以下措施：

（1）减小夹紧力对变形的影响。在实际加工中，要减小夹紧力对变形的影响，工艺上常采用以下措施达到目的：

单元五 典型零件的加工

① 夹紧力不宜集中于工件的某一部分，应使其分布在较大的面积上，以使工件单位面积上所受的压力较小，从而减少其变形。例如工件外圆用卡盘夹紧时，可以采用软卡爪，用来增加卡爪的宽度和长度；或用开缝套筒装夹薄壁工件，由于开缝套筒与工件接触面大，夹紧力均匀分布在工件外圆上，不易产生变形。当薄壁套筒以孔为定位基准时，宜采用胀开式心轴。

② 采用轴向夹紧工件的夹具。对于薄壁套筒类零件，由于轴向刚性比径向刚性好，用卡爪径向夹紧时工件变形大，若沿轴向施加夹紧力，变形就会小得多。由于工件靠螺母端面沿轴向夹紧，故其夹紧力产生的径向变形极小，如图5-9所示。

③ 在工件上做出加强刚性的辅助凸边以提高其径向刚度，减小夹紧变形，加工时采用特殊结构的卡爪夹紧，如图5-10所示。当加工结束时，将凸边切去。

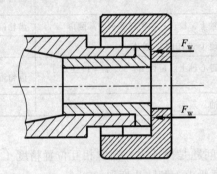

图5-9 轴向夹紧薄壁工件原理　　图5-10 辅助凸边夹紧原理

（2）减少切削力对变形的影响。

① 减小径向力，通常可借助增大刀具的主偏角来达到。

② 内外表面同时加工，使径向切削力相互抵消，如图5-7所示。

③ 粗、精加工分开进行，使粗加工时产生的变形能在精加工中能得到纠正。

（3）减少热变形引起的误差。

工件在加工过程中受切削热后要膨胀变形，从而影响工件的加工精度。为了减少热变形对加工精度的影响，应在粗、精加工之间留有充分冷却的时间，并在加工时注入足够的切削液。另外，为减小热处理对工件变形的影响，热处理工序应放在粗、精加工之间进行，以便使热处理引起的变形在精加工中予以纠正。

5.3 箱体类零件加工

箱体零件是将箱体内部的轴、齿轮等有关零件和机构连接为一个有机整体的基础零件，如机床的床头箱、进给箱，汽车、拖拉机的发动机机体、变速箱等。它们的尺寸大小、结构形式、外观和用途虽然各有不同，但是有共同的结构特点：结构复杂，一般是中空、多孔的薄壁铸件，刚性较差，在结构上常设有加强肋、内腔凸边、凸台等；箱体壁上既有尺寸精度和形位公差要求较高的轴承支承孔和平面。又有许多小的光孔、螺纹孔以及用于安装定位的销孔。因此，箱体类零件加工部位多且加工难度较大。图5-11所示为几种箱体的结构简图。

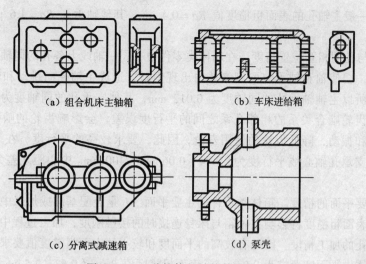

（a）组合机床主轴箱　　　　　　　　（b）车床进给箱

（c）分离式减速箱　　　　　　　　（d）泵壳

图 5-11　几种箱体的结构简图

1. 箱体类零件的主要技术要求、材料和毛坯

1）箱体零件的主要技术要求

图 5-12 所示为 CA6140 型车床主轴箱体，下面以它为例来说明箱体零件的主要技术要求。

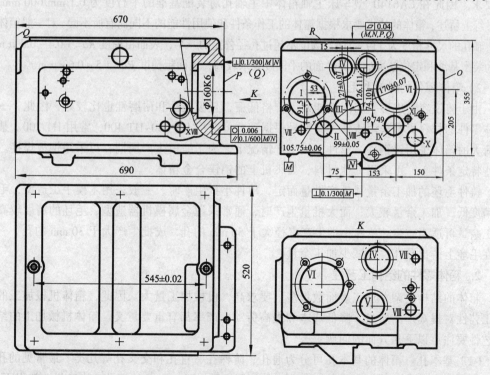

图 5-12　CA6140 型车床主轴箱简图

（1）支承孔本身的精度。轴承支承孔要求有较高的尺寸精度、形状精度和较小的表面粗糙度值。在 CA6140 型车床主轴箱体上主轴孔的尺寸公差等级为 IT6，其余孔为 IT6 ~ IT7；主轴孔的圆度为 0.006 ~ 0.008 mm，其余孔的几何形状精度未作规定，一般控制在尺寸公差范

围内即可；一般主轴孔的表面粗糙度值 $Ra = 0.4$ μm，其他轴承孔 $Ra = 1.6$ μm，孔的内端面 $Ra = 3.2$ μm。

（2）孔与孔的相互位置精度。在箱体类零件中，同一轴线上各孔的同轴度要求较高，若同轴度超差，会使轴和轴承装配到箱体内出现歪斜，造成主轴径向跳动和轴的跳动，加剧轴承磨损。所以主轴轴承孔的同轴度为 0.012 mm，其他支承孔的同轴度为 0.02 mm。箱体类零件中有齿轮啮合关系的相邻孔系之间的平行度误差，会影响齿轮的啮合精度，工作时会产生噪声和振动，降低齿轮的使用寿命，因此，要求较高的平行度，在 CA6140 型车床主轴箱体各支承孔轴心线平行度为（0.04 ~ 0.06 mm）/400 mm。中心距之差为 ±（0.05 ~ 0.07）mm。

（3）主要平面的精度。箱体类零件的主要平面 M 是装配基准或加工中的定位基面，它的平面度和表面粗糙度将影响主轴箱与床身连接时的接触刚度，加工过程中作为定位基面则会影响主要孔的加工精度。因此有较高的平面度和较小的表面粗糙度值要求。在 CA6140 型车床主轴箱体中平面度要求为 0.04 mm，表面粗糙度值 $Ra =$（0.63 ~ 2.5 μm），而其他平面的 $Ra =$（2.5 ~ 10 μm）。主要平面间的垂直度为 0.1/300 mm。

（4）支承孔与主要平面间的相互位置精度。一般都规定主轴孔和主轴箱安装基面的平行度要求，它们决定了主轴与床身导轨的相互位置关系，同时各支承也对端面要有一定的垂直度要求。因此在 CA6140 型车床主轴箱体中主轴孔对装配基准的平行度为 0.1 mm/600 mm。

综上所述，箱体的技术要求根据箱体的工作条件和使用性能的不同而有所不同。对一般箱体来说，轴孔的尺寸精度为 1T7 ~ IT6，圆度不超过孔径公差的一半，表面粗糙度 $Ra =$（0.4 ~ 0.8 μm）。作为装配基准和定位基准的重要平面的平面度要求较高，表面粗糙度 $Ra =$（5 ~ 0.63 μm）。

2）箱体零件的材料和毛坯

由于铸铁容易成形、切削性能好、价格低廉，且吸振性和耐磨性也比较好，因此，一般箱体零件的材料大都采用铸铁，其牌号根据需要可选用 HT 200~HT 400，常用 HT 200。某些负荷大的箱体采用铸钢件。单件小批生产情况下，为了缩短生产周期，可采用钢板焊接。在某些特定条件下，可采用其他材料，如飞机上的铝镁合金箱体。

铸件毛坯的加工余量视生产批量而定，单件小批生产时，一般采用木模手工造型，毛坯的精度低，加工余量较大；而大批量生产时，通常采用金属模机器造型，毛坯的精度较高，加工余量可适当减少。单件小批生产直径大于 50 mm 的孔。成批生产大于 30 mm 的孔，一般都在毛坯上铸出预孔，以减少加工余量。

2. 箱体零件的结构工艺性

箱体的结构复杂，加工表面数量多，要求高，机械加工量大。因此，箱体机械加工的结构工艺性对提高产品质量、降低成本和提高劳动生产率都有重要意义。箱体机械加工的结构工艺性要注意以下几方面的问题：

（1）基本孔。箱体的基本孔可分为通孔、阶梯孔、盲孔和交叉孔等几类。最常见的孔为通孔，其工艺性最好，特别是 $L/D \leqslant 1~1.5$ 的短圆柱孔。而 $L/D > 5$ 的深孔，其工艺性就很不好，特别是深孔加工精度要求较高、表面粗糙度值要求较小时，加工就比较困难。箱体上的孔大多为短圆柱孔。

阶梯孔的工艺性较差。孔径相差越小工艺性越好；孔径相差越大且其中最小孔又很小时，则工艺性更差。

相贯通的交叉孔的工艺性也较差。图 5-13（a）所示为 $\phi 100$ mm 孔与 $\phi 70$ mm 孔贯通相交，在加工大孔时，当刀具走到贯通部分时，由于刀具径向受力不均，会使孔的轴线偏移。为保证加工质量，$\phi 70$ mm 孔不铸通，如图 5-13（b）所示。当大孔加工完后再加工 $\phi 70$ mm 孔，保证主轴孔的加工质量。

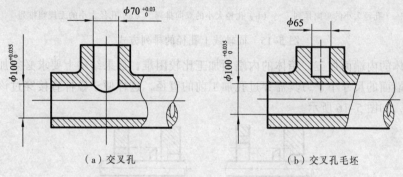

（a）交叉孔　　　　　　　　　　（b）交叉孔毛坯

图 5-13　相贯通的交叉孔的工艺性

当加工孔口有缺口的孔时，可先将缺口补齐，或者在结构允许时，将缺口处的直径放大些，如图 5-14 所示。

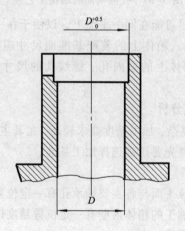

图 5-14　缺口孔的工艺性

盲孔的工艺性最差，因此常将箱体上的盲孔钻通而改成阶梯孔，以改善其工艺性。或者尽量避免出现盲孔。

（2）同轴线上的孔。同一轴线上的孔其孔径的大小应向一个方向递减，这样可使镗孔时，镗杆从一端伸入，逐个加工或同时加工同轴线上的孔，以保证较高的质量和生产率，如图 5-15（a）所示。

同轴线上的孔的直径大小从两边向中间递减，可使刀杆从两边进入箱体加工同轴线上的各孔，这样不仅缩短了镗杆长度，提高了镗杆的刚性，而且为双面同时加工提供了条件，大批大量生产时具有较好的结构工艺性，如图 5-15（b）所示。

同轴线上的孔径排列形式，应尽量避免中间隔壁上的孔径大于外壁上的孔径。因为加工这种孔时，要将刀杆伸进箱体装刀对刀，结构工艺性差，如图 5-15（c）所示。

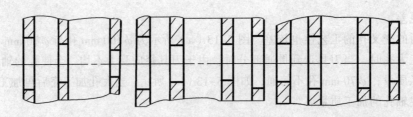

（a）孔径大小的单向排列　　（b）孔径大小的双向排列　　（c）孔径大小的无规则排列

图 5-15　同轴线上孔径的排列方式

（3）箱体的内端面加工。箱体的内端面加工比较困难，如果结构上要求必须加工时，应尽可能使内端面的尺寸小于刀具需穿过孔加工前的直径，这样便于镗杆直接穿过该孔而到达加工端面处，如图 5-16 所示。

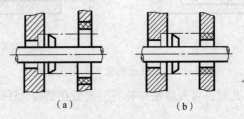

（a）　　　　　　　　　　（b）

图 5-16　孔内端面的结构工艺性

（4）箱体外壁上的凸台应尽可能在同一平面上，以便于在一次走刀中加工出来。

（5）箱体上的装配基准面。箱体上的装配基准面尺寸应尽量大，形状应力求简单，以利于加工、装配和检验；箱体上的紧固孔、螺纹孔的尺寸规格应尽量一致，以减少换刀次数。

3. 箱体零件加工工艺及其分析

如前所述，箱体零件结构复杂，加工精度要求较高，尤其主要孔的尺寸精度和位置精度。要确保箱体零件的加工质量，首先要正确选择加工基准。

1）粗基准的选择

在选择粗基准时，要求定位平面与各主要轴承孔有一定位置精度，以保证各轴承孔都有足够的加工余量，并要求与不加工的箱体内壁有一定位置精度以保证箱体的壁厚均匀、避免内部装配零件与箱体内壁互相干扰。

2）箱体类零件一般加工工艺过程

箱体类零件的结构、功用和精度不同，加工方案也不同。

中小批生产箱体零件加工工艺路线一般为：铸造毛坯→时效→油漆→划线→粗、精加工基准面→粗、精加工各平面→粗、半精加工各主要孔→精加工主要孔→粗、精加工各次要孔→加工各螺孔、紧固孔、油孔等→去毛刺→清洗→检验。

大批量生产时工艺路线一般为：毛坯铸造→时效→油漆→粗、半精加工精基准→粗、半精加工各平面→精加工精基准→粗、半精加工主要孔→精加工主要孔→粗、精加工各次要孔（螺孔、紧固孔、油孔、过孔等）→精加工各平面→去毛刺→清洗→检验。

3）箱体类零件加工工艺分析

如前所述，箱体类零件结构复杂，加工精度要求较高，尤其主要孔的尺寸精度和位置精度。要确保箱体零件的加工质量，首先要正确选择加工基准。

（1）在选择粗基准时，要求定位平面与各主要轴承孔有一定位置精度，以保证各轴承孔都有足够的加工余量，并要求与不加工的箱体内壁有一定位置精度以保证箱体的壁厚均匀、避免内部装配零件与箱体内壁互相干扰。

（2）箱体类零件加工工艺过程的特点。箱体类零件的结构、功用和精度不同，加工方案也不同。大批量生产时，箱体类零件的一般工艺路线为：粗、精加工定位平面→钻、铰两定位销孔→粗加工各主要平面→精加工各主要平面→粗加工轴承孔系→半精加工轴承孔系→各次要小平面的加工→各次要小孔的加工→重要表面的精加工（本工序视具体箱体零件而定）→轴承孔系的精加工→攻螺纹。

（3）在加工箱体类零件时，一般按照先面后孔、先主后次的顺序加工。因为先加工平面，不仅为加工精度较高的支承孔提供了稳定可靠的精基准，而且还符合基准重合原则，有利于提高加工精度。加工平面或孔系时，也应遵循先主后次的原则，以先加工好的主要平面或主要孔作精基准，可以保证装夹可靠，调整各表面的加工余量较方便，有利于提高各表面的加工精度。当有与轴承孔相交的油孔时，应在轴承孔精加工之后钻出油孔以免先钻油孔造成断续切削，影响轴承孔的加工精度。箱体类零件的结构一般较为复杂，壁厚不均匀，铸造残留内应力大。为消除内应力，减少箱体在使用过程中的变形以保持精度稳定，铸造后一般均需进行时效处理，对于精密机床的箱体或形状特别复杂的箱体，在粗加工后还要再安排一次人工时效，消除铸造和粗加工造成的内应力。箱体零件上各轴承孔之间，轴承孔与平面之间，具有一定的位置要求，工艺上将这些具有一定位置要求的一组孔称为"孔系"。孔系有平行孔系、同轴孔系、交叉孔系。孔系加工是箱体零件加工中最关键的工序。根据生产规模，生产条件以及加工要求的不同，可采用不同的加工方法。

CA6140 型车床主轴箱体的加工工艺过程如表 5-6 所示。主轴箱装配基面和孔系的加工是其加工的核心和关键。

表 5-6　CA6140 型车床主轴箱机械加工工艺过程

工序	工序名称	工序内容	设备及主要工艺装备
1	铸造	铸造毛坯	
2	热处理	人工时效	
3	涂装	上底漆	
4	划线	兼顾各部划全线	
5	刨	按线找正，粗刨顶面 R，余量 2～2.5 mm 以顶面 R 为基准，粗刨底面 M 及导向面 N，各部余量为 2～2.5 mm 以底面 M 和导向面 N 为基准，粗刨侧面 O 及两端面 P、Q，余量为 2～2.5 mm	龙门刨床
6	划线	划各纵向孔镗孔线	
7	镗	以底面 M 和导向面 N 为基准，粗镗各纵向孔，各部余量为 2～2.5 mm	卧式镗床
8	时效		
9	刨	以底面 M 和导向面 N 为基准精刨顶面 R 至尺寸 以顶面 R 为基准精刨底面 M 及导向面 N，留刮研量为 1 mm	龙门刨床

工序	工序名称	工序内容	设备及主要工艺装备
10	钳工刮研	刮研底面 M 及导向面 N 至尺寸	
11	刨	以底面 M 和导向面 N 为基准精刨侧面 O 及两端面 P、Q 至尺寸	龙门刨床
12	镗	以底面 M 和导向面 N 为基准 半精镗和精镗各纵向孔，主轴孔留精细镗余量为 0.05~0.1 mm，其余镗好，小孔可用铰刀加工 用浮动镗刀块精细镗主轴孔至尺寸	卧式镗床
13	划线	各螺纹孔、紧固孔及油孔孔线	
14	钻	钻螺纹底孔、紧固孔及油孔	摇臂钻床
15	钳工	攻螺纹、去毛刺	
16	检验		

5.4　圆柱齿轮加工

齿轮传动在现代机器和仪器中应用极广，其功用是按规定的速比传递运动和动力。

齿轮结构由于使用要求不同而具有不同的形状，但从工艺角度可将其看成是由齿圈和轮体两部分构成。按照齿圈上轮齿的分布形式，齿轮可分为直齿、斜齿和人字齿轮等；按照轮体的结构形式特点，齿轮可大致分为盘形齿轮、套筒齿轮、轴齿轮和齿条等，如图 5-17 所示。

在各种齿轮中以盘形齿轮应用最广。其特点是内孔多为精度要求较高的圆柱孔或花键孔，轮缘具有一个或几个齿圈。单齿圈齿轮的结构工艺性最好，可采用任何一种齿形加工方法加工。对多齿圈齿轮(多联齿轮)，当各齿圈轴向尺寸较小时，除最大齿圈外，其余较小齿圈齿形的加工方法通常只能选择插齿。

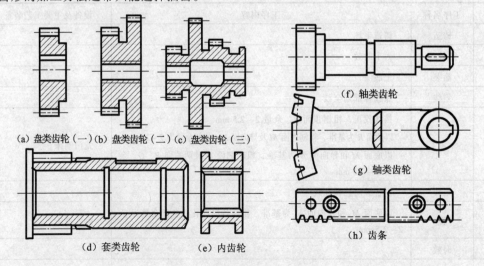

（a）盘类齿轮（一）（b）盘类齿轮（二）（c）盘类齿轮（三）

（d）套类齿轮　　　　（e）内齿轮

（f）轴类齿轮

（g）轴类齿轮

（h）齿条

图 5-17　圆柱齿轮的结构形式

1. 圆柱齿轮的技术要求

圆柱齿轮的技术要求包括：传递运动准确、传动工作平稳、齿面接触良好和非工作齿侧有间隙等。为了保证传动要求，齿轮制造应符合一定的精度标准。国家标准《圆柱齿轮 精度制 第1部分：轮齿同侧齿面偏差的定义和允许值》（GB/T 10095.1—2008）对齿轮及齿轮副规定了 13 个精度等级，并按齿轮各项加工误差的特性及对传动性能的主要影响，将齿轮每个精度等级的各项公差及极限偏差划分为三个公差组（见表 5-7）。

表 5-7　齿轮公差组

公差组	公差与极限偏差项目	对传动性能的主要影响
I	F_i' F_p F_{pk} F_i'' F_r F_w	传递运动的准确性
II	f_i' f_i'' f_f f_{pt} f_{pb} $f_{fβ}$	传动的平稳性、噪声、振动
III	$F_β$ F_{px}	载荷分布的均匀性

第 I 公差组主要控制齿轮一转内转角的误差。它主要影响传递运动的准确性；第 II 公差组主要控制齿轮在一个齿距角范围内的转角误差，它主要影响传动的平稳性；第 III 公差组主要控制齿面的接触状况，从而控制齿轮所受载荷分布的均匀性。

啮合齿轮的非工作齿面应留有一定的侧隙，以便储存润滑油，并补偿传动时的热变形和弹性变形等。可以通过控制齿轮的齿厚偏差来保证一定的齿轮副侧隙。

齿轮的内孔（或轴颈）和端面（有时还有顶圆）是齿轮加工、检验和装配的基准，它们的加工精度对齿轮各项精度指标都有一定影响，因此，切齿前齿坯应有一定的精度要求。齿坯公差主要包括基准孔（或轴）的直径公差和基准端面跳动。其具体规定查阅有关标准。

标准对齿轮工作齿面和齿坯基准面的粗糙度未作具体规定，从有关的手册中可查得一些参考数值。一般来说，齿轮精度越高，相应的表面粗糙度要求越小。

2. 齿轮的材料、毛坯及热处理

1）齿轮的材料

根据齿轮的工作条件（如速度和载荷）和失效形式（如点蚀、剥落或折断等），齿轮常选用如下材料制造：

（1）中碳结构钢。采用如 45 钢等进行调质或表面淬火。经热处理后，综合力学性能较好，但切削性能较差，齿面粗糙度值较大，适用于制造低速、载荷不大的齿轮。

（2）中碳合金结构钢。采用如 40Cr 钢进行调质或表面淬火。经热处理后其力学性能较45 钢好，热处理变形小，用于制造速度、精度较高，载荷较大的齿轮。某些高速齿轮，为提高齿面的耐磨性，减少热处理后变形，且热处理后不再进行磨齿，可选用氮化钢（如38CrMoAlA）进行氮化处理。

（3）渗碳钢。采用如 20Cr、20CrMoTi 钢等进行渗碳或碳氮共渗。经渗碳淬火后齿面硬度可达 58~63 HRC，芯部有较高的韧性，既耐磨损又耐冲击，适于制造高速、中载或承受冲击载荷的齿轮。渗碳处理后的齿轮变形较大，尚需进行磨齿加以纠正，成本较高。采用碳氮共渗处理变形较小，由于渗层较薄，承载能力不如前者。

（4）铸铁及非金属材料（如夹布胶木与尼龙等）。这些材料强度低，容易加工，适用于一些轻载下的齿轮传动。

2）齿轮毛坯

齿轮毛坯的选择取决于齿轮的材料、结构形状、尺寸大小、使用条件以及生产批量等多种因素。

对于钢质齿轮，除了尺寸较小且不太重要的齿轮直接采用轧制棒料外，一般均采用锻制毛坯。生产批量较小或尺寸较大的齿轮采用自由锻造；生产批量较大的中小齿轮采用模锻。

对于直径较大且结构复杂、不便锻造的齿轮，可采用铸钢毛坯。铸钢齿轮的晶粒较粗，力学性能较差，且加工性能不好，故加工前应先经过正火处理，消除内应力和硬度的不均匀性，以改善切削加工性能。

3）齿轮热处理

齿轮热处理包括齿坯热处理和轮齿热处理。

（1）齿坯热处理。钢料齿坯最常用的热处理是正火和调质。正火是将齿坯加热到相变临界点以上 30～50℃，保温后从炉中取出，在空气中冷却。正火一般安排在铸造或锻造之后，切削加工之前。

对于采用棒料的齿坯，正火或调质一般安排在粗车之后，这样可以消除粗车形成的内应力。采用 38CrMoALA 材料的齿坯调质处理后还要进行稳定化回火，将齿坯加热到 600～620℃，保温 2～4 h。其作用是为氮化作好金相组织准备。

（2）轮齿的热处理。齿面热处理在齿形加工完毕后，为提高齿面的硬度和耐磨性，常用热处理方法有高频淬火，渗碳、氮化。高频淬火是将齿轮置于高频交变磁场中，由于感应电流的集肤效应，齿部表面在几秒到几十秒内很快将提高到淬火温度，立即喷水冷却，形成了比普通淬火稍高硬度的表层，并保持了心部的强度与韧性。另外，由于加热时间较短，也减少了加热表面的氧化和脱碳。

渗碳是将齿轮放在渗碳介质中在高温下保温，使碳原子渗入低碳钢的表面层，使表层增碳，因此齿轮表面具有高硬度耐磨，心部仍保持一定的强度和较高的韧性。

氮化是将齿轮置于氨中并加热，使活性氮原子渗入轮齿表面层，形成硬度很高（大于 60 HRC）的氮化物薄层。由于加热温度低，并且不需要另外淬火，因此变形很小。氮化层还具有抗腐蚀性能，所以氮化齿轮不需要进行镀锌、发蓝等防腐蚀的化学处理。

在齿轮生产中，热处理质量对齿轮加工精度和表面粗糙度有很大影响。往往因热处理质量不稳定，引起齿轮定位基面及齿面变形过大或表面粗糙度太大而大批报废，成为齿轮生产中的关键问题。

3. 齿轮加工的一般工艺路线

根据齿轮的使用性能和工作条件以及结构特点，对于精度要求较高的齿轮，其工艺路线大致为备料→毛坯制造→毛坯热处理→齿坯加工→齿形加工→齿端加工→齿轮热处理→精基准修正→齿形精加工→终检。

4. 齿轮加工工艺过程及其分析

1）齿轮加工工艺过程

图 5-18 所示为某双联齿轮的零件图，材料为 40Cr 钢，齿部高频淬火要求达到 52 HRC，中批量生产。该齿轮加工工艺过程如表 5-8 所示。

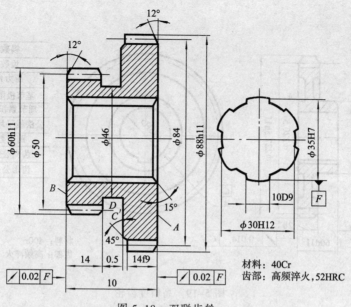

材料：40Cr
齿部：高频淬火，52HRC

图 5-18　双联齿轮

表 5-8　双联齿轮加工工艺过程卡

工序号	工序名称	工序内容	定位基准
1	锻造	毛坯锻造	
2	热处理	正火	
3	车	粗车外圆及端面，留余量 1.5～2 mm，钻镗花键底孔至尺 ϕ30H12	外圆及端面
4	拉	拉花键孔	ϕ30H12孔及 A 面
5	钳	钳工去毛刺	
6	车	上芯轴，精车外圆、端面及槽至要求	花键孔及 A 面
7	检验	检验	
8	滚齿	滚齿（z = 42），留剃余量 0.07～0.10 mm	花键孔及 B 面
9	插齿	插齿（z = 28），留剃余量 0.04～0.06 mm	花键孔及 A 面
10	倒角	倒角（Ⅰ、Ⅱ齿 12°倒角）	花键孔及端面
11	钳	钳工去毛刺	
12	剃齿	剃齿（z = 42），公法线长度至尺寸上限	花键孔及 A 面
13	剃齿	剃齿（z = 28），采用螺旋角度为 5°的剃齿刀，剃齿后公法线长度至尺寸上限	花键孔及 A 面
14	热处理	齿部高频淬火：齿部硬度 52 HRC	
15	推孔	推孔	花键孔及 A 面
16	珩齿	珩齿至尺寸要求	花键孔及 A 面
17	检验	总检入库	

图 5-19 所示为某一高精度齿轮的零件图。材料为 40Cr，齿部高频淬火要求达到 52 HRC，小批生产。该齿轮加工工艺过程如表 5-9 所示。

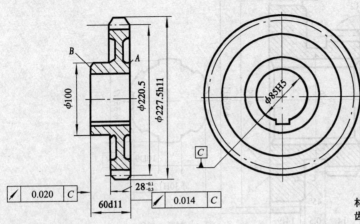

模数	3.5
齿数	63
压力角	20°
基节极限偏差	±0.0065
周节累积公差	0.045
公法线平均长度	80.58 $^{0.14}_{0.22}$
跨齿数	8
齿向公差	0.007
齿形公差	0.007

材料：40Cr
齿部：高频淬火 52HRC

图 5-19 高精度齿轮

表 5-9 高精度齿轮加工工艺过程

序号	工序名称	工 序 内 容	机床	定位基准
1	锻造	毛坯锻造		
2	热处理	正火		
3	粗车	粗车各部分，留余量 1.5～2 mm	C616	外圆及端面
4	精车	精车各部分，内孔至 ϕ84.8H7,总长留加工余量 0.2 mm，其余至尺寸		外圆及端面
5	检验	检验		
6	滚齿	滚齿（齿厚留磨加工余量 0.10～0.15 mm）	Y38	内孔及 A 面
7	倒角	倒角	倒角机	内孔及 A 面
8	钳	钳工去毛刺		
9	热处理	齿部高频淬火：硬度 52 HRC		
10	插削	插键槽	插床	内孔（找正用）和 A 面
11	磨	磨内孔至 ϕ85H5	平面磨床	分度圆和 A 面
12	磨	靠磨大端 A 面		内孔
13	磨	平面磨 B 面至总长度尺寸		A 面
14	磨	磨齿	Y7150	内孔及 A 面
15	检验	总检入库		

2）齿轮加工工艺过程分析

前已述及，齿轮及齿轮副的功用是按规定速比传递运动和动力。为此，它必须满足三个方面的性能要求：传递运动的准确性、平稳性以及载荷分布的均匀性，这就要求控制分齿的均匀性，渐开线的准确度，轮齿方向的准确度以及其他有关因素。除此以外，齿轮副在非啮合侧应有一定的间隙。因此，如何保证这些精度要求，成为齿轮加工中的主要问题，齿形加工成为齿轮生产的关键。这些问题不但与齿圈本身的精度有关，而且齿坯的加工质量对保证齿圈加工精度也很重要。下面就齿轮加工的工艺特点和应注意问题加以讨论。

（1）定位基准的选择。齿轮齿形加工时，定位基准的选择主要遵循基准重合和自为基准原则。为了保证齿形加工质量，应选择齿轮的装配基准和测量基准作为定位基准，而且尽可能在整个加工过程中保持基准的统一。

对于带孔齿轮，一般选择内孔和一个端面定位，基准端面相对内孔的端面圆跳动应符合标准规定。当批量较小不采用专用心轴以内孔定位时，也可选择外圆作找正基准。但外圆相对内孔的径向跳动应有严格的要求。

对于直径较小的轴齿轮，一般选择顶尖孔定位，对于直径或模数较大的轴齿轮，由于自重和切削力较大，不宜选择顶尖孔定位，而多选择轴颈和端面跳动较小的端面定位。

定位基准的精度对齿轮的加工精度有较大影响，特别是对于齿圈径向跳动和齿向精度影响很大。因此，严格控制齿坯的加工误差，提高定位基准的加工精度，对于提高齿轮加工精度具有明显的效果。表 5-8 和表 5-9 所示为加工工艺过程中定位基准均选内孔（花键孔）及端面。

（2）齿坯加工。在齿形加工前的齿坯加工中，要切除大量多余金属，加工出齿形加工时的定位基准和测量基准。因此，必须保证齿坯的加工质量。齿坯加工方法主要取决于齿轮的轮体结构、技术要求和生产批量，下面主要讨论盘形齿坯的加工问题。

① 大批大量生产时的齿坯加工。在大批大量生产中，齿坯常在高效率机床（如拉床、单轴、多轴半自动车床，数控机床等)组成的流水线上或自动线上加工。

对于中等尺寸的齿坯常采用以下加工过程：

第一步，毛坯以外圆及端面定位钻孔、扩孔；

第二步，以待加工孔本身和端面定位拉孔（为便于拉孔，有时先粗车支承端面）；

第三步，以内孔定位将齿坯装在心轴上，在多刀半自动车床上粗、精车外圆、端面、切槽及倒角等。

对于直径较大、宽度较小、结构比较复杂的齿坯，加工出定位基准后，可选用立式多轴半自动车床加工外形。

对于直径较小、毛坯为棒料的齿坯，可在卧式多轴自动车床上，将齿坯的内孔和外形在一道工序中全部加工出来。也可以先在单轴自动车床上粗加工齿坯的内孔和外形，然后拉内孔或花键，最后装在心轴上，在多刀半自动车床上精车外形。

② 中小批生产的齿坯加工。中小批生产时，齿坯加工方案较多，需要考虑设备条件和工艺习惯。但总的特点是采用通用设备，一般加工路线为：粗加工各部分→精加工内孔→精车外圆及端面。中等尺寸带花键孔的齿坯加工方案为：

第一步，以齿坯外圆或突出的轮毂定位，在普通车床或转塔车床上加工外圆、端面及内孔；

第二步，以内孔和端面定位拉出花键孔（如有现成的拉刀时），否则在插床上插花键；

第三步，以花键孔定位，装夹在心轴上，在普通车床上精车外圆、端面及其他部分。

对于一般具有圆柱形内孔的齿坯，内孔的精加工不一定采用拉削，可根据孔径大小采用铰孔或镗孔。外圆和基准端面的精加工，应以内孔定位装夹在心轴上进行精车或磨削。对于直径较大、宽度较小的齿坯，可在车床上通过两次装夹完成，但必须将内孔和基准端面的精加工在一次装夹下完成。在表 5-8 和表 5-9 所示的齿轮加工工艺过程中，齿坯加工方案遵循了粗加工各部分，精加工内孔（或花键）→精车外圆及端面的一般工艺路线。

（3）齿轮的热处理。在齿轮加工中，常安排以下两种热处理工序：

① 齿坯热处理。在齿坯粗加工前后常安排预备热处理，其主要目的是改善材料的加工性能，减少锻造引起的内应力，为以后淬火时减少变形做好金相组织准备。齿坯的热处理有正火和调质。经过正火的齿轮，淬火后变形虽然较调质齿轮大些，但加工性能较好，拉孔和切齿工序中刀具磨损较慢，加工表面粗糙度值较小，因而生产中应用最多。齿坯正火一般都安排在粗加工之前，调质则多安排在粗加工之后。

② 轮齿的热处理。齿轮的齿形切出后，为提高齿面的硬度和耐磨性，根据材料与技术要求不同，常安排渗碳淬火或表面淬火等热处理工序。经渗碳淬火的齿轮，齿面硬度高，耐磨性好，使用寿命长，但齿轮变形较大，对于精密齿轮往往还需要磨齿。表面淬火常采用高频淬火，对于模数小的齿轮，齿部可以淬透，效果较好。当模数稍大时，分度圆以下淬不硬，硬化层分布不合理，力学性能差，齿轮寿命低。因此，对于模数 $m=3 \sim 6$ mm 的齿轮，宜采用超音频感应淬火；对模数更大的齿轮，宜采用单齿沿齿沟中频感应淬火。表面淬火齿轮的轮齿变形较小，但内孔直径一般会缩小 $0.01 \sim 0.05$ mm（薄壁零件内孔略有胀大），淬火后应予以修正。在表 5-8 和表 5-9 所示的加工工艺过程中，分别安排了预备热处理正火，最终热处理均为高频淬火。

（4）齿形加工方案的选择。在齿轮加上工艺过程中齿形加工是一个重要而独立的阶段。齿形加工方案的选择主要取决于齿轮的精度等级。此外，还要考虑齿轮结构、热处理和生产批量等因素，具体加工方案如下：

① 大于 IT8 级精度的齿轮，经滚齿或插齿即可达到要求。对于淬硬齿轮常采用：滚(插)齿→齿端加工→齿面热处理→修正内孔的加工方案，但在齿面热处理前齿形加工精度应比图样设计要求高一级。

② IT7 级精度不需要淬硬齿轮，可用滚齿→剃齿（或冷挤压）方案。对于 IT7 级精度淬硬齿轮，当批量较小或淬火后变形较大的齿轮，可采用磨齿方案：滚（插）齿→齿端加工→渗碳淬火→修正基准→磨齿；批量大时可用剃、珩齿方案：滚（插）齿→齿端加工→剃齿→表面淬火→修正基准→珩齿。

③ IT5～IT6 级精度齿轮常采用磨齿方案。

（5）齿端加工。齿轮的齿端加工有倒圆、倒尖、倒棱（见图 5-20）和去毛刺等方式。经倒圆、倒尖后的齿轮变速时容易进入啮合状态；倒棱可以除去齿端的锐边，因为渗碳淬火后这些锐边变得硬而脆，在齿轮的传动中会崩碎，使传动系统中齿轮的磨损加速。

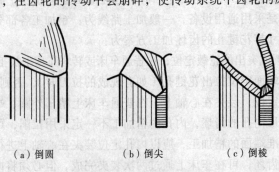

（a）倒圆　　　　　　（b）倒尖　　　　　　（c）倒棱

图 5-20　齿端加工形式

图 5-21 所示为用指状铣刀对齿端进行倒圆的加工示意图。倒圆时，铣刀在高速旋转的同时，沿圆弧做往复运动；加工完一个齿后，工件退离铣刀，经分度再次快速向铣刀靠近，加工下一个齿的端部。

齿端加工通常安排在滚（插）齿之后淬火之前进行。

（6）精基准的修正。齿轮淬火后基准孔会发生变化，为保证齿形精加工质量，对基准孔及端面必须先加以修正。

对外径定心的花键孔齿轮，通常用花键推刀修正。推孔时用加长推刀前引导的方法来防止推刀歪斜。

对内孔定心的齿轮，常采用推孔或磨孔修正。推孔适用于内孔未淬硬的齿轮，磨孔适用于整体淬火内孔较硬的齿轮或内孔较大、齿宽较薄的齿轮。磨孔时应以齿轮分度圆定心，如图 5-22 所示。这样可使后续齿轮精加工工序的余量较为均匀，对提高齿形精度有利。

采用磨削方法修整内孔时，要求齿坯加工阶段为内孔留有一定的加工余量；采用推孔方法修正内孔时，可不留加工余量。

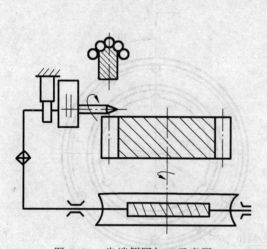

图 5-21　齿端倒圆加工示意图

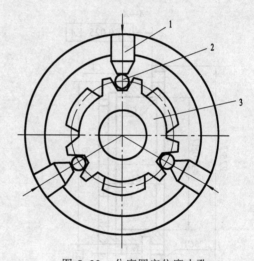

图 5-22　分度圆定位磨内孔

1—卡盘；2—滚柱；3—齿轮

思考及练习题

5-1　中心孔在轴类零件加工中起什么作用？有哪些技术要求？在什么情况下需进行中心孔的修研？有哪些修研方法？

5-2　试编制图 5-23 所示的转轴零件在单件小批生产时的加工工艺过程。

5-3　简述保证套类零件位置精度要求的方法，试举例说明各种加工方法的特点和使用场合。

5-4　在加工薄壁套筒零件时，怎样防止受力变形对加工精度的影响？

5-5　试编制图 5-24 所示套筒零件的加工工艺过程。生产类型：中批生产；材料：HT200。

5-6　常用齿轮材料有哪些？各适用于哪些场合？

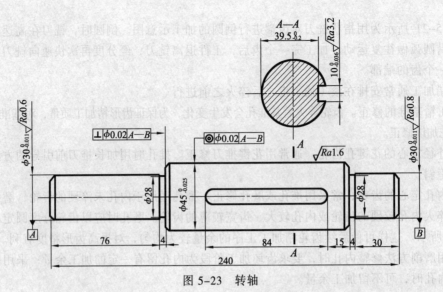

图 5-23 转轴

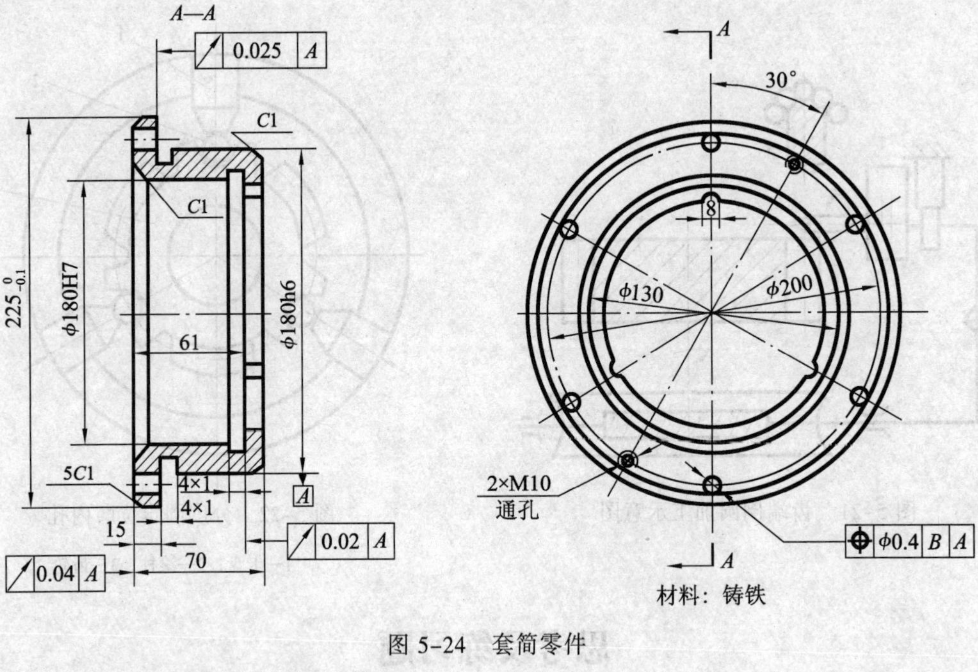

图 5-24 套筒零件

5-7 编制箱体零件工艺过程应遵循哪些原则？生产类型不同又有哪些不同的要求？划线工序在箱体加工中起什么作用？

5-8 不同生产类型的条件下，齿坯加工是怎样进行的？如何保证齿坯内外圆同轴度及定位用的端面与内孔的垂直度？齿坯精度对齿轮加工的精度有什么影响？

5-9 对于不同类型的齿轮，其定位基准如何选择？

单元六

机械加工质量分析与控制

学习目标

- 了解机械加工过程中工艺系统各环节存在的原始误差；
- 理解加工质量、零件表面质量的含义；
- 掌握影响加工质量、零件表面质量的因素分析方法；
- 会根据加工生产具体条件制订提高加工质量、零件表面质量的工艺措施。

观察与思考

图 6-0 所示为同一机床上，当使用不同的刀具或采用不同的切削用量时，最终得到的这些零件的加工精度、表面质量各不相同。这其中的变化有什么规律？应如何利用这些规律来保证加工精度和表面质量，提高切削效益，降低生产成本？

图 6-0　不同精度的零件

6.1　机械加工精度

机械加工精度是指零件加工后的实际几何参数（几何尺寸、几何形状和相互位置）与理想几何参数之间偏差的程度。加工误差越小，符合程度越高，加工精度就越高。加工精度与加工误差是一个问题的两种提法。所以，加工误差的大小反映了加工精度的高低。研究加工精度的目的，就是要分析影响加工精度的各种因素及其存在的规律，从而找出减小加工误差、提高加工精度的合理途径。

加工精度包括以下三个方面。

（1）尺寸精度：是指加工后零件的实际尺寸与零件设计尺寸的公差带中心的相符合程度。

（2）形状精度：是指加工后零件表面的实际几何形状与理想的几何形状的相符合程度。

（3）位置精度：是指加工后零件有关表面之间的实际位置与理想位置相符合的程度。

1. 加工误差的产生

在机械加工过程中，刀具和工件加工表面之间位置关系合理时，加工表面精度就能达到加工要求，否则就不能达到加工要求，加工精度分析就是分析和研究加工精度不能满足要求时的各种影响因素，即各种原始误差产生的可能性，并采取有效的工艺措施进行克服，从而提高加工精度。

在机械加工中，机床、夹具、工件和刀具构成一个完整的系统，称为工艺系统。由于工艺系统本身的结构和状态、操作过程以及加工过程中的物理力学现象而产生刀具和工件之间的相对位置关系发生偏移的各种因素称为原始误差。它可以如实、放大或缩小地反映给工件，使工件产生加工误差而影响零件加工精度。一部分原始误差与切削过程有关；一部分原始误差与工艺系统本身的初始状态有关。这两部分误差又受环境条件、操作者技术水平等因素的影响。

1）与工艺系统本身初始状态有关的原始误差

（1）原理误差，即加工方法原理上存在的误差。

（2）工艺系统几何误差。

① 工件与刀具的相对位置在静态下已存在的误差，如刀具和夹具制造误差，调整误差以及安装误差；

② 工件和刀具的相对位置在运动状态下存在的误差，如机床的主轴回转运动误差，导轨的导向误差，传动链的传动误差等。

2）与切削过程有关的原始误差

（1）工艺系统力效应引起的变形，如工艺系统受力变形、工件内应力的产生和消失而引起的变形等造成的误差。

（2）工艺系统热效应引起的变形，如机床、刀具、工件的热变形等造成的误差。

2. 工艺系统的几何误差对加工精度的影响

工艺系统中的各组成部分，包括机床、刀具、夹具的制造误差、安装误差、使用中的磨损都直接影响工件的加工精度。这里着重分析对工件加工精度影响较大的主轴回转运动误差、导轨导向误差、传动链传动误差和刀具、夹具的制造误差及磨损等。

1）主轴的回转运动误差

（1）主轴回转精度的概念。在理想状态下，主轴回转时，回转轴线在空间的位置应是稳定不变的，但是，由于主轴、轴承、箱体的制造和装配误差以及受静力、动力作用引起的变形、温升热变形等，主轴回转轴线瞬时都在变化（漂移），通常以各瞬时回转轴线的平均位置作为平均轴线来代替理想轴线。主轴回转精度是指主轴的实际回转轴线与平均回转轴线相符合的程度。它们的差异就称为主轴回转运动误差。主轴回转运动误差可分解为三种形式：轴向窜动、纯径向跳动和纯角度摆动，如图 6-1（a）、（b）、（c）所示。实际上，主轴回转误差的三种基本形式是同时存在的，如图 6-1（d）所示。

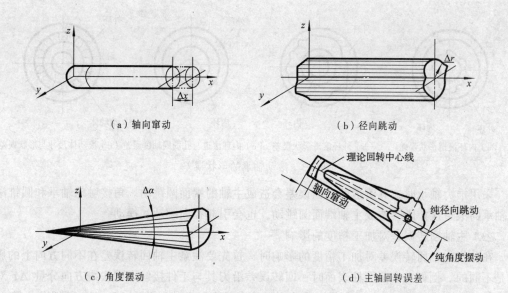

（a）轴向窜动

（b）径向跳动

（c）角度摆动

（d）主轴回转误差

理论回转中心线
轴向窜动
纯径向跳动
纯角度摆动

图 6-1 主轴回转误差的基本形式

（2）影响主轴回转运动误差的主要因素有：

① 主轴误差。主轴误差主要包括主轴支承轴径的圆度误差、同轴度误差（使主轴轴心线发生偏斜）和主轴轴径轴向承载面与轴线的垂直度误差（影响主轴轴向窜动量）。

② 轴承误差。 主轴采用滑动轴承时，轴承误差主要是指主轴颈和轴承内孔的圆度误差和波纹度误差。

对于工件回转类机床（如车床，磨床等），切削力的方向大致不变，在切削力的作用下，主轴轴径以不同部位与轴承孔的某一固定部位接触，这时主轴轴径的形状误差是影响回转精度的主要因素，如图 6-2（a）所示。对于刀具回转类机床（如镗床等），切削力的方向随主轴回转而变化，主轴轴径以某一固定位置与轴承孔的不同位置相接触，这时轴承孔的形状精度是影响回转精度的主要因素，如图 6-2（b）所示。对于动压滑动轴承，轴承间隙增大会使油膜厚度变化大，轴心轨迹变动量加大。

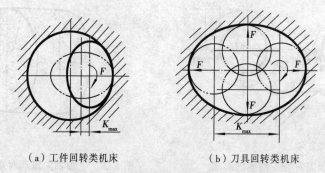

（a）工件回转类机床

（b）刀具回转类机床

图 6-2 主轴采用滑动轴承的回转误差

主轴采用滚动轴承支承时，内外环滚道的形状误差、内环滚道与内孔的同轴度误差、滚动体的尺寸误差和形状误差，都对主轴回转精度有影响，如图 6-3 所示。主轴轴承间隙增大会使轴向窜动与径向圆跳动量增大。

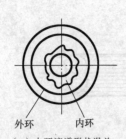  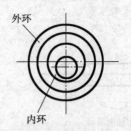 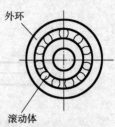

（a）内环滚道形状误差　（b）外环滚道形状误差　（c）内环滚道与孔的同轴度误差（d）滚动体尺寸与形状误差

图 6-3　滚动轴承的形状误差

采用推力轴承时，其滚道的端面误差会造成主轴的端面圆跳动。角接触球轴承和圆锥滚子轴承的滚道误差既会造成主轴端面圆跳动，也会引起径向跳动和摆动。

（3）主轴回转误差对加工精度的影响。

在分析主轴回转误差对加工精度的影响时，首先要注意主轴回转误差在不同方向上的影响是不同的。例如在车削圆柱表面时，回转误差沿刀具与工件接触点的法线方向分量 ΔY 对精度影响最大，如图 6-4（b）所示；反映到工件半径方向上的误差为 $\Delta R=\Delta Y$，而切向分量 Δz 的影响最小，如图 6-4（a）所示。由图 6-4 所示图例可看出，存在误差 Δz 时，反映到工件半径方向上的误差为 ΔR，其关系式为

$$(R +\Delta R)^2 = \Delta z^2 + R^2$$

整理中略去高阶微量 ΔR^2 项可得：$\Delta R =\Delta z^2 / 2R$

设 $\Delta z=0.01$ mm，$R=50$ mm，则 $\Delta R= 0.00\,000\,1$ mm。此值完全可以忽略不计。

因此，一般称法线方向为误差的敏感方向，切线方向为非敏感方向。分析主轴回转误差对加工精度的影响时，应着重分析误差敏感方向的影响。

主轴的纯轴向窜动对工件的内、外圆加工没有影响，但会影响加工端面与内、外圆的垂直度误差。主轴每旋转一周，就要沿轴向窜动一次，向前窜的半周中形成右螺旋面，向后窜的半周中形成左螺旋面，最后切出如端面凸轮一样的形状，如图 6-5 所示，并在端面中心附近出现一个凸台。当加工螺纹时，主轴轴向窜动会使加工的螺纹产生螺距的小周期误差。

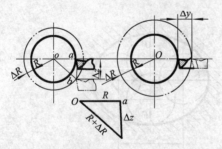

（a）切线方向　　　（b）法线方向

图 6-4　回转误差对加工精度的影响

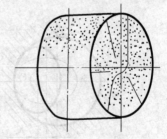

图 6-5　主轴轴向窜动对端面加工的影响

（4）提高主轴回转精度的措施。

① 提高主轴及主轴箱体的制造精度。主轴回转精度只有 20% 决定于轴承精度，而 80% 取决于主轴及其箱体的精度和装配质量。

② 高速主轴部件要进行动平衡，以消除激振力。

③ 滚动轴承采取预紧措施。轴向施加适当的预加载荷（为径向载荷的 20%~30%），消除轴承间隙，使滚动体产生微量弹性变形，可提高刚度、回转精度和使用寿命。

④ 采用多油楔动压轴承（限于高速主轴）。

⑤ 采用静压轴承。静压轴承由于是纯液体摩擦，摩擦因数为 0.0005，因此，摩擦阻力较小，可以均化主轴颈与轴瓦的制造误差，具有很高的回转精度。

⑥ 采用固定顶尖结构。如果磨床前顶尖固定，不随主轴回转，则工件圆度只和一对顶尖及工件顶尖孔的精度有关，而与主轴回转精度关系很小，主轴回转只起传递动力带动工件的作用。

2）机床导轨误差

机床导轨副是实现直线运动的主要部件，其制造和装配精度是影响直线运动精度的主要因素，导轨误差对零件的加工精度产生直接的影响。

（1）机床导轨在水平面内直线度误差的影响。磨床导轨在 x 方向存在误差 Δ，引起工件在半径方向上的误差 ΔR，当磨削长外圆柱表面时，将造成工件的圆柱度误差，如图 6-6 所示。

（2）导轨在垂直面内直线度误差的影响。磨床导轨在 y 方向存在误差 Δ，磨削外圆时，工件沿砂轮切线方向产生位移，此时，工件半径方向上产生误差 $\Delta R \approx \Delta z^2 / 2R$，对零件的形状精度影响甚小（误差的非敏感方向），如图 6-7 所示。但导轨在垂直方向上的误差对平面磨床、龙门刨床、铣床等将引起法向位移，其误差直接反映到工件的加工表面（误差敏感方向），造成水平面上的形状误差。

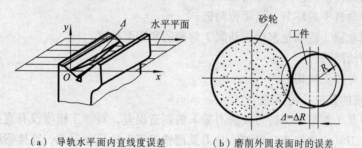

（a）导轨水平面内直线度误差　　　（b）磨削外圆表面时的误差

图 6-6　磨床导轨在水平面内的直线度误差

（3）机床导轨面间平行度误差的影响。车床两导轨的平行度产生误差（扭曲），使鞍座产生横向倾斜，刀具产生位移，因而引起工件形状误差。由图 6-8 所示关系可知，其误差值 $\Delta y=H\Delta / B$。

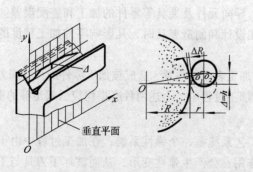

图 6-7　磨床导轨在垂直面内的直线度误差

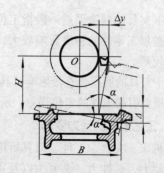

图 6-8　车床导轨面间的平行度误差

（4）机床导轨对主轴轴心线平行度误差的影响。当在车床类或磨床类机床上加工工件时，如果导轨与主轴轴心线不平行，则会引起工件的几何形状误差。例如车床导轨与主轴轴心线在水平面内不平行，会使工件的外圆柱表面产生锥度；在垂直面内不平行时，会使工件成马鞍形。

3）机床的传动误差

对于某些加工方法，为保证工件的精度，要求工件和刀具间必须有准确的传动关系。如车削螺纹时，要求工件旋转一周刀具直线移动一个导程，如图 6-9 所示。传动时必须保持 $S=iT$ 为恒值，S 为工件导程，T 为丝杠导程，i 为齿轮 $z_1 \sim z_8$ 的传动比。所以，车床丝杠导程和各齿轮的制造误差都必将引起工件螺纹导程的误差。

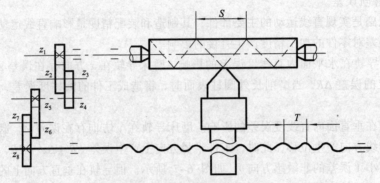

图 6-9　车螺纹的传动链示意图

为了减少机床传动误差对加工精度的影响，可以采用如下措施：

（1）减少传动链中的环节，缩短传动链；

（2）提高传动副（特别是末端传动副）的制造和装配精度；

（3）消除传动间隙；

（4）采用误差校正机构。

4）工艺系统的其他几何误差

（1）一般刀具（如车刀、镗刀及铣刀等）的制造误差，对加工精度没有直接的影响。

（2）定尺寸刀具（如钻头、铰刀、拉刀及槽铣刀等）的尺寸误差，直接影响被加工零件的尺寸精度。同时，刀具的工作条件，如机床主轴的跳动或因刀具安装不当引起的径向或端面跳动等，都会使加工面的尺寸扩大。

（3）成形刀（成形车刀、成形铣刀及早齿轮滚刀等）的误差，主要影响被加工面的形状精度。

（4）夹具的制造误差一般指定位元件、导向元件及夹具等零件的加工和装配误差。这些误差对被加工零件的精度影响较大。所以在设计和制造夹具时，凡影响零件加工精度的尺寸都控制较严。

（5）刀具的磨损会直接影响刀具相对被加工表面的位置，造成被加工零件的尺寸误差；夹具的磨损会引起工件的定位误差。所以，在加工过程中，上述两种磨损均应引起足够的重视。

3. 工艺系统的受力变形

由机床、夹具、工件、刀具所组成的工艺系统是一个弹性系统，在加工过程中由于切削力、传动力、惯性力、夹紧力以及重力的作用，会产生弹性变形，从而破坏了刀具与工件之间的准确位置，产生加工误差。例如车削细长轴时（见图 6-10），在切削力的作用下，工件因弹性变形而出现"让刀"现象。随着刀具的进给，在工件的全长上切削深度将会由多变少，然后由少变多，结果使零件产生腰鼓形。

弹性系统在外力作用下抵抗变形的能力称为刚度。切削加工中，工艺系统各部分在各种外力作用下，将在各个受力方向产生相应的变形，如图 6-11 所示。其中，对加工精度影响最大的那个方向上的力和变形的分析计算更有意义。因此，工艺系统刚度 K 定义为零件加工表面法向分力 F_y（N）与刀具在切削力作用下，相对工件在该方向上位移 Y_S（mm）的比值，即

$$K = \frac{F_y}{Y_s}$$

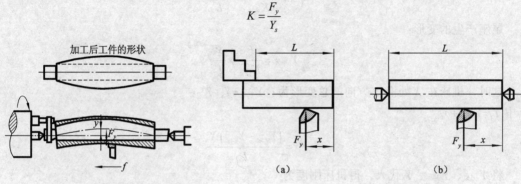

图 6-10　细长轴车削时受力变形　　　　图 6-11　轴类零件受力变形

工艺系统的刚度计算如下所示。

（1）工件的刚度（$K_{工件}$）。工件的刚度可按材料力学中有关悬臂梁和双支点架的公式求得（见图 6-11）。

悬壁梁的刚度：　　　　$Y_{工件1} = \dfrac{F_y L^3}{3EI}$　　　$K_{工件1} = \dfrac{3EI}{L^3}$

双支点梁的刚度：　　　$Y_{工件2} = \dfrac{F_y L^3}{48EI}$　　　$K_{工件2} = \dfrac{48EI}{L^3}$

式中：L——工件的长度（mm）；

　　　E——材料的弹性模量（N/mm^2）；

　　　I——工件断面的惯性矩（mm^4）；

　　　$Y_{工件1}$——外力作用在梁端点的最大位移（mm）；

　　　$Y_{工件2}$——外力作用在梁中点的最大位移（mm）。

（2）刀具的刚度（$K_{刀具}$）。对于车刀，因变形甚微可忽略不计，对于镗孔和磨内孔可按悬臂梁计算。

（3）夹具的刚度（$K_{夹具}$）。机床夹具按机床部件处理，不再单独计算。

（4）机床刚度（$K_{机床}$）。机床刚度是机床各部件抵抗变形的能力，机床刚度不足会使工艺系统变形增大，产生较大的加工误差。

图 6-12 所示为计算车床静刚度，可设工件、刀具、夹具、床身的刚度足够大，其变形量忽略不计，则机床的刚度可方便地计算出来。若法向分力为 F_y 作用在工件左端 X 处，则机床头座（主轴箱）

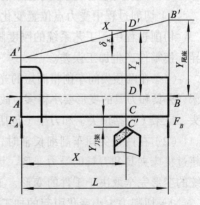

图 6-12　计算车床静刚度

所受的力为 $F_y(L-X)/L$，尾座所受力为 $=\dfrac{F_y X}{L}$，刀架所受力为 F_y。此时

刀架产生的变形：

$$Y_{\text{刀架}}=\frac{F_y}{K_{\text{刀架}}}$$

头座产生的变形：

$$Y_{\text{头座}}=\frac{F_y}{K_{\text{头座}}}\times\frac{L-X}{L}$$

尾座产生的变形：

$$Y_{\text{尾架}}=\frac{F_y}{K_{\text{尾座}}}\times\frac{X}{L}$$

这时，机床在 X 处沿 Y 方向的总变形为：$Y_{\text{机床}}=Y_x+Y_{\text{刀架}}$

其中 $Y_x=Y_{\text{头座}}+\delta_x$

$$\delta_x=\frac{\left(Y_{\text{尾座}}-Y_{\text{头座}}\right)X}{L}$$

将 $Y_{\text{刀架}}$、$Y_{\text{尾架}}$、Y_x 代入，得机床刚度为

$$K_{\text{机床}}=\frac{F_y}{Y_{\text{机床}}}=\cfrac{1}{\cfrac{1}{K_{\text{头座}}}\left(\cfrac{L-X}{L}\right)^2+\cfrac{1}{K_{\text{尾座}}}\left(\cfrac{X}{L}\right)^2+\cfrac{1}{K_{\text{刀架}}}}$$

实际上，由于机床部件受力变形很复杂，故采用上述计算方法得到的结果往往有较大的误差。因此，常常采用实测法来求机床的刚度。

5）工艺系统刚度。由于工艺系统的变形等于各组成部分变形之和，即 $Y_S=Y_{\text{机床}}+Y_{\text{刀具}}+Y_{\text{工件}}+Y_{\text{夹具}}$，故工艺系统刚度的一般表达式为

$$K=\frac{F_y}{Y_s}=\cfrac{1}{Y_{\text{机床}}+Y_{\text{刀具}}+Y_{\text{工件}}+Y_{\text{夹具}}}=\cfrac{1}{\cfrac{1}{K_{\text{机床}}}+\cfrac{1}{K_{\text{刀具}}}+\cfrac{1}{K_{\text{工件}}}+\cfrac{1}{K_{\text{夹具}}}}$$

4. 工艺系统受力变形对加工精度的影响

1）切削过程中受力点位置变化引起的加工误差

切削过程中，工艺系统的刚度随切削力着力点位置的变化而变化，从而引起系统变形差异，使零件产生加工误差。

（1）在两顶尖间车削粗而短的光轴时，由于工件刚度较大，在切削力作用下的变形相对机床、夹具和刀具的变形要小得多，故可忽略不计。此时，工艺系统的总变形完全取决于机床床头、尾架（包括顶尖）和刀架（包括刀具）的变形，工件产生的误差为双曲线圆柱度误差。

（2）在两顶尖间车削细长轴时，由于工件细长，刚度小，在切削力作用下，其变形大大超过机床夹具和刀具的受力变形。因此，机床、夹具和刀具的受力变形可略去不计，工艺系统的变形完全取决于工件的变形，工件产生腰鼓形圆柱度误差。

2）切削力大小变化引起的加工误差——复映误差

工件的毛坯外形虽然具有粗略的零件形状，但它在尺寸、形状以及表面层材料硬度均匀性上都有较大的误差。毛坯的这些误差在加工时使切削深度不断发生变化，从而导致切削力

的变化，进而引起工艺系统产生相应的变形，使得零件在加工后还保留与毛坯表面类似的形状或尺寸误差。当然工作表面残留的误差比毛坯表面误差要小得多，这种现象称为"误差复映规律"，所引起的加工误差称为"复映误差"。

3）减小工艺系统受力变形的措施

（1）提高工件加工时的刚度。有些工件因其自身刚度很差，加工中将产生变形而引起加工误差，因此必须设法提高工件自身刚度。为此常采取如下三种措施。

① 采用跟刀架或中心架及其他支承架，以减小工件的支承长度。例如在工件中部安装一中心架，则工件刚度可提高八倍。

② 通常可采取增大前角、主偏角选为90°及适当减小进给量和切削深度等措施以减小切削力 F_y。

③ 采用反向走刀法，使工件从原来的轴向受压变为轴向受拉。

（2）提高工件安装时的夹紧刚度。对薄壁件，夹紧时应选择适当的夹紧方法和夹紧部位，否则会产生很大的形状误差。图 6-13 所示为薄板工件，由于工件本身有形状误差，用电磁吸盘吸紧时，工件产生弹性变形，磨削后松开工件，因弹性恢复工件表面仍有形态误差（翘曲）。解决办法是在工件和电磁吸盘之间垫入一橡皮（厚度 0.5 mm 以下）。当吸紧时，橡皮被压缩，工件变形减小，经几次反复磨削，逐渐修正工件的翘曲，将工件磨平。

（3）提高机床部件的刚度。机床部件的刚度在工艺系统中占有很大的比重，在机械加工时常采用一些辅助装置来提高其刚度。

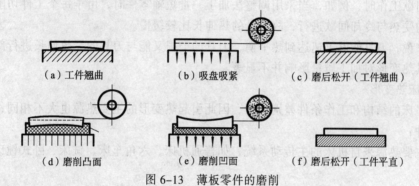

（a）工件翘曲　　　（b）吸盘吸紧　　　（c）磨后松开（工件翘曲）

（d）磨削凸面　　　（e）磨削凹面　　　（f）磨后松开（工件平直）

图 6-13　薄板零件的磨削

5. 工艺系统的热变形

机械加工中，工艺系统在各种热源的作用下产生一定的热变形。由于工艺系统热源分布的不均匀性及各环节结构、材料的不同，使工艺系统各部分的变形产生差异，从而破坏了刀具与工件的准确位置及运动关系，产生加工误差，尤其对于精密加工，热变形引起的加工误差占总误差的一半以上。因此，在近代精密加工中，控制热变形对加工精度的影响已成为重要的任务和研究课题。

在加工过程中，工艺系统的热源主要有内部热源和外部热源两大类。内部热源来自切削过程，主要包括切削热、摩擦热、派生热源。外部热源主要来自于外部环境，主要包括环境温度和热辐射。这些热源产生的热造成工件、刀具和机床的热变形。

1）工件热变形

切削加工中，工件的热变形主要由切削热引起，有些大型精密零件同时还受环境温度的影响。由于工件形状、尺寸以及加工方法的不同，传入工件的热量也不一致，其温升和热变形对加工精度的影响也不尽相同。例如，轴类零件在车削或磨削加工时，一般是均匀受热，温度逐渐升高，其直径逐渐增大，增大部分将被刀具切去，故当工件冷却后，形成圆柱度和径向及轴向尺寸误差。细长轴在顶尖间车削时，热变形将引起工件内部的热应力，造成工件热伸长导致其弯曲变形。精密丝杠磨削时，工件的热伸长会引起螺距累积误差。床身导轨面的磨削，由于零件的加工面与底面的温差所引起的热变形也是很大的。

工件粗加工时的热变形，一般不引起人们的注意，但在流水线、自动线以及工序高度集中的加工中，应给予足够的重视，否则将给紧接着的精加工工序带来很大的危害。例如某厂在流水线上加工箱体零件的孔系时，粗镗孔后接着进入精镗工序，由于粗精工序间停留时间太短，粗加工的热变形精镗时尚未稳定，精镗孔后，零件内部的热效应还继续作用，从而造成孔的尺寸和形状误差。

2）刀具热变形

切削过程中，一部分切削热传给刀具，尽管这部分热量很少（高速车削时只占 1% ~ 2%），但由于刀体较小，热容量较小，因此，刀具的温度可以升得很高，高速钢车刀的工作表面温度可达 700~800℃。刀具受热伸长量一般情况下可达到 0.03~0.05 mm，从而产生加工误差，影响加工精度。

当刀具连续工作时，如车削长轴或在立式车床上车大端面时，传给刀具的切削热随时间不断增加，刀具产生变形而逐渐伸长，工件产生圆度误差或平面度误差。

刀具间歇工作时，例如，当采用调整法加工一批短轴零件时，由于每个工件切削时间较短，刀具的受热与冷却间歇进行，故刀具的热伸长比较缓慢。

总的来说，刀具能够迅速达到热平衡，刀具的磨损又能与刀具的受热伸长进行部分地补偿，故刀具热变形对加工质量影响并不显著。

3）机床热变形

由于机床的结构和工作条件差别很大，因此引起热变形的主要热源也大不相同，大致分为以下三种：

（1）主要热源来自机床的主传动系统，如普通机床、六角车床、铣床、卧式镗床、坐标镗床等。

（2）主要热源来自机床导轨的摩擦，如龙门刨床、立式车床等。

（3）主要热源来自液压系统，如各种液压机床。

热源的热量，一部分传给周围介质，一部分传给热源近处的机床零部件和刀具，以致产生热变形，影响加工精度。由于机床各部分的体积较大，容量也大，因而机床热变形缓慢，温升也比刀具和工件低，如车床主轴箱一般不高于 60℃。实践表明，车床部件中受热最多而变形量大的是主轴箱，其他部分（如刀架、尾座等）温升不高，热变形较小。

图 6-14 所示的双点画线表示车床的热变形。对加工精度影响最大的因素是主轴轴线的抬高和倾斜。实践表明主轴抬高是主轴轴承温度升高而引起主轴箱变形的结果，它约占总抬高量的 70%。由床身热变形所引起的抬高量一般小于 30%。影响主轴倾斜的主要原因是床身的受热弯曲，它约占总倾斜量

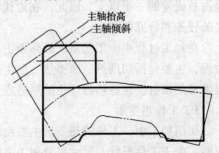

图 6-14　车床的热变形

的 75%。车床主轴前轴承的温升最高，主轴前后轴承的温差所引起的主轴倾斜约占 25%。

4）减少工艺系统热变形的措施

（1）减少工艺系统的热源及其发热量。加工过程中机床的热变形主要由内部热源产生，因此，为减少机床的热变形，首先应减少热源。例如，将机床上的变速箱、电动机、液压装置、油池、冷却箱等热源尽可能与主机分离，成为独立的单元，如不能分离出来则采用隔热材料将其与主机隔开。

对于无法与主机分离或隔开的热源，如主轴轴承、丝杠螺母副、离合器等产生的摩擦热以及切削热和外部热源，应采取适当的冷却、润滑措施或改进结构，以改善摩擦特性，减少发热。

此外，为防止切下的切屑把热量传给机床工作台或床身，可在工作台等处放上隔热塑料板并及时清理切屑。

（2）加强冷却，提高散热能力。为了抑制机床内部热源引起的热变形，近年来广泛采用对机床受热部位进行强制冷却的方法。

（3）控制温度变化，均衡温度。由于工艺系统温度变化，引起工艺系统热变形，从而产生加工误差，并且具有随机性。因而，必须采取措施控制工艺系统温度变化，保持温度稳定。使热变形产生的加工误差具规律性，便于采取相应措施给予补偿。图 6-15 所示为立柱平面磨床，为了平衡主轴箱发热对立柱前壁的影响，用管道将主轴箱的热空气输送给立柱后壁，使前后壁温度分布均匀对称，从而减少立柱的倾斜。采取这一措施后，使被加工的工件平面度误差降低 1/4 ~ 1/3。

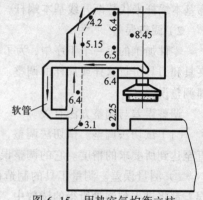

图 6-15　用热空气均衡立柱

当机床（工艺系统）达到热平衡时，工艺系统的热变形趋于稳定，因此，设法使工艺系统尽快达到热平衡，这样既可控制温度变化，又能提高生产率。缩短预热期的方法有两种：一种方法是加工前使机床高速空转，使机床迅速达到热平衡，然后采用工作转速进行加工；另一种方法是在机床适当部位增设附加热源，在预热期内人为向机床供热，加快其热平衡，然后采用工作转速进行加工。

对于精密机床，如数控机床、螺纹磨床、齿轮磨床等，还应安装在恒温室使用，以减小环境温度变化对加工精度的影响。

（4）采用补偿措施。当加工中工艺系统热变形不可避免地存在时，常采取一些补偿措施予以消除。例如在数控机床中，滚珠丝杠工作时产生的热变形可采用"预拉法"予以消除。即丝杠加工时，螺距小于其规定值，装配时对丝杠施加拉力，使其螺距增大到标准值。由于丝杠内的拉应力大于其受热时的压力（热应力），故丝杠不产生受热变形。

（5）改善机床结构。除上述措施外，还应注意改善机床结构，减小其热变形。首先考虑结构的对称性。一方面传动元件（轴承、齿轮等）在箱体内安装应尽量对称，使其传给箱壁的热量均衡，变形相近；另一方面，有些零件（如箱体）应尽量采用热对称结构，以便受热均匀。

此外，还应注意合理选材，对精度要求高的零件尽量选用膨胀系数小的材料。

6. 加工过程中的其他原始误差

1）加工原理误差

加工原理误差是由于采用了近似的加工运动方式或者近似的刀具轮廓而产生的误差，因在加工原理上存在误差，故称加工原理误差。只要原理误差在允许范围内，这种加工方式仍是可行的。

（1）采用近似的加工运动造成的误差。在许多场合，为了得到一定要求的工件表面，必须在工件或刀具的运动之间建立一定的联系。从理论上讲，应采用完全准确的运动联系。但是，采用理论上完全准确的加工原理有时使机床或夹具的结构极为复杂，致使制造困难，反而难以达到较高的加工精度，有时甚至是不可能做到的。例如在车削或磨削模数螺纹时，由于其导程 $Ph=\pi m$，式中有 π 这个无理因子，在用配换齿轮来得到导程数值时，就存在原理误差。

（2）采用近似的刀具轮廓造成的误差。用成形刀具加工复杂的曲面时，要使刀具刃口做得完全符合理论曲线的轮廓，有时非常困难，往往采用圆弧、直线等简单近似的线型代替理论曲线。例如用滚刀滚切渐开线齿轮时，为了滚刀的制造方便，多用阿基米德蜗杆或法向直廓基本蜗杆来代替渐开线基本蜗杆，从而产生了加工原理误差。

2）调整误差

零件加工的每一个工序中，为了获得被加工表面的形状、尺寸和位置精度，总得对机床、夹具和刀具进行这样或那样的调整。任何调整工作必然会带来一些原始误差，这种原始误差即调整误差。

调整误差与调整方法有关。

（1）试切法调整。试切法调整，就是对被加工零件进行"试切→测量→调整→再试切"，直至达到所要求的精度。它的调整误差来源如下：

① 测量误差。测量工具的制造误差、读数的估计误差以及测量温度和测量力等引起的误差都将进入到测量所得的读数中，这无形中扩大了加工误差。

② 微量进给时，机构灵敏度所引起的误差。在试切中，总是要微量调整刀具的进给量，以便最后达到零件的尺寸精度。但是，在低速微量进给中，常会出现进给机构的"爬行"现象，结果使刀具的实际进给量比手轮转动的刻度数总要偏大或偏小些，以致难以控制尺寸精度，造成加工误差。

③ 最小切削深度影响。在切削加工中，刀具所能切掉的最小切削深度是有一定限度的。锐利的刀刃可切到 5 μm 的深度，已钝的刀刃只能切到 20～50 μm。切削深度再小时刀刃就切不下金属而打滑，只起挤压作用。精加工时试切的金属层总是很薄的。由于打滑和挤压，试切的金属实际上可能没有切下来，这时如果认为试切尺寸已合格，就合上纵向走刀机构切削下去，则新切到部分的切削深度将比已试切的部分要大，因此最后所得的工件尺寸会比试切部分小些，如图6-16所示。

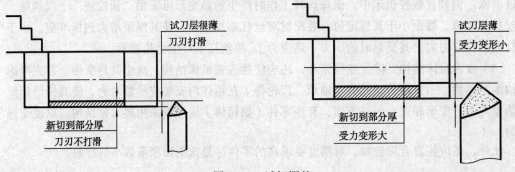

图 6-16　试切调整

（2）用定程机构调整。在半自动机床、自动机床和自动线上，广泛应用行程挡块、靠模及凸轮等机构来保证加工精度。这些机构的制造精度和刚度，以及与其配合使用的离合器、控制阀等的灵敏度就成了影响调整误差的主要因素。

（3）用样件或样板调整。在各种仿形机床、多刀机床和专用机床加工中，常采用专门的样件或样板来调整刀具、机床与工件之间的相对位置，以此保证零件的加工精度。在这种情况下，样件或样板本身的制造误差、安装误差和对刀误差就成了影响调整误差的主要因素。

3）工件残余应力引起的误差

残余应力是指当外部载荷去掉以后仍存留在工件内部的应力。残余应力是由于金属发生了不均匀的体积变化而产生的。其外界因素来自热加工和冷加工。有残余应力的零件处于一种不稳定状态。一旦其内应力的平衡条件被打破，内应力的分布就会发生变化，从而引起新的变形，影响加工精度。

（1）内应力产生的原因。

① 毛坯制造中产生的内应力。在铸、锻、焊及热处理等毛坯热加工中由于毛坯各部分受热不均或冷却速度不等，以及金相组织的转变都会引起金属不均匀的体积变化，从而在其内部产生较大的内应力。图 6-17（a）所示为一内外壁厚不等的铸件。浇注后在冷却过程中，由于壁 1、壁 2 较薄，冷却较快，而壁 3 较厚，冷却较慢。因此，在冷却的前一阶段，当壁 1、壁 2 从塑性高温状态冷却到较低温度的弹性状态时，壁 3 仍处于塑性状态。这时，壁 1、壁 2 在收缩时并未受到壁 3 的阻碍，铸件内部不产生内应力。但当壁 3 也冷却到较低温度的弹性状态时，壁 1、壁 2 已基本冷却至室温，故壁 3 的继续收缩受到壁 1、壁 2 的阻碍，使壁 3 内部产生残余拉应力，壁 1、壁 2 产生残余压应力，拉、压应力处于平衡状态。若以后的加工过程中在壁 2 上开一个缺口，如图 6-17（b）所示。则壁 2 的压应力消失，壁 1、壁 3 分别在各自的压、拉内应力作用下产生伸长和收缩变形，工件发生弯曲变形，内应力重新分布并达到新的平衡。

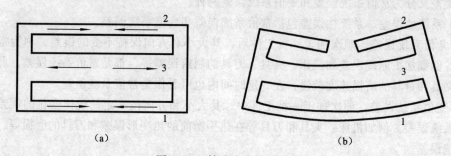

图 6-17 铸造内应力及变形

② 冷校正产生的内应力。一些细长轴工件（如丝杠等）由于刚度差，容易产生弯曲变形，常采用冷校正的办法使之变直。图 6-18（a）所示为一根无内应力向上弯曲的长轴，当中部受到载荷 F 作用时，将产生内应力。其轴心线以上部分产生压应力、轴心线以下产生拉应力，如图 6-18（b）所示。两条双点画线之间是弹性变形区，双点画线之外是塑性变形区。当工件去掉外力后，工件的弹性恢复受到塑性变形区的阻碍，致使内应力重新分布，如图 6-18（c）所示。由此可见，工件经冷校正后内部存在残余应力，处于不稳定状态，若再进行切削加工，由于残余应力的重新分布将重新产生弯曲变形。

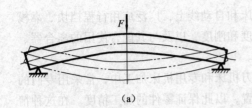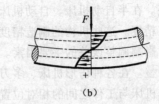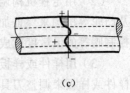

图 6-18　校直引起的内应力

③ 切削加工产生的内应力。在切削加工形成的力和热的作用下，使被加工表面产生塑性变形，也能引起内应力，并在加工后引起工件变形。

（2）减少或消除内应力的措施。

① 采用适当的热处理工序。对于铸、锻、焊接件，常进行退火、正火或人工时效处理，然后再进行机械加工。对重要零件，在粗加工和半精加工后还要进行时效处理，以消除机械加工中的内应力。

② 给工件足够的变形时间。对于精密零件，粗精加工应分开；大型零件，由于粗、精加工一般安排在一个工序内进行，故粗加工后先将工件松开，使其自由变形，再以较小夹紧力夹紧工件进行精加工。

③ 零件结构要合理，结构要简单，壁厚要均匀。

7. 减少加工误差的措施

生产实际中，影响加工误差的因素往往是错综复杂的，有时很难用单因素来分析其因果关系，而要用数理统计方法进行综合分析来找出解决问题的途径。

1）加工误差的性质

各种单因素的加工误差，按其统计规律的不同，可分为系统性误差和随机性误差两大类。系统性误差又分为常值系统误差和变值系统误差两种。

（1）系统性误差。系统性误差包括常值系统误差和变值系统误差。

① 常值系统误差。顺次加工一批工件后，其大小和方向保持不变的误差，称为常值系统误差。例如加工原理误差和机床、夹具、刀具的制造误差等，都是常值系统误差。此外，机床、夹具和量具的磨损速度较慢，在一定时间内也可看作是常值系统误差。

② 变值系统误差。顺次加工一批工件中，其大小和方向按一定的规律变化的误差，称为变值系统误差。例如机床、夹具和刀具等在热平衡前的热变形误差和刀具的磨损等，都是变值系统误差。

（2）随机性误差。顺次加工一批工件，出现大小和方向不同且无规律变化的加工误差，称为随机性误差。例如毛坯误差（余量大小不一、硬度不均匀等）的复映、定位误差（基准面精度不一、间隙影响）、夹紧误差（夹紧力大小不一）、多次调整的误差、残余应力引起的变形误差等，都是随机性误差。

随机性误差从表面看来似乎没有什么规律，但是应用数理统计的方法可以找出一批工件加工误差的总体规律，然后在工艺上采取措施来加以控制。

2）减少加工误差，提高加工精度的工艺措施

减少加工误差的措施大致可归纳为以下几个方面：

（1）直接减少原始误差法。即在查明影响加工精度的主要原始误差因素之后，设法对其

直接进行消除或减少。例如，车削细长轴时，采用跟刀架、中心架可消除或减少工件变形所引起的加工误差。采用大进给量反向切削法，基本上消除了轴向切削力引起的弯曲变形。若辅以弹簧顶尖，可进一步消除热变形所引起的加工误差。又如在加工薄壁套筒内孔时，采用过度圆环以使夹紧力均匀分布，避免夹紧变形所引起的加工误差。

（2）误差补偿法。误差补偿法是人为地制造一种误差，去抵消工艺系统固有的原始误差，或者利用一种原始误差去抵消另一种原始误差，从而达到提高加工精度的目的。

例如，采用预加载荷法精加工磨床床身导轨，借以补偿装配后受部件自重而引起的变形。磨床床身是一个狭长的结构，刚度较差，在加工时，导轨三项精度虽然都能达到，但在装上进给机构、操纵机构等以后，便会使导轨产生变形而破坏了原来的精度，采用预加载荷法可补偿这一误差。又如用校正机构提高丝杠车床传动链的精度。在精密螺纹加工中，机床传动链误差将直接反映到工件的螺距上，使精密丝杠加工精度受到一定的影响。为了满足精密丝杠加工的要求，采用螺纹加工校正装置以消除传动链造成的误差，如图6-19所示。

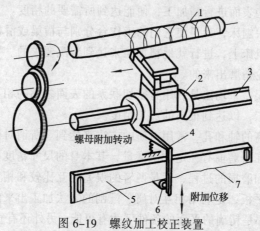

图6-19 螺纹加工校正装置

1—工件；2—丝杠螺母；3—车床丝杠；4—杠杆；5—校正尺；6—滚柱；7—工作尺面

（3）误差转移法。误差转移法的实质是转移工艺系统的集合误差、受力变形和热变形等。例如，磨削主轴锥孔时，锥孔和轴径的同轴度不是靠机床主轴回转精度来保证的，而是靠夹具保证，当机床主轴与工件采用浮动连接以后，机床主轴的原始误差就不再影响加工精度，而转移到夹具来保证加工精度。

在箱体的孔系加工中，在镗床上用镗模镗削孔系时，孔系的位置精度和孔距间的尺寸精度都依靠镗模和镗杆的精度来保证，镗杆与主轴之间为浮动连接，故机床的精度与加工无关，这样就可以利用普通精度和生产率较高的组合机床来精镗孔系。由此可见，往往在机床精度达不到零件的加工要求时，通过误差转移的方法，能够用一般精度的机床加工高精度的零件。

（4）误差分组法。在加工中，由于工序毛坯误差的存在，造成了本工序的加工误差。毛坯误差的变化，对本工序的影响主要有两种情况：复映误差和定位误差。如果上述误差太大，不能保证加工精度，而且要提高毛坯精度或上一道工序加工精度是不经济的。这时可采用误差分组法，即把毛坯或上道工序尺寸按误差大小分为 n 组，每组毛坯的误差就缩小为原来的 $1/n$，然后按各组分别调整刀具与工件的相对位置或调整定位元件，就可大大地缩小整批工件的尺寸分散范围。

误差分组法的实质，是用提高测量精度的手段来弥补加工精度的不足，从而达到较高的精度要求。当然，测量、分组需要花费时间，故一般只是在配合精度很高，而加工精度不宜提高时采用。

（5）就地加工法。在加工和装配中，有些精度问题牵涉到很多零部件间的相互关系，相当复杂。如果单纯地提高零件精度来满足设计要求，有时不仅困难，甚至不可能达到。此时，若采用就地加工法，就可解决这种难题。

例如，在转塔车床制造中，转塔上六个安装刀具的孔，其轴心线必须保证与机床主轴旋转中心线重合，而六个平面又必须与旋转中心线垂直。如果单独加工转塔上的这些孔和平面，装配时要达到上述要求是困难的，因为其中包含了很复杂的尺寸链关系。因而在实际生产中采用了就地加工法，即在装配之前，这些重要表面不进行精加工，等转塔装配到机床上以后，再在自身机床上对这些空和平面进行精加工。具体方法是在机床主轴上装上镗刀杆和能做径向进给的小刀架，对这些表面进行精加工，便能达到所需的精度。

又如龙门刨床、牛头刨床，为了使它们的工作台分别与横梁或滑枕保持位置的平行度关系，都是装配后在自身机床上，进行就地精加工来达到装配要求的。平面磨床的工作台，也是在装配后利用自身砂轮精磨出来的。

（6）误差平均法。误差平均法是利用有密切联系的表面之间的相互比较和相互修正，或者利用互为基准进行加工，以达到很高的加工精度。

如配合精度要求很高的轴和孔，常用对研的方法来达到。所谓对研，就是配偶件的轴和孔互为研具相对研磨。在研磨前有一定的研磨量，其本身的尺寸精度要求不高，在研磨过程中，配合表面相对研擦和磨损的过程，就是两者的误差相互比较和相互修正的过程。

如三块一组的标准平板，是利用相互对研、配刮的方法加工出来的。因为三个表面能够分别两两密合，只有在都是精确的平面的条件下才有可能。另外还有直尺、角度规、多棱体、标准丝杠等高精度量具和工具，都是利用误差平均法制造出来的。

通过以上几个例子可知，采用误差平均法可以最大限度地排除机床误差的影响。

6.2　机械加工表面质量

机械零件的破坏，一般总是从表面层开始的。产品的性能，尤其是它的可靠性和耐久性，在很大程度上取决于零件表面层的质量。研究机械加工表面质量的目的就是为了掌握机械加工中各种工艺因素对加工表面质量影响的规律，以便运用这些规律来控制加工过程，最终达到改善表面质量、提高产品使用性能的目的。

1. 机械加工表面质量的含义

任何机械加工方法所获得的加工表面都不可能是绝对理想的表面，总存在着表面粗糙度、表面波度等微观几何形状误差。表面层的材料在加工时还会发生物理、力学性能变化，以及在某些情况下发生化学性质的变化。图 6-20（a）所示为加工表层沿深度方向的变化情况。在最外层生成氧化膜或其他化合物，并吸收，渗进了气体、液体和固体的粒子，称为吸附层，其厚度一般不超过 8 μm。压缩层即为表面塑性变形区，由切削力造成，厚度约为几十至几百微米，随加工方法的不同而变化。其上部为纤维层，是由被加工材料与刀具之间的摩擦力所造成的。另外，切削热也会使表面层产生各种变化，如同淬火、回火一样会使材料产生相变以及晶粒大小的变化等。因此，表面层的物理力学性能不同于基体，产生了图 6-20（b）、（c）所示的显微硬度和残余应力变化。综上所述，表面质量的含义有两方面的内容。

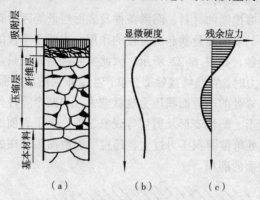

图 6-20　加工表面层沿深度方向的变化情况图

1）表面的几何特征

（1）表面粗糙度。它是指加工表面的微观几何形状误差，如图 6-21 所示。其波长 L_3 与波高 H_3 的比值一般小于 50，主要由刀具的形状以及切削过程中塑性变形和振动等因素决定。

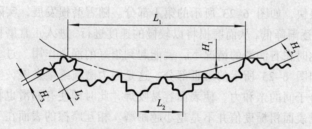

图 6-21　形状误差、表面粗糙度及波度的示意关系

（2）表面波度。它是介于宏观几何形状误差（$L_1/H_1 > 1\,000$）与微观表面粗糙度（$L_3/H_3 < 50$）之间的周期性几何形状误差。它主要是由机械加工过程中工艺系统低频振动所引起的，如图 6-21 所示。其波长 L_2 与波高 H_2 的比值一般为 50～1000。一般以波高为波度的特征参数，用测量长度上五个最大的波幅的算术平均数 W 表示，即

$$W = (w_1 + w_2 + w_3 + w_4 + w_5)\,/5$$

（3）表面纹理方向。它是指表面刀纹的方向，取决于该表面所采用的机械加工方法及其主运动和进给运动的关系。一般对运动副或密封件设有纹理方向的要求。

（4）伤痕。在加工表面的一些个别位置上出现的缺陷。它们大多是随机分布的，如砂眼、气孔、裂痕和划痕等。

2）表面层物理、化学和力学性能

由于机械加工中切削力切削热的综合作用，加工表面层金属的物理、力学和化学性能发生一定的变化，主要表现在以下几个方面：

（1）表面层加工硬化（冷作硬化）。

（2）表面层金相组织变化及由此引起的表面层金属强度、硬度、塑性及耐腐蚀性的变化。

（3）表面层产生残余应力或造成原有残余应力的变化。

2. 表面质量对使用性能的影响

1）表面质量对耐磨性的影响

零件的耐磨性主要与摩擦副的材料、润滑条件及表面质量等因素有关，但在前两个条件已经确定的情况下，零件的表面质量就起决定性的作用。当两个零件的表面互相接触时，实际只是在一些凸峰顶部接触，如图 6-22 所示。因此实际接触面积只是名义接触面积的一小部分。当零件上有了作用力时，在凸峰接触部分就产生了很大的单位面积压力。表面愈粗糙，实际接触面积就愈少，凸峰处的单位面积压力也就愈大。当两个零件作相对运动时，在接触的凸峰处就会产生弹性变形、塑性变形及剪切等现象，即产生了表面的磨损。即使在有润滑的情况下，也因为接触点处单位面积压力过大，超过了润滑油膜存在的临界值，破坏油膜形成，造成干摩擦，加剧表面的磨损。

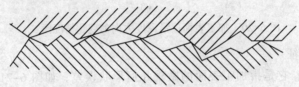

图 6-22　零件初始接触情况

零件表面磨损发展阶段可用图 6-23 所示的曲线来说明。在一般情况下，零件表面在初期磨损阶段磨损得很快，如图 6-23 所示的第Ⅰ部分。随着磨损发展，实际接触面积逐渐增加，单位面积压力也逐渐降低，从而磨损将以较慢的速度进行，进入正常磨损阶段，如图 6-23 所示的第Ⅱ部分。此时在有润滑的情况下，就能起到很好的润滑作用。过了此阶段又将出现急剧磨损的阶段，如图 6-23 所示的第Ⅲ部分。这是因为磨损继续发展，实际接触面积愈来愈大，产生了金属分子间的亲和力，使表面容易咬焊，此时即使有润滑也将被挤出而产生急剧的磨损，由此可见表面粗糙度值并不是越小越耐磨。相互摩擦的表面在一定的工作条件下通常有一个最佳粗糙度。图 6-24 所示为重载荷、轻载荷时表面粗糙度与初期磨损量间的关系，图中 $Ra1$、$Ra2$ 为最佳表面粗糙度值。表面粗糙度值偏离最佳值太远，无论是过大或过小，均会使初期磨损量加大，一般 $Ra0.4 \sim 1.6\ \mu m$。

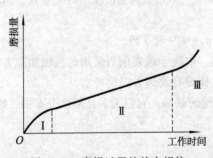

图 6-23　磨损过程的基本规律

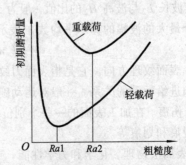

图 6-24　初期磨损量与粗糙度的关系

表面粗糙度的轮廓形状及加工纹路方向也对耐磨性有显著的影响，因为表面轮廓形状及加工纹路方向会影响实际接触面积与润滑油的存留情况。

表面变质层会显著地改变耐磨性。表面面层加工硬化减小了接触表面间的弹性和塑性变形，耐磨性得以提高。但表面硬化过度时，使零件的表面层金属变脆，磨损反而加剧，甚至会出现微观裂纹和剥落现象，所以硬化层必须控制在一定的范围内。

表面层产生金相组织变化时由于改变了基体材料的原来硬度，导致表面层硬度下降，使表面层耐磨性下降。

已加工表面的轮廓形状和加工纹理影响零件的实际接触面积和储存润滑油的能力，因而影响接触面的耐磨性。

2）表面质量对疲劳强度的影响

在交变载荷的作用下，零件表面的粗糙度、划痕和裂纹等缺陷容易引起应力集中而产生和发展疲劳裂纹造成疲劳损坏。实验表明，对于承受交变载荷的零件，减低表面粗糙度可以提高疲劳强度。不同材料对应力集中的敏感程度不同，因而效果也就不同，晶粒细小、组织致密的钢材受疲劳强度的影响大。因此，对一些重要零件表面，如连杆、曲轴等，应进行光整加工，以减小其表面粗糙度值，提高其疲劳强度。一般说来，钢的极限强度愈高，应力集中的敏感程度就愈大。加工纹路方向对疲劳强度的影响更大，如果刀痕与受力方向垂直，则疲劳强度显著减低。

表面层残余应力对疲劳强度影响显著。表面层的残余压应力能够部分地抵消工作载荷施加的拉应力，延缓疲劳裂纹的扩展，提高零件的疲劳强度。但残余拉应力容易使已加工表面产生裂纹，降低疲劳强度，带有不同残余应力表面层的零件其疲劳寿命可相差数倍至数十倍。

表面的加工硬化层能提高零件的疲劳强度，这是因为硬化层能阻碍已有裂纹的扩大和新的疲劳裂纹的产生，因此可以大大减低外部缺陷和表面粗糙度的影响。但表面硬化程度太大会适得其反，使零件表面层组织变脆，反而容易引起裂纹，所以零件表面的硬化程度和深度也应控制在一定范围内。

表面加工纹理和伤痕过深时容易产生应力集中，从而减低疲劳强度，特别是当零件所受应力方向与纹理方向垂直时尤为明显。零件表面层的伤痕如沙眼、气孔、裂痕，在应力集中下会很快产生疲劳裂纹，加快零件的疲劳破坏，因此要尽量避免。

3）表面质量对抗腐蚀性能的影响

当零件在潮湿的空气中或在有腐蚀性的介质中工作时，常会发生化学腐蚀或电化学腐蚀，化学腐蚀是由于在粗糙表面的凹谷处容易积聚腐蚀性介质而发生化学反应。电化学腐蚀是由于两个不同金属材料的零件表面相接触时，在表面的粗糙度顶峰间产生电化学作用而被腐蚀掉。因此零件表面粗糙度值小，可以提高其抗腐蚀性能力。

零件在应力状态下工作时，会产生应力腐蚀，加速腐蚀作用。表面存在裂纹时，更增加了应力腐蚀的敏感性。表面产生加工硬化或金相组织变化时亦会减低抗腐蚀能力。

表面层的残余压应力可使零件表面致密，封闭表面微小的裂纹，腐蚀性物质不容易进入，从而提高零件的耐腐蚀性。而零件表面层的残余拉应力则会降低零件的耐腐蚀能力。

4）表面质量对配合质量的影响

由公差与配合的知识可知，零件的配合关系是用过盈量或间隙量来表示的。间隙配合关系的零件表面如果太粗糙，初期磨损量就大，工作时间一长其配合间隙就会增大，从而改变了原来的配合性质，降低配合精度，影响了动配合的稳定性。对于过盈配合表面，如果零件表面的粗糙度值大，装配时配合表面粗糙部分的凸峰会被挤平，使实际过盈量比设计的小，降低了配合件间的连接强度，影响配合的可靠性。所以对有配合要求的表面都有较高的粗糙度要求。

5）其他影响

表面质量对零件的使用性能还有一些其他的影响，如：对没有密封件的液压油缸、滑阀来说，减低表面粗糙度可以减少泄漏，提高其密封性能；较低的表面粗糙度可使零件具有较高的接触刚度；对于滑动零件，适当的表面粗糙度能使摩擦因数降低，运动灵活性增高，减少发热和功率损失；表面层的残余应力会使零件在使用过程中继续变形，失去原有的精度，降低机器的工作质量。

6.3　影响加工表面粗糙度的因素及改善措施

考虑金属切削刀具与砂轮的诸多方面的不同，将表面粗糙度的影响因素分切削加工和磨削加工介绍。

1. 切削加工中影响表面粗糙度的因素

使用金属切削刀具加工零件时，影响表面粗糙度的因素主要有几何因素、物理因素、工艺因素，以及机床、刀具、夹具、工件组成的工艺系统的振动。

1）几何因素

影响表面粗糙度的几何因素是刀具相对工件作进给运动时在加工表面遗留下来的切削层残留面积，如图 6-25 所示。两图所示分别为刀尖圆弧半径为 0 和 r_ε 时的情况，从图中可以看出，切削层残留面积愈大，表面粗糙度就愈低。

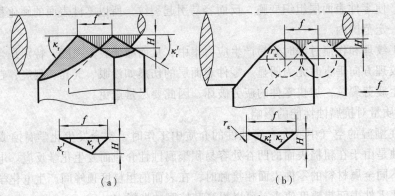

图 6-25　切削层残留面积

由图 6-23（a）所示几何关系可得　　$H = R_{\max} = \dfrac{f}{\cos \kappa_r + \cos \kappa_r'}$

由图 6-23（b）所示几何关系可得　　$H = R_{\max} = \dfrac{f^2}{8r_\varepsilon}$

因此，切削层残留面积高度与进给量 f、刀具的主、副偏角 κ_r、κ_r' 和刀尖半径 r_ε 有关。

2）物理因素

切削加工后表面粗糙度的实际轮廓形状一般都与纯几何因素所形成的理想轮廓有较大的差别，这是由于存在着与被加工材料的性质及切削机理有关的物理因素的缘故。在切削过程中刀具的刃口圆角及后面的挤压与摩擦，使金属材料发生塑性变形，造成理想残留面积挤歪或沟纹加深，因而增大了表面粗糙度。

从实验可知，在中等切削速度下加工塑性材料，如低碳钢、铬钢、不锈钢、高温合金、铝合金等，极容易出现积屑瘤与鳞刺，使加工表面粗糙度严重恶化，成为切削加工的主要问题，如图 6-26 所示。

积屑瘤是切削加工过程中切屑底层与前面发生冷焊的结果，积屑瘤形成后并不是稳定不变的，而是不断地形成、长大，然后黏附在切屑上被带走或留在工件上。由于积屑瘤有时

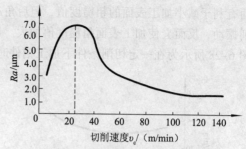

图 6-26 塑性材料的切削速度与表面
粗糙度关系

会伸出切削刃之外，其轮廓也很不规则，因而使加工表面上出现深浅和宽窄都不断变化的刀痕，大大减低了表面粗糙度。

鳞刺是已加工表面上出现的鳞片状毛刺般的缺陷。加工中出现鳞刺是由于切屑在刀具前面的摩擦和冷焊作用造成周期性的停留，代替刀具推挤切削层，造成切削层和工件之间出现撕裂现象。如此连续发生，就在加工表面上出现一系列的鳞刺，使已加工表面粗糙。鳞刺的出现并不依赖于刀瘤，但刀瘤的存在会影响鳞刺的生成。

3）降低表面粗糙度值的工艺措施

由前面分析可知，减小表面粗糙度，可以通过减小切削层残留面积和减小加工时的塑性变形来实现。而减小切削层残留面积与减小进给量 f，减小刀具的主、副偏角，增大刀尖半径有关；减少加工时的塑性变形，则是要避免产生积屑瘤与鳞刺。此外，提高刀具的刃磨质量，避免刃口的粗糙度在工件表面"复映"也是减小表面粗糙度的有效措施。下面从工艺的角度进行分析。

（1）切削速度 v_c。对于塑性材料，在低速或高速切削时，通常不会产生积屑瘤，因此已加工表面粗糙度值都较小，采用较高的切削速度常能防止积屑瘤和鳞刺的产生。对于脆性材料，切屑多呈崩碎状，不会产生积屑瘤，表面粗糙度主要是由于脆性碎裂造成，因此与切削速度关系较小。

（2）进给量 f，切削层残留面积高度减小，表面粗糙度可以降低。但进给量太小，刀具不能切入工件，而是对工件表面挤压，增大工件的塑性变形，表面粗糙度反而增大。

（3）背吃刀量 a_p。背吃刀量对表面粗糙度影响不大，但当背吃刀量过小时，由于切削刃不可能磨得绝对锋利，刀尖有一定的刃口半径，切削时会出现挤压、打滑和周期性的切入加工表面等现象，从而导致表面粗糙度恶化。

（4）工件材料性质。韧性愈大的塑性材料，加工后粗糙度愈差，而脆性材料的加工粗糙度比较接近理想粗糙度。对于同样的材料，晶粒组织愈是粗大，加工后的粗糙度也愈差。因此为了减小加工后的表面粗糙度，常在切削加工前进行调质或正常化处理，以获得均匀细密的晶粒组织和较高的硬度。

（5）刀具的几何形状。刀具的前角 γ_o 对切削过程的塑性变形影响很大，γ_o 值增大时，刀刃较为锋利，易于切削，塑性变形减小，有利于降低表面粗糙度。但前角 γ_o 过大，刀刃有切入工件的倾向，表面粗糙度反而加大，还会引起刀尖强度下降，散热差等问题，所以前角不宜过大。γ_o 为负值时，塑性变形增大，粗糙度也将增大。图 6-27 所示为在一定切削条件下加工钢件时，前角对已加工表面粗糙度的影响。

增大刀具的后角 α_o 会使刀刃变得锋利，还能减小后面与已加工表面间的摩擦和挤压，从

单元六 机械加工质量分析与控制

而有利于减小加工表面的粗糙度值，但后角 α_o 过大，会使积屑瘤易流到后面，且容易产生切削振动，反而会使加工表面粗糙度值加大。后角 α_o 过小会增加摩擦，表面粗糙度值也增大。图 6-28 所示为在一定切削条件下加工钢件时，后角 α_o 对加工表面粗糙度的影响。

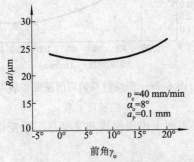
图 6-27　前角对表面粗糙度的影响

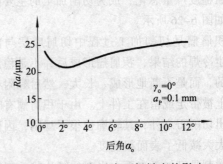
图 6-28　后角对表面粗糙度的影响

适当减小主偏角 κ_r 和副偏角 κ_r' 可减小加工表面的粗糙度值，但 κ_r 和 κ_r' 过小会使切削层宽度变宽，导致粗糙度值的增大。

增大刀尖圆弧半径 r_ε 可以减少残留面积从而减小表面糙度值。但 r_ε 过大会增大切削过程中的挤压和塑性变形，易产生切削振动，反而使加工表面的粗糙度增加。

（6）刀具的材料。刀具材料中热硬性高的材料其耐磨性也好，易于保持刃口的锋利，使切削轻快。摩擦因数较小的材料有利于排屑，因而切削变形小。与被加工材料亲和力小的材料刀面上就不会产生切屑的黏附、冷焊现象，因此能减小粗糙度。

（7）刀具的刃磨质量。提高前、后面的刃磨粗糙度，有利于提高被加工表面粗糙度。刀具刃口越锋利、刃口平刃性越好，则工件表面粗糙度值也就越小。硬质合金刀具的刃磨质量不如高速钢好，所以精加工时常使用高速钢刀具。

（8）切削液。切削液是降低表面粗糙度的主要措施之一。合理选择冷却润滑液，提高冷却润滑效果，常能抑制积屑瘤、鳞刺的生成，减少切削时的塑性变形，有利于提高表面粗糙度。另外切削液还有冲洗作用，将黏附在刀具和工件表面上的碎末切屑冲洗掉，可减少碎末切屑与工件表面发生摩擦的机会。

2. 磨削加工中影响表面粗糙度的因素及改善的工艺措施

磨削加工与切削加工有许多不同之处。从几何因素看，由于砂轮上的磨削刃形状和分布很不均匀、很不规则，且随着砂轮的修正，磨粒的磨耗不断改变，所以定量计算加工表面粗糙度是较困难的。

磨削加工表面是由砂轮上大量的磨粒刻划出的无数极细的沟槽形成的。每单位面积上刻痕愈多，即通过每单位面积的磨粒数愈多，以及刻痕的等高性愈好，则表面粗糙度也就愈小。

在磨削过程中由于磨粒大多具有很大的负前角，所以产生了比切削加工大得多的塑性变形。磨粒磨削时金属材料沿着磨粒侧面流动，形成沟槽的隆起现象，因而增大了表面粗糙度，如图 6-29 所示。磨削热使表面金属软化，易于塑

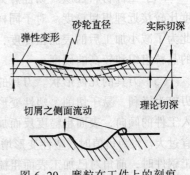
图 6-29　磨粒在工件上的刻痕

性变形，进一步增大了表面粗糙度。

1）砂轮的影响

（1）砂轮材料。钢类零件用刚玉类砂轮磨削可得到较小的表面粗糙度值。铸铁、硬质合金等用碳化物砂轮较理想，用金刚石磨料磨削可以得到极小的表面粗糙度值，但砂轮价格较高。

（2）砂轮的硬度。硬度值应大小适宜，半钝化期越长越好。砂轮太硬，磨粒钝化后不易脱落，使加工表面受到强烈摩擦和挤压作用，塑性变形程度增大，表面粗糙度增大，还会引起烧伤现象。砂轮太软时，磨粒容易脱落，磨削作用减弱常会产生磨损不均匀现象，使磨削表面的粗糙度值增大。通常选用中软砂轮。

（3）砂轮的粒度。砂轮的粒度愈细，则砂轮单位面积上的磨粒数愈多，因而在工件上的刻痕也愈细密，所以表面粗糙度愈小。但磨粒过细时，砂轮易堵塞，磨削性能下降，已加工表面粗糙度反而增大，同时还会引起磨削烧伤。

（4）砂轮的修整。用金刚石修整砂轮相当于在砂轮上车出一道螺纹，修整导程和切深小，修出的砂轮就愈是光滑，磨削刃的等高性也愈好，因而磨出的工件表面粗糙度也就愈小。修整用的金刚石是否锋利影响也很大。

2）磨削用量的影响

（1）砂轮速度。提高砂轮速度可以增加在工件单位面积上的刻痕数，并且高速度下塑性变形的传播速度小于磨削速度，材料来不及变形，从而使加工表面的塑性变形和沟槽两侧塑性隆起的残留量变小，表面粗糙度可以显著减低。

（2）工件线速度。在其他条件不变的情况下，提高工件的线速度，磨粒单位时间内加工表面上的刻痕数减小，因而将增大磨削表面上的粗糙度值。

（3）磨削深度。增大磨削深度，磨削力和磨削温度都会增大，磨削表面的塑性变形大，从而增大表面粗糙度。为了提高磨削效率，通常在磨削过程中开始采用较大的磨削切深，而在最后采用小切深或"无火花"磨削，以使磨削表面的粗糙度值减小。

3）工件材料的影响

工件材料太硬，砂轮易磨钝，故磨削表面粗糙度值大。而工件材料硬度太软，砂轮易堵塞，磨削热较高，磨削后的表面粗糙度值也大。

塑性、韧性大的工件材料，磨削时的塑性变形程度较大，磨削后的表面粗糙度较大。导热性较差的材料（如合金钢），也不易得到较小的表面粗糙度值。

此外，还必须考虑冷却润滑液的选择与净化、轴向进给速度等因素。

3. 影响加工表面物理力学性能的因素

加工过程中工件由于受到切削力、切削热的作用，其表面层的物理机械性能会发生很大的变化，造成与原来材料性能的差异，最主要的变化是表面层的金相组织变化、显微硬度变化和在表面层中产生残余应力。不同的材料在不同的切削条件下加工会产生各种不同的表面层特性。

1）加工表面层的冷作硬化

（1）冷作硬化现象。切削（磨削）过程中由于切削力的作用，表面层产生塑性变形，金属材料晶体间产生剪切滑移，晶格扭曲，并产生晶粒的拉长、破碎和纤维化，引起材料的强化，材料的强度和硬度提高，塑性减低，这就是冷作硬化现象。

（2）影响冷作硬化的主要因素。

① 刀具几何角度。切削力越大，塑性变形越大，硬化程度和冷硬层深度也随之增大。因此，刀具前角 γ_o 减小，切削刃半径增大，刀具后面磨损都会引起切削力的增大，使冷作硬化严重。

② 切削用量。切削速度 v_c 增大，切削温度增高，有助于冷硬的回复，同时刀具与工件接触时间短，塑性变形程度减少，所以硬化层深度和硬度都有所减少。进给量 f 增大时，切削力增大，塑性变形程度也增大，因此硬化现象增大。进给量 f 较小时，由于刀具的刃口圆角在加工表面单位长度上的挤压次数增多，硬化现象也会增大。

③ 工件材料。硬度越小，塑性越大的材料，硬化现象严重，硬化程度也大。

2）表面层的金相组织变化

（1）金相组织变化与磨削烧伤的产生。机械加工中，由于切削热的作用，在工件的加工区及其邻近区域产生一定的温升。当温度超过金相组织变化的临界点时，金相组织就会发生变化。对于一般的切削加工，温度一般不会上升到如此高的程度。但在磨削加工中，由于磨粒的切削、划刻和润滑作用，以及大多数磨粒的负前角切削和很高的磨削速度，使得加工表面层产生很高的温度，当温度升高到相界点时，表层金属就会发生金相组织变化，强度和硬度降低，产生残余应力，甚至出现裂纹，这种现象称为磨削烧伤。

（2）影响磨削烧伤的因素。影响金相组织变化程度的因素有工件材料、温度、温度梯度和冷却速度。磨削烧伤与磨削温度有着十分密切的关系。因此避免烧伤的途径是减少热量的产生；加速热量的传出。具体措施与消除磨削裂纹相同。

3）表面层的残余应力

机械加工中工件表面层组织发生变化时，在表面层及其与基体材料的交界处就会产生互相平衡的弹性应力，这种应力就是表面层的残余应力。

（1）表面层残余应力的产生原因。

① 冷态塑性变形引起。在切削力的作用下，已加工表面受到强烈的塑性变形，表面层金属体积发生变化，对里层金属造成影响，使其处于弹性变形的状态下。切削力去除后里层金属趋向复原，但受到已产生塑性变形的表面层的限制，回复不到原状，因而在表面层产生残余应力。一般说来，表面层在切削时受刀具后面的挤压和摩擦影响较大，其作用使表面层产生伸长塑性变形，表面积趋向增大，但受到里层的限制，产生了残余压缩应力，里层则产生残余拉伸应力。

② 热态塑性变形引起。在切削或磨削过程中，表面层金属在切削热的作用下产生热膨胀，此时金属温度较低，表面层热膨胀受里层的限制而产生热压缩应力。当表面层的温度超过材料的弹性变形范围时，就会产生热塑性变形（在压应力作用下材料相对缩短）。当切削过程结束，温度下降至与里层温度一致时，因为表面层已产生热塑性变形，但受到里层的阻碍产生了残余拉应力，里层则产生了压应力。

③ 金相组织变化引起。在切削或磨削过程中，切削时产生的高温会引起表面层的相变。由于不同的金相组织有不同的比重，表面层金相变化的结果造成了体积的变化。表面层体积膨胀时，因为受到里层的限制，产生了压应力。反之表面层体积缩小，则产生拉应力。各种金相组织中马氏体比重最小，奥氏体比重最大。以淬火钢磨削为例，淬火钢原来的组织为马氏体，磨削时，若表面层产生回火现象，马氏体转化成索氏体或屈氏体，因体积缩小，表面

层产生残余拉应力，里层产生残余压应力。若表面层产生二次淬火现象，则表面层产生二次淬火马氏体，其体积比里层的回火组织大，则表层产生压应力，里层产生拉应力。

实际机械加工后的表面层残余应力是上述三者综合作用的结果。在不同的加工条件下，残余应力的大小、性质和分布规律会有明显差别。例如：在切削加工中如果切削热不高，表面层中以冷塑性变形为主，此时表面层中将产生残余压应力。切削热较高以致在表面层中产生热塑性变形时，由热塑性变形产生的拉应力将与冷塑性变形产生的压应力相互抵消一部分。当冷塑性变形占主导地位时，表面层产生残余压应力；当热塑性变形占主导地位时，表面层产生残余拉应力。磨削时，一般因磨削热较高，常以相变和热塑性变形产生的拉应力为主，所以表面层常产生残余拉应力。

（2）表面残余应力与磨削裂纹。磨削裂纹和表面残余应力有着十分密切的关系。不论是残余拉应力还是残余压应力，当残余应力超过材料的强度极限时，都会引起工件产生裂纹，其中残余拉应力更为严重。有的磨削裂纹可能不在工件的外表面，而是在表面层下成为肉眼难以发现的缺陷。裂纹的方向常与磨削方向垂直，磨削裂纹的产生与材料及热处理工序有很大关系。磨削裂纹的存在会使零件承受交变载荷的能力大大降低。

避免产生裂纹的措施主要是在磨削前进行去除应力工序和降低磨削热，改善散热条件。具体措施如下：

① 提高冷却效果。采用充足的切削液，可以带走磨削区热量，避免磨削烧伤。常规的冷却方法效果较差，实际上没有多少冷却液能送到磨削区。图 6-30 所示为常现的冷却方法，磨削液不易进入磨削区 AB，且大量喷注在已经离开磨削区的已加工表面上，但是烧伤已经发生。改进方法有：

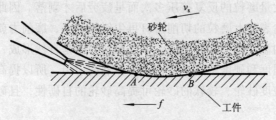

图 6-30　常规的冷却方法

a. 采用高压大流量冷却，这样不但能增强冷却作用，而且还可对砂轮表面进行冲洗，使其空隙不易被切屑堵塞。使用时注意机床应带有防护罩，防止冷却液飞溅。

b. 高速磨削时，为减轻高速旋转的砂轮表面的高压附着气流的作用，可以加装空气挡板，以使冷却液能顺利地喷注到磨削区，如图 6-31 所示。

c. 采用内冷却，砂轮是多孔隙能渗水的。图 6-32 所示为内冷却砂轮，冷却液引到砂轮中孔后，经过砂轮内部的孔隙，靠离心力的作用，从砂轮四周的边缘甩出，从而使冷却液可以直接进入磨削区，起到有效的冷却作用。由于冷却时有大量喷雾，机床应加防护罩。冷却液必须仔细过滤，防止堵塞砂轮孔隙。缺点是操作者看不到磨削区的火花，在精密磨削时不能判断试切时的吃刀量。

d. 采用浸油砂轮。把砂轮放在溶化的硬脂酸溶液中浸透，取出后冷却即成为含油砂轮，磨削时，磨削区热源使砂轮边缘部分硬脂酸溶化而进入磨削区，从而起到冷却和润滑作用。

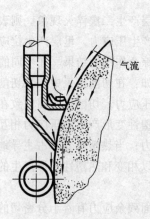

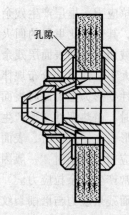

图 6-31　带有空气挡板的冷却液喷嘴　　　　图 6-32　内冷却砂轮

② 合理选择磨削用量。

a. 工件径向进给量 f_r 增大时，工件表面及里层不同深度的温度都将升高，容易造成烧伤，故磨削深度不能太大。

b. 工件轴向进给量 f_a 增大时，工件表面及里层不同深度的温度都将降低，可减轻烧伤，但 f_a 增大会导致工件表面粗糙度值变大，可以采用较宽的砂轮来弥补。

c. 工件速度 v_w。当 v_w 增大时，磨削区表面温度会增高，但此时热源作用时间减短，因而可减轻烧伤。但提高工件速度会导致表面粗糙度值变大，为弥补此不足，可提高砂轮速度，实践证明，同时提高工件速度和砂轮速度可减轻工件表面的烧伤。

③ 正确选择砂轮。磨削时砂轮表面上大部分磨粒只是与加工表面摩擦而不是切削，加工表面上的金属是在大量磨粒的反复挤压多次而呈疲劳后才剥落。因此在磨削抗力中绝大部分是摩擦力，如果砂轮表面上磨粒的切削刃口再尖锐锋利些，磨削力就会下降，消耗功率也会减小，从而磨削区的温度也会相应下降。但磨粒的刀尖是自然形成，它取决于磨粒的强度和硬度及其自砺性，强度和硬度不高，就得不到锋利的刀刃。所以提高砂轮的强度和硬度是关键，此外，采用粗粒度砂轮、较软的砂轮可提高砂轮的自砺性，且砂轮不易堵塞，可避免磨削烧伤的发生。

④ 工件材料。对磨削区温度的影响主要取决于它的硬度、强度、韧性和导热系数。

工件硬度越高，磨削热量越大，但材料过软，易于堵塞砂轮，反而使加工表面温度上升；工件强度越高，磨削时消耗的功率越多，发热量也越多；工件韧性越大，磨削力越大，发热越多，导热性差的材料易产生烧伤。

选择自锐性能好的砂轮，提高工件速度，采用小的切深都能够有效地减小残余拉应力并消除烧伤、裂纹等磨削缺陷。若在提高砂轮速度的同时相应提高工件速度，可以避免烧伤。

综上所述，在加工过程中影响表面质量的因素是非常复杂的。为了获得要求的表面质量，就必须对加工方法、切削参数进行适当的控制。控制表面质量常会增加加工成本，影响加工效率，所以对于一般零件宜用正常的加工工艺保证表面质量，不必提出过高要求。而对于一些直接影响产品性能、寿命和安全工作的重要零件的重要表面就有必要加以控制了。

思考及练习题

6-1 加工精度、加工误差、公差的概念是什么？它们之间有什么区别？零件的加工精度包括哪三个方面？它们之间的联系和区别是什么？

6-2 为什么对卧式车床床身导轨在水平面内的直线度要求高于在垂直面内的直线度要求？而对平面磨床的床身导轨的要求却相反？

6-3 试说明磨削外圆时，使用死顶尖的目的。哪些因素会引起外圆的圆度和锥度误差？

6-4 在车床上车削工件端面时，出现加工后端面内凹或外凸的形状误差，试从机床几何误差的影响分析造成端面几何形状误差的原因。

6-5 什么是误差复映？设已知一工艺系统的误差复映系数为 0.25，工件在本工序前有椭圆度误差 0.45 mm，若本工序形状精度规定公差为 0.01 mm，至少应走刀几次方能使形状精度合格？

6-6 在车床两顶尖间加工轴的外圆，用调整法进行车削时：

（1）由于测量误差和调整误差将使工件产生什么误差？

（2）若车床主轴回转轴线每转产生两次径向跳动，则工件将呈什么形状？

（3）当机床导轨与主轴回转轴线在水平面内不平行时，车出的工件是什么形状？

（4）导轨在水平面内的直线度误差将使工件产生什么样的形状误差？

（5）导轨在垂直面内的直线度误差将使工件产生什么样的形状误差？

（6）在背向切削力作用下，当只考虑机床刚度的影响时，若机床头部刚度大于尾部刚度，工件将呈现什么样的形状？如只考虑工件刚度的影响，工件将呈现什么样的形状？

（7）由于刀具磨损将使工件呈现什么样的形状？

（8）由于刀具热伸长将使工件呈现什么样的形状？

6-7 在磨削锥孔时，用检验锥度的塞规着色检验，发现只在塞规中部接触或在塞规的两端接触（见图 6-33）。试分析造成误差的各种因素。

6-8 什么是接触刚度？影响连接表面接触刚度的主要因素有哪些？为减少接触变形通常应采取哪些措施？

6-9 图 6-34 所示为在车床上用三爪自定心卡盘装夹，精车薄壁套的内孔。试分析加工后产生的孔径和孔形误差，以及影响孔与外圆同轴度误差的主要原始误差项目。

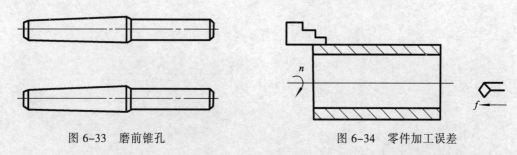

图 6-33 磨前锥孔　　　　　　　　　　图 6-34 零件加工误差

6-10 镗孔公差为 0.1 mm，该工序精度的标准差 σ =0.025 mm，已知不能修复的废品率为 0.5%，试求产品的合格率。

6-11 表面质量的主要内容包括哪几项指标？为什么机械零件的表面质量与加工精度具

有同等重要的意义？

6-12 切削加工后的表面粗糙度由哪些因素造成？要使粗糙度变小，对各种因素应如何加以控制？

6-13 采用粒度为 36 号的砂轮磨削钢件外圆，其表面粗糙度要求为 $Ra0.16\ \mu m$；在相同的磨削用量下，采用粒度为 60 号的砂轮可使 Ra 降低 $0.2\ \mu m$，其原因是什么？

6-14 为什么切削速度增大，硬化现象减小？而进给量增大，硬化现象却增大？

6-15 为什么磨削合金钢比普通碳钢容易产生烧伤现象？

6-16 机械加工中，为什么工件表面层金属会产生残余应力？磨削加工工件表面层产生残余应力的原因与切削加工产生残余应力的原因是否相同？为什么？

6-17 一长方形薄板钢件（假设加工前工件的上、下面是平直的），当磨削平面 A 后，工件产生弯曲变形（见图 6-35），试分析工件产生中凹变形的原因。

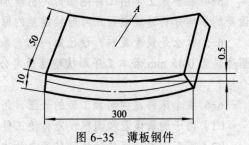

图 6-35 薄板钢件

单元七

机械装配工艺

学习目标

- 了解机器的装配过程、装配工作的基本内容及装配工艺的制订方法；
- 理解装配工艺及其与机械加工工艺的关系；
- 掌握保证装配精度的几种方法及制订装配工艺的基本原则；
- 会进行装配尺寸链的计算。

观察与思考

图 7-0 所示为手表的实物图，我们选几名技术等级不同的技工做装配实验，每人都使用相同的零件，但每人最终装配的手表走时精度却不相同。技术等级越高的技工装配的手表走时越准确。这就说明一台设备最终质量，并不仅仅和零件的材料、加工质量有关，还和最后的装配有关，怎样才能装配一台优质的机器设备？这就必须掌握装配技术。

图 7-0 手表实物图

7.1 装配的精度

任何机械产品都是由若干零件装配而成的。按照规定的技术要求，将若干个零件接合成部件或将若干个零件、部件接合成半成品或成品的过程称为装配。装配是整个机械产品制造过程的最后阶段，它包括清洗、连接、调整、检验和试验等工作。通过装配，最后保证产品的质量和性能要求，并能发现设计和加工中存在的问题，从而加以完善。

1. 装配工作的内容

装配不只是将零件进行简单的组合，而必须通过的一系列的工艺措施，才能最终达到产品的质量要求。常见的装配工作有以下几方面内容：

（1）清洗。零部件清洗的目的是去除零件表面或部件中的油污、杂质等。它对保证产品的装配质量和延长产品使用寿命均有重要意义。常用的清洗方法有擦洗、浸洗、喷洗和超声波清洗等。常用的清洗液有煤油、汽油、碱液和各种化学清洗液等。

（2）连接。在装配的过程中有大量的连接工作。连接的方式一般可分为可拆卸连接和不可拆卸连接两种。螺纹连接、键连接和销钉连接等连接方式属于可拆卸连接，其特点是在拆卸时不会损伤任何相互连接的零部件，且拆卸后还能重新进行装配，并达到原有的装配技术要求；焊接、铆接和过盈连接等连接方式属于不可拆卸连接，连接后的零部件不可拆卸，如要强行拆卸必然会损坏某些零部件。

（3）校正、调整与配作。校正是指在装配过程中对相关零部件间的相互位置关系要求进行找正、找平和相应的调整工作。它在产品装配和大型基础件的装配中应用较多。调整是指在装配过程中对相关零部件间的相互关系要求的具体调节工作。其中除了配合校正工作去调整零部件的相互位置要求外，还要调整运动副的间隙，以保证其运动精度。配作是指用已加工的零部件为基准来加工与其相配或相连接的其他零部件，或将两个或两个以上的零件组合在一起进行加工的方法。配作包括配钻、配铰、配刮和配磨等。

（4）平衡。对于转速高且运动平稳性要求较高的机械（如电动机、内燃机等），为了防止在使用中出现振动，需要对有关零部件进行平衡试验，分为静平衡和动平衡试验两种。对于不同的零部件进行平衡校正的方法有加配质量法、去除质量法、调整平衡块法等。

（5）验收。在机械产品装配后，应根据产品的有关技术标准和规定，对产品进行全面的检查和试验验收，合格后才允许出厂。

2. 装配精度

1）装配精度的概念

装配精度是指机械产品装配后几何参数实际达到的精度。机械产品的质量是以其工作性能、使用效果、精度和寿命等指标综合评定的，而装配精度则起着重要的决定性作用。装配精度一般包括零部件间的距离精度、相互位置精度和相对运动精度以及接触精度。

（1）距离精度。距离精度是指相关零部件间的距离尺寸的精度，包括间隙、配合要求。例如卧式车床前后两顶尖对床身导轨的等高度。

（2）相互位置精度。装配中的相互位置精度是指相关零部件间的平行度、垂直度、同轴度及各种跳动等。图 7-1 所示为装配的相对位置精度。图中装配的相对位置精度是活塞外圆的中心线与缸体孔的中心线平行。α_1 是活塞外圆中心线与其销孔中心线的垂直度；α_2 是连杆小头孔中心线与其大头孔中心线的平行度；α_3 是曲轴的连杆轴颈中心线与其主轴轴颈中心线的平行度；α_0 是缸体孔中心线与其曲轴孔中心线的垂直度。

由图中可以看出，影响装配相对位置精度的是 α_1、α_2、α_3、α_0，即装配相对位置精度反映各有关相对位置精度与装配相对位置精度的关系。

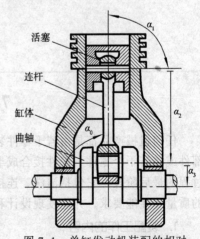

图 7-1 单缸发动机装配的相对
位置精度

（3）相对运动精度。相对运动精度是指产品中有相对运动的零、部件在运动方向和相对速度上的精度，包括回转运动精度、直线运动精度和传动链精度等。例如滚齿机滚刀与工作台的传动精度。

（4）接触精度。接触精度是指两配合表面、接触表面和连接表面间达到规定接触面积大小和接触点分布情况要求，它主要影响接触变形。例如齿轮啮合、锥体配合以及导轨之间均有接触精度要求。

2）装配精度与零件精度间的关系

机械及其部件都是由零件组成的，装配精度与相关零、部件制造误差的累积有关。显然，装配精度取决于零件，特别是关键零件的加工精度。例如车床主轴锥孔轴心线和尾座套筒锥孔轴心线的等高度（A_0），主要取决于主轴箱 1、尾座 2 及尾座底板 3 的 A_1、A_2 及 A_3 的尺寸精度（见图 7-2）；又如卧式车床尾座移动对床鞍移动的平行度，就主要取决于床鞍移动导轨 A 与尾座移动导轨 B 的平行度（见图 7-3）。

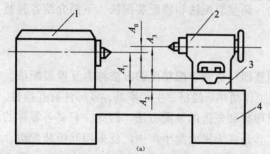

图 7-2　主轴中心与尾座套筒中心等高示意图

1—主轴箱；2—尾座；3—尾座底板；4—床身

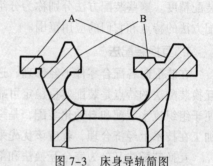

图 7-3　床身导轨简图

A—床鞍移动导轨；B—尾座移动导轨

另一方面，装配精度又取决于装配方法，在单件小批生产及装配精度要求较高时装配方法尤为重要。例如图 7-4 所示的主轴锥孔轴心线与尾座套筒锥孔轴心线的等高度要求是很高的，如果仅靠提高尺寸 A_1、A_2 及 A_3 的尺寸精度来保证在成本上是不经济的，甚至在技术上也是很困难的。比较合理的方法是在装配中通过检测，然后对某个零部件进行适当的修配来保证装配精度。

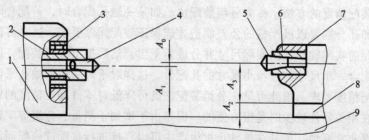

图 7-4　车床主轴和尾座顶尖的等高度

1—主轴箱；2—主轴；3—轴承；4—顶尖；5—尾座顶尖；6—尾座套筒；7—尾座；8—底板；9—床身

因此，机械的装配精度不但取决于零件的精度，而且取决于装配方法。零件精度是保证装配精度的基础，但有了精度合格的零件，若装配方法不当也可能装配不出合格的产品；反之，当零件制造精度不高时，若采用恰当的装配方法（如选配、修配、调整等），也可装配出装配精度要求较高的产品。所以，为保证机械的装配精度，应从产品结构、机械加工以及装配等方面进行综合考虑，选择适当的装配方法并合理的确定零件的加工精度。

7.2　装配的方法

装配时零件的加工误差会累积起来影响部件或产品的装配精度，因此在加工条件允许时，应当合理地限制有关零件的加工误差，使它们累积起来不超出装配精度的要求，这样在装配时就可以任意取用一个合格的零件进行装配，不需要任何调整和修配就可以保证装配的精度。也就是说，零件是完全互换的。这样的装配方法称为互换装配法。

当装配精度要求较高时，完全靠提高零件的加工精度来直接保证装配精度便显得很不经济，有时甚至不可能。在影响装配精度的相关零件较多时矛盾尤其突出。此时常常将零件的公差放大使它们按经济精度制造，在装配时用零件分组或调整修配某一个零件的方法来保证装配精度。这些装配方法分别称为分组装配法、调整装配法和修配装配法。下面介绍各种装配方法的特点和它们的应用范围。

1. 互换装配法

在装配时各配合零件不经修理、选择或调整即可达到装配精度的方法称为互换装配法。互换装配法的特点是装配质量稳定可靠，装配工作简单、经济、生产率高，零部件有互换性，便于组织流水装配和自动化装配，是一种比较理想和先进的装配方法。因此，只要各零件的加工在技术上经济合理，就应该优先采用。尤其是在大批大量生产中广泛采用互换装配法。

互换装配法又分为完全互换法和部分互换法（又称大数互换法）两种形式。完全互换法必须严格限制各装配相关零件相关尺寸的制造公差，装配时绝对不需要任何修配、选择或调整即能完全保证装配精度；在装配精度要求较高时，采用完全互换法会使零件制造比较困难，为了降低制造成本，在相关零件较多、各零件生产批量又较大时，根据概率论的原理可将各相关尺寸的公差适当放大，装配时在出现少量返修调整的情况下仍能保证装配精度，这种方法称为部分互换法。

2. 分组装配法

在成批或大量生产中，将产品各配合副的零件按实测尺寸大小分组，装配时按组进行互换装配以达到装配精度的方法，称为分组装配法。如某一轴孔配合时，若配合间隙公差要求非常小，则轴和孔分别要以极严格的公差制造才能保证装配间隙要求。这时可以将轴和孔的公差放大，装配前实测轴和孔的实际尺寸并分成若干组，然后按组进行装配，即大尺寸的轴与大尺寸的孔配合，小尺寸的轴与小尺寸的孔配合，这样对于每一组的轴孔来说装配后都能达到规定的装配精度要求。由此可见，分组装配法既可降低对零件加工精度的要求，又能保证装配精度，在相关零件较少时是很方便的。但是由于增加了测量、分组等工作，当相关零件较多时就显得非常麻烦。另外在单件小批生产中可以直接进行选配或修配而没有必要再来分组。所以分组装配法仅适用于大批大量生产中装配精度要求很严，而影响装配精度的相关零件很少的情况下。例如：精密偶件的装配，活塞销和孔的装配等。

3. 修配装配法

修配法是将影响装配精度的各个零件按经济加工精度制造。装配时，通过去除指定零件上预先的修配量来达到装配精度的方法。装配时进行修配的零件称为修配件。修配件的选取原则：

（1）便于装拆，零件形状比较简单，易于修配，如果采用刮研修配时，刮研面积要小。

（2）该件只与一项装配精度有关，而与其他装配精度无关。

实际生产中，常见的修配方法有以下三种：

1）单件修配法

这种方法是选定某一固定的零件作修配件（补偿环），装配时用去除金属层的方法改变其尺寸，以满足装配精度的要求。例如：在图 7-2 所示的车床主轴箱与尾座装配中，以尾座底板为修配件，来保证尾座中心线与主轴中心线的等高性，这种修配方法生产中应用最广。

2）合并加工修配法

这种方法是将两个或更多的零件合并在一起再进行加工修配，以减小累积误差，减少修配的劳动量。例如，在装配图 7-4 所示的尾座 7 时，也可以采用合并修配法，即把尾座体（A_3）与底板（A_2）相配合的平面分别加工好，并配刮横向小导轨，然后把两零件装配为一体，再以底板的底面为定位基准，镗削加工套筒孔，这样 A_2 与 A_3 合并成为 A_{2-3}，A_{2-3} 公差可加大，而且可以给底板面留较小的刮研量，使整个装配工作更加简单。

合并加工修配法由于零件合并后再加工和装配，给组织装配生产带来很多不便，因此这种方法多用于单件小批生产中。

3）自身加工修配法

在机床制造中，有些装配精度要求较高，若单纯依靠限制各零件的加工误差来保证，势必要求各零件有很高的加工精度，甚至无法加工，而且不易选择适当的修配件。此时，在机床总装时，用机床本身来加工自己的方法来保证机床的装配精度，这种修配法称为自身加工修配法。

4. 调整装配法

在装配时用改变产品中可调整零件的相对位置或选用合适的调整件以达到装配精度的方法称为调整装配法。前者称为可动调整法，后者称为固定调整法。

图 7-5 所示为采用可动调整法的例子。图 7-5（a）所示为通过调整套筒的轴向位置来保证齿轮端面的轴向间隙的；图 7-5（b）所示为车床横刀架丝杆结构图，调整螺钉使楔块上下移动来调整丝杠和螺母的轴向间隙；图 7-5（c）所示为用螺钉来调整端盖的轴向位置，以达到保证轴承间隙的目的。若将图 7-5（a）所示的套筒轴向位置固定（或不用套筒），在齿轮端面与箱体内端面间放一调整垫片，根据端面间隙的大小来更换预先做好的不同尺寸的调整垫片，以最终保证装配精度要求，此例便成了固定调整法了。调整法有很多优点：除了能按经济精度加工零件外，装配比较方便，可以获得较高的装配精度，所以应用比较广泛。但是固定调整法要预先制作许多不同尺寸的调整件并将它们分组，这就给装配工作带来一些麻烦，所以一般多用于大批大量生产中。在产品或部件装配时，有时通过调整有关零件的相互位置，使其加工误差相互抵消一部分，以提高装配的精度，这种方法称为误差抵消调整法。如在机床主轴装配时，常常调整前后轴承使其径向圆跳动方向一致，使得主轴前端的径向圆跳动在规定的要求以内。

采用上述装配方法时，各相关零件（包括修配件）究竟应以多大的公差来制造，采用分组装配法和固定调整装配法时应当如何分组等，必须应用装配尺寸链的方法来进行分析计算。

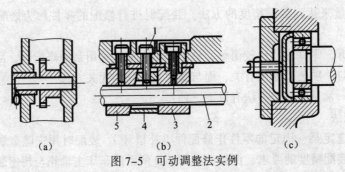

图 7-5 可动调整法实例

1—调节螺钉；2—丝杆；3—螺母；4—楔块；5—螺母

7.3 装配尺寸链的计算

由于装配精度与有关零件的精度有着密切的关系。为了定量地分析这种关系，将尺寸链的基本理论用于装配过程，即建立装配尺寸链进行分析。装配尺寸链就是指由相关零件的有关尺寸（如表面或轴线间的距离）或相互位置关系（如同轴度、平行度、垂直度等）所组成的尺寸链。装配尺寸链的封闭环就是装配后的精度或技术要求。因为这种要求是通过把零部件装配好后才最终形成或保证的，是一个结果尺寸或位置关系。在装配关系中，对装配精度要求有直接影响的那些零部件有关尺寸或位置关系，就是装配尺寸链的组成环。

1. 装配尺寸链的建立

装配尺寸链同工艺尺寸链一样，也是由封闭环和组成环组成。在图 7-6 所示的装配图中，齿轮轴的轴肩与右滑动轴承的端面之间的尺寸 A_0 是在装配中最后间接获得的，为封闭环，其他尺寸为组成环。组成环中增、减环的定义与工艺尺寸链相同。同样，装配尺寸链也具有封闭性和关联性的特征。在装配尺寸链中，封闭环不是某一零部件的尺寸，而是不同零部件之间的相对位置精度和尺寸精度。因此，装配尺寸链是制订装配工艺、保证装配精度的重要工具。

装配尺寸链中，封闭环属于装配精度，很容易查找，而关键在于组成环的查找。组成环应是与装配精度有关的零部件上的相关尺寸。

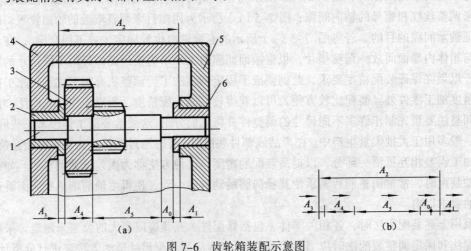

图 7-6 齿轮箱装配示意图

1—齿轮轴；2、6—滑动轴承；3—齿轮；4—传动箱体；5—箱盖

下面结合图 7-6 所示的齿轮箱装配示意图，讨论装配尺寸链的建立步骤。

1）确定封闭环

封闭环是装配精度。

2）查找组成环

组成环的查找分两步，首先找出对装配精度有影响的相关零件，然后再找出相关零件上的相关尺寸。

（1）查找相关零件。以封闭环两端的那两个零件为起点，以相邻零件装配基准（用以确定零件在部件或产品中的相对位置所采用的基准）间的联系为线索，分别由近及远地去查找装配关系中影响装配精度的零件，直至找到同一个基准零件或同一个基准表面为止。其间经过的所有零件都是相关零件。本例中封闭环 A_0 两端的零件分别是齿轮轴 1 和滑动轴承 6，右端与滑动轴承 6 的装配基准相联系的是箱盖 5。左端与齿轮轴 1 的装配基准相联系的是齿轮 3，与齿轮 3 的装配基准相联系的是滑动轴承 2，与滑动轴承 2 的装配基准相联系的是传动箱体 4，最后传动箱体 4、箱盖 5 在其装配基准"结合面"处封闭。这样，齿轮轴 1、齿轮 3、滑动轴承 2、传动箱体 4、箱盖 5 和滑动轴承 6 都是相关零件。

（2）确定相关零件上相关尺寸。每个相关零件上只能选一个长度尺寸作为相关尺寸。即选择相关零件上装配基准间的联系尺寸作为相关尺寸。本例中，由于箱盖 5 上的限定滑动轴承 6 轴向位置的装配面与箱盖结合面位于同一平面上，箱盖的轴向尺寸不影响封闭环 A_0，故其不是相关尺寸，其余尺寸 A_1、A_2、A_3、A_4 和 A_5 都是相关尺寸。它们就是以 A_0 为封闭环的装配尺寸链中的组成环。

3）画尺寸链和确定增、减环

将封闭环和所有组成环画成图 7-6（b）所示的尺寸链图。利用画箭头的方法判别增、减环。其中 A_2 是增环，A_1、A_3、A_4 和 A_5 是减环。

对于封闭环公称尺寸为零的装配尺寸链，如对称度等，在建立尺寸链时，由于封闭环的位置不同，组成环的增、减环判断也不同。图 7-7 所示为蜗轮、蜗杆的对称啮合的情况，可以出现两个尺寸链，如图 7-7（b）、（c）所示。在图 7-7（b）所示的尺寸链中 A_1 为增环，而在图 7-7（c）所示的尺寸链中 A_1 为减环。考虑到这项装配精度将采用修配蜗杆支架底面减小 A_1 尺寸来保证，当 A_1 为增环时，有足够的修配余量，所以应采用图 7-7（b）所示的尺寸链为好。

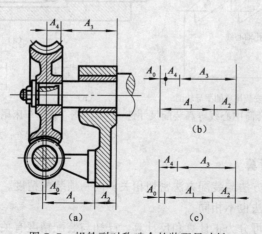

图 7-7　蜗轮副对称啮合的装配尺寸链

由于装配尺寸链比较复杂，并且同一装配结构中装配精度要求往往有几个，需在不同方向（如垂直方向、水平方向、径向和轴向等）分别查找，容易出错，因此在查找时要十分细心。通常，易将非直接影响封闭环的零件尺寸进入装配尺寸链，使组成环数增加，每个组成环分配到的制造公差减小，增加制造的困难。为避免出现这种情况，坚持下列两点原则是十分必要的。

（1）装配尺寸链的简化原则。机械产品的结构通常都比较复杂，对某项装配精度有影响的因素很多，在查找装配尺寸时，在保证装配要求的前提下，可略去那些影响较小的因素，从而简化装配尺寸链。

例如图 7-8 所示为车床主轴与尾座中心线等高示意图。影响该项装配精度的因素除 A_1、A_2、A_3 三个尺寸外包括：

① e_1——主轴滚动轴承外圈与内孔的同轴度误差；

② e_2——尾座顶尖套锥孔与外圈的同轴度误差；

③ e_3——尾座顶尖套与尾座孔配合间隙引起的向下偏移量；

④ e_4——床身上安装床头箱和尾座的平导轨间的高度差。

由于 e_1、e_2、e_3、e_4 的数值相对 A_1、A_2、A_3 的误差是较小的，故装配尺寸链可简化。但在精密装配中，应计入对装配有影响的所有因素。

（2）尺寸链组成的最短路线原则。由尺寸链的基本理论可知，在装配要求给定的条件下，组成环数目越少，则各组成环所分配到的公差值就越大，零件的加工就越容易和经济。

在查找装配尺寸链时，每个相关的零、部件只能有一个尺寸作为组成列入装配尺寸链，即将连接两个装配基准面间的位置尺寸直接标注在零件图上，这样组成环的数目就应等于有关零部件的数目，即一件一环。这就是装配尺寸链的最短路线（环数最少）原则。图 7-9 所示为车床尾座顶尖套装配图。尾座套筒装配时，要求后盖 3 装入后螺母 2 在尾座套筒内的轴向窜动不大于某一数值。如果后盖尺寸标注不同，就可建立两个不同的装配尺寸链。图 7-9（b）所示尺寸链较图 7-9（c）所示尺寸链多了一个组成环，其原因是和封闭环 A_0 直接有关的凸台高度 A_3 由尺寸 B_1 和 B_2 间接获得，即相关零件上同时出现两个相关尺寸，这是不合理的。

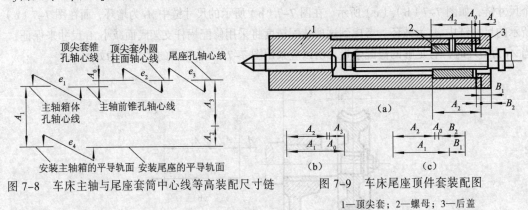

图 7-8　车床主轴与尾座套筒中心线等高装配尺寸链　　图 7-9　车床尾座顶件套装配图

1—顶尖套；2—螺母；3—后盖

2. 装配尺寸链的计算

装配尺寸链的计算方法与装配方法密切相关。同一项装配精度，采用不同装配方法时，其装配尺寸链的计算方法也不相同。

装配尺寸链的计算可分为正计算和反计算。已知与装配精度有关的各零部件的公称尺寸及其偏差，求解装配精度要求（封闭环）的公称尺寸及偏差的计算过程称为正计算，它用于对已设计的图样进行校核验算。当已知装配精度要求（封闭环）的公称尺寸及偏差，求解与该项装配精度有关的各零部件公称尺寸及偏差的计算过程称为反计算，它主要用于产品设计过程之中，以确定各零部件的尺寸和加工精度。

1）完全互换法

采用完全互换法装配时，装配尺寸链采用极值算法进行计算。其核心问题是将封闭环的公差合理地分配到各组成环上去。分配的一般原则如下：

（1）当组成环是标准尺寸时（如轴承宽度、挡圈厚度等），其公差大小和分布位置为确定值。

（2）当某一组成环是几个不同装配尺寸链的公共环时，其公差大小和公差带位置应根据对其精度要求最严的那个装配尺寸链确定。

（3）在确定各待定组成环公差大小时，可根据具体情况选用不同的公差分配方法，如等公差法、等精度法或按实际加工可能性分配法等。在处理直线装配尺寸链时，若各组成环尺寸相近，加工方法相同，可优先考虑等公差法；若各组成环加工方法相同，但公称尺寸相差较大，可考虑使用等精度法；若各组成环加工方法不同，加工精度差别较大，则通常按实际加工可能性分配公差。

（4）各组成环公差带的位置一般可按入体原则标注，但要保留一环作"协调环"。因为封闭环的公差是装配要求确定的既定值，当大多数组成环取为标准公差值之后，就可能有一个组成环的公差值取的不是标准公差值，此组成环在尺寸链中起协调作用，这个组成环称为协调环。其上、下偏差用极值法有关公式求出。选择协调环的原则：

① 选择不需用定尺寸刀具加工、不需用极限量规检验的尺寸作协调环；

② 选易于加工的尺寸作协调环，或将易于加工的尺寸公差从严取标准公差值，然后选一难于加工的尺寸作为协调环。

【例 7-1】图 7-10 所示为齿轮部件装配，齿轮空套在轴上，要求齿轮与挡圈的轴向间隙为 0.1～0.35 mm。已知各零件有关的公称尺寸为：A_1=30 mm，A_2=5 mm，A_3=43 mm，A_4=$3_{-0.05}^{0}$ mm（标准件），A_5=5 mm。用完全互换法装配，试确定各组成环的偏差。

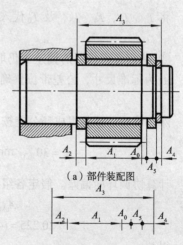

（a）部件装配图

（b）装配尺寸链

图 7-10　齿轮与轴部件装配

解：① 建立装配尺寸链，如图 7-10（b）所示。

② 确定各组成环的公差。若按等公差法计算，各组成环公差为

T_1=T_2=T_3=T_4=T_5=（0.35-0.1）/5=0.05 mm

考虑加工难易程度，进行适当调整（标准尺寸 A_4 公差不变），得到

T_4=0.05 mm，T_1=0.06 mm，T_3=0.1 mm，T_2=T_5=0.02 mm

③ 确定各组成环的偏差。取 A_5 为协调环。

A_4 为标准尺寸，公差带位置确定为

$$A_4 = 3_{-0.05}^{0} \text{ mm}$$

除协调环以外各组成环公差按入体原则标注为

$$A_1 = 30_{-0.06}^{0} \text{ mm}, \quad A_2 = 5_{-0.02}^{0} \text{ mm}, \quad A_3 = 43_{0}^{+0.10} \text{ mm}$$

计算协调环的偏差，有

$$\text{ES}_0 = (\text{ES}_3) - (\text{EI}_1 + \text{EI}_2 + \text{EI}_4 + \text{EI}_5)$$

$$0.35 = (0.1) - (-0.06 - 0.02 - 0.05 + \text{EI}_5)$$

得到

$$\text{EI}_5 = -0.12 \text{ mm}, \quad \text{ES}_5 = \text{EI}_5 + T_5 = -0.1 \text{ mm}$$

于是有

$$A_5 = 5_{-0.12}^{-0.10} \text{ mm}$$

2）大数互换法

采用大数互换法装配时，装配尺寸链采用概率算法进行计算。组成环误差分配原则与前述的完全互换法分配原则基本相同。在某些情况下，可在各组成环中挑出一两个加工精度保证较困难的尺寸，放在最后确定，其他尺寸按加工经济精度确定。

【例7-2】图7-10（a）所示为齿轮部件装配，已知条件同【例7-1】。试用大数互换法装配，确定各组成环的偏差。

解：

① 建立装配尺寸链，如图7-10（b）所示。

② 确定各组成环的公差。

A_4 为标准尺寸，公差确定为

$$T_4 = 0.05 \text{ mm}$$

A_1、A_2、A_5 公差取经济公差为

$$T_1 = 0.1 \text{ mm}, \quad T_2 = T_5 = 0.025 \text{ mm}$$

$$T_0 = \sqrt{T_1^2 + T_2^2 + T_3^2 + T_4^2 + T_5^2}$$

将 T_1、T_2、T_4、T_5、及 T_0 代入，可求出

$$T_3 = 0.135 \text{ mm}$$

③ 确定各组成环的偏差（仍取 A_5 为协调环）。

A_4 为标准尺寸，公差带位置确定为

$$A_4 = 3_{-0.05}^{0} \text{ mm}$$

除协调环以外各组成环公差按入体原则标注为

$$A_1 = 30_{-0.1}^{0} \text{ mm}, \quad A_2 = 5_{-0.025}^{0} \text{ mm}, \quad A_3 = 43_{0}^{+0.135} \text{ mm}$$

计算协调环的偏差。假定各组成环分布不对称系数均为0，有

$$A_{0M} = (A_{3M}) - (A_{1M} + A_{2M} + A_{4M} + A_{5M})$$

$$0.225 = (43.0675) - (29.95 + 4.9875 + 2.975 + A_{5M})$$

得到

$$A_{5M} = 4.93 \text{ mm}$$

于是有

$$A_5 = 4.93 \pm 0.0125 = 5_{-0.0825}^{-0.0575} \text{ mm}。$$

3）分组选配法

采用分组选配法进行装配时，先将组成环公差按完全互换法求得后，放大若干倍，使之达到经济公差的数值。然后，按此数值加工零件，再将加工所得的零件按尺寸大小分成若干

组（分组数与公差放大倍数相等）。最后，将对应组的零件装配起来，即可满足装配精度要求。

【例 7-3】活塞与活塞销在冷态装配时，要求有 0.0025 ~ 0.0075 mm 的过盈量（见图 7-11）。若活塞销孔与活塞销直径的公称尺寸为 28 mm，加工经济精度（活塞销采用精密无心磨加工，活塞销孔采用金刚镗加工）为 0.01 mm。现采用分组选配法进行装配，试确定活塞销孔与活塞销直径分组数目和分组尺寸。

解：

① 建立装配尺寸链。

在图 7-12 所示的尺寸链中，A_0 为活塞销与活塞销孔配合的过盈量，是尺寸链的封闭环；A_1 为活塞销的直径尺寸，A_2 为活塞销孔的直径尺寸，这两个尺寸是尺寸链的组成环。

② 确定分组数。

过盈量的公差为 0.005 mm，将其平均分配给组成环，各得到公差 0.0025 mm。而活塞孔与活塞销直径的加工经济公差为 0.01 mm，即需将公差扩大四倍，于是可得到分组数为 4。

③ 确定分组尺寸。

若活塞销直径尺寸定为

$$A_1 = 28_{-0.01}^{0} \text{ mm}$$

将其分为四组，各组直径尺寸如表 8-1 中的第 3 列所示。

解图 7-12 所示尺寸链，可求得活塞销孔与之对应的分组尺寸，其值如表 7-1 中的第 4 列所示。

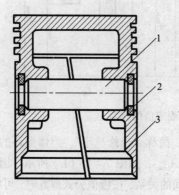

图 7-11　活塞与活塞销组件图
1—活塞销；2—挡圈；3—活塞

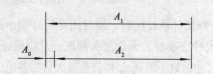

图 7-12　活塞与活塞销孔装配尺寸链

表 7-1　分 组 选 配

组别	标志颜色	活塞销直径	活塞销孔直径
1	蓝	$28_{-0.0025}^{0}$ mm	$28_{-0.0075}^{-0.005}$ mm
2	红	$28_{-0.005}^{-0.0025}$ mm	$28_{-0.01}^{-0.0075}$ mm
3	白	$28_{-0.0075}^{-0.005}$ mm	$28_{-0.0125}^{-0.01}$ mm
4	黑	$28_{-0.01}^{-0.0075}$ mm	$28_{-0.015}^{-0.0125}$ mm

4）修配法

采用修配法时，包括修配环在内的各组成环公差均按零件加工的经济精度确定。各组成环因此而产生的累积误差相对封闭环公差（即装配精度）的超出部分，可通过对修配环的修配来消除。所以修配环在尺寸链中起着一种调节作用。

（1）修配环的选择原则。

采用修配法时应正确选择修配环，修配环一般应满足下列要求：

① 便于装拆。

② 形状简单，修配面小，便于修配。

③ 一般不应为公共环，公共环是指那些同属于几个尺寸链的组成环，它的变化会牵连几个尺寸链中封闭环的变化。如果选择公共环作为修配环，就可能出现保证了一个尺寸链的精度，而又破坏了另一个尺寸链精度的情况。

（2）修配环的公差修改。

在图 7-13（a）所示的尺寸链中，δ_0' 是封闭环实际值的分散范围，即各组成环（含修配环）的累积误差值。

改变修配环的公差，就可以改变 δ_0' 的大小，$A_{0\max}'$ 和 $A_{0\min}'$ 是表征 δ_0' 分布位置的两个极值。δ_0' 的分布位置取决于各组成环公差带的分布位置。显然，改变修配环的尺寸分布位置，也就可以改变 δ_0' 的分布位置，即改变极值 $A_{0\max}'$ 和 $A_{0\min}'$ 的大小。

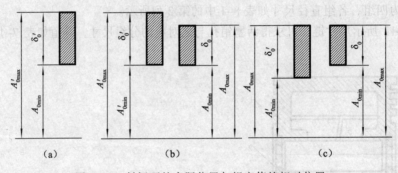

图 7-13　封闭环的实际位置与规定值的相对位置

① 修配环被修配时，使封闭环尺寸变小的计算，简称"越修越小"。当修配环的修配引起封闭环尺寸变小时，无论怎么修配，总应保证 $A_{0\min}' = A_{0\min}$，如图 7-13（b）所示。因此，封闭环实际尺寸的最小值 $A_{0\min}'$ 和公差放大后的各组成环之间的关系，按极值公式解算时，可应用下式：

由 $A_{0\min}' = A_{0\min}$ 可知

$$A_{0\min}' = A_{0\min} = \sum_{i=1}^{m} \overrightarrow{A_{i\min}} - \sum_{i=1}^{n} \overleftarrow{A_{i\max}} \tag{7-1}$$

应用上式即可求出修配环的一个极限尺寸。修配环为增环时可求出最小尺寸；修配环为减环时可求出最大尺寸。由于修配的公差也可按经济加工精度给出，当一个极限尺寸求出后，其另一极限尺寸也就可以确定。

② 修配环被修配时，使封闭环尺寸变大时的计算，简称"越修越大"。当修配环的修配会引起封闭环尺寸变大时，无论怎么修配，总应保证 $A_{0\max}' = A_{0\max}$，如图 7-13（c）所示。因而修配环的一个极限尺寸可按下式求出

$$A_{0\max}' = A_{0\max} = \sum_{i=1}^{m} \overrightarrow{A_{i\max}} - \sum_{i=1}^{n} \overleftarrow{A_{i\min}} \tag{7-2}$$

修配环另一极限尺寸，在公差按经济精度给定后也就确定了。

按照上法确定的修配环尺寸，装配时可能出现的最大修配量为 $Z_{max} = \sum_{i=1}^{m+n} TA_i - TA_0'$，可能出现的最小修配量为零。此时修配环不需修配加工，即能保证装配精度，但有时为了提高接触刚度，修配环必须要进行补充加工减小表面粗糙度也即规定了最小修配量为某一数值。这样，在按上法算出的修配环尺寸上必须加上（若修配环为被包容尺寸）或减去（修配环为包容尺寸）最小修配量的值。

【例 7-4】图 7-14 所示为等高加工误差装配尺寸链。车床主轴孔轴线与尾座套筒锥孔轴线等高度误差要求为 $A_0 = 0_0^{+0.06}$ mm。为简化计算，略去图 7-14 所示尺寸链中各轴线同轴度误差，得到一个只有 A_1、A_2、A_3 的三个组成环的简化尺寸链，如图 7-14（a）所示。若已知 A_1、A_2、A_3 的公称尺寸分别为 202 mm、46 mm 和 156 mm，现用修配法进行装配，试确定 A_1、A_2、A_3 的偏差。

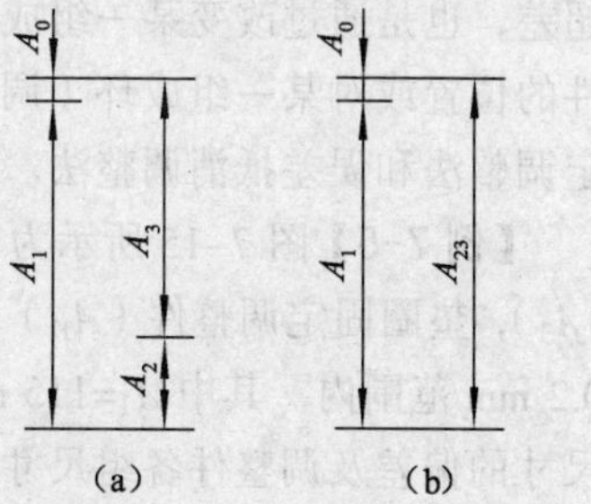

图 7-14　等高加工误差装配尺寸链

解：

① 选择修配环。修刮尾座底板最为方便，故选 A_2 作修配环。

② 确定各组成环公差及除修配环以外的各组成环公差带的位置。

首先取经济公差为织成环的公差。除修配环以外的各组成环公差带的位置可按生产习惯标注。A_1 和 A_3 两尺寸均采用镗模加工，经济公差为 0.1 mm，按对称原则标注有

$$A_1 = (202 \pm 0.05) \text{ mm}, \quad A_3 = (156 \pm 0.05) \text{ mm}$$

A_2 采用精刨加工，经济公差也为 0.1 mm。

③ 确定修配环公差带的位置。在修配解法的尺寸链中，用 A_0' 表示修配前封闭环的实际尺寸，以与所要求的封闭环尺寸 A_0 相区别。在本例中，修配环修配后封闭环变小，即 A_0' 的数值只会越来越小，故 A_0' 的最小值应与 A_0 的最小值相等（最小修配量为 0 时）。根据直线尺寸链极值算法公式

$$A_{0\min}' = A_{0\min} = \sum_{i=1}^{m} \vec{A}_{i\min} - \sum_{i=1}^{n} \overleftarrow{A}_{i\max}$$

将已知数值代入，有

$$0 = (A_{2\min} + 155.95) - 202.05$$

可求出

$$A_{2\min} = 46.1 \text{ mm}$$

于是有

$$A_2 = 46.1_{+0.1}^{+0.2} \text{ mm}$$

若要求尾座底板装配时必须刮研，且最小刮研量为 0.15 mm，于是可最后确定底板厚度为 $A_2 = 46_{+0.25}^{+0.35}$ mm。

此时，可能出现的最大刮研量 $Z_{max} = A_0' - A_{0\max} = 0.45 - 0.06 = 0.39$（mm）。

为了减小刮研量，可以采用"合并加工"的方法，将尾座和底板配合面配刮后装配成一个整体，再精镗尾座套筒孔。此时，直接获得尾座套筒孔轴线至底板底面的距离 A_{23}，由此而构成的新的装配尺寸链如图 7-14（b）所示。在新的尺寸链中，组成环数减少为两个，这是装配尺寸链最短路线（最少环数）原则的一个应用。与上面计算相仿，对新的尺寸链进

行计算，可得到

$$A_{23} = (202.25 \pm 0.05) \text{ mm}$$

此时，最大修刮量 $Z = 0.29$ mm。

5）调整法

调整法与修配法相似，装配尺寸链各组成环也按加工经济精度加工，由此引起的封闭环超差，也是通过改变某一组成环的尺寸来补偿。但补偿方法不同，调整法是通过调节某一零件的位置或对某一组成环（调节环）的更换来补偿。常用的调整法有三种：可动调整法、固定调整法和误差抵消调整法。下面是固定调整法的实例。

【例7-5】图7-15所示为车床主轴大齿轮装配图，按装配技术要求，当隔套（A_2）、齿轮（A_3）、垫圈固定调整件（A_K）和弹性挡圈（A_4）装在轴上后，齿轮的轴向间隔 A_0 应在 $0.05 \sim 0.2$ mm 范围内。其中 $A_1 = 115$ mm，$A_2 = 8.5$ mm，$A_3 = 95$ mm，$A_4 = 2.5$ mm，$A_K = 9$ mm。试确定各尺寸的偏差及调整件各组尺寸与偏差。

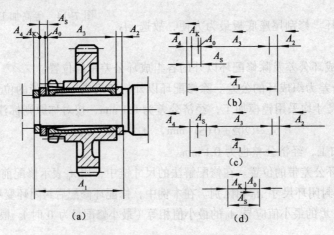

图7-15　固定调整法装配示意图

解： 装配尺寸链如图7-15（b）所示。

各组成环其公差与极限偏差按经济加工精度及偏差入体原则确定如下

$A_1 = 115^{+0.5}_{+0.05}$ mm，$A_2 = 8.5^{0}_{-0.01}$ mm，$A_3 = 95^{0}_{-0.01}$ mm，$A_4 = 2.5^{0}_{-0.01}$ mm，

按极值法计算，应满足下式

$$T_0 \geqslant T_1 + T_2 + T_3 + T_4 + T_K$$

代入各公差值，上式为

$$0.15 \geqslant 0.47 + T_K$$

上式中，$T_1 \sim T_4$ 的累积值为 0.47 mm，已大于封闭环公差 $T_0 = 0.15$ mm，故无论调整环 T_K 公差是何值，均无法满足尺寸链的公差关系式，也即无法补偿封闭环公差的超差部分。为此，可将尺寸链中未装入调整件 T_K 时的轴向间隙（称为"空位"尺寸，用 A_S 表示）分成若干尺寸段，相应调整环也分成同等数目的尺寸组，不同尺寸段的空位尺寸用相应尺寸组的调整环装入，使各段空位内的公差仍能满足尺寸链的公差关系。

固定调整法计算主要是确定调整环的分组数及各组调整环尺寸。

① 确定调整环的分组数。

为便于分析，现将图7-15（b）分解为图7-15（c）、（d）所示样式。分别表示含空位尺

寸 A_S 及空位尺寸 A_S 的尺寸链。

在图 7-15（c）所示尺寸链中，空位尺寸 A_S 可视为封闭环。则：

$$T_S = T_1 + T_2 + T_3 + T_4 = 0.47 \text{ mm}$$

$$A_{S\max} = \overrightarrow{A_{1\max}} - (\overleftarrow{A_{2\min}} + \overleftarrow{A_{3\min}} + \overleftarrow{A_{4\min}}) = 9.52 \text{ mm}$$

$$A_{S\min} = \overrightarrow{A_{1\min}} - (\overleftarrow{A_{2\max}} + \overleftarrow{A_{3\max}} + \overleftarrow{A_{4\max}}) = 9.05 \text{ mm}$$

则

$$A_S = 9^{+0.52}_{+0.05} \text{ mm}$$

在图 7-15（a）所示尺寸链中，A_0 为封闭环。

现将空位尺寸 A_S 均分为 Z 段（相应调整环 A，也分为 Z 组），则每一段空位尺寸的公差为 T_S/Z。若各组调整环的公差相等，均为 T_K，则各段空位尺寸内的公差关系应满足下式

$$\frac{T_S}{Z} + T_K \leqslant T_0$$

由此得出空位尺寸的分段数（也即调整环 A_k 的分组数）的计算公式为

$$Z \geqslant \frac{T_S}{T_0 - T_K} \tag{7-3}$$

本例中，按经济精度，取 $T_K = 0.03$mm 代入式中得

$$Z \geqslant \frac{0.47}{0.15 - 0.03} = \frac{0.47}{0.12} = 3.9$$

分组数应圆整为相近的较大整数，取 $Z = 4$。

分组数不宜过多，以免给制造、装配和管理等带来不便，一般取 3～4 组为宜。当计算所得的分组数过多时，可调整有关组成环或调整环公差。

② 确定各组调整环的尺寸。

本例中 $T_S = 0.47$ 均分四段，则每段空位尺寸的公差为 0.1185 mm，取 0.12 mm，可得各段空位尺寸为：$A_{S1} = 9^{+0.52}_{+0.40}$，$A_{S2} = 9^{+0.40}_{+0.28}$，$A_{S3} = 9^{+0.28}_{+0.16}$，$A_{S4} = 9^{+0.16}_{+0.04}$

调整环相应也分成四组，根据尺寸链计算公式，可求

$$\overleftarrow{A_{K1\max}} = \overrightarrow{A_{S1\max}} - A_{0\min} = 9.40 - 0.05 = 9.35 \text{（mm）}$$

$$\overleftarrow{A_{K1\min}} = \overrightarrow{A_{S1\min}} - A_{0\max} = 9.52 - 0.20 = 9.32 \text{（mm）}$$

同理可求其余组调整件极限尺寸。按单向入体原则标注，各组调整件尺寸及偏差如下

$$A_{K1} = 9.35^{0}_{-0.03} \text{ mm}; \qquad\qquad A_{K2} = 9.23^{0}_{-0.03} \text{ mm};$$

$$A_{K3} = 9.11^{0}_{-0.03} \text{ mm}; \qquad\qquad A_{K4} = 9.89^{0}_{-0.03} \text{ mm}$$

③ 为方便装配，其补偿值如表 7-2 所示。

表 7-2 调整件补偿作用表

空挡尺寸	调控件尺寸	装配后间隙
9.52～9.40	$A_{K1} = 9.35^{0}_{-0.03}$	0.05～0.20
9.40～9.28	$A_{K2} = 9.23^{0}_{-0.03}$	0.05～0.20
9.28～9.16	$A_{K3} = 9.11^{0}_{-0.03}$	0.05～0.20
9.16～9.04	$A_{K4} = 9.89^{0}_{-0.03}$	0.05～0.20

7.4 装配工艺规程的制订

装配工艺规程是指导装配生产的主要技术文件，制订装配工艺规程是生产技术准备工作的主要内容之一。

装配工艺规程对保证装配质量、提高装配生产效率、缩短装配周期、减轻工人劳动强度、缩小装配占地面积、降低生产成本等都有重要的影响。它取决于装配工艺规程制订的合理性，这就是制订装配工艺规程的目的。

装配工艺规程的主要内容：

（1）分析产品图样，划分装配单元，确定装配方法。

（2）拟定装配顺序，划分装配工序。

（3）计算装配时间定额。

（4）确定各工序装配技术要求、质量检查方法和检查工具。

（5）确定装配时零、部件的输送方法及所需要的设备和工具。

（6）选择和设计装配过程中所需的工具、夹具和专用设备。

1. 制订装配工艺规程的基本原则及原始资料

1）制订装配工艺规程的原则

（1）保证产品装配质量，力求提高质量，以延长产品的使用寿命。

（2）合理安排装配顺序和工序，尽量减少手工劳动量，缩短装配周期，提高装配效率。

（3）尽量减少装配占地面积，提高单位面积的生产率。

（4）要尽量减少装配所占的成本。

2）制订装配工艺规程的原始资料

在制订装配工艺规程前，需要具备以下原始资料：

（1）产品的装配图及验收技术标准。产品的装配图应包括总装图和部件装配图，并能清楚地表示出：所有零件相互连接的结构视图和必要的剖视图；零件的编号；装配时应保证的尺寸；配合件的配合性质及精度等级；装配的技术要求；零件的明细表等。为了在装配时对某些零件进行补充机械加工和核算装配尺寸链，有时还需要某些零件图。

产品的验收技术条件、检验内容和方法也是制订装配工艺规程的重要依据。

（2）产品的生产纲领。产品的生产纲领就是其年生产量。生产纲领决定了产品的生产类型。生产类型不同，致使装配的生产组织形式、工艺方法、工艺过程的划分、工艺装备的多少、手工劳动的比例均有很大不同。

大批大量生产的产品应尽量选择专用的装配设备和工具，采用流水装配方法。现代装配生产中则大量采用机器人，组成自动装配线。对于成批生产、单件小批生产则多采用固定装配方式，手工操作比重大。在现代柔性装配系统中，已开始采用机器人装配单件小批产品。

（3）生产条件。在现有条件下来制订装配工艺规程时，应了解现有工厂的装配工艺设备、工人技术水平、装配车间面积等。如果是新建厂，则应适当选择先进的装备和工艺方法。

2. 制订装配工艺规程的步骤

根据上述原则和原始资料，可以按下列步骤制订装配工艺规程。

1）研究产品的装配图及验收技术条件

审核产品图样的完整性、正确性；分析产品的结构工艺性；审核产品装配的技术要求和验收标准；分析与计算产品装配尺寸链。

2）确定装配方法与组织形式

装配的方法和组织形式主要取决于产品的结构特点（尺寸和重量等）和生产纲领，并应考虑现有的生产技术条件和设备。

装配组织形式主要分为固定式和移动式两种。固定式装配是全部装配工作在一固定的地点完成，多用于单件小批生产，或重量大、体积大的批量生产中。移动式装配是将零、部件用输送带或输送小车按装配顺序从一个装配地点移动到下一装配地点，分别完成一部分装配工作，各装配地点工作的总和就完成了产品的全部装配工作。根据零、部件移动的方式不同又分为连续移动、间歇移动和变节奏移动三种方式。这种装配组织形式常用于产品的大批大量生产中，以组成流水作业线和自动作业线。

3）划分装配单元，确定装配顺序

划分装配单元时，应选定某一零件或比它低一级的装配单元作为装配基准件。装配基准件通常应是产品的基体或主干零、部件。基准件应有较大的体积和重量，有足够的支承面，以满足陆续装入零、部件时的作业要求和稳定要求。例如：床身零件是床身组件的装配基准零件；床身组件是床身部件的装配基准组件；床身部件是机床产品的装配基准部件。

在划分装配单元，确定装配基准零件以后，即可安排装配顺序，并以装配系统图的形式表示出来。编排装配顺序的原则是：先下后上，先内后外，先难后易，先精密后一般。图7-16所示为卧式车床床身装配简图；图7-17所示为床身部件装配系统图。

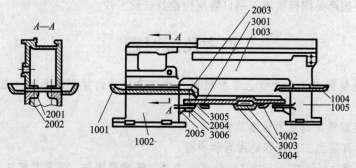

图 7-16　卧式车床床身装配简图

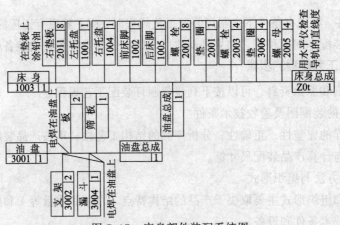

图 7-17　床身部件装配系统图

　　4）划分装配工序

　　装配顺序确定后，就可将装配工艺过程划分为若干工序，其主要工作如下：

　　（1）确定工序集中与分散的程度。

　　（2）划分装配工序，确定工序内容。

　　（3）确定各工序所需的设备和工具，如需专用夹具与设备，则应拟定设计任务书。

　　（4）制订各工序装配操作规范，如过盈配合的压入力、变温装配的装配温度以及紧固件的力矩等。

　　（5）制订各工序装配质量要求与检测方法。

　　（6）确订工序时间定额，平衡各工序节奏。

　　5）编制装配工艺文件

　　单件小批生产时，通常只绘制装配系统图。装配时，按产品装配图及装配系统图工作。

　　成批生产时，通常还制订部件、总装的装配工艺卡，写明工序次序，简要工序内容，设备名称，工夹具名称与编号，工人技术等级和时间定额等项。

　　在大批大量生产中，不仅要制订装配工艺卡，而且要制订装配工序卡，以直接指导工人进行产品装配。

　　此外，还应按产品图样要求，制订装配检验及试验卡片。

思考及练习题

　　7-1　什么是装配单元？为什么要把机器分成许多独立的装配单元？什么是装配单元的基准零件？

　　7-2　影响装配精度的主要因素是什么？

　　7-3　简述制订装配工艺规程的内容和步骤。

　　7-4　完全互换法、不完全互换法、分组互换法、修配装配法、调整装配法各有什么特点，各应用于什么场合？

　　7-5　画出图 7-18 所示三个装配图的装配尺寸链。

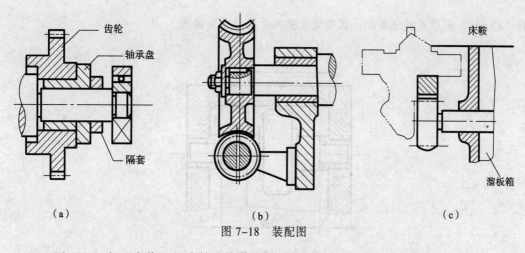

（a） （b） （c）

图 7-18 装配图

7-6 图 7-19 所示为装配尺寸链，按等公差分配，分别用极值法和概率法求算各组成环公差并确定上下偏差。

7-7 在车床溜板与床身装配前有关组成零件的尺寸分别为：$A_1 = 46_{-0.04}^{0}$ mm，$A_2 = 30_{0}^{+0.03}$ mm，$A_3 = 16_{+0.03}^{+0.06}$ mm，如图 7-20 所示。试计算装配后，溜板压板与床身下平面之间的间隙 A_0。如要求间隙为 0.02 ~ 0.04 mm，应采用什么办法作设计计算？

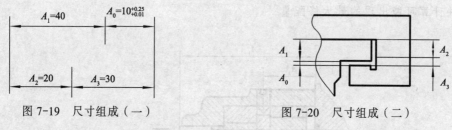

图 7-19 尺寸组成（一）   图 7-20 尺寸组成（二）

7-8 车床装配时，已知主轴箱中心高尺寸 $A_1 = (200 \pm 0.1)$ mm，尾架体中心高度尺寸 $A_2 = (150 \pm 0.1)$ mm，垫板厚度 $A_3 = 50_{0}^{+0.2}$ mm，如图 7-21 所示。

（1）用上述三种部件装配一批车床时，用极值法计算该车床主轴中心线与尾架中心线间距分散范围。

（2）如要求尾架中心线比主轴中心线高 0.02 ~ 0.05 mm，采用修刮垫板的方法，并要求最小修刮量有 0.05 mm，垫板修刮前的制造公差仍为 + 0.2 mm，其公称尺寸应为多少？

（3）某一台产品，实测 $A_1 = 200.05$ mm，$A_2 = 150.04$ mm，要达到上述两中心高间距 0.02 ~ 0.05 mm，垫板应刮研到什么尺寸？

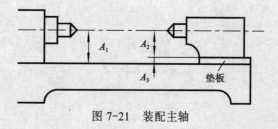

图 7-21 装配主轴

7-9 图 7-22 所示为齿轮箱部件，根据使用要求，齿轮轴肩与轴承端面间的轴向间隙应在 1 ~ 1.75 mm 范围内。若已知各零件的公称尺寸为：$A_1 = 101$ mm，$A_2 = 50$ mm，$A_3 = A_5 = 5$ mm，

A_4=140 mm，采用互换法装配，试确定这些尺寸的公差及偏差。

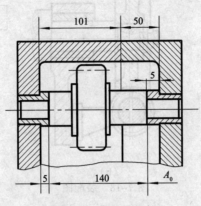

图 7-22　齿轮箱部件

7-10　图 7-23 所示为双联转子泵，装配要求冷态下轴向装配间隙 A_0 为 0.05 ~ 0.15 mm。图中 $A_1 = 62_{-0.2}^{0}$ mm，$A_2 = (20.5 \pm 0.2)$ mm，$A_3 = 17_{-0.2}^{0}$ mm，$A_4 = 7_{-0.05}^{0}$ mm，$A_5 = 17_{-0.2}^{0}$ mm，$A_6 = 41_{+0.05}^{+0.10}$ mm。通过计算分析确定能否用完全互换法装配来满足装配要求；若采用修配法装配，选取 A_4 为修配环，$T_4 = 0.05$ mm，试确定修配环的尺寸及上下偏差，并计算可能出现的最大修配量。

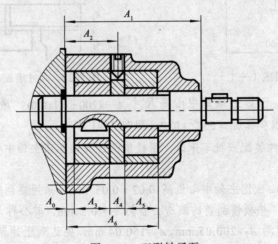

图 7-23　双联转子泵

单元八

金属的热加工

学习目标

- 了解铸造、锻造和焊接的工作原理、特点及应用范围；
- 掌握铸造、锻造和焊接的结构工艺性；
- 掌握铸造、锻造和焊接的工艺过程及其应用；
- 掌握应力和变形产生的原因以及预防措施。

观察与思考

　　铸造是人类掌握比较早的一种金属加工工艺，距今已有大约 6000 年的历史。我国约在公元前 1700~公元前 1000 年之间已进入青铜铸件的全盛期，工艺上已达到相当高的水平。我国商代的司母戊方鼎（见图 8-0）、战国时期的曾侯乙尊盘、西汉的透光镜都是古代铸造的代表作品。例如，"世界钟王"——永乐大铜钟是明代永乐年间铸造的，故名"永乐大钟"。永乐大钟又名"五绝"。第一绝是形大量重、历史悠久。钟高 6.75m，直径 3.7m，钟唇厚 18.5cm，重 46.5t。第二绝是世界上铭文字数最多的一口大钟。大钟体内外铸有经文，外面为《弥陀经》和《十二因缘咒》等，里面为《妙法莲花经》，钟唇为《金刚般若经》，蒲牢（钟钮）处刻《楞严咒》等，总计有经咒 17 种，内外铸有经文 230 184 字，所有经文皆为汉字楷书，字体工整，古朴道劲，相传它是明初书法家沈度的手笔。第三绝是音响奇妙优美。如果撞击大钟，轻撞，声音清脆悠扬，回荡不绝达一分钟之久；重撞，声音雄浑响亮，尾音长达三分钟以上，方圆 50 km 都能听见。第四绝是科学的力学结构，大钟的悬挂钮是靠一根与钟体相比显得很小的铜穿钉连接的，穿钉能承受 40 多吨的剪应力。第五绝是高超的铸造工艺。钟体通体褐黄，表面光洁，无一处裂缝，铸造工艺精美。在世界大钟之林中，它的铸造年代最为久远，钟身上 23 万字的"馆阁体"书法艺术精品更是世界一绝，是我国铸造史上的杰作。

　　铸造工艺不但是我国古代文明的重要组成部分，而且在现代工业中也具有重要地位，与国民经济建设息息相关。

　　为什么有些零件需要用铸造、锻造和焊接的方法来制造呢？怎么生产制造？下面我们来逐个讲解。

图 8-0　商代的司母戊方鼎

8.1 铸 造

铸造是熔炼金属，制造铸型，并将熔融金属浇入铸型，凝固后获得一定形状、尺寸和性能铸件的成形方法。铸造方法常用于制造零件毛坯，铸件毛坯一般需经切削加工后才能成为零件。铸造方法常用于制造承受静载荷及压应力的结构件，如箱体、床身、支架等。此外，一些有特殊性能要求的构件，如球磨机的衬板、犁铧、轧辊等也常采用铸造方法制造。

1. 概述

铸造生产具有如下特点：

1）较强的适应性

铸件形状不受限制。铸造可生产出形状复杂的铸件，特别是能够制造具有复杂内腔的铸件，如内燃机气缸体、变速箱箱体等。

铸件材料不受限制。工业生产中常用的金属材料，如各种铸铁、非合金钢、低合金钢、合金钢、有色金属等，都可用于铸造生产。此外，部分高分子材料、陶瓷材料等非金属材料也适用于铸造生产。

铸件的尺寸、质量和生产批量不受限制。用铸造方法可以生产出质量从几克到数百吨、壁厚为 0.5~500 mm 的各种铸件。

2）良好的经济性

铸造一般都不需要昂贵的设备；铸件的形状和尺寸接近于零件，能够节省金属材料和切削加工费用；金属材料来源广泛。因此，铸件的成本较低，经济性好。

3）铸件力学性能较差、质量不够稳定

铸造的工序多，而且部分工艺过程难以控制，因此铸件缺陷较多，废品率较高，质量不够稳定。铸件内部偏析较重，铸件的铸态组织晶粒粗大，所以铸件的力学性能较差。

铸造成形的方法很多，主要分为砂型铸造和特种铸造两类。使用型砂铸型生产铸件的铸造方法称为砂型铸造。砂型铸造是一种既古老而又需要发展的铸造方法，具有成本低、灵活性大、适应广的特点，而且技术也比较成熟，应用范围较广。与砂型铸造不同的其他铸造方法，称为特种铸造。特种铸造包括金属型铸造、压力铸造、离心铸造、熔模铸造、低压铸造、陶瓷型铸造、连续铸造和挤压铸造等。目前，因为特种铸造方法可以提高铸件的尺寸精度和表面质量，提高铸件的物理及力学性能；提高金属的利用率；改善劳动条件，减少环境污染，便于实现机械化和自动化生产，所以特种铸造的应用越来越广。

2. 金属的铸造性能

金属在铸造成形过程中获得外形准确、内部健全铸件的能力称为的铸造性能。金属的铸造性能主要包括流动性、收缩性、吸气性和氧化性等。了解合金的铸造性能及其影响因素，对于选择合理的铸造合金、进行合理的铸件结构设计、制订合理的铸造工艺和保证铸件质量，有着十分重要的意义。

1）流动性

流动性指金属液的流动能力。

（1）流动性对铸件质量的影响。

金属液的流动性越好，充型能力越强。金属液良好的流动性有利于获得尺寸准确、外形完整和轮廓清晰的铸件，避免产生冷隔和浇不足等缺陷；有利于金属液中非金属夹杂物和气体的排出，避免产生夹渣和气孔等缺陷；有利于金属液的补缩，避免产生缩孔和缩松等缺陷。

（2）影响流动性的因素。金属液流动性的大小与浇注温度、化学成分和铸型等因素有关。

① 浇注温度对流动性的影响。在同样的冷却条件下，浇注温度越高，金属液所含的热量越多；同时，在金属液停止流动前传给铸型的热量也越多，铸型温度越高，金属的冷却速度越低，金属保持液态的时间越长，从而使金属液的流动性增强。另外，高的浇注温度高，会降低金属液的黏度，也有利于流动性的提高。

灰铸铁的浇注温度一般为 1 250～1 350℃，铸造碳钢的浇注温度为 1 500～1 550℃。

② 合金成分对流动性的影响。成分不同的合金具有不同的结晶特点，其流动性也不同。纯金属和共晶成分的合金是在恒温下结晶的，根据温度的分布规律，结晶时从表面开始向中心逐层凝固，结晶前沿较为平滑，尚未凝固的金属液流动阻力小，因此它们流动性最好。其他合金的凝固过程是在一定温度范围内完成的，在结晶温度范围内，同时存在固、液两相，固态的树枝状晶体会阻碍金属液的流动，从而使流动性变差。

由以上分析可知，凝固温度范围小的合金流动性好，凝固温度范围大的合金流动性较差。在常用的铸造合金中，铸铁的流动性好，铸钢的流动性差。

③ 铸型对流动性的影响。铸型材料、浇注系统结构和尺寸、型腔表面粗糙度、型砂透气性差等，均影响金属液的流动性。铸型中凡是增加金属液流动阻力和提高金属液冷却速度的因素均使流动性降低。

2）收缩性

合金在凝固过程中，产生体积和尺寸减小的现象，称为收缩。

（1）收缩的三个阶段。

合金从浇注温度冷却到室温的过程中要经过液态收缩、凝固收缩和固态收缩三个阶段。液态收缩是指金属液从浇注温度冷却到凝固开始温度的收缩；凝固收缩是指金属液在凝固阶段的收缩；固态收缩是指金属从凝固终止温度冷却到室温而发生的收缩。

合金的液态收缩和凝固收缩主要表现为合金液的体积减小，通常用体积收缩率来表示。

合金的固态收缩，虽然也有体积变化，但它主要表现为铸件外部尺寸的变化，通常用线收缩率来表示。

（2）影响收缩的因素。影响收缩的因素有化学成分、浇注温度、铸件结构与铸型条件等。

① 化学成分。不同成分的合金，其收缩率也不同。体积收缩率，铸造碳钢为 12%～13%，白口铸铁为 12%～14%；灰铸铁为 6%～8%。线收缩率，铸钢为 2%左右；灰铸铁为 1%左右。

② 浇注温度。浇注温度越高，液态收缩量就越大。综合考虑浇注温度对流动性和收缩性的影响，在铸造生产中对金属液的温度要求是"高温出炉、低温浇注"。

③ 铸件结构和铸型条件。由于铸件结构和铸型条件的影响，金属的收缩并不完全是自由收缩，有受阻收缩现象。这是因为铸件各部分的结构和冷速不同，它们相互制约产生收缩阻力。例如，当铸件结构设计不合理或型砂、芯砂的退让性差时，铸件就容易产生收缩阻力。因此，铸件的实际线收缩率比自由线收缩率要小些。

（3）收缩性对铸件质量的影响。金属的收缩是铸件产生缩孔、缩松、裂纹、变形、铸造应力的基本原因。液态收缩和凝固收缩是形成铸件缩孔和缩松缺陷的基本原因。固态收缩是铸件产生内应力、变形和裂纹等缺陷的主要原因。

① 缩孔和缩松的形成。收缩性大的金属液在铸型内凝固时，会因为补缩不良而在铸件内形成孔洞，这种孔洞称为缩孔。

具有较大结晶温度范围的合金，其结晶是在铸件截面上一定宽度的区域内同时进行的，先形成的树枝状晶体彼此相互交错，将金属液分割成许多小的封闭区域，封闭区域内的金属液凝固时得不到补充，则形成许多分散的小缩孔。铸件中的这种分散孔洞称为"缩松"。缩松的形成过程如图 8-1 所示。

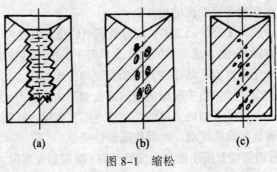

(a)　　　　**(b)**　　　　**(c)**

图 8-1　缩松

② 缩孔的预防。对形状简单的铸件，可将内浇口设置在厚壁处，适当扩大内浇道的截面积，利用浇道直接进行补缩，预防缩孔；对形状复杂的铸件，若合理设置冒口和冷铁，控制铸件的凝固过程，实现顺序凝固，则可以获得没有缩孔的致密铸件，预防缩孔。

3）铸造应力、变形和裂纹的形成与预防

铸件在凝固和冷却过程中，由于收缩不均匀等因素而引起的内应力称为铸造应力。铸造应力分为收缩应力、热应力和相变应力。收缩应力是由于铸型、型芯等阻碍铸件收缩而产生的内应力；热应力是由于铸件各部分冷却、收缩不均匀而引起的内应力；相变应力是由于固态相变造成各部分体积发生不均衡变化而引起的内应力。

为了防止或减少铸件产生收缩应力，应提高铸型和型芯的退让性。例如，在型砂中加入适量的锯末或在芯砂中加入特殊黏结剂等，提高铸型和型芯的退让性，都可以减少其对铸件收缩的阻力，减小收缩应力。

预防热应力的基本途径是尽量减少铸件各部分的温差，使其尽可能均匀地冷却。例如，设计铸件时，要求尽量使其壁厚均匀，其目的就是避免铸件产生较大的温差，预防和减小热应力。此外，在铸造工艺上采用同时凝固原则，也可以预防和减小热应力。

为了减小铸件变形和开裂，可根据实际情况采取以下措施：合理设计铸件的结构，力求铸件壁厚均匀，形状对称；合理设置浇冒口、冷铁等，使铸件冷却均匀；采用退让性好的型砂和芯砂；浇注后不要过早落砂；铸件在清理后应及时进行去应力退火。

3. 砂型铸造

砂型铸造的工艺过程如图 8-2 所示。

1）造型

用型砂及模样等工艺装备制造铸型的过程，称为造型。造型时，用模样形成铸型的型腔。铸造时，型腔形成铸件的外部轮廓。

（1）造型材料。制造铸型用的材料称为造型材料。造型材料包括型砂和芯砂。型砂和芯砂由原砂、黏结剂（黏土和膨润土、水玻璃、植物油、树脂等）、附加物（煤粉或木屑等）、旧砂和水组成。在造型过程中造型材料的好坏，直接影响铸件的质量。为了获得合格的铸件，型砂应具备一定强度、可塑性、耐火性、透气性、退让性和溃散性等性能。

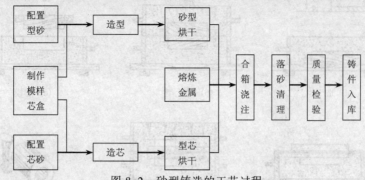

图 8-2　砂型铸造的工艺过程

（2）造型方法。造型方法分为手工造型和机器造型两大类。

① 手工造型。全部用手工或手动工具完成造型过程的造型方法称为手工造型。手工造型操作灵活，适应性强，模样成本低，生产准备简单，但造型效率低，劳动强度大，劳动环境差，主要用于单件、小批量生产。

手工造型方法有以下几种：

整模造型。整模造型是将模样做成与零件形状相对应的整体结构而进行造型的方法。造型时，把模样整体放在一个砂箱内，并以模样一端的最大表面作为铸型的分型面，整模造型过程如图 8-3 所示。这种造型方法操作简便，模样容易制造，适用于形状简单且最大截面在零件某一端部的铸件。

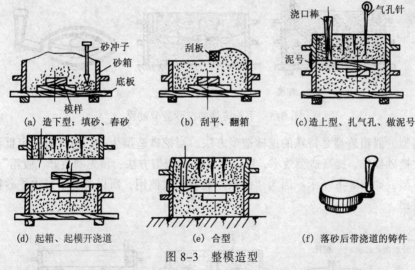

图 8-3　整模造型

分模造型。模样分为两半，造型时模样分别在上、下型内，这种造型方法称为分模造型，分模造型过程如图 8-4 所示。这种造型方法操作简便，应用广泛，适用于生产最大截面在模样中部，难以进行整模造型的铸件，如套筒、阀体、管子、箱体等。

挖砂造型。模样是整体的，但铸件的分型面为曲面，为了能起出模样，造型时用手工将阻碍起模的型砂挖去的造型方法称为挖砂造型。图 8-5 所示为手轮铸件的挖砂造型过程。此法适用于小批量生产最大截面为曲面的铸件。

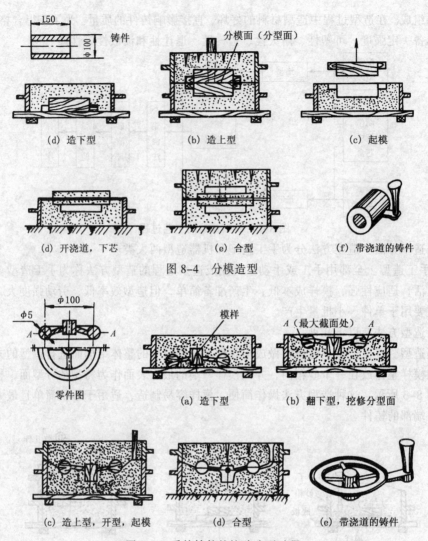

（d）造下型　　　　　　（b）造上型　　　　　　（c）起模

（d）开浇道，下芯　　　　　（e）合型　　　　　（f）带浇道的铸件

图 8-4　分模造型

（a）造下型　　　（b）翻下型，挖修分型面

（c）造上型，开型，起模　　　（d）合型　　　（e）带浇道的铸件

图 8-5　手轮铸件的挖砂造型过程

　　假箱造型。假箱造型是特殊的挖砂造型方法。当挖砂造型生产的铸件有一定批量时，为了避免每次挖砂操作，提高造型效率，可以采用假箱造型方法：预先制造好"假箱"，用它制造上型和下型，如图 8-6 所示。因为"假箱"能够多次使用，所以避免了每次挖砂操作，提高了造型效率。

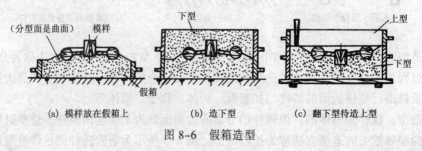

（a）模样放在假箱上　　　（b）造下型　　　（c）翻下型待造上型

图 8-6　假箱造型

　　活块造型。铸件上的一些小凸台、肋条等结构，造型时妨碍起模。造型时可将模样的凸

出部分作成活块，起模时先将主体模起出，然后再从侧面取出活块，这种造型方法称为活块造型，如图 8-7 所示。但必须注意的是，活块的总厚度不得大于模样主体部分的厚度，否则活块取不出来。

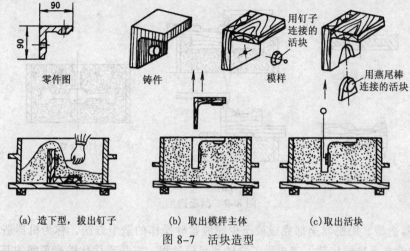

零件图　　铸件　　模样　　用钉子连接的活块　　用燕尾棒连接的活块

(a) 造下型，拔出钉子　　(b) 取出模样主体　　(c) 取出活块

图 8-7　活块造型

三箱造型。当铸件的外形特征是两端截面大而中间截面小时，只用两个砂箱、一个分型面不能完成起模操作，需要从小截面处分开模样，并用三个砂箱进行造型，这种造型方法称为三箱造型，如图 8-8 所示。

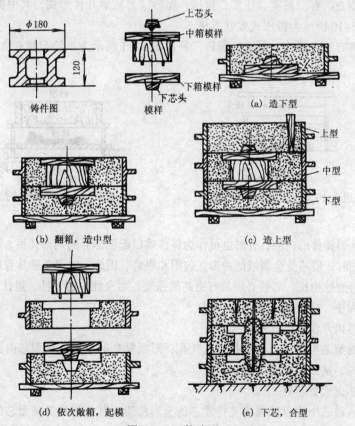

铸件图　　模样　　上芯头　　中箱模样　　下箱模样　　下芯头　　(a) 造下型

上型　　中型　　下型

(b) 翻箱，造中型　　(c) 造上型

(d) 依次敞箱，起模　　(e) 下芯，合型

图 8-8　三箱造型

刮板造型。不用模样而使用刮板的造型方法，称为刮板造型，如图 8-9 所示。这种造型方法可以降低模样制作成本，缩短生产准备时间，但是生产效率低，操作工人技术水平较高，只适用于单件或小批量生产具有等截面的大中型回转体铸件，如带轮、飞轮、齿轮、弯管等。

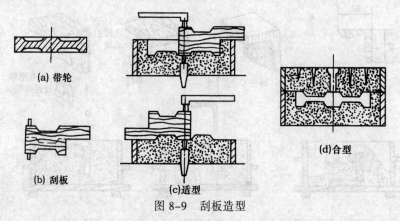

图 8-9　刮板造型

② 机器造型。用机器全部完成或至少完成紧砂操作的造型方法，称为机器造型。机器造型的实质就是用机器代替人完成手工紧砂和起模过程，它是现代化铸造车间的基本造型方法。其特点是：生产率高，铸件尺寸精度高，表面质量好，改善了工人劳动条件，适用于成批和大量生产。

常用的紧砂方法有：振实、压实、振压、抛砂、射压等几种形式，其中振压式紧砂方法应用最广。图 8-10 所示为振压式紧砂方法。

常用的起模方法有顶箱、漏模、翻转三种。图 8-11 所示为顶箱起模方法。

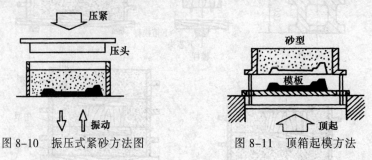

图 8-10　振压式紧砂方法图　　图 8-11　顶箱起模方法

2）造芯

型芯用来获得铸件的内腔，有时也可作为铸件难以起模部分的局部铸型。制造型芯的过程称为造芯。浇注时，型芯受金属液的冲击、包围和烘烤，因此，要求芯砂具有比普通型砂更好的综合性能。与型砂相比，芯砂必须具有更高的强度、耐火性、透气性、退让性和溃散性。

在造芯过程中，应注意下列一些问题：

（1）在型芯内开设通气孔和通气道。

形状简单的型芯可以用通气针扎出通气孔；形状复杂的型芯可在型芯内放入蜡线，待烘干时蜡线被烧掉，从而形成通气道。

（2）在型芯里放置芯骨

芯骨是放入砂芯中用以加强或支持砂芯的金属构架，其作用是提高型芯的强度。一般用铁丝作小型芯的芯骨，用铸铁棒作大、中型型芯的芯骨。

（3）烘干

为进一步提高型芯的强度和透气性，型芯须在专用的烘干炉内烘干。黏土型芯烘干时加热温度为 250～350℃，保温 3～6h，然后缓慢冷却；油砂芯烘干温度为 200～220℃。

3）浇注系统

为了使金属液进入型腔而开设在铸型中的一系列通道，称为浇注系统。浇注系统由浇口杯、直浇道、横浇道和内浇道组成，如图 8-12 所示。浇注系统的主要作用是：保证金属液平稳地流入并充满型腔；调节浇注速度，防止金属液冲坏型腔；防止熔渣、砂粒或其他杂质进入型腔；调节铸件凝固顺序。浇注系统设计得不合理，铸件易产生夹砂、砂眼、夹渣、浇不足、气孔和缩孔等缺陷。

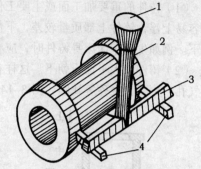

图 8-12　浇注系统组成

1—浇口杯；2—直浇道；3—横浇道；4—内浇道

4）熔炼

熔炼是获得高质量铸件的重要环节。金属液的化学成分不合格，温度过高或过低，是造成铸件力学性能、物理性能降低和铸件产生冷隔、浇不足、变形、开裂、气孔和夹渣、粘砂等缺陷的重要原因。熔炼的要求是：金属液的化学成分合格，金属液的温度合格，熔炼效率高，能耗低，无污染。

常用的熔炼设备有：冲天炉(适于熔炼铸铁)、电弧炉(适于熔炼铸钢)、坩埚炉(适于熔炼有色金属)、感应加热炉(适于熔炼铸钢和铸铁等)。

5）合箱浇注、落砂清理和检验

（1）合箱浇注。

将铸型的各个组元（如上型、下型、型芯、浇口杯等）组合成一个完整铸型的操作过程称为合箱。合箱后要保证铸型型腔几何形状、尺寸的准确性和型芯的稳固性。将金属液由浇包注入铸型的操作，称为浇注。金属液应在一定的浇注温度下，按合理的浇注速度注入铸型。若浇注温度过高，则金属液吸气多，液体收缩大，铸件就容易产生气孔、缩孔、裂纹及粘砂等缺陷。若浇注温度过低，则金属液流动性变差，就会产生浇不足、冷隔等缺陷。浇注速度过快，金属液对铸型的冲击力过大，容易冲坏铸型，造成夹砂缺陷。

（2）落砂清理。

用手工或机械使铸件和铸型、型芯(芯砂)、砂箱分离的操作过程，称为落砂。浇注后，必须经过一定的时间才能落砂。若过早落砂，就容易产生较大铸造应力，从而导致铸件变形或开裂；此外，过早落砂，还会使铸铁件形成白口组织，增加切削加工难度。清除铸件表面粘砂、型砂(芯砂)和切除铸件上的多余金属(包括浇口、冒口、飞翅和氧化皮)等操作称为清理。

（3）检验。

铸件的质量检验方法分为外部检验和内部检验。通过眼睛观察，找出铸件的表面缺陷，如铸件外形尺寸不合格、砂眼、粘砂、缩孔、浇不足、冷隔等，称为外部检验。利用一定设备，找出铸件的内部缺陷，如气孔、缩松、渣眼、裂纹等，称为内部检验。常用的内部检验方法有化学成分检验、金相检验、力学性能检验、耐压试验、超声波探伤等。

4. 砂型铸造工艺设计

铸造工艺设计包括：确定铸造方案和工艺参数，编制工艺和工艺规程，绘制铸造工艺图和铸件图等。铸造工艺设计的主要内容是绘制铸造工艺图和铸件图。

1）浇注位置的确定

浇注位置是指铸件在铸型中所处的位置，浇注位置的确定应遵循以下原则：

（1）铸件的重要加工面或主要工作面应朝下或处于侧面。因为气体、熔渣、杂质、砂粒等容易上浮，铸件上部质量较差，下部质量较好，所以，铸件的重要加工面或主要工作面应朝下。例如生产车床床身铸件时，应将重要的导轨面朝下，如图 8-13 所示。

（2）铸件的大平面应朝下。这样有利于铸型的充填和气体的排出，可以防止大平面上产生气孔、冷隔、夹砂等缺陷，图 8-14 所示为电动机端盖的浇注位置。

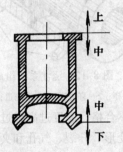

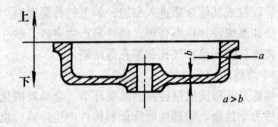

图 8-13 床身的浇注位置　　　　图 8-14 电动机端盖的浇注位置

（3）易形成缩孔的铸件，应把厚的部分放在分型面附近的上部或侧面，这样便于在铸件厚处直接安置冒口，以利于补缩。

（4）应尽可能避免使用吊砂、吊芯和悬臂型芯，防止夹砂缺陷。

2）分型面的选择

铸型组元间的接合面称为分型面。其选择原则如下：

（1）应减少分型面的数量，最好使得铸件位于下型中。这样可以简化操作过程，提高铸件的质量和尺寸精度。

（2）尽量采用平直面为分型面，少用曲面为分型面。这样做可以简化制模和造型工艺。

（3）尽量使铸件的主要加工面和加工基准面位于同一个砂箱内。

（4）分型面一般都取在铸件的最大截面处，充分利用砂箱高度，不要使模样在一箱内过高。

为了保证铸件的质量，一般都是先确定铸件的浇注位置，然后，根据降低造型难度的原则，确定分型面。在确定铸件的分型面时应尽可能使之与浇注位置相一致，或者使二者相互协调起来。

3）工艺参数的选择

主要工艺参数是加工余量、起模斜度、芯头尺寸、收缩率和铸造圆角等。

（1）加工余量。铸件的加工余量是指为了保证铸件加工面尺寸和零件精度，在进行铸件工艺设计时预先增加的、并且在机械加工时切去的金属层厚度。

（2）起模斜度。起模斜度是为了使模样容易从铸型中取出或型芯自芯盒脱出，平行于起模方向在模样或芯盒壁上设置的斜度，如图 8-15 所示。

（3）芯头尺寸。芯头是型芯的外伸部分，如图 8-16 所示。芯头不形成铸件的轮廓，只是落入芯座内，对型芯进行定位和支承。芯头设计的原则是使型芯定位准确，安放牢固，排气通畅，合箱与清砂方便。

图 8-15　起模斜度

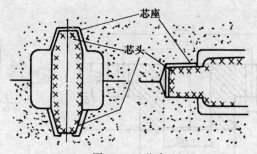

图 8-16　芯头

（4）收缩率。在冷却凝固过程中铸件尺寸要缩小，因此制造模样和型芯盒时，要根据合金的线收缩率调整模样与型芯盒尺寸，以保证冷却后铸件的尺寸符合要求。

（5）铸造圆角。在设计铸件结构和制造模样时，对相交壁的交角处要做成圆弧过渡，这种圆弧称为铸造圆角。其目的是防止铸件交角处产生缩孔和裂纹，也可防止交角处形成粘砂、浇不足等缺陷。铸造圆角的半径一般为 3 ~ 10 mm。

上述各项工艺参数的详细数据可根据具体的零件，查阅有关的铸造工艺手册。

4）绘制铸造工艺图

铸造工艺图是表示铸型分型面、浇注系统、浇注位置、型芯结构尺寸、控制凝固措施(冷铁、保温衬板)等内容的图样。

在确定了铸件浇注位置、分型面、型芯结构、浇注系统及有关参数等内容后，即可按表 8-1 所列的工艺符号及其表示方法绘制铸造工艺图。图 8-17 是连接盘的零件图和铸造工艺图。

表 8-1　铸造工艺符号及其表示方法

名　称	符　号	说　明
分型面	上 下	用蓝线或红线和箭头表示
机械加工余量	+2　上 下	用红线划出轮廓，剖面处全涂以红色(或细网纹络)。加工余量值用数字表示。有拔模斜度时，一并画出
不铸出的孔和槽		用红 " × "表示。剖面处涂以红色(或以细网纹格表示)
型芯	2#　上 1#　下	用蓝线划出芯头，注明尺寸。不同型芯用不同剖面线。型芯应按下芯顺序编号

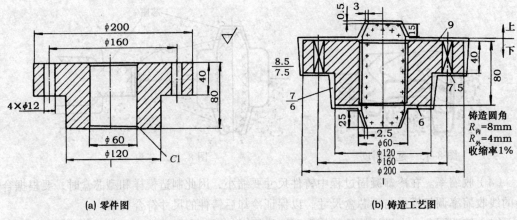

(a) 零件图　　　　　　　　　　　　　　(b) 铸造工艺图

图 8-17　连接盘的零件图和铸造工艺图

5）绘制铸件图

铸件图是反映铸件实际尺寸、形状和技术要求的图样。图 8-18 是连接盘的铸件图。

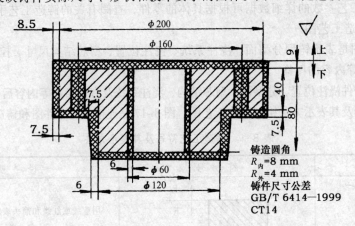

图 8-18　连接盘的铸件图

5. 特种铸造

砂型铸造之外的其他铸造方法称为特种铸造。随着铸造技术的发展，特种铸造在铸造生产中的地位越来越重要。

在特定条件下，特种铸造能提高铸件尺寸精度，降低表面粗糙度，提高铸件性能，提高生产率，改善工人工作条件等。

常用的特种铸造方法有金属型铸造、压力铸造、离心铸造、熔模铸造、低压铸造、陶瓷型铸造、连续铸造和挤压铸造等。

1）金属型铸造

金属型铸造是指在重力作用下，将金属液浇入金属型获得铸件的方法。图 8-19 为垂直分型式金属型。

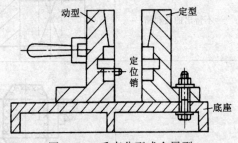

图 8-19　垂直分型式金属型

与砂型铸造相比，金属型铸造的主要优点是：金属型属于"永久铸型"，可重复使用几百次甚至几万次，节省了造型材料和造型工时，提高了生产率，改善了劳动条件；型腔质量好，铸件尺寸精度较高；金属型导热快，铸件晶粒细，铸件力学性能较好。但金属铸型制造周期较长，费用较高，故不适于单件、小批生产；另外，由于铸型对金属液冷却能力强，金属液流动性降低，铸件易产生浇不足、冷隔等缺陷，所以铸件形状不宜复杂，壁厚不宜太薄。目前，金属型铸造主要用于大批量生产有色金属铸件，如内燃机活塞、轴瓦、衬套等。

2）压力铸造

压力铸造是金属液在高压下高速充填金属型腔，并在压力下凝固成铸件的铸造方法。常用压力铸造的压力为 5～70 MPa，充型速度为 5～100 m/s。

压力铸造在压铸机上进行，图 8-20 为卧式冷压室压铸机工作原理图。

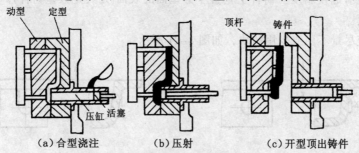

（a）合型浇注　　　　　（b）压射　　　　　（c）开型顶出铸件

图 8-20　卧式冷压室压铸机

因金属液是在高压高速条件下注入铸型的，故压力铸造生产率高，可生产形状复杂的薄壁铸件。同时，是压力铸造保留了金属型铸造的一些优点——铸件晶粒细，组织致密，强度较高。但是，压铸件易产生气孔与缩松，设备投资较大，铸型制造费用较高，因此，压力铸造适用于大批生产壁薄的有色金属中小型铸件。

3）离心铸造

离心铸造是将金属液浇入旋转着的铸型中，并在离心力的作用下凝固成铸件的铸造方法。离心铸造的铸型以金属型为主。

由于离心力的作用，金属液中的气体、熔渣都集中于铸件的内表面，并使金属呈定向性结晶，因而铸件外部组织致密，力学性能较好，但其内表面质量较差。离心铸造可以省去型芯，可以不设浇注系统，因此，减少了金属液的消耗量。离心铸造主要用于生产圆形中空铸件，如管子、缸套、轴套、圆环等。

4）熔模铸造

熔模铸造是用易熔材料(如蜡料)制成模样，然后在模样上包覆若干层耐火涂料，制成型壳，熔出模样后高温焙烧，获得无分型面的铸型，浇注后即可获得铸件。

熔模铸造的特点是：铸型是一个整体，无分型面，型腔光洁，可以制作各种精度高、表面质量好的铸件，铸件尺寸精确、表面光洁，可达到少切削或无切削加工。铸型在热态浇注时，金属液流动性提高，能够铸造形状复杂的铸件。型壳耐火性好，能够铸造熔点高、难以压力加工或难以切削加工的金属成形。生产批量不受限制，即可用于成批、大量生产，也可用于单件生产。但熔模铸造工艺过程复杂，生产周期长，铸件制造成本高，不能制造尺寸较大的铸件。

熔模铸造广泛应用于电器仪表、刀具、航空、汽车等制造部门，已成为少切削加工或无切削加工的重要工艺方法之一。

6. 铸件的结构工艺性

铸件的结构工艺性是指铸件结构的合理性。铸件结构不仅要满足使用的要求，还要符合铸件材料和铸造工艺的要求。合理地设计铸件结构，可以简化铸造工艺，提高生产率，保证铸件质量，降低铸件成本。

1）铸造工艺对铸件结构的要求

（1）铸件外形应力求简单。铸件外形尽可能采用平直轮廓，尽量少用非圆曲面，以便于制造模样和造型。

（2）应尽量减少分型面。

（3）铸件应有起模斜度。铸件上垂直于分型面的表面(尤其是大型铸件)，为起模方便，应具有起模斜度。

（4）铸件应尽量不用或少用活块，如图 8-21 所示。

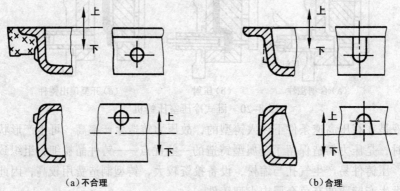

（a）不合理　　　　　　　　　　　　　　　（b）合理

图 8-21　避免活块

（5）铸件应尽量不用或少用型芯。

（6）型芯要安放稳固，并有利于排气与清理。

2）合金铸造性能对铸件结构的要求

（1）铸件壁厚应力求均匀。铸件壁厚不均匀，会产生冷却不均匀，引起大的内应力，从而使铸件产生变形和裂纹，同时，还会因为金属局部积聚产生缩孔。

（2）铸件应有合理的壁厚。为保证金属液充满铸型，防止铸件产生浇不足、冷隔等缺陷，铸件壁厚不能小于金属所允许的最小壁厚。表 8-2 为砂型铸造各类铸件最小允许壁厚的参考数值。

表 8-2　砂型铸造条件下，铸件的最小允许壁厚　　　　　单位：mm

铸件最大轮廓尺寸	灰铸铁	球墨铸铁	可锻铸铁	铸造碳钢	铸铝合金	铸铜
<200	3～4	3～4	2.5～4.5	8	3～5	3～6
200～400	4～5	4～8	4～5	9	5～6	6～8
400～800	5～6	8～10	5～7	11	6～8	—

（3）铸件壁与壁的连接。铸件壁的连接应逐步过渡，要求过渡平缓、圆滑，以便减小金属积聚和热应力，防止缩孔、变形和裂纹产生。

（4）应避免或减少收缩受阻。铸件收缩受阻是产生内应力、变形和裂纹的根本原因。设计铸件结构时，应尽量使其能自由收缩，以减少变形和裂纹。

8.2 锻 造

锻造是指在加压设备及工（模）具的作用下，使坯料、铸锭产生局部或全部的塑性变形，以获得一定几何尺寸、形状和质量的锻件的加工方法。锻造是最常用的锻压方法之一。根据锻造过程不同，锻造可分为自由锻造、模锻和胎模锻。

1. 自由锻造

自由锻造是利用简单的通用性工具，或在锻造设备的上下砧间直接使坯料变形而获得所需的几何形状及内部质量锻件的方法。自由锻造工艺灵活，生产周期短，成本较低，适用于各种尺寸大小锻件的生产；但自由锻造生产率低，只适用于单件、小批量生产，而且锻件形状简单、精度低；锻件的形状和尺寸由人操作来控制，对个人的技术要求高；工人劳动强度大，劳动条件差。

1）自由锻造的基本工序

自由锻造的基本工序有镦粗、拔长、冲孔、弯曲、扭转、错移和切割等。实际生产中较常用的工序是镦粗、拔长和冲孔。

（1）镦粗。镦粗是使坯料高度减小、横截面积增大的锻造工序，常用于锻造高度小、截面大的零件毛坯，如齿轮毛坯，或用作冲孔的准备工序。

镦粗分为完全镦粗和局部镦粗，图 8-22 是镦粗示意图。完全镦粗时，一般选用圆钢坯料，且长径比不能太大（小于 2.5 ~ 3）。

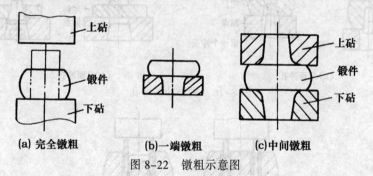

图 8-22 镦粗示意图

（2）拔长。拔长是使坯料横截面积减小、长度增加的锻造工序，常用于锻造轴类和杆类锻件。拔长过程如图 8-23 所示。

拔长时，坯料的翻转方式有三种，如图 8-24 所示。图 8-24（a）所示为最常用的翻转方法，图 8-24（b）所示为要求坯料四面均匀变形、防止不均匀变形造成裂纹的翻转方法，一般用于锻造性能较差的高合金钢，图 8-24（c）所示为锻造大型锻件时坯料频繁翻转不便所采用的翻转方法。

拔长时，一般进给量 $L = （0.5 ~ 0.75）b$，b 为砧宽。进给量 L 不能太大，单边压量 $\Delta/2$ 应小于进给量 L，否则容易形成夹层，如图 8-25 所示。

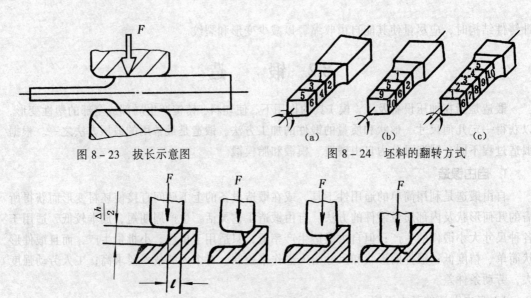

图 8-23　拔长示意图　　　　图 8-24　坯料的翻转方式

图 8-25　夹层的形成

（3）冲孔。冲孔是在坯料上冲出透孔或不透孔的锻造工序，常用于锻造齿轮坯、环套类等空心锻件。冲孔分为实心冲头冲孔和空心冲头冲孔，如图 8-26、图 8-27 所示。实心冲头冲孔主要用于冲小孔，空心冲头冲孔主要用于冲大孔。

（a）双面冲孔　　　　　　　　　　　（b）单面冲孔

图 8-26　实心冲头冲孔

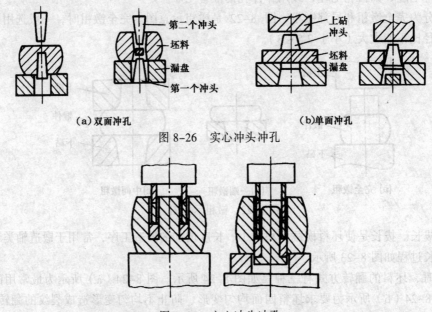

图 8-27　空心冲头冲孔

（4）切割。切割是指将坯料分成几部分或部分地割开，或从坯料的外部割掉一部分，或从内部割出一部分的锻造工序，如图 8-28 所示，常用于切除锻件的料头、钢锭的冒口等。

（5）弯曲。弯曲是将坯料弯成所规定的外形的锻造工序，如图 8-29 所示，常用于锻造角尺、弯板、吊钩等轴线弯曲的零件。

（6）锻接。锻接是将两件坯料在炉内加热至高温后用锤快击，使两者在固态结合的锻造工序。锻接的方法有搭接、对接、咬接等，如图 8-30 所示。锻接后的接缝强度可达被连接材料强度的 70%～80%。

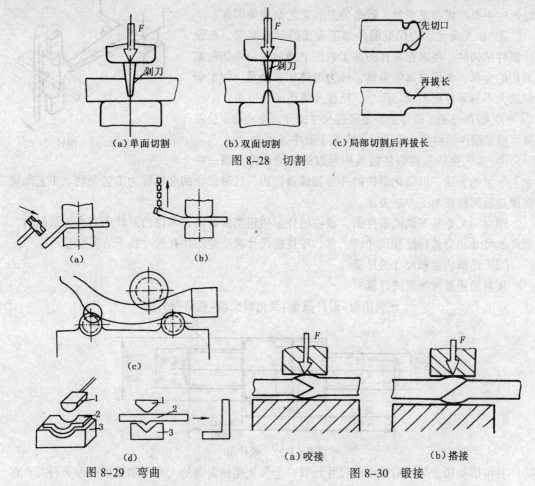

（a）单面切割　　　　（b）双面切割　　　　（c）局部切割后再拔长

图 8-28　切割

图 8-29　弯曲　　　　　　　　　　　　　图 8-30　锻接

（7）错移。错移是指将坯料的一部分相对于另一部分平行错开一段距离的锻造工序，如图 8-31 所示，常用于锻造曲轴类零件。错移时，先对坯料进行局部切割，然后在切口两侧分别施加大小相等、方向相反且垂直于轴线的冲击力或压力，使坯料实现错移。

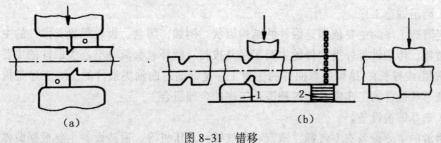

（a）　　　　　　　　　　　　　　　　　　（b）

图 8-31　错移

（8）扭转。扭转是将坯料的一部分相对于另一部分绕其轴线旋转一定角度的锻造工序，如图 8-32 所示，常用于锻造多拐曲轴和校正某些锻件。

2）自由锻工艺设计

自由锻工艺设计包括绘制锻件图，计算坯料的质量和尺寸，选择锻造设备，确定锻造工序、锻造温度范围、锻件的冷却方式和热处理规范等。

（1）绘制锻件图。锻件图是在零件图的基础上绘制的图，绘图时主要考虑加工余量、锻造公差、工艺余块等因素。

① 加工余量。为保证锻件加工表面的尺寸要求，在设计锻件结构时，要求在零件的加工表面上增加一层供切削加工用的金属，该层增加的金属，称为锻件加工余量。加工余量的大小与零件的形状、尺寸、精度及锻造条件有关。

② 锻件公差。锻件公差是锻件尺寸的允许变动量。公差值可根据锻件的形状、尺寸，从有关手册中查出。

③ 工艺余块。在锻件的某些难以锻出的部位加添一些大于余量的金属，以简化锻件的外形和锻造过程，这种加添的金属称为工艺余块。工艺余块在锻造后用机械加工方法去除。

图 8-33 是某车轴的锻件图，锻件的外形用粗实线画出，零件的形状用双点画线画出，锻件的尺寸和公差标注在尺寸线上方，零件的尺寸和公差标注在尺寸线下方并加括号。

（2）坯料质量和尺寸的计算。

坯料的质量可按下式计算：

$$坯料质量 = 锻件质量 + 氧化损失量 + 截料损失量$$

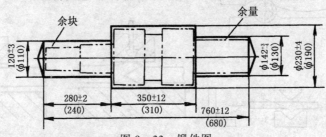

图 8-33　锻件图

其中锻件质量可按锻件图的尺寸计算；金属氧化损失量的大小与加热炉的种类有关，在火焰炉中加热钢料时，第一次加热取锻件质量的 2%～3%，以后每加热一次烧损量都按锻件1.5%～2%计算；截料损失量是指冲孔、切头等截去的金属质量，钢材坯料的截料损失量一般均取锻件质量的 2%～4%；当钢锭作坯料时，截料损失量还要考虑钢锭头部、尾部的切除量。

（3）确定锻造工序。

确定锻造工序的主要依据是锻件的结构形状。例如，圆盘、齿轮等盘类锻件的主要锻造工序是镦粗；传动轴等杆类锻件的主要工序是拔长；圆环、套筒等空心类锻件的主要工序是冲孔及镦粗(或拔长)；吊钩等弯曲件的主要工序是弯曲；曲轴类锻件的主要工序是拔长及错移。复杂形状锻件的工序常常是各种锻造工序的合理组合。

（4）选择锻造设备。

自由锻的主要设备有空气锤、蒸汽—空气锤、水压机等。锻造设备主要根据锻件质量和尺寸来选择。锻件质量小于 100 kg 时，可选择空气锤；锻件质量在 100～1 000 kg 之间时，可选择蒸汽—空气锤；锻件质量在 1 000 kg 以上时，可选择水压机。

（5）确定锻造温度范围、冷却方式和热处理规范。

坯料的锻造温度主要决定于坯料的材料，钢材的锻造温度范围可参照表 8-3 确定，其他材料的锻造温度范围可查阅锻造工艺手册确定。

表 8-3　各类钢的锻造温度范围

钢 的 类 别	始锻温度／℃	终锻温度／℃
碳素结构钢	1280	700
优质碳素结构钢	1200	800
碳素工具钢	1100	770
机械结构用合金钢	1150～1200	800～850
合金工具钢	1050～1150	800～850
不锈钢	1150～1180	825～850
耐热钢	1100～1150	850
高速钢	1100～1150	900～950
铜及铜合金	850～900	650～700
铝合金	450～480	380
钛合金	950～970	800～850

锻件的热处理常采用正火和退火，其目的是消除锻造过程中产生的内应力，为后续的热处理及切削加工做好金相组织准备。

2. 模锻

模锻是指利用模具使坯料变形而获得锻件的锻造方法。用模锻方法生产的锻件称为模锻件。按所用设备不同，模锻可分为锤上模锻、曲柄压力机上模锻、摩擦压力机上模锻等。图 8-34 所示为锤上模锻。

锻模由上锻模和下锻模两部分组成，分别安装在锤头和模垫上。工作时，上锻模随锤头一起上下运动。上模向下扣合时，对模膛中的坯料进行冲击，使之充满整个模膛，从而得到所需锻件。

根据模膛功用的不同，模膛可分为模锻模膛和制坯模膛两大类。模锻模膛分为终锻模膛和预锻模膛两种；制坯模膛分为拔长模膛、滚压模膛、弯曲模膛、切断模膛等。

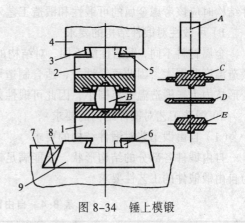

图 8-34　锤上模锻

1—下模；2—上模；3、4、5、6、8、10—紧固楔块；7—基座；9—模垫；A—工件；B—锻压的工件；C—模膛；D—下模膛；E—分模面

模锻与自由锻相比有很多优点。模锻生产率高，有时可比自由锻高几十倍；锻件尺寸比较精确，切削加工余量小，可节省金属材料和切削加工工时；模锻能锻制形状比较复杂的锻件。但模锻时由于坯料在锻模模堂内成形，所需的变形力较大，受到设备吨位的限制，模锻件质量一般都在 150 kg 以下；模锻设备和锻模价格昂贵，锻件成本较高。因此，模锻主要用于形状比较复杂、精度要求较高的中小型锻件的大批生产。

3. 胎模锻

胎模锻是在自由锻设备上使用可移动胎模生产模锻件的一种锻造方法。锻造时，一般都用自由锻方法制坯，使坯料初步成形，然后在胎模中终锻成形。胎模不固定在锤头或砧座上，只是在使用时才放在砧铁上使用。

胎模的种类较多，常用的胎模有扣模、套模、摔模、弯曲模、合模和冲切模等。图8-35为扣模与套模。

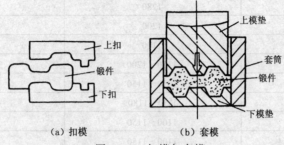

（a）扣模　　　　　（b）套模

图 8-35　扣模与套模

胎模锻是介于自由锻与模锻之间的锻造方法，与自由锻相比，生产率高，锻件精度高，节约金属材料，锻件成本低；与模锻相比，模具制造简便，工艺灵活；但胎模锻比模锻的劳动强度大，生产率低。胎模锻适于中小型锻件的小批生产。

4. 锻件的结构工艺性

锻件的结构工艺性是指锻件结构在满足使用要求的前提下锻造成形的难易程度，设计锻件结构时应该考虑金属的可锻性和锻造工艺对锻件结构的要求。

1）可锻性对锻件结构的要求

金属材料不同，锻造性能不同，对结构的要求也不同。低、中碳钢塑性好，变形抗力小，锻造温度范围大，因此可锻性好，适合制造形状较复杂的锻件；高碳钢和合金钢的塑性差，变形抗力大，锻造温度范围小，因此可锻性差，适合制造形状简单的锻件。

2）锻造工艺对锻件结构的要求

（1）自由锻工艺对锻件结构的要求

自由锻件各部分的结构形状，要能满足锻造加工工艺过程，简化锻造工艺。表8-4所示为自由锻锻件的工艺性要求。

表 8-4　自由锻件的结构工艺性

序　号	结 构 要 求	不 正 确	正 确
1	避免圆锥面过渡、斜面过渡		
2	避免曲面与曲面相贯		

序　号	结 构 要 求	不　正　确	正　　确
3	避免内凹结构	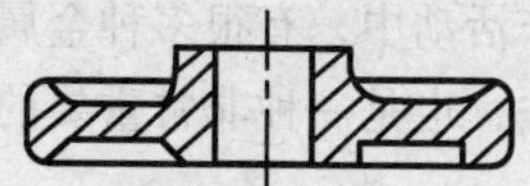	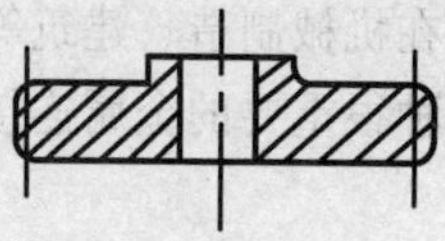
4	避免加强肋，采取其他措施加固零件	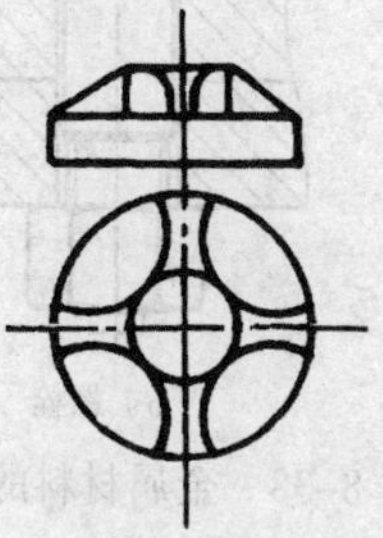	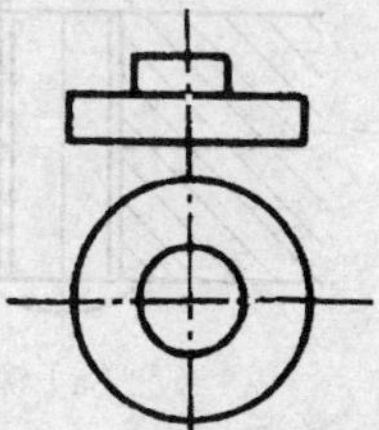

（2）模锻工艺对结构的要求

模锻工艺对结构的要求主要有三个方面：一是使金属容易充满模膛，二是锻件容易从模膛中顺利地取出，三是有利于提高锻模寿命。因此，在设计模锻件结构时，应考虑分模面、模锻斜度及圆角等问题。模锻件的具体结构要求是：模锻件的结构应力求外形简单、平直和对称；分模面应使膜膛深度最小，宽度最大，敷料最少；锻件应尽量避免薄壁、高的凸起和深的凹陷结构。

如图 8-36 所示，图中涂黑处为敷料，目的是便于出模和金属流动；图 8-37（a）所示的锻件有一高而薄的凸缘不易成形；图 8-37（b）所示的锻件扁而薄，锻造时薄部分的金属容易冷却，不易充满模膛。

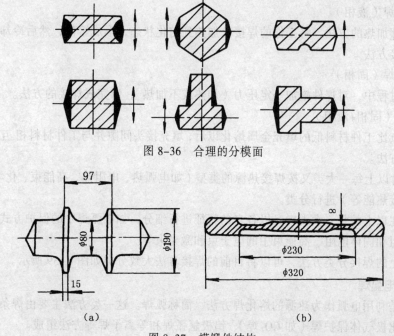

图 8-36　合理的分模面

图 8-37　模锻件结构

（a）　　　　　　　　（b）

单元八　金属的热加工

8.3 焊　接

在机械制造、建筑等生产活动中，有很多种金属的连接方法（见图 8-38），其中焊接就是一种很重要的金属连接方法，也是一种非常重要的热加工成形工艺。

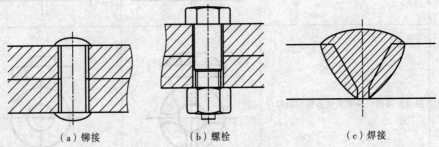

（a）铆接　　　　　　　（b）螺栓　　　　　　（c）焊接

图 8-38　金属材料的三种连接方法

焊接作为现代制造业的基础技术，具有结构重量轻、省工省料、密封性好等特点，广泛应用于机械制造、航空航天、汽车制造、造船、海洋开发、石油化工、原子能、电力电子技术及建筑等众多领域。焊接结构应用在我们社会生产和生活的方方面面，因此焊接又被称为"钢铁裁缝"。据统计，2015 年我国钢铁产量突破 11 亿吨，约 45%以上的钢材需要经过焊接加工制造成有用的工程结构。

焊接就是指通过物理或化学的手段，使两个相分离的金属物体（同种材料或异种材料）产生原子（分子）间的结合而连接成一体的连接方法。

首先，人们一般以焊接时的物理冶金特征进行分类，即以两种金属材料结合时的物理状态为焊接过程最主要的特征，可以将焊接分为三大类：

1）熔化焊（液相）

利用局部加热的方法，将工件的焊接处加热到熔化状态，形成熔池，然后冷却结晶，形成焊缝的焊接方法 。

2）压力焊（固相）

在焊接过程中，对焊件施加一定压力（加热或不加热），以完成焊接的方法。

3）钎焊（固相+液相）

利用熔点比工件材料低的填充金属熔化以后，填充接头间隙并与工件材料相互扩散实现连接的焊接方法。

其次，对以上每一大类又按焊接热源的类型（如电弧热、电阻热、高能束、化学反应热、机械能、间接热能等）进行分类。

最后，在以上的每一大类中又以各自的特征进行细分，如电弧焊中的保护方式、电阻热中的熔渣电阻和固体电阻、高能束中的电子束和激光束等。

按照以上的焊接分类方法，可以将目前的焊接方法大致分类如图 8-39 所示。

1. 焊条电弧焊

电弧焊是利用电弧作为热源的熔化焊方法，简称弧焊。这一类方法主要由焊条电弧焊、埋弧焊、熔化极气体保护焊（如 CO_2 焊）、钨极氩弧焊和等离子焊等方法组成。

电弧焊是现代焊接方法中应用最为广泛、最为重要的一类焊接方法。根据工业发达国家的统计，电弧焊在各国焊接生产劳动量中所占比例一般都在60%以上，其重要的原因，就是电弧能有效而简便地把电能转换成焊接过程所需要的热能和机械能。

焊条电弧焊是各种电弧焊方法中发展最早、目前仍然应用最广的一种焊接方法。

焊条电弧焊设备简单、轻便，操作灵活，可以应用于维修及装配中的短缝的焊接，特别是可以用于难以达到的部位的焊接。

1）焊接电弧

通常情况下，气体是不导电的，但在一定的条件下，可以使气体离解而导电。焊接电弧就是在一定电场和温度条件下，电弧空间的带电粒子通过两电极间的一种强烈、持久的气体放电的过程（见图8-40）。借助于这种特殊的气体放电过程，可以简单而有效的将电能转换为热能、机械能和光能。焊接电弧是所有电弧焊的热源。

（1）焊接电弧的形成和组成区域。

在一定的电场作用下，电弧空间的气体介质被电离，使中性分子或原子离解为带正电荷的正离子和带负电荷的电子（或负离子），带电离子分别向着电场的两极方向运动，使局部气体空间导电而形成电弧。

在两电极间产生电弧放电时，沿电弧长度方向，电场强度分布是不均匀的，根据弧长方向电场电压，可以将焊接电弧分为三个区域，即阳极区、弧柱区和阴极区，如图8-41所示。

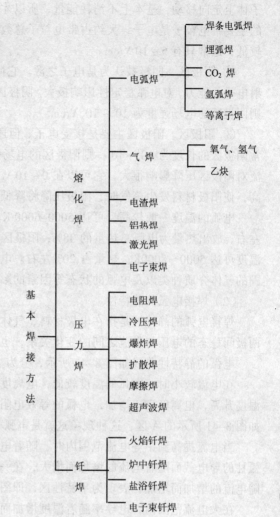

图8-39　焊接方法分类

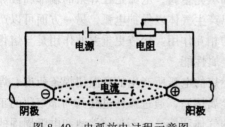

图8-40　电弧放电过程示意图

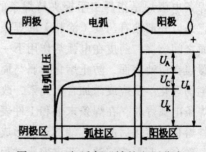

图8-41　电弧各区域的电压分布

① 弧柱区。弧柱区呈电中性，它是由气体分子、原子、正离子、负离子及电子所组成，其中带正电荷的离子与带负电荷的离子几乎相等，所以又称为等离子体。带电的粒子在等离

子体上定向移动，基本上不消耗能量，所以才能够在低电压条件下，传输大电流。传输电流的主要带电粒子是电子，大约占带电粒子总数的 99.9%，其余为正离子。弧柱区的电场强度较低，通常只有 5~10 V/cm。

② 阴极区。阴极被认为是电子之源。它向弧柱提供 99.9% 的带电粒子（电子）。阴极发射电子的能力，对电弧稳定性影响极大。阴极区的长度为 $10^5 ~ 10^6$ cm，如果阴极压降为 10 V，则阴极区的电场强度为 $10^6 ~ 10^7$ V/cm。

③ 阳极区。阳极区主要是接受电子，但还应向弧柱提供 0.1% 的带电粒子（正离子）。通常阳极区的长度为 $10^2 ~ 10^3$，则阳极区的电场强度为 $10^3 ~ 10^4$ V/cm。由于阳极材料和焊接电流对阳极区压降影响很大，它可以在 0~10 V 之间变化。例如当电流密度较大，阳极温度很高，使阳极材料发生蒸发时，阳极压降将降低，甚至到 0V。

电弧的温度一般较高，可达 5000~6000 K。例如用钢焊条焊接时，阴极区温度为 2400 K 左右，放出热量为电弧总热量的 38%；阳极区温度为 2600K 左右，热量占 42%；弧柱区中心温度可达 5000~8000K，热量占 20% 左右。电弧温度的高低主要受电弧电流的大小、电弧周围的气体介质种类以及电弧的状态等因素的影响。

（2）焊接电弧的静特性

焊接电弧的静特性是指在电极材料、气体介质和弧长一定的情况下，电弧稳定燃烧时，两极间稳态的电压与电流之间的变化关系，也称为电弧的伏-安特性。

电弧的静特性曲线如图 8-42 所示，分为 A、B、C 三个不同的区域。

在电流较小时，电弧的温度较低，电离度较小，电弧电压较高；随着电流的增大，电弧温度升高，电离度迅速增加，电弧的等效电阻迅速降低，电导率增大，电弧电压反而降低，如图 8-41 所示的 A 区，这种现象这就是电弧的负阻特性区。

当电流提高到中等电流范围内时，随着电流增加或温度升高，电导率的增加速度变缓，弧柱的导电截面随着电流的增加而增大，在一定范围内保持电流密度变化不多，电弧电压不随电流的增加而增加，表现为平特性区，即图 8-42 的 B 区。

在大电流范围内，电导率随着温度增加而增加的速率大大减小，电弧的电离度基本上不再增加，电弧的导电截面也不再进一步扩大，这种随着电流增加，电弧电压也升高的现象，称为上升特性区，即图 8-42 所示的 C 区。

2）手工弧焊的焊接过程

焊条电弧焊是指焊工手握夹持焊条的焊钳进行焊接的一种电弧焊接方法，又称手工弧焊。它是以外部涂有药皮（涂料）的焊条作电极和填充金属，电弧是在焊条的端部和被焊工件表面之间燃烧。药皮在电弧热作用下一方面可以产生气体以保护电弧，另一方面可以产生熔渣覆盖在熔池表面，防止熔化金属与周围气体的相互作用。熔渣更重要的作用是与熔化金属产生物理化学反应或添加合金元素，改善焊缝金属性能。

焊条电弧焊时，在焊条末端和工件表面之间燃烧的电弧所产生的高温使焊条药皮、焊芯及工件熔化，熔化后的焊芯端部迅速形成细小的金属熔滴，通过弧柱过渡到局部熔化的工件表面，融合一起形成熔池，药皮熔化过程中产生的气体和熔渣，不仅使熔池和电弧周围的气体隔绝，而且和熔化了的焊芯、母材发生一系列冶金反应，从而保证所形成焊缝的性能。随着电弧以适当的弧长和速度在工件上不断的前移，熔池液态金属逐步冷却结晶形成焊缝。

焊条电弧焊的焊接过程如图 8-43 所示。

手工电弧焊设备简单、轻便、操作灵活。可以应用于维修及装配中的短缝的焊接，特别是可以用于难以达到的部位的焊接。手工电弧焊配用相应的焊条可适用于大多数工业用碳钢、不锈钢、铸铁、铜、铝、镍及其合金。

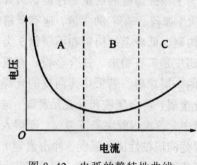

图 8-42　电弧的静特性曲线

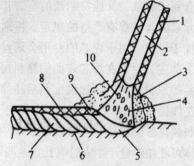

图 8-43　手工电弧焊焊接过程

1—焊条药皮；2—焊条芯；3—熔池；4、10—金属熔滴；
5—液态熔渣；6—工件；7—焊缝；8—焊缝面；9—固态渣壳

3）电弧焊的冶金特点

电弧焊时，焊接区各种物质在高温下相互作用，产生一系列变化的过程称为电弧焊冶金过程。电弧在焊条与被焊工件之间燃烧，电弧热使工件和焊条同时熔化成为熔池，焊条金属液滴借助重力和电弧气体吹力的作用不断进入熔池中。电弧热使焊条的药皮熔化(或燃烧)，与熔融金属起物理、化学作用，形成的熔渣不断从熔池中浮出。药皮燃烧所产生的 CO_2 气流围绕电弧周围，熔渣和气流可防止空气中的氧、氮等侵入，从而保护熔池金属不与其他物质发生化学反应。

电弧焊的焊接过程是进行熔化、氧化、还原、造渣、精炼和渗合金等一系列物理化学的冶金过程。焊接的冶金过程与一般冶炼过程比较，有以下特点：

（1）焊接电弧和熔池金属的温度高于一般的冶炼温度，金属蒸发、氧化和吸气现象严重。

（2）熔池体积小，周围又是温度较低的冷金属，因此，熔池处于液态的时间很短，冷却速度快，不利于焊缝金属化学成分的均匀和气体、杂质的排出，从而产生气孔和夹渣等缺陷。

4）电焊条

涂有药皮的供焊条电弧焊用的熔化电极称为电焊条，简称焊条。电焊条是进行手工电弧焊的基本填充料，它由焊芯和药皮两部分组成，其外形结构及组成如图 8-44 所示。

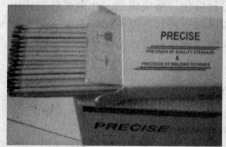

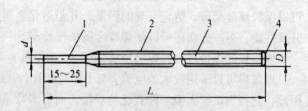

图 8-44　焊条实物图及其外形结构示意图

1—夹持端；2—药皮；3—焊芯；4—引弧端

L—焊条长度；D—药皮直径；d—焊芯直径

（1）焊芯，焊条中被药皮包覆的金属芯称为焊芯。焊条电焊时，焊芯与焊件之间产生电弧并熔化为焊缝的填充金属。因此，焊芯既是电极，又是填充金属。焊芯的成分将直接影响熔覆金属的成分和性能。焊芯含碳过高会增大裂缝和气孔的倾向，使焊接飞溅增大；焊芯中的锰既有利于脱氧，又能抑制硫的有害作用。因此，为了保证焊缝的质量与性能，对焊芯中各金属元素的含量都有严格的规定，特别是对有害杂质（如硫、磷等）的含量，应有严格的限制，应优于母材。用于焊芯的专用金属丝分为碳素结构钢、低合金结构钢和不锈钢3类。

（2）药皮，涂敷在焊芯表面的涂料层称为药皮。药皮是矿石粉末、铁合金粉、有机物和化工制品等原料按照一定比例配制后压涂在焊芯表面的一层涂料。若采用无药皮的光焊条焊接，则在焊接过程中，空气中的氧和氮会大量侵入熔化金属，将金属铁和有益元素碳、硅、锰等氧化和氮化形成各种氧化物和氮化物，并残留在焊缝中，造成焊缝夹渣或裂纹。而熔入熔池中的气体可能使焊缝产生大量气孔，这些因素都能使焊缝的机械性能（强度、冲击值等）大大降低，同时使焊缝变脆。此外采用光焊条焊接时，电弧很不稳定，飞溅严重，焊缝成形很差。

焊条的药皮在焊接过程中起着极为重要的作用。

（1）保护作用：焊条药皮溶化或分解后产生气体和熔渣，隔绝空气，防止熔滴和熔池金属与空气接触；熔渣凝固后的熔渣覆盖在焊缝表面，可防止高温的焊缝金属被氧化和氮化，并可减慢焊缝金属的冷却速度；

（2）冶金处理：通过熔渣和铁合金进行脱氧、去硫、去磷、去氢和渗合金焊接冶金反应，可去除有害元素，增添有用元素，使焊缝具备良好的力学性能；

（3）改善焊接工艺性能：药皮中含有一些低电离电位元素（钠、钾），使得焊条容易引弧并在焊接过程中保持温度燃烧；同时减少焊接飞溅，改善熔滴过渡和焊缝成形等；

（4）渗合金：药皮中含有的很近元素熔化后过渡到熔池中，从而改善焊缝的力学性。

2. 其他焊接方法

焊接的方法种类繁多，限于篇幅，下面仅对其他几类重要的焊接方法作简单介绍。

1）埋弧焊

埋弧焊是以电弧作为热源、熔化焊丝和母材的焊接方法。埋弧焊时，电弧是在一层颗粒状的可熔化焊剂覆盖下燃烧，电弧光不外露，故称之为埋弧焊。

（1）埋弧焊的原理、特点。

埋弧焊是以连续送进的焊丝作为电极和填充金属。焊接时，在焊接区的上面覆盖一层颗粒状焊剂，电弧在焊剂层下燃烧，将焊丝端部和局部母材熔化，形成焊缝。在电弧热的作用下，上部分焊剂熔化成熔渣并与液态金属发生冶金反应。熔渣浮在金属熔池的表面，一方面可以保护焊缝金属，防止空气的污染，并与熔化金属产生物理化学反应，改善焊缝金属的成分及性能；另一方面还可以使焊缝金属缓慢冷却。

埋弧焊的焊接过程和焊缝形成如图8-45和图8-46所示。

埋弧焊可以采用较大的电流。与手弧焊相比，其最大的优点是焊缝质量好，焊接速度高。因此，它特别适于大型工件直缝的焊接，而且多数采用机械化焊接。

这种方法也有不足之处，如不及手工焊灵活，一般只适合于水平位置或倾斜度不大的焊缝；工件边缘准备和装配质量要求较高、费工时；由于是埋弧操作，看不到熔池和焊缝形成过程，因此，必须严格控制焊接规范。

（2）埋弧焊的应用。

由于埋弧焊熔深大、焊接质量稳定、生产率高、机械化程度高，无弧光及烟尘等，因而广泛用于造船、桥梁、锅炉与压力容器、海洋结构、管段制造、核电站结构、箱型梁柱等重要钢结构的制造。

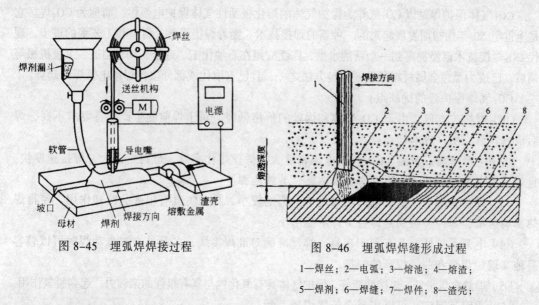

图 8-45　埋弧焊焊接过程

图 8-46　埋弧焊焊缝形成过程

1—焊丝；2—电弧；3—熔池；4—熔渣；

5—焊剂；6—焊缝；7—焊件；8—渣壳；

2）气体保护焊

气体保护焊是指用外加气体作为电弧介质并保护电弧和焊接区的电弧焊。它是以电弧热为热源的熔化焊方法，也是应用非常广泛的一类电弧焊方法。

能够用作保护气的气体主要有氦气、氩气等惰性气体，二氧化碳及其他一些气体或混合气体。通常，按照电极是否熔化和保护气体不同，分为熔化极气体保护焊和非熔化极（钨极）惰性气体保护焊。

（1）熔化极气体保护焊。

熔化极气体保护焊（gas meatal arc welding，GMAW）是利用连续送进的焊丝与工件之间燃烧的电弧作热源，由焊炬喷嘴喷出的气体保护电弧来进行焊接的。

熔化极气体保护焊通常用的保护气体有氩气、氦气、CO_2 气或者这些气体的混合气。以氩气、氦气为保护气体的称之为熔化极惰性气体保护焊(国际简称为 MIG 焊)；以惰性气体与氧化性气体(O_2,CO_2)的混合气、CO_2 气或 CO_2 与 O_2 的混合气为保护气体的统称为熔化极活性气体保护焊（国际上简称为 MAG 焊 ）。

熔化极气体保护焊可以方便地进行各种位置的焊接，同时也具有焊接速度较快、熔敷率高等特点，适用于不锈钢、铝、镁、铜、钛、锆及镍合金。

（2）钨极气体保护焊。

钨极气体保护焊（国际简称为 TIG 焊 ）是一种不熔化极气体保护焊，是利用钨极和工件之间的电弧使金属熔化而形成焊缝的，即焊接过程中钨极不熔化，只起电极的作用，同时由焊炬的喷嘴送进氩气或氦气作保护。

钨极气体保护电弧焊由于能很好地控制热输入，所以它是连接薄板金属和打底焊的一种极好方法。这种方法几乎可以用于所有金属的连接，尤其适用于焊接铝、镁这些能形成难熔氧化物的金属以及钛和锆这些活泼金属。这种焊接方法的焊缝质量高，但与其他电弧焊相比，其焊接速度较慢。

（3）CO_2 气体保护焊。

CO_2 气体保护焊是以 CO_2 气作为保护气体的熔化极活性气体保护电弧焊，简称为 CO_2 焊。它是上世纪 50 年代初期发展起来的一种新的焊接技术。随着焊接设备、材料和工艺等的进步，现代 CO_2 焊接技术已经提高到一个新的水平，广泛应用在石油化工、造船、汽车制造、工程机械等领域，已成为黑色金属材料最重要焊接方法之一，且已有取代或部分取代焊条电弧焊的趋势。

CO_2 气体保护焊的优缺点：

（1）焊接成本低。由于 CO_2 气体和焊丝的价格低廉，对于焊前的生产准备要求不高，焊后清理容易，所以成本低。

（2）生产率高，节能。CO_2 焊的电流密度大，焊丝熔化率高，母材熔深大，焊接速度快，且焊后基本上不需清渣，所以作业效率高，节约能源。

（3）焊接变形小。由于电弧热量集中，熔池较小，且 CO_2 具有很强的冷却作用，使得焊热影响区窄，焊件（特别是薄板）焊后变形小。

（4）电弧可见性好，有利于观察。焊丝准确对准焊接线，尤其是在半自动焊时可以较容易地实现短焊缝和曲线焊缝的焊接。

（5）焊缝含氢量低，焊接性能好。保护气体具有氧化性与氢有很强的亲和力，起到脱氢作用。

（6）适用范围广，可以实现全位置焊接，特别是空间位置的机械化焊接，可进行薄板、中厚板的焊接。

（7）抗风能力差，在室外作业时，需设挡风装置，否则气体保护效果很差。

（8）与手工焊条电弧焊和埋弧焊相比，焊缝成形不够美观，焊接飞溅较大。

（9）焊接设备比较复杂，易出现故障，比焊条电弧焊设备价格高。

3）电渣焊

电渣焊是利用电流通过熔渣所产生的电阻热为热源、将母材和填充金属熔合成焊缝的一种熔化焊方法（见图 8-47）。

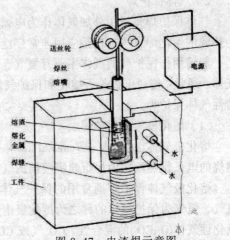

图 8-47　电渣焊示意图

根据采用电极的形状是否固定，电渣焊主要分为丝极电渣焊、板极电渣焊和熔嘴电渣焊。

（1）电渣焊过程。电渣焊的焊接过程可分为三个阶段：引弧造渣阶段、正常焊接阶段和引出阶段。

① 引弧造渣阶段。开始焊接时，在电极和起焊槽之间引出电弧，将不断加入的固体焊剂熔化，形成渣池（1600~2000℃）。当渣池达到一定深度后，增加焊丝送进速度并降低焊接电压，同时电极被侵入渣池，及让电弧西面，转入电渣过程。

② 正常焊接阶段。当电渣过程稳定后，由于高温的液态熔渣具有一定的导电性，焊接电流经渣池时产生大量的热，将焊件边缘和焊丝熔化，熔化的金属沉积到渣池下面，形成金

属熔池。随着电极不断向渣池送进，金属熔池和其上的渣池逐渐上升，金属熔池的下部远离热源的液体金属逐渐凝固成焊缝。

③ 引出阶段。为了使渣池和停止焊接时易于产生锁孔和裂纹等缺陷的那部分焊缝金属引出工件，在引出阶段，应逐步降低电流和电压，以减少产生缩孔和裂纹。

（2）电渣焊特点。和其他熔化焊方法相比，电渣焊具有如下特点：

① 最适合垂直位置焊接。当焊缝中心线处于垂直位置时，电渣焊形成熔池及焊缝形成条件最好，故适合于垂直位置焊缝的焊接。

② 可一次性焊厚度大（从 30 mm 到大于 1000 mm）的工件。由于整个渣池均处于高温下，热源体积大，故不论工件厚度多大都可以不开坡口而一次焊接成形，生产率高。

③ 熔池大，冷却慢，对焊接工件的预热效果较好。这会使碳当量（反应钢铁焊接性好坏的一个指标）较高的金属不易出现淬硬组织，冷裂倾向较小。

④ 焊缝成形系数调节范围大。通过调节焊接电流和电压，可以在较大范围内调节焊缝成形系数，较易调整焊缝的化学成分以获得所需要的力学性能。

⑤ 焊缝和热影响区晶粒粗大，焊缝和热影响区在高温停留时间长，热影响区很宽，易产生晶粒粗大和过热组织，接头冲击任性低，故一般焊后需要进行正火和回火热处理。

（3）电渣焊的使用范围。电渣焊适用于焊接厚度较大的焊缝、难以用埋弧焊或气体保护焊完成的某些曲线或曲面焊缝、由于现场设备限制必须在垂直位置焊接的焊缝、大面积的堆焊以及某些焊接性差的金属的焊接。

4）电阻焊

电阻焊是将被焊工件压紧在两个电极间，以电流流经工件接触面及临近区域产生的电阻热为热源，将工件之间的接触面熔化而实现连接的一类压力焊方法。

电阻焊的两大显著特点：一是焊接的热源为电阻热，故称为电阻焊；二是焊接时需要施加压力，故属于压力焊。

（1）电阻焊的类型。

按照焊件的接头形式，可将电阻焊分为搭接和对接两种；按工艺方法可分为点焊、缝焊、凸焊和对焊（见图 8-48）。

① 点焊。点焊是将焊件装配成搭接接头，并压紧在两柱状电极之间，利用电阻热熔化母材金属，形成焊点的电阻焊方法。点焊主要用于薄板焊接。

② 缝焊。缝焊的过程与点焊相似，只是以旋转的圆盘状滚轮电极代替柱状电极，将焊件装配成搭接或对接接头，并置于两滚轮电极之间，滚轮加压焊件并转动，连续或断续送电，形成一条连续焊缝的电阻焊方法。缝焊主要用于焊接焊缝较为规则、要求密封的结构，板厚一般在 3 mm 以下。

③ 凸焊。凸焊是点焊的一种变型形式。在一个工件上有预制的凸点，凸焊时，一次可在接头处形成一个或多个熔核。

④ 对焊。对焊是使焊件沿整个接触面焊合的电阻焊方法。对焊又可分为电阻对焊和闪光对焊。

电阻对焊是将焊件装配成对接接头，使其端面紧密接触，利用电阻热加热至塑性状态，然后断电并迅速施加顶锻力完成焊接的方法。电阻对焊主要用于截面简单、直径或边长小于 20 mm 和强度要求不太高的焊件。

单元八 金属的热加工

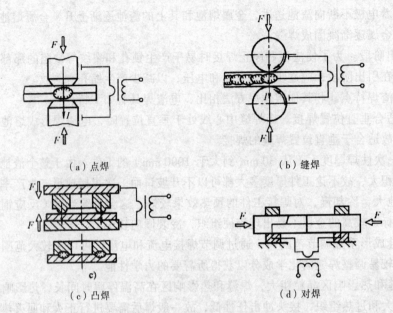

（a）点焊　　　　　　　　　　　（b）缝焊

c)

（c）凸焊　　　　　　　　　　　（d）对焊

图 8-48　电阻焊主要工艺方法

闪光对焊是将焊件装配成对接接头，接通电源，使其端面逐渐移近达到局部接触，利用电阻热加热，在大电流作用下，产生闪光，使端面金属熔化，断电并迅速施加顶锻力完成焊接的方法。闪光对焊常用于重要焊件的焊接。可焊同种金属，也可焊异种金属；可焊 0.01mm 的金属丝，也可焊 20 000 mm 的金属棒和型材。

（2）电阻焊的优缺点。

① 熔核形成时，始终被塑性环包围，熔化金属与空气隔绝，冶金过程简单。

② 加热时间短，热量集中，故热影响区小，变形与应力也小，通常在焊后不必安排校正和热处理工序。

③ 不需要焊丝、焊条等填充金属，以及氧、乙炔、氢等焊接材料，焊接成本低。

④ 操作简单，易于实现机械化和自动化，改善了劳动条件。

⑤ 生产率高，且无噪声及有害气体，在大批量生产中，可以和其他制造工序一起编到组装线上。

⑥ 目前还缺乏可靠的无损检测方法，焊接质量只能靠工艺试样和工件的破坏性试验来检查，以及靠各种监控技术来保证。

⑦ 点、缝焊的搭接接头不仅增加了构件的重量，且因在两板焊接熔核周围形成夹角，致使接头的抗拉强度和疲劳强度均较低。

⑧ 设备功率大，机械化、自动化程度较高，使设备成本较高、维修较困难，并且常用的大功率单相交流焊机不利于电网的平衡运行。

5）钎焊

钎焊是用熔点比母材熔点低的金属作钎料（填充金属），经过加热使钎料熔化，利用液态钎料润湿母材和填充工件接口间隙，并使其与母材相互扩散而形成钎焊接头的焊接方法。

钎焊的热源可以是化学反应热，也可以是间接热能。与熔化焊相比，钎焊时母材不熔化，仅钎料熔化；与压力焊相比，钎焊不需要对焊接施加压力。钎焊是一种固相兼液相的焊接方法。

（1）钎焊的分类。根据焊接温度的不同，钎焊可以分为两大类：

① 硬钎焊——焊接加热温度高于 450℃（钎料的熔点）。

② 软钎焊——焊接加热温度低于 450℃。

根据热源或加热方法不同，钎焊又可分为：

① 火焰钎焊——用可燃气体与氧气或压缩空气混合燃烧的火焰作为热源的焊接方法。

② 感应钎焊——利用高频、中频或工频感应电流作为热源的焊接方法。

③ 波峰钎焊——用于大批量印刷电路板和电子组件的组装焊接。

④ 炉中钎焊——将装配好钎料的工件放在炉中进行加热的焊接方法。

⑤ 浸沾钎焊——将工件部分或整体浸入覆盖有钎剂的钎料浴槽或只有熔盐的盐浴槽中加热的焊接方法。

⑥ 真空钎焊——焊接工件在真空室内进行加热的焊接方法。

（2）钎焊的特点及应用。钎焊主要具有以下特点：

① 加热温度低，焊件应力和变形小，工件尺寸精确，接头光滑美观。

② 可用来焊接同种金属，也可用来焊接异种材料，且对工件厚度差无严格限制。

③ 钎焊设备简单，投资费用少，生产效率高。

④ 接头强度低，耐热性差，且焊前需要清除被焊工件表面的油污、灰尘、氧化膜等，以确保接头质量。

基于以上特点，钎焊主要用于制造精密仪表、电气零部件、异种金属构件以及复杂薄板结构，如钻探钻头、自行车车架、夹层构件、蜂窝结构等，也常用于钎焊各类异线与硬质合金刀具；在微波波导、电子管和电子真空器件的制造中，钎焊甚至是唯一可能的连接方法。

目前，钎焊在机械、电机、仪表、无线电等部门都得到了广泛的应用。

3. 焊接结构设计

1）焊接结构的特点

设计焊接结构必须充分了解它的特点。与铆接、螺栓连接的结构相比较，或者与铸造、锻造方法制造的结构相比较，焊接结构具有以下特点：

（1）焊接接头刚度和整体性强。铆接和螺栓结构需预先在母材上钻孔，因而消弱了结构的工作截面，其接头强度低于母材，且接头具有发生相对位移的可能性，而焊接结构不存在。

（2）焊接结构设计的灵活性大。焊接结构的材料、几何形状、工件厚度和外形尺寸以及焊接工艺方法都比较灵活，自由度较大。

（3）焊接接头密封性好。特别是在高温、高压容器以及密封性要求高的结构上，只有焊接结构才是最理想的连接形式。

（4）焊前准备工作简单，焊接结构的变更与修改容易。

（5）焊接结构只适合做大型或重型的、结构简单的产品结构。

（6）焊接结构会产生焊接变形和应力。焊接过程是一种局部加热、焊后焊缝区的收缩将引起结构的各种变形和残余应力，且各部分性能不均匀，这对结构工作性能造成一定的影响。

（7）焊接是不可拆卸的连接。

2）焊接结构设计的基本原则

在进行焊接结构设计的时候，为了达到实用性、可靠性、工艺性和经济性等的基本要求，必须遵循一定的基本原则，主要包括焊接材料的选择、焊缝的布置、焊接方法的选择和接头的设计方面。

（1）合理的选材和利用材料

焊接材料必须同时满足使用性能（强度、韧性和耐蚀性等）和加工性能（焊接性、冷热加工性等）的要求；要考虑到备料过程中合理排料的可能性，以减少余料，提高材料利用率。

（2）合理的焊缝布置

为了控制焊接变形，对于对称结构的焊接，焊缝应尽可能对称布置；避免焊缝汇交和密集，在结构上不可避免焊缝汇交时，应让重要焊缝连续；尽可能让焊缝避免工作应力部位。

（3）合理的焊接方法选择

根据焊接结构的形式、材料、使用环境、焊接质量和要求选择合适的焊接方法。

（4）合理的设计接头形式

在充分考虑结构特点、材料特性、接头工作条件和经济性等的前提下，合理的设计接头形式。以下将对焊接结构设计的几个方面作详细介绍。

3）焊接结构件材料的选择

材料因素包括焊接结构本身和使用的焊接材料，如手工电弧焊的焊条、埋弧焊的焊丝和焊剂、气体保护焊的焊丝和保护气体等。它们在焊接时都参与熔池或半熔化区内的冶金过程，直接影响焊接质量。母材或焊接材料选用不当时，会造成焊缝金属化学成分不合格，力学性能和其他使用性能降低；还会出现气孔、裂纹等缺陷，也就是使结合性能变差。由此可见，正确选用焊件和焊接材料是保证焊接性良好的重要基础，必须十分重视。

4）焊缝的布置

焊接结构中焊缝布置是否合理，对焊接接头质量和生产率都有很大的影响。

合理布置焊缝的一般原则如下：

（1）焊缝布置应便于焊接操作。焊缝布置必须保证缝焊周围有供焊工自由操作和焊接装置正常运行的条件。

（2）埋弧焊时，要考虑存放焊剂。点焊与缝焊时，应考虑电极方便进入。

（3）应尽量减少结构或焊接接头部位的应力集中和变形。

（4）焊缝布置应不影响机械切削加工表面，有些焊接结构的某些部位需要机械加工后再焊接，如焊接轮毂、管配件、传动支架等，则焊缝位置应尽量远离已加工表面，以避免或减少焊接应力与变形对已加工表面精度的影响。如果焊接结构要求整体焊后再进行切削加工，则焊后一般要先进行消除应力处理，然后再进行切削加工，在机加工要求较高的表面上，尽量不要设置焊缝。

（5）为了减少和避免大型构件的翻转使焊接操作方便并保证焊接质量，焊缝应尽量放在平焊位置，应尽可能避免仰焊焊缝，减少横焊焊缝。

5）焊接方法的选择

焊接方法的选择应根据被焊材料的焊接性，接头的形式，焊接厚度，焊缝空间位置，焊接结构特点以及工作等多方面因素综合考虑。选择焊接方法时必须符合两方面要求：一是能保证焊接产品的质量优良可靠，生产率高；二是生产费用低，能获得较好的经济效益。

影响焊接方法选择的因素很多，概括来说主要有产品特点和工作条件两方面。

（1）产品特点。

① 产品结构类型。焊接产品按结构特点大致可分为四大类：结构类（如桥梁、建筑工

程、石油化工容器等）、机械类（如汽车零部件等）、半成品类（如工字梁、管子等）和微电子器件类。这些不同结构的产品由于焊缝的长短、形状、焊接位置等各不相同，因而适用的焊接方法也会不同。

结构类产品中规则的长焊缝和环缝宜用埋弧焊和熔化极气体保护焊；焊条电弧焊用于打底焊和短焊缝焊接。机械类产品接头一般较短，根据其准确度要求，选用气体保护焊（一般厚度）、电渣焊、气电焊（重型构件宜于立焊的）、电阻焊（薄板件）、磨擦焊（圆形断面）或电子束焊（有高精度要求的）。半成品类的产品的焊接方法有：埋弧焊、气体保护电弧焊、高频焊。微型电子器件的接头主要要求密封、导电性、受热程度小等，因此宜采用电子束焊、激光焊、超声波焊、扩散焊、钎焊和电容储能焊。

如上所述，对于不同结构的产品通常有几种焊接方法可供选择，因此还要综合考虑产品的以下其他特点。

② 工件厚度。工件的厚度可在一定程度上决定所适用的焊接方法。每种焊接方法由于所用的热源不同，都有一定的适用的材料厚度范围。在推荐的厚度范围内焊接时，较易控制焊接质量和保持合理的生产率。

③ 接头形式和焊接位置。根据产品的使用要求和所用母材的厚度形状，设计的产品可采用对接、搭接、角接等几种类型的接头形式。其中对接形式适用于大多数焊接方法。钎焊一般只适用于连接面积比较大而材料厚度较小的搭接接头。

产品中各个接头的位置往往根据产品的结构要求和受力情况决定。这些接头可能需要在不同的焊接位置焊接，包括平焊、立焊、横焊、仰焊及全位置焊接等。平焊是最容易、最普遍的焊接位置，因此焊接时应该尽可能使产品接头处于平焊位置，这样就可以选择既能保证良好的焊接质量，又能获得较高的生产率的焊接方法，如埋弧焊和熔化极气体保护焊。对于立焊接头宜采用熔化极气体保护焊（薄板）、气电焊（中厚度），当板厚超过约 30 mm 时可采用电渣焊。

（2）生产条件。

① 技术水平。在选择焊接方法以制造具体产品时，要考虑制造厂家的设计及制造的技术条件，其中焊工的操作技术水平尤其重要。

进行焊条电弧焊时，要求焊工具有一定的操作技能，特别是进行立焊、仰焊、横焊等位置的焊接时，则要求焊工有更高的操作技能。手工钨极氩弧焊与焊条电弧焊相比，要求焊工经过更长期的培训和具有更熟练、更灵巧的操作技能。埋弧焊、熔化极气体保护焊多为机械化焊接或半自动焊，其操作技术比焊条电弧焊要求相对低一些。进行电子束焊、激光焊时，由于设备及辅助装置较复杂，因此要求有更高的基础理论知识和操作技术水平。

② 设备。每种焊接方法都需要配用一定的焊接设备。包括焊接电源，实现机械化焊接的机械系统、控制系统及其他一些辅助设备。电源的功率、设备的复杂程度、成本等都直接影响了焊接生产的经济效益。因此，焊接设备也是选择焊接方法时必须考虑的重要因素。焊接电源有交流电源和直流电源两大类。一般交流弧焊机的构造比较简单、成本低。焊条电弧焊所需设备最简单，除了需要一台电源外，只须配用焊接电缆及夹持焊条的电焊钳即可，宜优先考虑。熔化极气体保护电弧焊需要有自动送进焊丝，自动行走小车等机械设备。此外还要有输送保护气的供气系统，通冷却水的供水系统及焊炬等。真空电子束焊需配用高压电源、真空室和专门的电子枪。激光焊时需要有一定功率的激光器及聚焦系统。因此，这两种焊接方法都要有专门的工装和辅助设备，其设备较复杂、功率大，因而成本也比较高。由于电子束焊机

的高电压及其 X 射线的辐射，因此还要有一定的安全防护措施及防止 X 射线辐射的屏蔽设施。

③ 焊接材料。焊接材料包括焊丝、焊条或填充金属、焊剂、钎剂、钎料、保护体气等。

各种熔化极电弧焊都需要配用一定的消耗性材料。如焊条电弧焊时使用涂料焊条；埋弧焊、熔化极气体保护焊都需要焊丝；药芯焊丝电弧焊则需要专门的药芯焊丝；电渣焊则需要焊丝、熔嘴或板极。埋弧焊和电渣焊除电极（焊丝等）外，都需要有一定化学成分的焊剂。

钨极氩弧焊和等离子弧焊时，需要使用熔点很高的钨极、钍钨极或铈钨极作为不熔化电极。此外还需要价格较高的高纯度的惰性气体。

电阻焊时通常用电导率高、较硬的铜合金作电极，以使焊接时既能有高的电导率，又能在高温下承受压力和磨损。

6）接头形式选择与设计

焊接接头就是通过焊接方法连接的不可拆卸接头，在熔化焊的条件下，它由焊缝区、熔合区、热影响区组成。焊接接头是焊接结构的最基本的要素之一。

焊接接头的设计是在充分考虑结构特点、材料特性、接头工作条件和经济性等的前提下进行的。

（1）焊接接头作用和特点。

焊接接头通常有两方面的作用：一是连接作用，就是把被焊工件连接成一个整体；二是传力作用，即在被焊工件之间传递载荷。

焊接接头与其他连接方法相比，具有很多明显的优点。但同时，在许多情况下，焊接接头又是焊接结构上的薄弱环节。

焊接接头的优点如下：

① 承载的多向性——特别是焊接良好的熔化焊接头，能很好的承受各向载荷；

② 结构的多样性——能很好适应不同形状尺寸、不同材料类型结构的连接要求，材料的利用率高，接头所占空间小；

③ 连接的可靠性——现代焊接和检验技术水平可保证获得高品质、高可靠性的焊接接头，是现代各种金属结构特别是大型结构理想的、不可替代的连接方法；

④ 加工的经济性——施工难度较低，可实现自动化，检查维护简单、修理容易，制造成本相对较低，可以做到几乎不产生废品。

焊接接头存在的缺点或不足如下：

① 几何上的不连续性——接头在几何上可能存在的突变，同时可能存在的各种焊接缺陷，从而引起应力集中，减小承载面积，导致形成断裂源；

② 力学性能上的不均匀性——接头区不大，但可能存在脆化区、软化区和各种性能较差区域；

③ 产生焊接变形与残余应力——接头区常常存在角变形、错边等焊接变形和一定的残余应力。此外，还容易造成整个结构的刚性变形。

（2）焊接接头的几何设计。

焊接接头的种类和形式很多，可以从不同的角度加以分类。

根据所采用的焊接方法不同，焊接接头可分为熔化焊接头、压力焊接头和钎焊接头三大类；然后还可根据具体的熔化焊方法进行细分，如焊条电弧焊接头、气体保护焊接头等。

根据接头的构造形式不同，焊接接头可分为对接接头、T 形接头、十字接头、搭接接头、盖板接头、套管接头、槽焊接头、角接接头、卷边接头和端接接头十种类型；如果同时考虑到构造形式和焊缝的传力特点，这十种类型的接头中基本类型实际上共有五种，如图 8-49 所示。

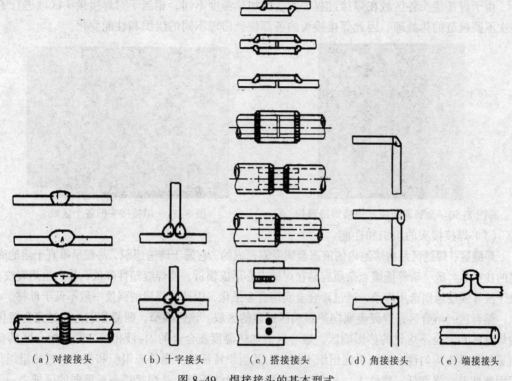

$\quad$ (a) 对接接头 $\qquad$ (b) 十字接头 $\qquad$ (c) 搭接接头 $\qquad$ (d) 角接接头 $\qquad$ (e) 端接接头

图 8-49　焊接接头的基本型式

$\qquad$ 不同的焊接方法需要选择不同的接头构造形式，即接头的几何设计，才能获得可靠而有效的连接。

$\qquad$（3）焊接接头几何设计原则.

$\qquad$ 焊接结构的破坏往往起源于焊接接头区，这除了受材料选择、焊接结构制造工艺的影响外，还与焊接接头的设计有关。在焊接接头设计是，为做到正确合理地选择焊接接头的类型、坡口形式和尺寸，即进行焊接接头的几何设计时，主要应考虑以下四个方面的因素：

$\qquad$① 设计要求——保证接头满足使用要求；

$\qquad$② 焊接的难易与焊接变形——焊接容易实现，变形较小且能够控制；

$\qquad$③ 焊接成本——接头准备和实际焊接所需费用低，经济性好；

$\qquad$④ 施工条件——制造施工单位具备完成施工所需的技术、人员和设备条件。

$\qquad$此外，减小接头部位刚性，有时也是接头几何设计时应考虑的原则之一。

4. 焊接应力与焊件变形

$\qquad$焊接应力与焊件变形是直接影响焊接结构性能、安全可靠性和制造工艺性的重要因素。它会导致在焊接接头中产生冷、热裂纹等缺陷，在一定的条件下还会对结构的断裂特性、疲劳强度和形状尺寸精度有不利的影响。在构件制造过程中，焊接件变形往往会引起正常工艺流程中断。因此，了解焊接应力与变形的产生原因、作用和影响，采取有效措施控制或消除，对于焊接结构的完整性设计和制造工艺方法的选择以及运行中的安全评定都有重要意义。

1）焊接接头的组织与性能

我们知道，在熔化焊的条件下，焊接接头由焊缝区、熔合区、热影响区组成。图 8-50 和图 8-51 所示为金属薄板的激光焊接焊缝形貌和焊接接头区组织分布。

由于焊接接头各区域在焊接过程中所受的加热温度不同，相当于对焊接接头区域进行了一次不同规范的热处理，因此焊接接头的各部位会出现不同的组织和性能变化。

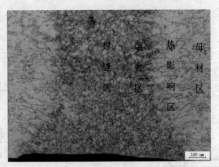

焊　熔　热　母
缝　金　影　材
区　区　响　区
　　　　区

图 8-50　金属薄板激光焊接焊缝形貌　　　图 8-51　焊接接头的各个区域

（1）焊接接头的组织和性能

焊缝区：焊缝区是由熔池内的液态金属凝固而成的。它属于铸造组织，晶粒呈垂直于熔池底壁的柱状晶。硫、磷等低熔点杂质容易在焊缝中心形成偏析，使焊缝塑性降低，易产生热裂纹。由于按等强度原则选用焊条，通过渗合金实现合金强化，因此，焊缝的强度一般不低于母材。

熔合区：熔合区是焊缝金属向热影响区过渡的区域。该区很窄，两侧分别为经过完全熔化的焊缝区和完全不熔化的热影响区。熔合区的加热温度在合金的固-液相线之间。熔合区具有明显的化学不均匀性，从而引起组织不均匀，其组织特征为少量铸态组织和粗大的过热组织，因而塑性差，强度低，脆性大，易产生焊接裂纹和脆性断裂，是焊接接头最薄弱的区域之一。

热影响区：热影响区是材料因受热的影响而发生金相组织和力学性能变化的区域。热影响区可以划分四个小区。

① 熔合区：是焊缝与热影响区的过渡区，组织不均匀、晶粒粗大、强度下降。

② 过热区：生成过热组织、晶粒粗大，使材料的塑性、韧性下降。

③ 正火区：金属组织发生重结晶，组织细化，金属的力学性能良好。

④ 部分相变区：部分组织发生相变，产生晶粒大小不一，力学性能不均匀。

图 8-52 所示为低碳钢的热影响区图示。热影响区的大小和组织性能变化的程度取决于焊接方法、焊接规范和接头形式等因素。在热源热量集中、焊接速度快时，热影响区就小。所以电子束焊的热影响区最小总宽度一般小于 1mm。气焊的热影响区总宽度一般达到 27 mm。

（2）影响焊接接头组织与性能的因素。

为了获得性能优良的焊接接头，必须对影响焊接接头组织和性能的因素有所了解，以便根据具体情况，从各个环节加以控制。影响焊接接头组织和性能的因素很多，下面对主要影响因素进行介绍。

① 材料的匹配。焊接材料直接影响接头的组织和性能。通常情况下，要求焊缝金属的化学成分及力学性能应与母材相近。但考虑到铸态焊缝的特点和焊接应力的作用，焊缝的晶粒比较粗大，以及存在裂纹、气孔和夹渣等缺陷的可能性，常通过调整焊缝金属的成分以改善焊接接头的性能。

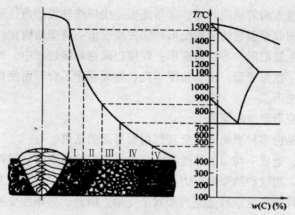

图 8-52　低碳钢的热影响区示特点

I—过热区；II—正火区（重结晶区）；III—不完全重结晶区；IV—再结晶区；V—母材区

② 线能量。线能量是热源功率与焊接速度之比。焊接线能量的大小，不仅直接影响过热区的晶粒粗大的程度，而且直接影响到焊接热影响区的宽度。焊接线能力越大，则焊接接头高温停留时间越长，过热区越宽，过热现象也越严重。因此，应采用较小的线能量，以减小过热区的宽度，降低晶粒长大的程度。

③ 熔合比。熔合比是指在焊缝金属中局部熔化的母材所占的比例。当焊接材料与母材的化学成分基本相近时，熔合比对焊缝和熔合区的性能没有明显的影响。当焊接材料与母材的成分不同时，焊缝中紧邻熔合区的部位化学成分变化比较大，变化的幅度与焊接材料同母材化学成分差异及熔合比有关。化学成分差异越大，熔合比越大，则成分变化幅度也越大。

生产实际中，可通过改变焊接坡口的大小，来调节熔合比。

④ 焊接工艺方法。在选择焊接工艺方法时，应根据其对焊接接头组织和性能的影响，结合其他要求综合考虑。例如，为提高焊接接头的质量，在低碳钢和耐热钢管的焊接中，气焊工艺已逐步被手工电弧焊和钨极氩弧焊所代替。

⑤ 焊后热处理。焊后热处理，主要包括消氢处理、消除应力热处理和改善性能的热处理等。

综上所述，影响焊接接头组织和性能的因素很多，所以应采取合理的措施，使其组织和性能得以改善，并减小性能的不均匀程度，从而得到组织和性能优良的焊接接头。

2）焊接应力与焊件变形

（1）焊接应力和变形的概念。

焊接成形过程中及焊接过程结束后，焊件内部会产生不同程度的内应力，称之为焊接应力。按照应力作用的时间不同，焊接应力可分为焊接瞬时应力和焊接残余应力。前者是焊接过程中某一瞬时的焊接应力，是一种随焊接过程变化的动态内应力；而后者是指焊接结束后当焊件温度降至常温时，残存在焊件中的内应力。按照空间和位置的不同，焊接应力又可分为单向应力、双向应力和三向应力。

由于焊接而引起焊件尺寸和形状的改变称为焊接变形。与焊接应力相对应，也将焊接过程中的变形称为焊接瞬时变形，而将焊后残留于焊件的变形称为焊接残余变形。

对于焊接残余变形，共有7种形式。①纵向收缩变形：沿焊缝长度方向的收缩；②横向收缩变形：垂直于焊缝方向的横向收缩；③角变形：绕焊缝轴线的角位移；④挠曲变形：构件中性轴上下不对称的收缩引起的弯曲变形；⑤失稳变形：薄壁结构在焊接残余压应力的作用下，局部失稳而产生波浪形；⑥错边变形：焊接边缘在焊接过程中，因膨胀不一致而产生的厚度方向的错边；⑦扭曲变形：由于装配不良、施焊程序不合理而使焊缝的纵向、横向收缩没有规律所引起的变形。

（2）焊接应力和变形产生的原因

焊接应力和变形是由多种影响因素交互作用而导致的结果。

焊接受热不均匀，造成不均匀的热变形。这种不均匀的热变形使得焊件内部相邻部位互相约束，导致内应力。当这种约束内应力超过了材料的屈服极限后，再发生不可恢复的塑性变形，进而焊后在焊件中产生产残余应力和残余变形。因此，热塑性变形是产生残余应力和残余变形的根本所在。

此外，焊接热循环引起相变，此时由于相变后材料因比容改变而导致体积变化同样引起焊接变形，产生焊接应力。

（3）焊接应力和变形的预防与消除

为了消除和减小焊接残余应力，应采取合理的焊接顺序，先焊接收缩量大的焊缝。焊接时适当降低焊件的刚度，并在焊件的适当部位局部加热，使焊缝比较自由地收缩，以减小残余应力。热处理(高温回火)是消除焊接残余应力的常用方法。整体消除应力的热处理效果一般比局部热处理好。焊接残余应力也可采用机械拉伸法（预载法）来消除或调整，例如对压力容器可以采用水压试验，也可以在焊缝两侧局部加热到 200℃，造成一个温度场，使焊缝区得到拉伸，以减小残余应力。

焊接过程中控制变形的主要措施：

① 采用反变形。

② 采用小锤锤击中间焊道。

③ 采用合理的焊接顺序。

④ 利用工卡具刚性固定。

⑤ 分析回弹常数。

思考及练习题

8-1 名词解释

铸造　　　　砂型铸造 造型　　　　造芯　　　　浇注系统　　　流动性　　收缩性

特种铸造　　压力铸造冷变形强化　　再结晶　　余块　　　　热加工　　可锻性

锻造流线　　锻造比

8-2 填空

1．特种铸造包括_____铸造、_____铸造、_____铸造、_____铸造等。

2．型砂和芯砂主要由_____砂、_____和_____组成。

3．造型材料应具备的性能有_____性、_____性、_____性、_____性、_____性等。

4．手工造型方法有：_____造型、_____造型、_____造型、_____造型、

_____造型、_____造型和_____造型等。

5．浇注系统由_____、_____、_____和_____组成。

6．_____与_____是衡量锻造性优劣的两个主要指标，_____高，_____小，金属的可锻性就愈好。

7．随着金属冷变形程度的增加，材料的强度和硬度_____，塑性和韧性_____，金属的可锻性_____。

8．自由锻零件应尽量避免_____、_____、_____结构。

9．焊接电弧是在_____条件下，电弧空间的_____通过两电极间的一种_____过程。

10．电弧焊的焊接过程是进行_____、_____、_____、_____和_____等一系列物理化学的冶金过程。

14．钎焊是用熔点比母材熔点_____的金属作钎料（填充金属），经过_____使钎料_____，利用_____填充工件接口间隙，并使其_____而形成钎焊接头的焊接方法。

8-3 简答题

1．铸造生产有哪些优缺点？

2．零件、铸件和模样三者在形状和尺寸上有哪些区别？

3．选择铸件分型面时，应考虑哪些原则？

4．绘制铸造工艺图时应确定哪些主要的工艺参数？

5．设计铸件结构，应遵循哪些原则？

6．比较铸铁、铸钢、铸造有色金属的铸造性能？

7．如何确定锻造温度范围？

8．自由锻零件结构工艺性有哪些基本要求？

9．如何防止拉深件皱折和拉裂？

10．比较自由锻与模锻的特点、用途？

11．比较锻造与铸造的特点、用途？

12．焊接方法是如何分类的？都有哪些焊接方法？

13．焊条的组成及各部分的作用是什么？

14．焊接结构设计的基本原则是什么？

15．简述焊接应力和变形是如何产生的？如何预防和消除？

单元八　金属的热加工

参 考 文 献

[1] 王平嶂. 机械制造工艺与刀具[M]. 北京：清华大学出版社，2005.

[2] 宁广庆. 机械制造技术[M]. 北京：北京大学出版社，2008.

[3] 周栋隆. 机械制造工艺及夹具[M]. 北京：中国轻工业出版社，1990.

[4] 王茂元. 机械制造技术[M]. 北京：机械工业出版社，2001.

[5] 陈明. 机械制造工艺学[M]. 北京：机械工业出版社，2005.

[6] 刘越. 机械制造技术[M]. 北京：化学工业出版社，2005.

[7] 李华. 机械制造技术[M]. 北京：机械工业出版社，2009.

[8] 马幼祥. 机械加工基础[M]. 北京：机械工业出版社，2004.

[9] 张普礼. 机械加工设备[M]. 北京：机械工业出版社，2005 .

[10] 苏建修. 机械制造基础[M]. 北京：机械工业出版社，2005.

[11] 倪森寿. 机械制造工艺与装备[M]. 北京：化学工业出版社，2003.

[12] 陈明. 机械制造工艺学[M]. 北京：机械工业出版社，2005.

[13] 周增文. 机械加工工艺基础[M]. 长沙：中南大学出版社，2003.

[14] 王彩霞，魏康民. 机械制造基础[M]. 西安：西北大学出版社，2005.

[15] 何七荣. 机械制造方法与设备[M]. 北京：中国人民大学出版社，2000.

[16] 张树森. 机械制造工程学[M]. 沈阳：东北大学出版社，2001.

[17] 赵元吉. 机械制造工艺学[M]. 北京：机械工业出版社，1999.

[18] 李喜桥. 加工工艺学[M]. 北京：北京航空航天大学出版社，2003.

[19] 王先逵. 机械制造工艺学[M]. 北京：机械工业出版社，1995.

[20] 韩广利. 机械加工工艺基础[M]. 天津：天津大学出版社，2005.

[21] 龚雯，陈则钧. 机械制造技术[M]. 北京：高等教育出版社，2004.

[22] 黄鹤汀，吴善元. 机械制造技术[M]. 北京：机械工业出版社，1997.

[23] 李云. 机械制造实训指导[M]. 北京：机械工业出版社，2003.

[24] 孙学强. 机械制造技术[M]. 北京：机械工业出版社，2003.

[25] 朱焕池. 机械制造技术[M]. 北京：机械工业出版社，1997.